反盗版声明

《〈国家职业资格培训教程·心理咨询师〉辅导习题集》(本书前身)自出版发行以来,深受广大读者欢迎,已成为心理咨询师培训和考试必备的品牌辅导读物。

近年来,市场上出现了盗版该书的非法出版物,并呈猖獗之势。由于盗版书的内容错误百出,对广大读者造成严重的误导,败坏了我社和著作权人的声誉,同时严重地侵害了我社和著作权人的合法权益。为此,我社严正声明:

1. 对使用盗版书的任何机构和个人,我社将积极配合各地"扫黄打非"办公室、新闻出版局、文化局等行政执法部门和公安机关给予严厉查处。

2. 社会各界人士如发现盗版行为,希望及时举报,一经查实,我社将对举报人员给予重奖。

民族出版社反盗版举报电话:010-64228001
国家版权局反盗版举报中心电话:12390

重要提醒

本书防伪标识贴在书的封面的右下角,刮开涂层可以看到一组密码,通过免费电话4008155888查验真伪。盗版书的假防伪标识的涂层一般刮不开,无法查验真伪;有的可以刮开,但查验电话不是4008155888。

盗版书的主要特点:

1. 盗版书的印前流程是"扫描—识别—排版",往往错误百出。经查,2005年版盗版《辅导习题集》错误竟达300余处。

2. 盗版书一般用纸偏薄,封面颜色不正,存在部分内容缺失的现象。

3. 盗版书一般是以很低的折扣销售,不明真相者也可能以较高的折扣购买盗版书。个别使用盗版书的培训机构为了规避被投诉和被查处的风险,一般以"免费赠送"的名义将盗版书提供给学员使用。

4. 盗版书不贴防伪标识或贴假的防伪标识。

民族出版社
2017年2月

国家职业资格培训教程

心理咨询师

（习题与案例集）

2017 修订版

主编 郭念锋 副主编 虞积生

民族出版社

国家职业资格培训教程
心理咨询师
《习题与案例集》
编 委 会

主　　编　郭念锋

副 主 编　虞积生

编 写 人 员　（按姓氏笔划排序）

马惠霞	王　健	史　杰	史占彪	刘　乐	刘　浩
刘兴华	刘志宏	李文馥	李　萌	杨　宁	肖　红
吴　倩	邱炳武	张　倩	张仙峰	陈　兰	陈　蕾
陈亚萍	武国城	张　空	赵东耀	郝　芳	荀　焱
姜长青	祖玉华	贾运娇	徐传庚	高云鹏	郭　勇
曹　雪	崔　耀	董　燕	韩玉伟	韩布新	樊富珉

编 撰 助 理　林　春

组 织 联 络　陈学儒　韩丽瑾

修订说明

本书是与《国家职业资格培训教程·心理咨询师》系列教材相配套的辅导读物，可以帮助读者进一步熟悉和掌握教材的内容。

本书前三部分是关于三本教材的习题（含单选题和多选题），每道习题都对应着教材上的一个或者多个知识点，都可以在教材上找到出处。第四部分是案例问答题，三级、二级各精选了六个案例。此外，还有两个附录。其中，附录一是模拟试卷，附录二是案例报告。这次再版时，根据三本教材的最新修订情况，对本《习题与案例集》进行了相应的订正；附录二增加了一篇案例报告。

由于编撰人员学识有限，本书一定还有不足之处。读者在使用过程中，发现问题请随时和编委会联系，以便订正，有关信息我们将在编委会博客上及时公布。

编委会博客：http://blog.sina.com.cn/psycbook
编委会邮箱：psycbook@163.com
编委会电话：010-51665102

本书编委会
2017 年 2 月

目 录

第一部分

《国家职业资格培训教程·心理咨询师（基础知识）》习题

- 第一章　基础心理学知识习题 ……………………………………………… （3）
  - 一、单项选择题 ……………………………………………………… （3）
  - 二、多项选择题 ……………………………………………………… （20）
  - 三、参考答案 ………………………………………………………… （39）

- 第二章　社会心理学知识习题 ……………………………………………… （42）
  - 一、单项选择题 ……………………………………………………… （42）
  - 二、多项选择题 ……………………………………………………… （62）
  - 三、参考答案 ………………………………………………………… （73）

- 第三章　发展心理学知识习题 ……………………………………………… （77）
  - 一、单项选择题 ……………………………………………………… （77）
  - 二、多项选择题 ……………………………………………………… （94）
  - 三、参考答案 ………………………………………………………… （106）

- 第四章　变态心理学与健康心理学知识习题 ……………………………… （109）
  - 一、单项选择题 ……………………………………………………… （109）
  - 二、多项选择题 ……………………………………………………… （129）
  - 三、参考答案 ………………………………………………………… （139）

- 第五章　心理测量学知识习题 ……………………………………………… （142）
  - 一、单项选择题 ……………………………………………………… （142）

1

二、多项选择题 …………………………………………………（154）
　　三、参考答案 …………………………………………………（164）

第六章　咨询心理学知识习题 ………………………………（167）
　　一、单项选择题 ………………………………………………（167）
　　二、多项选择题 ………………………………………………（177）
　　三、参考答案 …………………………………………………（185）

第二部分

《国家职业资格培训教程·心理咨询师（三级）》习题

第一章　心理诊断技能习题 ……………………………………（191）
　　一、单项选择题 ………………………………………………（191）
　　二、多项选择题 ………………………………………………（198）
　　三、参考答案 …………………………………………………（204）

第二章　心理咨询技能习题 ……………………………………（206）
　　一、单项选择题 ………………………………………………（206）
　　二、多项选择题 ………………………………………………（220）
　　三、参考答案 …………………………………………………（235）

第三章　心理测验技能习题 ……………………………………（238）
　　一、单项选择题 ………………………………………………（238）
　　二、多项选择题 ………………………………………………（251）
　　三、参考答案 …………………………………………………（261）

第三部分

《国家职业资格培训教程·心理咨询师（二级）》习题

第一章　心理诊断技能习题 ……………………………………（265）
　　一、单项选择题 ………………………………………………（265）
　　二、多项选择题 ………………………………………………（271）
　　三、参考答案 …………………………………………………（278）

第二章　心理咨询技能习题 ……………………………………………（280）
　　一、单项选择题 …………………………………………………（280）
　　二、多项选择题 …………………………………………………（291）
　　三、参考答案 ……………………………………………………（303）

第三章　心理测验技能习题 ……………………………………………（306）
　　一、单项选择题 …………………………………………………（306）
　　二、多项选择题 …………………………………………………（320）
　　三、参考答案 ……………………………………………………（329）

第四部分
案例问答题

一、三级案例问答题 …………………………………………………（335）
二、二级案例问答题 …………………………………………………（346）

附录一
模拟试卷

一、三级理论知识模拟试卷 …………………………………………（367）
　（一）单项选择题 …………………………………………………（367）
　（二）多项选择题 …………………………………………………（372）
　（三）参考答案 ……………………………………………………（376）
二、三级专业能力模拟试卷 …………………………………………（378）
　（一）技能选择题 …………………………………………………（378）
　（二）案例问答题 …………………………………………………（392）
　（三）参考答案 ……………………………………………………（392）
三、二级理论知识模拟试卷 …………………………………………（395）
　（一）单项选择题 …………………………………………………（395）
　（二）多项选择题 …………………………………………………（401）
　（三）参考答案 ……………………………………………………（404）
四、二级专业能力模拟试卷 …………………………………………（406）

（一）技能选择题 …………………………………………………………………（406）
（二）案例问答题 …………………………………………………………………（420）
（三）参考答案 ……………………………………………………………………（421）

附录二

案例报告

一例严重心理问题的咨询案例报告 ……………………………………………（427）
一例一般心理问题的咨询案例报告 ……………………………………………（433）
一例严重心理问题的咨询案例报告 ……………………………………………（439）

第一部分

国家职业资格培训教程

心理咨询师

（基础知识）

习题

第一部分 《国家职业资格培训教程·心理咨询师（基础知识）》习题

第一章 基础心理学知识习题

一、单项选择题

1. 基础心理学是研究（　　）。
   (A) 正常成人心理现象的心理学基础学科
   (B) 除精神病人以外的心理现象的心理学分支
   (C) 除动物心理以外的心理现象的心理学分支
   (D) 所有心理现象的学科

2. 一般把心理现象分为（　　）。
   (A) 心理过程和心理特性　　　　(B) 心理过程、能力和人格
   (C) 知、情、意和人格　　　　　(D) 需要、动机和人格

3. 心理过程包括（　　）。
   (A) 能力、气质和性格　　　　　(B) 认识、情感和意志
   (C) 知、情、意和能力　　　　　(D) 感觉、知觉、记忆、思维和动机

4. 个体的心理特性表现为他的（　　）。
   (A) 心理过程和人格　　　　　　(B) 认识、情感和意志
   (C) 需要和动机、能力和人格　　(D) 认识、情感、意志和性格

5. 心理学是（　　）。
   (A) 自然科学　　　　　　　　　(B) 社会科学
   (C) 既不是自然科学，也不是社会科学
   (D) 自然科学和社会科学相结合的中间科学或边缘科学

6. 动物心理发展经历了（　　）阶段。
   (A) 感觉、知觉、思维三个
   (B) 感觉、知觉和思维萌芽三个
   (C) 感觉、知觉、情感和思维四个
   (D) 感知觉、思维萌芽、思维和意识四个

7. 灵长类动物能够认识事物之间的外部联系，因此它们的心理发展到了（　　）。
   (A) 感觉的阶段　　　　　　　　(B) 知觉的阶段

(C) 思维萌芽的阶段   (D) 思维的阶段

8. 科学心理学的创始人是( )。
 (A) 冯特   (B) 韦伯
 (C) 费希纳   (D) 艾宾浩斯

9. 冯特在德国莱比锡大学创建了世界上第一个心理学实验室，是科学心理学诞生的标志，该实验室创建于( )。
 (A) 1840 年   (B) 1860 年
 (C) 1879 年   (D) 1885 年

10. 冯特和铁钦纳是( )学派的创始人。
 (A) 格式塔心理   (B) 构造心理
 (C) 机能主义心理   (D) 行为主义

11. 机能主义心理学的主要特点是( )。
 (A) 强调心理学应该研究心理在适应环境中的机能作用
 (B) 认为心理学的任务是探讨意识经验由什么元素构成
 (C) 认为心理学的任务就在于查明刺激与反应之间的规律性关系
 (D) 主张从整体上来研究心理现象

12. 格式塔心理学主张( )。
 (A) 心理学应该研究心理在适应环境中的机能作用
 (B) 心理学的任务是探讨意识经验由什么元素构成
 (C) 心理学的任务就在于查明刺激与反应之间的规律性关系
 (D) 从整体上来研究心理现象

13. 行为主义的创始人是( )。
 (A) 冯特和铁钦纳   (B) 杜威和安吉尔
 (C) 华生   (D) 维特海默、科勒和考夫卡

14. 人本主义的主要代表人物是( )。
 (A) 冯特和铁钦纳   (B) 杜威和安吉尔
 (C) 罗杰斯和马斯洛   (D) 魏特海默、克勒和科夫卡

15. 生理心理学研究的对象是( )。
 (A) 构成心理的基本元素
 (B) 信息的输入、编码、转换、储存和提取的过程
 (C) 心理活动的生理基础和脑的机制
 (D) 心理在适应环境中的机能作用

16. 神经元是由( )组成的。
 (A) 细胞体、细胞核和神经纤维   (B) 细胞体、树突和轴突
 (C) 细胞、突起和纤维   (D) 细胞核、突起

17. 神经元中接受外界刺激或接受前一神经元传来的神经冲动的部位是( )。
 (A) 树突   (B) 轴突
 (C) 细胞核   (D) 细胞质

18. 前一个神经元和后一个神经元彼此接触的部位叫（　　）。
    （A）树突　　　　　　　　　　　　（B）轴突
    （C）细胞体　　　　　　　　　　　（D）突触

19. 神经系统是由（　　）组成的。
    （A）脊髓和脑
    （B）外周神经系统和中枢神经系统
    （C）周围神经系统、躯体神经和自主神经
    （D）外周神经系统、脑干、间脑、小脑和端脑

20. 外周神经系统是把（　　）联系起来的神经结构。
    （A）躯体神经系统与植物神经系统
    （B）中枢神经系统与周围神经系统
    （C）交感神经系统与副交感神经系统
    （D）中枢神经系统与感觉器官、运动器官、内脏器官

21. 外周神经系统从解剖上分包括（　　）。
    （A）交感神经和副交感神经　　　　（B）躯体神经系统和自主神经系统
    （C）12对脑神经和31对脊神经　　（D）脊神经和自主神经系统

22. 从功能上划分可以把外周神经分为（　　）。
    （A）交感神经和副交感神经　　　　（B）躯体神经系统和自主神经系统
    （C）12对脑神经和31对脊神经　　（D）脊神经和脑神经

23. 自主神经由（　　）组成。
    （A）躯体神经和植物神经　　　　　（B）交感神经和副交感神经
    （C）31对脊神经　　　　　　　　　（D）脊髓和延脑

24. 中枢神经系统是由（　　）组成的。
    （A）小脑和大脑　　　　　　　　　（B）脊髓和脑
    （C）脑干、间脑、小脑和大脑　　　（D）小脑和大脑皮层

25. 脑是由（　　）构成的。
    （A）脑干和端脑　　　　　　　　　（B）延脑、桥脑和中脑
    （C）脑干、间脑、小脑和端脑　　　（D）延脑、桥脑、中脑和端脑

26. 脑干包括（　　）。
    （A）桥脑、下丘脑和中脑　　　　　（B）延脑、中脑和下丘脑
    （C）延脑、桥脑和中脑　　　　　　（D）桥脑、丘脑和下丘脑

27. 网状结构是（　　）。
    （A）呼吸与心跳的中枢　　　　　　（B）调节睡眠与觉醒的神经结构
    （C）皮层下较高级的感觉中枢　　　（D）调节全身运动平衡的中枢

28. 丘脑是（　　）。
    （A）调节睡眠与觉醒的神经结构　　（B）调节自主神经系统活动的中枢
    （C）皮层下较高级的感觉中枢　　　（D）皮层下较高级的运动中枢

29. 皮层下调节自主神经系统活动的中枢位于（　　）。

(A) 脑干   (B) 丘脑
(C) 下丘脑   (D) 小脑

30. 视觉中枢位于(　　)。
    (A) 中央前回   (B) 中央后回
    (C) 枕叶的枕极   (D) 颞上回和颞中回

31. 听觉中枢位于(　　)。
    (A) 中央前回   (B) 中央后回
    (C) 枕叶的枕极   (D) 颞上回和颞中回

32. 1860年法国医生布洛卡发现了(　　)。
    (A) 运动性言语中枢   (B) 听觉性言语中枢
    (C) 视觉性言语中枢   (D) 书写性言语中枢

33. 罗杰·斯佩里通过(　　)实验证明大脑两半球功能的不对称性。
    (A) 割裂脑   (B) 经典条件反射
    (C) 操作条件反射   (D) 工具条件反射

34. 反射是指(　　)。
    (A) 有机体对内外环境刺激做出的规律性回答
    (B) 由感受器、传入神经、反射中枢、传出神经和效应器组成的神经通路
    (C) 把活动的结果返回传到神经中枢，从而更有效地调节效应器活动的过程
    (D) 有机体在神经系统的参与下，对内外环境刺激做出的规律性回答

35. 把反射活动的结果又返回传到神经中枢的过程叫(　　)。
    (A) 反射   (B) 操作条件反射
    (C) 反馈   (D) 工具条件反射

36. 实现反射活动的神经结构叫(　　)。
    (A) 外周神经系统   (B) 反射弧
    (C) 反馈   (D) 延脑椎体交叉

37. 巴甫洛夫所研究的条件反射叫(　　)。
    (A) 巴甫洛夫条件反射   (B) 操作条件反射
    (C) 经典条件反射   (D) 工具条件反射

38. 感觉是指(　　)。
    (A) 人脑对物体个别属性的反映
    (B) 人脑对直接作用于感觉器官的物体的反映
    (C) 人脑对直接作用于感觉器官的物体个别属性的反映
    (D) 过去的经验在头脑中的反映

39. 按照刺激的来源，可把感觉分为(　　)。
    (A) 视觉和听觉   (B) 外部感觉和内部感觉
    (C) 运动觉、平衡觉和机体觉   (D) 视觉、听觉、嗅觉、味觉和肤觉

40. 感觉器官对适宜刺激的感觉能力叫(　　)。
    (A) 绝对感觉阈限   (B) 感受性

(C) 感觉阈限   (D) 最小可觉差
41. 绝对感受性的高低可以用（　　）来度量。
　　(A) 刚刚引起感觉的刺激强度
　　(B) 差别感觉阈限
　　(C) 刚刚能引起差别感觉的刺激的最小变化量
　　(D) 最小可觉差
42. 感受性与感觉阈限之间的关系是（　　）。
　　(A) 常数关系   (B) 对数关系
　　(C) 正比关系   (D) 反比关系
43. j. n. d. 是（　　）。
　　(A) 刚刚能引起感觉的刺激强度
　　(B) 刚刚能引起差别感觉的刺激强度
　　(C) 绝对感觉阈限的英文缩写
　　(D) 差别感觉阈限的英文缩写
44. 视网膜视细胞层上的视觉神经细胞是（　　）。
　　(A) 感觉细胞和联络细胞   (B) 锥体细胞和杆体细胞
　　(C) 双极细胞和节细胞   (D) 中央细胞和边缘细胞
45. 杆体细胞能分辨物体的（　　）。
　　(A) 细节和颜色   (B) 明暗和颜色
　　(C) 轮廓和明暗   (D) 彩色和非彩色
46. 颜色的属性包括（　　）。
　　(A) 色调、明度和饱和度   (B) 光的波长、强度和纯度
　　(C) 彩色和非彩色   (D) 饱和色和非饱和色
47. 两种颜色混合在一起变成了灰，这两种颜色叫（　　）。
　　(A) 非彩色   (B) 彩色
　　(C) 互补色   (D) 中间色
48. 颜色混合的种类可分为（　　）。
　　(A) 部分混合和全部混合   (B) 色光混合和颜料混合
　　(C) 三原色混合和四原色混合   (D) 染料、水彩混合和电影、电视混合
49. 在现实生活中，女性色盲的人数（　　）。
　　(A) 大大多于男性色盲的人数   (B) 和男性色盲的人数相等
　　(C) 略少于男性色盲的人数   (D) 大大少于男性色盲的人数
50. 人耳感受性和耐受性都比较高的声音频率范围是（　　）。
　　(A) 100～1000Hz   (B) 1000～4000Hz
　　(C) 5000～10000Hz   (D) 10000～15000Hz
51. 听觉的特性包括（　　）。
　　(A) 频率、波长和振幅   (B) 频率、振幅和波形
　　(C) 音调、响度和音色   (D) 音调、强度和响度

52. 听觉的感受器是( )。
    (A) 前庭器官   (B) 听神经
    (C) 科蒂氏器官   (D) 三个半规管和耳石

53. 老年人听觉感受性降低的特点是( )。
    (A) 首先丧失对低频声音的听觉
    (B) 首先丧失对中频声音的听觉
    (C) 首先丧失对高频声音的听觉
    (D) 首先丧失对低频和高频两端声音的听觉

54. 一个声音由于同时起作用的其他声音的干扰使听觉阈限升高的现象叫( )。
    (A) 听觉适应   (B) 声音掩蔽
    (C) 听觉对比   (D) 听觉疲劳

55. 声音强度太大或声音作用时间太长，引起听觉感受性在一定时间内降低的现象叫( )。
    (A) 听觉适应   (B) 声音掩蔽
    (C) 听觉疲劳   (D) 听力丧失

56. 心理的噪音是指( )。
    (A) 由不同频率的声波组成的无周期性的声音
    (B) 人耳的非适宜刺激
    (C) 比 1000Hz 低，比 4000Hz 高的声音
    (D) 人们不愿听的，对人的工作、学习和情绪造成消极影响的声音

57. 嗅觉适宜刺激的主要特性是( )。
    (A) 有颜色、有气味   (B) 有气味、无毒
    (C) 能溶解、有气味   (D) 具有挥发性、有气味

58. 嗅觉的感受器是( )。
    (A) 前庭器官   (B) 科蒂氏器官
    (C) 鼻腔上膜的嗅细胞   (D) 半规管

59. 从种族发展的角度看，最古老的感觉是( )。
    (A) 视觉   (B) 听觉
    (C) 嗅觉   (D) 味觉

60. 能溶于液体的物质是( )觉适宜刺激的主要特点。
    (A) 听   (B) 嗅
    (C) 味   (D) 触

61. 基本的味觉有( )。
    (A) 咸、甜、苦、酸   (B) 酸、甜、苦、辣
    (C) 甜、咸、麻、辣   (D) 酥、脆、甜、咸

62. 味觉的感受器是( )。
    (A) 味蕾   (B) 科蒂氏器官
    (C) 半规管   (D) 前庭器官

63. 生理零度是指(　　)。
    (A) 皮肤表面的温度　　　　　(B) 37℃
    (C) 36.5℃　　　　　　　　　(D) 正常的体温

64. 表示触觉灵敏度的指标是(　　)。
    (A) 生理零度的高低　　　　　(B) 阅读盲文速度的快慢
    (C) 皮肤电反射的快慢　　　　(D) 两点阈

65. 一个人晕车、晕船是因为他的平衡觉(　　)。
    (A) 太迟钝了　　　　　　　　(B) 太敏锐了
    (C) 灵敏度太不稳定了　　　　(D) 的灵敏度在任何情况下都不改变

66. 内脏感觉包括(　　)等的感觉。
    (A) 平衡觉、运动觉和疼痛
    (B) 饥饿、触压、振动、渴和疼痛
    (C) 饥饿、饱胀、窒息、疲劳、便意和性
    (D) 饱胀、渴、窒息、疲劳、便意、性、振动和触压

67. 内脏器官的活动处于正常状态时(　　)。
    (A) 引不起内脏感觉　　　　　(B) 引起不太强的内脏感觉
    (C) 引起节律性的内脏感觉　　(D) 引起忽强忽弱的内脏感觉

68. 在外界刺激持续作用下感受性发生变化的现象叫(　　)。
    (A) 感觉适应　　　　　　　　(B) 感觉后像
    (C) 感觉对比　　　　　　　　(D) 联觉

69. 对光适应是在强光作用下(　　)。
    (A) 视觉感觉阈限迅速提高的过程　(B) 视觉感受性迅速提高的过程
    (C) 视觉的感觉阈限迅速降低的过程　(D) 视觉的差别阈限迅速降低的过程

70. 对暗适应是在暗环境中视觉(　　)。
    (A) 感受性不断降低的过程　　(B) 感受性不断提高的过程
    (C) 感觉阈限不断提高的过程　(D) 差别阈限不断提高的过程

71. 为了保护对暗适应(　　)。
    (A) 最好戴上一副墨镜　　　　(B) 只要戴上一个红色的眼镜就可以
    (C) 戴上一个蓝色的眼镜就可以　(D) 戴上一个彩色的眼镜就可以

72. 外界刺激停止作用后暂时保留一段时间的感觉形象叫(　　)。
    (A) 对光适应　　　　　　　　(B) 感觉后像
    (C) 对暗适应　　　　　　　　(D) 感觉对比

73. 不同刺激作用于同一感觉器官，使感受性发生变化的现象叫(　　)。
    (A) 感觉适应　　　　　　　　(B) 感觉后像
    (C) 感觉对比　　　　　　　　(D) 联觉

74. 同样亮的两张灰色纸分别放在黑色纸和白色纸上，看起来它的亮度不一样了，这种现象叫(　　)。
    (A) 感觉适应　　　　　　　　(B) 感觉后像

(C) 感觉对比　　　　　　　　　　(D) 联觉

75. "红花还得绿叶配"是说绿色背景上的红色看起来更红了，这种现象叫(　　)。
    (A) 色觉适应　　　　　　　　　(B) 颜色后像
    (C) 颜色对比　　　　　　　　　(D) 联觉

76. 联觉是指(　　)。
    (A) 在外界刺激持续作用下感受性发生变化的现象
    (B) 外界刺激停止作用后，暂时保留的感觉印象
    (C) 不同刺激作用于同一感觉器官使感受性发生变化的现象
    (D) 一个刺激不仅引起一种感觉，同时还引起另一种感觉的现象

77. 知觉是指(　　)。
    (A) 人脑对直接作用于感觉器官的物体个别属性的反映
    (B) 直接作用于感觉器官的物体的整体在人脑中的反映
    (C) 人脑对客观事物间接的、概括的反映
    (D) 过去的经验在头脑中的反映

78. 把事物的各个部分、各种属性结合成一个整体加以反映的知觉特性叫知觉的(　　)。
    (A) 完整性　　　　　　　　　　(B) 整体性
    (C) 选择性　　　　　　　　　　(D) 理解性

79. 一幅图画，把白色当作知觉的对象看起来是个花瓶，把黑色当作知觉的对象看起来是两个对着的人脸，这说明知觉具有(　　)。
    (A) 整体性　　　　　　　　　　(B) 选择性
    (C) 恒常性　　　　　　　　　　(D) 理解性

80. 一个人离我近时他在我视网膜上形成的视像大，离我远时形成的视像小，但我看这个人却是一样高，这说明知觉具有(　　)。
    (A) 整体性　　　　　　　　　　(B) 理解性
    (C) 恒常性　　　　　　　　　　(D) 选择性

81. 一块煤在太阳光下比一块石灰在黑暗的屋里，投射出来的光的绝对强度要大很多，但看起来煤还是黑的，石灰还是白的。这说明知觉具有(　　)。
    (A) 整体性　　　　　　　　　　(B) 选择性
    (C) 恒常性　　　　　　　　　　(D) 理解性

82. "会看看门道，不会看看热闹"，说的是知觉具有(　　)。
    (A) 整体性　　　　　　　　　　(B) 选择性
    (C) 恒常性　　　　　　　　　　(D) 理解性

83. 在用双耳听觉来判断方位的时候，最容易判断的方位是(　　)。
    (A) 上下　　　　　　　　　　　(B) 左右
    (C) 正前　　　　　　　　　　　(D) 正后

84. 站在铁路上看两根铁轨，距离越远看起来两根铁轨的距离越近，到视线的尽头就交叉到一点了，这在判断距离时提供的线索叫（　　）。
    (A) 双眼视轴的辐合　　　　　　(B) 空气透视
    (C) 线条透视　　　　　　　　　(D) 眼睛的调节作用

85. 对物质现象的延续性和顺序性的反应叫（　　）。
    (A) 运动知觉　　　　　　　　　(B) 时间知觉
    (C) 似动知觉　　　　　　　　　(D) 方位知觉

86. 机体生理变化的节律会引起人的行为活动也表现出一定的节律，这种节律叫（　　）。
    (A) 活动节律　　　　　　　　　(B) 生活节律
    (C) 生物节律　　　　　　　　　(D) 作息规律

87. 生物节律给人提供了判断时间的信息，所以，这种节律也可叫（　　）。
    (A) 生活节律　　　　　　　　　(B) 作息规律
    (C) 生物钟　　　　　　　　　　(D) 生物反馈

88. 只要具备了错觉产生的条件，（　　）。
    (A) 错觉就必然会产生
    (B) 若不知道错觉产生的原因也无法消除错觉
    (C) 若知道了错觉产生的原因，就可以通过主观努力来消除错觉
    (D) 有些错觉能通过主观努力加以消除，有些则不能

89. 错觉是一种歪曲的知觉，这种歪曲（　　）。
    (A) 会受人格因素的影响，各人都会表现出不同的特点
    (B) 所有的人都是一致的，没有例外
    (C) 会受情景因素的影响，各人都不一样
    (D) 因知不知道错觉产生的原因，各人会有不同

90. 记忆是（　　）。
    (A) 过去的经验在头脑中的反映　(B) 对客观事物直接的反映
    (C) 对客观事物间接的反映　　　(D) 对客观事物概括的反映

91. 对语词概括的各种有组织的知识的记忆叫（　　）。
    (A) 语言记忆　　　　　　　　　(B) 意义记忆
    (C) 语义记忆　　　　　　　　　(D) 内隐记忆

92. 一般认为，记忆广度（　　）。
    (A) 为 4 个项目　　　　　　　　(B) 为 7±2 个项目
    (C) 小于 5 个项目　　　　　　　(D) 是无限的

93. 长时记忆的容量（　　）。
    (A) 为 7±2 个项目　　　　　　　(B) 种类是无限的，数量却是有限的
    (C) 种类和数量都是无限的　　　(D) 因人而异的

94. 记忆过程的基本环节是（　　）。
    (A) 识记、保持、遗忘　　　　　(B) 再认、回忆、遗忘

(C) 识记、保持、回忆和再认　　　　(D) 保持、记忆、遗忘

95. 学生回答选择题时所进行的记忆活动叫（　　）。
　　(A) 识记　　　　　　　　　　　(B) 保持
　　(C) 回忆　　　　　　　　　　　(D) 再认

96. 对识记过的材料既不能回忆，也不能再认的现象叫（　　）。
　　(A) 无意识　　　　　　　　　　(B) 遗忘
　　(C) 幻想　　　　　　　　　　　(D) 幻觉

97. 对记忆和遗忘进行实验研究的创始人是（　　）。
　　(A) 冯特　　　　　　　　　　　(B) 艾宾浩斯
　　(C) 韦伯　　　　　　　　　　　(D) 费希纳

98. 遗忘的进程是（　　）。
　　(A) 先慢后快　　　　　　　　　(B) 先快后慢
　　(C) 倒 U 型曲线　　　　　　　　(D) U 型曲线

99. 先前学习的材料对识记和回忆后学习材料的干扰作用叫（　　）。
　　(A) 前摄抑制　　　　　　　　　(B) 倒摄抑制
　　(C) 前干扰　　　　　　　　　　(D) 后干扰

100. 后学习的材料对识记和回忆先前学习材料的干扰作用叫（　　）。
　　(A) 前摄抑制　　　　　　　　　(B) 倒摄抑制
　　(C) 前干扰　　　　　　　　　　(D) 后干扰

101. 记忆材料在系列中所处的位置对记忆效果发生的影响叫（　　）。
　　(A) 前摄抑制　　　　　　　　　(B) 倒摄抑制
　　(C) 系列位置效应　　　　　　　(D) 记忆顺序效应

102. 通过思维，能从已知推断出未知来，这说明思维具有（　　）的特点。
　　(A) 直观性　　　　　　　　　　(B) 形象性
　　(C) 间接性　　　　　　　　　　(D) 概括性

103. 已有的知识经验对解决新问题的影响叫（　　）。
　　(A) 迁移　　　　　　　　　　　(B) 干扰
　　(C) 抑制　　　　　　　　　　　(D) 启发

104. 会骑自行车有助于学骑摩托车，这是（　　）。
　　(A) 系列位置效应　　　　　　　(B) 正迁移
　　(C) 负迁移　　　　　　　　　　(D) 技能学习

105. 从现实生活的事例中受到启发而找到解决问题的途径和方法叫（　　）。
　　(A) 技能学习　　　　　　　　　(B) 原型启发
　　(C) 灵感　　　　　　　　　　　(D) 顿悟

106. 瓦特看到蒸汽能把壶盖顶起来受到启发，发明了蒸汽机，这是（　　）。
　　(A) 学习迁移的作用　　　　　　(B) 定势的作用
　　(C) 原型启发的作用　　　　　　(D) 功能固定性的作用

107. 从事某种活动前的心理准备状态叫（　　）。

(A) 思想准备 (B) 问题解决的策略
(C) 定势 (D) 动力定型

108. 一大一小但一样重的两个木盒，掂起来总觉得小的重，这是由于(　　)的作用。
    (A) 迁移 (B) 定势
    (C) 原型启发 (D) 动力定型

109. 人们运用语言交流思想，进行交际的过程叫(　　)。
    (A) 思维 (B) 语言
    (C) 言语 (D) 内部言语

110. 讲课时用的言语形式主要是(　　)。
    (A) 内部言语 (B) 对话言语
    (C) 独白言语 (D) 书面言语

111. 用来支持思维活动进行的不出声的言语叫(　　)。
    (A) 默读语言 (B) 外部言语
    (C) 内部言语 (D) 背诵言语

112. 布洛卡中枢又叫(　　)。
    (A) 言语运动中枢 (B) 视觉性言语中枢
    (C) 书写性言语中枢 (D) 听觉性言语中枢

113. 威尔尼克中枢又叫(　　)。
    (A) 言语运动中枢 (B) 视觉性言语中枢
    (C) 书写性言语中枢 (D) 听觉性言语中枢

114. 布洛卡中枢受到损伤将会发生(　　)。
    (A) 表达性失语症 (B) 接受性失语症
    (C) 失读症 (D) 失写症

115. 威尔尼克中枢受到损伤会造成(　　)。
    (A) 表达性失语症 (B) 接受性失语症
    (C) 失读症 (D) 失写症

116. 视觉性言语中枢受到损伤所产生的失语症叫(　　)。
    (A) 表达性失语症 (B) 接受性失语症
    (C) 失读症 (D) 失写症

117. 过去感知过的事物的形象在头脑中再现的过程叫(　　)。
    (A) 表象 (B) 想象
    (C) 形象思维 (D) 再造想象

118. 对已有的表象进行加工改造，创造出新形象的过程叫(　　)。
    (A) 创造性思维 (B) 幻想
    (C) 表象 (D) 想象

119. 想象可以分为(　　)。
    (A) 无意想象和有意想象 (B) 梦和幻觉

(C) 理想和空想　　　　　　　　　(D) 积极想象和消极想象

120. 看了《阿Q正传》后，头脑里可以呈现出阿Q的鲜明形象，这是(　　)。
(A) 无意想象　　　　　　　　　　(B) 幻想
(C) 创造想象　　　　　　　　　　(D) 再造想象

121. 和一个人的愿望相联系并指向未来的想象叫(　　)。
(A) 幻想　　　　　　　　　　　　(B) 无意想象
(C) 梦　　　　　　　　　　　　　(D) 有意想象

122. 根据脑电波的变化，可以将睡眠分为(　　)个阶段。
(A) 3　　　　　　　　　　　　　(B) 4
(C) 5　　　　　　　　　　　　　(D) 6

123. 梦境出现在(　　)阶段。
(A) 浅度睡眠　　　　　　　　　　(B) 深度睡眠
(C) 第四个睡眠　　　　　　　　　(D) 快速眼动睡眠

124. 从入睡到醒来的过程中，快速眼动睡眠阶段的时间(　　)。
(A) 越来越短　　　　　　　　　　(B) 越来越长
(C) 呈倒U型变化　　　　　　　　(D) 呈U型变化

125. 心理活动或意识活动对一定对象的指向和集中是(　　)。
(A) 认知　　　　　　　　　　　　(B) 注意
(C) 意志　　　　　　　　　　　　(D) 想象

126. 注意是一种(　　)。
(A) 心理过程　　　　　　　　　　(B) 认知过程
(C) 意志过程　　　　　　　　　　(D) 心理活动的状态

127. 学生正在专心听讲，门咣当一声响吸引了大家的目光，这是(　　)。
(A) 无意注意　　　　　　　　　　(B) 有意注意
(C) 随意注意　　　　　　　　　　(D) 注意的转移

128. 在同一时间内，意识所能清楚地把握对象的数量叫(　　)。
(A) 注意的能力　　　　　　　　　(B) 注意的分配
(C) 注意的广度　　　　　　　　　(D) 注意的集中性

129. 一般情况下，人的注意广度大约是(　　)个项目。
(A) 4～6　　　　　　　　　　　　(B) 5～7
(C) 5±2　　　　　　　　　　　　(D) 7±2

130. 对选择的对象注意能稳定地保持多长时间的特性叫(　　)。
(A) 注意的稳定性　　　　　　　　(B) 注意的能力
(C) 注意的持续性　　　　　　　　(D) 注意的起伏

131. 在注意稳定的条件下，感受性发生周期性增强和减弱的现象叫(　　)。
(A) 注意的周期　　　　　　　　　(B) 生物节律
(C) 注意的动摇　　　　　　　　　(D) 注意的循环

132. 和注意的稳定性相反的注意品质是(　　)。

(A) 注意的起伏 (B) 注意的动摇
(C) 注意的分散 (D) 注意的分配

133. 注意离开了心理活动所要指向的对象而被无关的对象吸引去的现象叫（　　）。
 (A) 注意的转移 (B) 注意的稳定性
 (C) 注意的范围 (D) 注意的分散

134. 由于任务的变化，注意由一种对象转移到另一种对象上去的现象叫（　　）。
 (A) 注意的分散 (B) 注意的动摇
 (C) 注意的转移 (D) 注意的起伏

135. 在同一时间内把注意指向不同对象，同时从事几种不同的活动，这是（　　）。
 (A) 注意的转移 (B) 注意的分散
 (C) 注意的分配 (D) 注意的动摇

136. 需要是（　　）。
 (A) 顺利有效地完成某种活动所必须具备的心理条件
 (B) 人对客观外界事物的态度的体验
 (C) 激发个体朝着一定的目标活动，并维持这种活动的一种内部动力
 (D) 有机体内部不平衡状态的反映，表现为有机体对内外环境条件的欲求

137. 从需要产生的角度可把需要分为（　　）。
 (A) 自然需要和社会需要 (B) 物质需要和精神需要
 (C) 兴趣和爱好 (D) 生理需要和安全需要

138. 就满足需要的对象而言，可把需要分为（　　）。
 (A) 自然需要和社会需要 (B) 物质需要和精神需要
 (C) 兴趣和爱好 (D) 生理需要和尊重的需要

139. 激发个体朝着一定的目标活动，并维持这种活动的内部动力是（　　）。
 (A) 需要 (B) 动机
 (C) 意志 (D) 情绪

140. 由生理需要引起的，推动个体为恢复机体内部平衡的唤醒状态叫（　　）。
 (A) 情绪 (B) 兴趣
 (C) 内驱力 (D) 诱因

141. 能够引起有机体的定向活动并能满足某种需要的外部条件叫（　　）。
 (A) 内驱力 (B) 诱因
 (C) 需要 (D) 爱好

142. 动机是在（　　）的基础上产生的。
 (A) 需要 (B) 兴趣
 (C) 爱好 (D) 定势

143. 按照动机产生的根源可把动机划分为（　　）。
 (A) 生理性动机和社会性动机 (B) 有意识动机和无意识动机

(C) 内在动机和外在动机　　　　　(D) 原始动机和习得动机

144. 定势往往是一种（　　）动机。
(A) 有意识　　　　　　　　　　(B) 无意识
(C) 内在　　　　　　　　　　　(D) 外在

145. 人认识某种事物或从事某种活动的心理倾向叫（　　）。
(A) 态度　　　　　　　　　　　(B) 情绪
(C) 兴趣　　　　　　　　　　　(D) 爱好

146. 当兴趣不是指向对某种对象的认识，而是指向某种活动时便成了（　　）。
(A) 中心兴趣　　　　　　　　　(B) 直接兴趣
(C) 爱好　　　　　　　　　　　(D) 癖好

147. 1968年提出需要层次理论的美国心理学家是（　　）。
(A) 詹姆士　　　　　　　　　　(B) 斯佩里
(C) 罗杰斯　　　　　　　　　　(D) 马斯洛

148. 马斯洛把人对秩序、稳定，免除恐惧和焦虑的需要叫（　　）。
(A) 生理需要　　　　　　　　　(B) 安全需要
(C) 尊重的需要　　　　　　　　(D) 爱和归属的需要

149. "衣食足而知荣辱"符合马斯洛需要层次理论，即人的需要具有（　　）。
(A) 整体性　　　　　　　　　　(B) 选择性
(C) 层次性　　　　　　　　　　(D) 动力性

150. 马斯洛把人的最高层次的需要，即希望最大限度发挥自己潜能，不断完善自己，实现自己理想的需要叫（　　）。
(A) 安全的需要　　　　　　　　(B) 爱和归属的需要
(C) 尊重的需要　　　　　　　　(D) 自我实现的需要

151. 马斯洛认为，自我实现的境界是（　　）。
(A) 每个人都能达到的　　　　　(B) 大多数人都能达到的
(C) 少数人能够达到的　　　　　(D) 没有人能够达到的

152. 情绪和情感是以（　　）为中介的一种反映形式。
(A) 认识过程　　　　　　　　　(B) 需要
(C) 动机　　　　　　　　　　　(D) 人格

153. 情绪和情感是以（　　）为其反映形式的。
(A) 形象　　　　　　　　　　　(B) 概念
(C) 内心体验或感受　　　　　　(D) 表情

154. 情绪变化的外部表现模式叫（　　）。
(A) 激情　　　　　　　　　　　(B) 表征
(C) 应激　　　　　　　　　　　(D) 表情

155. 有爱就有恨；有喜悦就有悲伤；有紧张就有轻松，说明情绪和情感具有（　　）的特性。
(A) 相互关联　　　　　　　　　(B) 不可调和

(C) 两极对立 (D) 物极必反

156. 增力和减力是情绪和情感的两极性从( )上度量的表现。
    (A) 激动度 (B) 紧张度
    (C) 动力性 (D) 强度

157. 从生物进化的角度可把情绪分为( )。
    (A) 生物情绪和社会情绪 (B) 基本情绪和复合情绪
    (C) 积极情绪和消极情绪 (D) 情绪状态和高级情感

158. 近代研究中常把快乐、愤怒、悲哀和恐惧列为( )。
    (A) 情绪的基本形式 (B) 情绪状态的基本形式
    (C) 复合情绪的不同种类 (D) 情绪和情感变化的几种维度

159. 按情绪发生的速度、强度和持续时间对情绪进行的划分叫( )。
    (A) 基本情绪 (B) 复合情绪
    (C) 情绪状态 (D) 情感的种类

160. 按情绪状态可把情绪分为( )。
    (A) 心境、激情、应激 (B) 基本情绪和复合情绪
    (C) 道德感、理智感和美感 (D) 快乐、愤怒、悲哀和恐惧

161. 微弱、持久而又具有弥漫性的情绪体验状态叫( )。
    (A) 心境 (B) 激情
    (C) 应激 (D) 美感

162. 强烈的、爆发式的、持续时间较短的情绪状态叫( )。
    (A) 心境 (B) 激情
    (C) 应激 (D) 应激状态

163. 在出现意外事件或遇到危险情景时出现的高度紧张的情绪状态叫( )。
    (A) 激情 (B) 应激
    (C) 妄想 (D) 幻觉

164. 在遇到鱼和熊掌不可兼得时所体验到的动机冲突属于( )。
    (A) 双趋式冲突 (B) 双避式冲突
    (C) 趋避式冲突 (D) 双重趋避式冲突

165. 怕货币贬值,存钱会带来损失;花钱买东西,又没值得买的东西时所遇到的矛盾冲突属于( )。
    (A) 双趋式冲突 (B) 双避式冲突
    (C) 趋避式冲突 (D) 双重趋避式冲突

166. 想吃糖又怕胖;想考个好学校,又怕报名的人太多,竞争太激烈考不上的矛盾心理属于( )。
    (A) 双趋式冲突 (B) 双避式冲突
    (C) 趋避式冲突 (D) 双重趋避式冲突

167. 有多个目标,每个目标对自己都有利也都有弊,权衡利弊拿不定主意时的矛盾心情是( )。

(A) 双趋式冲突 　　　　　　　(B) 双避式冲突
(C) 趋避式冲突 　　　　　　　(D) 双重趋避式冲突

168. 对行动的目的有深刻的认识,能支配自己的行动,使之服从于活动目的的意志品质叫(　　)。
　　(A) 自觉性 　　　　　　　　(B) 果断性
　　(C) 坚韧性 　　　　　　　　(D) 自制性

169. 和意志自觉性相反的品质是(　　)。
　　(A) 受暗示性 　　　　　　　(B) 优柔寡断
　　(C) 虎头蛇尾 　　　　　　　(D) 任性

170. 迅速地、不失时机地采取决定的意志品质叫(　　)。
　　(A) 自觉性 　　　　　　　　(B) 果断性
　　(C) 坚韧性 　　　　　　　　(D) 自制性

171. 和意志坚韧性相反的品质是(　　)。
　　(A) 受暗示性 　　　　　　　(B) 优柔寡断
　　(C) 虎头蛇尾 　　　　　　　(D) 任性和怯懦

172. 和意志自制性相反的品质是(　　)。
　　(A) 受暗示性 　　　　　　　(B) 优柔寡断
　　(C) 虎头蛇尾 　　　　　　　(D) 任性和怯懦

173. 能力是(　　)。
　　(A) 从事任何活动都必须具备的最基本的心理条件
　　(B) 顺利有效地完成某种活动所必须具备的心理条件
　　(C) 认识事物并运用知识解决实际问题的能力
　　(D) 以思维力为其支柱和核心的

174. 从事任何活动都必须具备的最基本的心理条件,即认识事物并运用知识解决实际问题的能力叫(　　)。
　　(A) 意志 　　　　　　　　　(B) 情感
　　(C) 能力 　　　　　　　　　(D) 智力

175. 在组成智力的各种因素中,代表智力发展水平,是组成智力的支柱和核心的因素是(　　)。
　　(A) 观察力 　　　　　　　　(B) 记忆力
　　(C) 思维力 　　　　　　　　(D) 想象力

176. 按照能力发展的高低程度可把能力分为(　　)等几个层次。
　　(A) 知识、技能、才能 　　　(B) 能力、才能、天才
　　(C) 观察力、想象力、思维力 　(D) 能力、智力、智能

177. 影响能力发展的遗传因素主要指的是一个人的(　　)。
　　(A) 秉性 　　　　　　　　　(B) 素质
　　(C) 儿童正常发育的物质条件
　　(D) 儿童身体的各个器官和神经系统能否正常发育的条件

178. 环境和教育条件决定了( )。
 (A) 能力发展的方向　　　　　(B) 能力发展的速度
 (C) 能力发展的水平
 (D) 在遗传的基础上，能力发展的具体程度

179. 在不同的时间和地点都影响着一个人的思想、情感和行为的各种心理特性的总和构成了一个人的( )。
 (A) 能力　　　　　　　　　　(B) 气质
 (C) 人格　　　　　　　　　　(D) 性格

180. 构成人格的主要成分包括( )。
 (A) 需要和动机　　　　　　　(B) 能力和智力
 (C) 气质和性格　　　　　　　(D) 遗传素质和后天环境

181. 心理活动表现在强度、速度、稳定性和灵活性等方面动力性质的心理特征构成了人的( )。
 (A) 人格　　　　　　　　　　(B) 气质
 (C) 性格　　　　　　　　　　(D) 个性

182. 巴甫洛夫根据实验结果把高级神经活动划分成( )等几种类型。
 (A) 胆汁质、多血质、黏液质和抑郁质
 (B) 兴奋型、活泼型、安静型和抑制型
 (C) 内向型、外向型、中间型和特异型
 (D) 甲状腺型、垂体腺型、肾上腺型和性腺型

183. 巴甫洛夫认为，高级神经活动类型是由( )构成的。
 (A) 两种基本神经过程的不同组合
 (B) 神经过程的三个特性
 (C) 心理活动的动力特征
 (D) 两种基本神经过程的三个特性的不同组合

184. 胆汁质气质类型的高级神经活动过程的特点是( )。
 (A) 强、平衡、灵活　　　　　(B) 强、不平衡
 (C) 强、平衡、不灵活　　　　(D) 弱

185. 黏液质气质类型的高级神经活动过程的特点是( )。
 (A) 强、平衡、灵活　　　　　(B) 强、不平衡
 (C) 强、平衡、不灵活　　　　(D) 弱

186. 强、平衡、灵活的神经过程是( )气质类型的神经基础。
 (A) 胆汁质　　　　　　　　　(B) 多血质
 (C) 黏液质　　　　　　　　　(D) 抑郁质

187. 弱型的神经过程是( )气质类型的神经基础。
 (A) 胆汁质　　　　　　　　　(B) 多血质
 (C) 黏液质　　　　　　　　　(D) 抑郁质

188. "江山易改禀性难移"说的是( )。

(A) 一个人的性格特点是难以变化的
(B) 一个人的气质在一生中是比较稳定的
(C) 环境改变了，人的气质也不会发生变化
(D) 环境决定着人的气质，也决定着一个人成就的高低

189. 一个人在对现实的稳定的态度和习惯化了的行为方式中表现出来的人格特征叫（ ）。
(A) 个性 (B) 人格
(C) 性格 (D) 气质

190. 一个人对人、物或思想观念的反应倾向性叫（ ）。
(A) 态度 (B) 能力
(C) 气质 (D) 性格

191. 态度特征、意志特征、情绪特征和理智特征是性格（ ）。
(A) 的分类标准 (B) 的社会道德评价标准
(C) 结构的组成部分 (D) 社会属性的体现

192. 人格结构动力理论的典型代表是（ ）。
(A) 弗洛伊德的人格结构理论 (B) 荣格的内外向人格结构理论
(C) 奥尔波特的人格理论 (D) 艾森克的人格结构维度理论

193. 荣格把人格分为（ ）等类型。
(A) 内隐和外显 (B) 胆汁质、多血质、黏液质和抑郁质
(C) 内向型和外向型 (D) 思维型和艺术型

194. 人格特质理论的创始人是（ ）。
(A) 荣格 (B) R. B. 卡特尔
(C) G. W. 奥尔波特 (D) H. J. 艾森克

195. 奥尔波特把人格特质分为（ ）。
(A) 内倾特质和外倾特质 (B) 共同特质和个人特质
(C) 表面特质和根源特质 (D) 内外倾、神经质和精神质

196. 卡特尔的16种人格因素理论属于人格理论的（ ）。
(A) 动力理论 (B) 类型理论
(C) 特质理论 (D) 内外倾理论

197. 艾森克的人格理论属于人格理论的（ ）。
(A) 动力理论 (B) 类型理论
(C) 特质理论 (D) 内外倾理论

二、多项选择题

198. 心理学研究的对象包括（ ）。
(A) 动物的心理现象 (B) 儿童的心理现象
(C) 正常成人的心理现象 (D) 精神病人的心理现象

199. 心理现象包括( )。
    (A) 认识、情绪和情感、意志　　(B) 需要和动机
    (C) 能力　　　　　　　　　　　(D) 气质和性格

200. 人格包括一个人的( )。
    (A) 能力　　　　　　　　　　　(B) 气质
    (C) 性格　　　　　　　　　　　(D) 情绪和情感

201. 人的心理是( )。
    (A) 脑的机能　　　　　　　　　(B) 对客观现实的反映
    (C) 大脑活动的物质产品　　　　(D) 一种主观的现象

202. 心理现象产生的标志是( )。
    (A) 能对外界刺激做出规律性的回答
    (B) 能对具有生物学意义的信号刺激做出反应
    (C) 能够形成条件反射
    (D) 有了知觉

203. 动物心理发展包含的阶段有( )。
    (A) 感觉阶段　　　　　　　　　(B) 知觉阶段
    (C) 思维萌芽阶段　　　　　　　(D) 思维阶段

204. 人的心理能反映事物的本质和事物之间内在的联系，所以只有人的心理才能叫( )。
    (A) 心理　　　　　　　　　　　(B) 思维
    (C) 意识　　　　　　　　　　　(D) 精神

205. 人的心理( )。
    (A) 具有能动性　　　　　　　　(B) 具有主观性
    (C) 是脑活动的物质产品　　　　(D) 是镜子似的反映

206. 心理反映的形式可以是( )。
    (A) 事物的形象　　　　　　　　(B) 概念
    (C) 体验　　　　　　　　　　　(D) 欲望和要求

207. 心理和人的行为之间的关系表现为( )。
    (A) 心理支配人的行为　　　　　(B) 人的心理通过行为表现出来
    (C) 心理就是行为　　　　　　　(D) 行为就是心理

208. 科学心理学诞生以前，对心理现象的研究主要用的方法是( )。
    (A) 总结个人经验　　　　　　　(B) 实验
    (C) 思辨　　　　　　　　　　　(D) 测验

209. 机能主义心理学是在( )的思想影响下产生的。
    (A) 达尔文的进化论　　　　　　(B) 詹姆士的实用主义
    (C) 冯特的构造主义　　　　　　(D) 康德的唯物主义

210. 行为主义认为( )。
    (A) 心理学的任务在于查明刺激和反应之间的规律性关系

(B) 可以根据刺激推知反应，根据反应推知刺激
(C) 可以通过控制环境塑造人的心理和行为
(D) 人的心理包含着两个主要的部分：意识和无意识

211. 精神分析学派认为( )。
    (A) 人的心理包含着两个主要的部分：意识和无意识
    (B) 人的心理结构可以分为三个层次：本我、自我和超我
    (C) 本我、自我和超我三个层次发展平衡就是健全的人格
    (D) 本我、自我和超我三个层次发展不平衡就会导致精神疾病的发生

212. 人本主义心理学因与( )的观点有明显的分歧而被称为心理学的第三势力。
    (A) 构造主义   (B) 机能主义
    (C) 行为主义   (D) 精神分析

213. 人本主义心理学( )。
    (A) 重视人自身的价值   (B) 提倡充分发挥人的潜能
    (C) 认为人都有自我实现的需要
    (D) 认为可以通过控制环境来塑造人的心理和行为

214. 认知心理学的主要特点包括( )。
    (A) 从整体的观点出发研究构成人的心理的基本元素
    (B) 把人看作信息加工系统，从信息加工的观点研究人的认识活动
    (C) 从信息的输入、编码、转换、储存和提取的过程来研究人的认知活动
    (D) 从实用主义的观点出发研究人的心理在适应环境中的作用

215. 研究心理学必须坚持的原则有( )。
    (A) 客观性原则   (B) 辩证发展原则
    (C) 理论联系实际原则   (D) 还原论原则

216. 心理学研究常用的研究方法有( )。
    (A) 观察法   (B) 调查法
    (C) 个案法   (D) 实验法

217. 神经元可分为( )等几种。
    (A) 躯体神经元和植物神经元
    (B) 感觉神经元、运动神经元和中间神经元
    (C) 传入神经元、传出神经元和联络神经元
    (D) 视觉神经元、听觉神经元、嗅觉神经元和味觉神经元

218. 从神经系统各部位的颜色就可以知道，( )。
    (A) 红色部位是神经中枢所在的部位
    (B) 灰色部位是神经元的树突和细胞体集中的地方
    (C) 蓝色部位是植物性神经系统所在的部位
    (D) 白色部位是神经元的轴突经过的地方

219. 外周神经系统由( )组成。

(A) 12对脑神经和31对脊神经　　(B) 交感神经和副交感神经
(C) 躯体神经和自主神经　　　　(D) 自主神经和植物神经

220. 自主神经系统(　　)。
(A) 又叫植物性神经系统
(B) 一般不受意识的支配
(C) 包括功能相反的交感神经和副交感神经
(D) 与情绪反应有密切的关系

221. 灰质是神经元的树突和细胞体所在的部位，呈灰色。在中枢神经系统里，灰质所在的部位是有变化的。下列正确的说法是(　　)。
(A) 脊髓的灰质在外周，白质中中间
(B) 脊髓的白质在外周，灰质中中间
(C) 大脑的灰质在外层，白质在内部
(D) 大脑的白质在外层，灰质在内部

222. 延脑或叫延髓(　　)。
(A) 中有生命中枢
(B) 是植物性神经系统的重要中枢
(C) 调节着肌张力，使运动能够正常进行
(D) 其椎体交叉使大脑两半球和身体两侧的神经纤维是对侧传导和支配的

223. 小脑的功能有(　　)。
(A) 实现对内脏系统活动的调节　　(B) 保持身体平衡
(C) 调节肌肉紧张度　　　　　　　(D) 实现随意运动和不随意运动

224. 大脑的外层叫(　　)。
(A) 大脑灰质　　　　　　　　　　(B) 大脑白质
(C) 大脑皮质　　　　　　　　　　(D) 大脑皮层

225. 以沟和裂为界限，大脑半球外侧面可分为(　　)等几个组成部分。
(A) 额叶　　　　　　　　　　　　(B) 顶叶
(C) 枕叶　　　　　　　　　　　　(D) 颞叶

226. 额叶上靠近中央沟的回(　　)。
(A) 叫中央前回　　　　　　　　　(B) 叫中央后回
(C) 是躯体感觉中枢　　　　　　　(D) 是躯体运动中枢

227. 顶叶上靠近中央沟的回(　　)。
(A) 叫中央前回　　　　　　　　　(B) 叫中央后回
(C) 是躯体感觉中枢　　　　　　　(D) 是躯体运动中枢

228. 大脑皮层的机能分工是(　　)。
(A) 视觉中枢位于枕叶　　　　　　(B) 视觉中枢位于颞叶
(C) 躯体感觉中枢位于中央前回　　(D) 躯体感觉中枢位于中央后回

229. 大脑两半球的(　　)。
(A) 结构基本上是相同的　　　　　(B) 机能是对称的

(C) 结构是不同的 (D) 机能是不对称的

230. 大脑皮层的机能分工是（　　）。
(A) 视觉中枢位于枕叶
(B) 听觉中枢位于颞叶
(C) 躯体运动中枢位于顶叶
(D) 躯体运动中枢位于额叶

231. 对于一般人来说，（　　）。
(A) 大脑左半球言语功能占优势
(B) 大脑左半球形象思维占优势
(C) 大脑右半球言语功能占优势
(D) 大脑右半球形象思维占优势

232. 对于一般人来说，他的左半球占优势的功能是（　　）。
(A) 音乐和美术能力
(B) 形成概念
(C) 情绪的表达和识别
(D) 进行逻辑推理

233. 对于一般人来说，他的右半球占优势的功能是（　　）。
(A) 形成概念
(B) 音乐和美术活动
(C) 进行逻辑推理
(D) 情绪的表达和识别

234. 美国神经心理学家斯佩里做割裂脑实验的时候是切断了（　　）。
(A) 网状结构
(B) 胼胝体
(C) 连接端脑和小脑之间的神经纤维束
(D) 连接左右两个半球的神经纤维束

235. 实现反射活动的神经结构叫反射弧，它由（　　）等几部分组成。
(A) 感受器和效应器
(B) 传入和传出神经
(C) 反馈传导通路
(D) 神经中枢

236. 下列选项中属于无条件反射的是（　　）。
(A) 吃东西流口水
(B) 强光照射下瞳孔收缩
(C) 看见酸梅就流口水
(D) 一朝被蛇咬，十年怕井绳

237. 下列选项中属于条件反射的是（　　）。
(A) 马戏团里驯兽员给大狗熊一个皮球，它就往球筐里投
(B) 强光照射下瞳孔收缩
(C) 看见酸梅就流口水
(D) 一朝被蛇咬，十年怕井绳

238. 桑代克和斯金纳所研究的条件反射叫（　　）。
(A) 经典条件反射
(B) 防御性条件反射
(C) 操作条件反射
(D) 工具条件反射

239. 下列选项中属于经典条件反射的有（　　）。
(A) 看见酸梅就流口水
(B) 一朝被蛇咬，十年怕井绳
(C) 大白鼠进入斯金纳箱里就按压杠杆
(D) 马戏团里驯兽员给大狗熊一个皮球，它就往球筐里投

240. 下列选项中属于操作条件反射的有（　　）。
(A) 看见酸梅就流口水
(B) 大白鼠学会了走迷宫

(C) 大白鼠进入斯金纳箱里就按压杠杆
(D) 马戏团里驯兽员给大狗熊一个皮球，它就往球筐里投

241. 条件反射在( )的条件下会被抑制。
(A) 外抑制　　　　　　　　　　(B) 超限抑制
(C) 消退抑制　　　　　　　　　(D) 分化抑制

242. 由身体外部来的刺激作用于感觉器官所引起的感觉叫外部感觉，它包括( )。
(A) 视觉和听觉　　　　　　　　(B) 嗅觉和味觉
(C) 运动觉和平衡觉　　　　　　(D) 皮肤感觉

243. 由身体内部来的刺激引起的感觉叫内部感觉，它包括( )。
(A) 视觉和听觉　　　　　　　　(B) 嗅觉和味觉
(C) 运动觉和平衡觉　　　　　　(D) 机体觉

244. 皮肤感觉包括( )。
(A) 触觉和压觉　　　　　　　　(B) 温觉和冷觉
(C) 振动觉和痛觉　　　　　　　(D) 平衡觉

245. 机体觉包括( )的感觉。
(A) 饿、胀和渴　　　　　　　　(B) 窒息
(C) 恶心、便意和性　　　　　　(D) 疼痛

246. 下列说法正确的有( )。
(A) 外界物体对感觉器官发生的作用叫刺激
(B) 对感觉器官发生作用的外界物体叫刺激物
(C) 刚能引起感觉的刺激强度叫最小可觉差
(D) 能引起感觉器官清晰感觉的刺激叫适宜刺激

247. 刚刚能引起感觉的最小刺激强度叫( )。
(A) 绝对阈限　　　　　　　　　(B) 最小可觉差
(C) 绝对感觉阈限　　　　　　　(D) j.n.d

248. 感觉阈限是一个范围，( )。
(A) 能够感觉到的最小刺激强度叫下限
(B) 能够引起中等强度感觉的刺激强度叫适宜刺激
(C) 能够忍受的刺激的最大强度叫上限
(D) 下限和上限之间的刺激都是可以引起感觉的范围

249. 刚刚能引起差别感觉的刺激的最小变化量叫( )。
(A) 差别感觉阈限　　　　　　　(B) 差别阈限
(C) 最小可觉差　　　　　　　　(D) j.n.d

250. 视觉的适宜刺激是( )。
(A) 光波
(B) 波长在16～20000纳米之间的电磁波
(C) 波长在380～780纳米之间的电磁波

(D) 波长在 1000~4000 纳米之间的电磁波

251. 视网膜视细胞层上有杆体细胞和锥体细胞两种,( )。
(A) 杆体细胞是明视觉器官;锥体细胞是暗视觉器官
(B) 杆体细胞是暗视觉器官;锥体细胞是明视觉器官
(C) 杆体细胞的视觉是暗视觉;锥体细胞的视觉是明视觉
(D) 杆体细胞的视觉是明视觉;锥体细胞的视觉是暗视觉

252. 色觉异常的特点有( )。
(A) 色觉异常可分为色弱、部分色盲和全色盲
(B) 色觉异常绝大多数是遗传的原因造成的
(C) 色觉异常的人碍于面子常用正常人的术语来命名物体的颜色
(D) 有色觉异常的人若不经过科学鉴定他自己不见得能知道自己有色觉缺陷

253. 红绿色盲的人( )。
(A) 看不见光谱上的黄和蓝   (B) 看不见光谱上的红和绿
(C) 把光谱上的红和绿看成是不同明度的灰
(D) 把光谱上的黄和蓝看成是不同明度的灰

254. 黄蓝色盲的人( )。
(A) 看不见光谱上的黄和蓝
(B) 看不见光谱上的红和绿
(C) 把光谱上的红和绿看成是不同明度的灰
(D) 把光谱上的黄和蓝看成是不同明度的灰

255. 色觉异常多是遗传造成的,遗传的途径是,色觉异常的外祖父( )。
(A) 直接传给了母亲,所以母亲不能正确分辨颜色
(B) 通过母亲传给外孙
(C) 通过母亲传给外孙女
(D) 通过母亲和色觉异常的父亲一起传给外孙女

256. 听觉的适宜刺激是( )。
(A) 1000~10000Hz 的空气振动   (B) 16~20000 Hz 的空气振动
(C) 声波   (D) 电磁波

257. 决定声音特性的是( )。
(A) 声波的频率决定了声音的音调
(B) 声波的振幅决定了声音的响度
(C) 声波的波形决定了声音的音色
(D) 声波的频率和波形决定了声音的音色

258. 如果听觉疲劳不断积累,长期得不到恢复,将会导致( )。
(A) 听觉疲劳   (B) 听力降低
(C) 职业性耳聋   (D) 永久性听力丧失

259. 皮肤感觉包括( )。
(A) 触觉和压觉   (B) 温觉和冷觉

(C) 振动觉 (D) 痛觉

260. 两点阈的大小( )。
 (A) 各人都一样 (B) 因人而异
 (C) 身体不同部位也不一样 (D) 一个人身体各部位是一样的

261. 平衡觉( )。
 (A) 又叫静觉 (B) 又叫动觉
 (C) 的感受器是科蒂氏器官 (D) 的感受器是前庭器官

262. 动觉( )。
 (A) 又叫运动觉 (B) 又叫静觉
 (C) 的感受器是肌梭、腱梭和关节小体
 (D) 的皮层中枢在中央后回

263. 内脏感觉( )。
 (A) 又叫机体觉 (B) 包括饥饿、饱胀和渴的感觉
 (C) 包括窒息、疲劳和痛的感觉 (D) 包括酸辣甜咸、身体姿势的感觉

264. 痛觉( )。
 (A) 机体受到伤害时产生的痛苦感觉
 (B) 虽痛苦却对机体具有保护性的作用
 (C) 的感受器分布在机体所有的组织中
 (D) 没有适宜刺激

265. 痛觉( )。
 (A) 难以适应 (B) 感受性和一个人对痛的认识有关
 (C) 感受性和一个人的胖瘦有关 (D) 感受性和一个人的性格特点有关

266. 属于感觉适应的现象有( )。
 (A) 入芝兰之室久而不闻其香
 (B) 电灯灭了,眼睛里还会看到亮着的灯泡的形状
 (C) 从亮处到暗处,开始看不到东西,要过一段时间才能看到
 (D) 绿叶陪衬下的红花看起来更红了

267. 对光适应和对暗适应有不同的特点,表现在( )。
 (A) 对光适应感受性降低,对暗适应感受性提高
 (B) 对光适应感觉阈限降低,对暗适应感觉阈限升高
 (C) 对光适应需要的时间长,对暗适应需要的时间短
 (D) 对光适应需要的时间短,对暗适应需要的时间长

268. 下列选项中属于感觉后像的现象有( )。
 (A) 入芝兰之室久而不闻其香
 (B) 电灯灭了,眼睛里还会看到亮着的灯泡的形状
 (C) 声音停止后,耳朵里还有这个声音的余音在萦绕
 (D) 绿叶陪衬下的红花看起来更红了

269. 感觉后像的特点有( )。

(A) 感觉后像可分为正后像和负后像
(B) 彩色的负后像是刺激色的补色
(C) 感觉后像的感受性更高了
(D) 正后像和负后像是可以相互转换的

270. 感觉对比的特点有( )。
(A) 感觉对比是在刺激物的持续作用下感受性发生变化的现象
(B) 感觉对比是不同刺激物作用于同一感觉器官使感受性发生变化的现象
(C) 各种感觉器官都可以发生感觉对比的现象
(D) 感觉对比分为同时对比和相继对比两种

271. 下列选项中属于感觉对比的现象有( )。
(A) 吃完苦药后,再吃糖觉得糖更甜
(B) 绿叶陪衬下的红花看起来更红了
(C) 声音停止后,耳朵里还有这个声音的余音在萦绕
(D) 一样亮的灰分别放在白背景和黑背景上,看起来明度不一样了

272. 下列选项中属于联觉的现象有( )。
(A) 红色看起来觉得温暖
(B) 听着节奏鲜明的音乐,觉得灯光也和音乐节奏一样在闪动
(C) 声音停止后,耳朵里还有这个声音的余音在萦绕
(D) 绿叶陪衬下的红花看起来更红了

273. 知觉的基本特性有( )。
(A) 整体性   (B) 选择性
(C) 理解性   (D) 恒常性

274. 知觉恒常性种类包括( )知觉恒常性等几种。
(A) 大小、形状   (B) 运动
(C) 颜色、明度   (D) 气味、味道

275. 感觉和知觉的区别在于( )。
(A) 感觉反映的是物体的个别属性,知觉认识的是物体的整体
(B) 感觉是单一感官活动的结果,知觉是各种感官协同活动的结果
(C) 不同的人对同一物体的感觉是相同的
(D) 不同的人对同一物体的知觉会因人而异

276. 知觉包括( )等多种。
(A) 平衡觉和运动觉   (B) 空间知觉和时间知觉
(C) 运动知觉和错觉   (D) 触觉和振动觉

277. 空间知觉包括( )等多种。
(A) 大小知觉和形状知觉   (B) 运动知觉和远近知觉
(C) 距离知觉和方位知觉   (D) 似动知觉和错觉

278. 距离知觉又叫( )。
(A) 远近知觉   (B) 立体知觉

(C) 运动知觉　　　　　　　　　　(D) 深度知觉

279. 距离知觉产生的肌肉线索包括( )。
 (A) 眼睛的调节作用　　　　　　(B) 线条和空气的透视作用
 (C) 双眼视轴的辐合作用　　　　(D) 双眼视差

280. 深度知觉产生的单眼线索包括( )。
 (A) 线条和空气的透视　　　　　(B) 对象的重叠
 (C) 运动视差和明暗、阴影　　　(D) 双眼视轴的辐合

281. 物体在两眼视网膜上形成的两个略有差异的视像( )。
 (A) 叫双眼视差　　　　　　　　(B) 是形成距离知觉的单眼线索
 (C) 是形成距离知觉的主要线索　(D) 是形成距离知觉的肌肉线索

282. 人对时间的估计可以根据( )。
 (A) 日出日落的交替　　　　　　(B) 一年四季的变化
 (C) 生理活动的周期性变化　　　(D) 心理活动的周期性变化

283. 影响时间估计准确性的因素有( )。
 (A) 用来估计时间的感觉器官　　(B) 要估计的时间的长短
 (C) 要估计的时间内活动内容的多少
 (D) 对要估计的时间内所发生事件的态度

284. 物体并没有发生位移，却被知觉为运动的现象( )。
 (A) 叫似动现象　　　　　　　　(B) 叫动景现象
 (C) 叫Φ现象　　　　　　　　　(D) 是一种视觉的运动错觉

285. 下列属于似动现象的选项有( )。
 (A) 手表上分针的运动　　　　　(B) 活动的电影画面
 (C) 行驶的火车　　　　　　　　(D) 霓虹灯的动感变化

286. 错觉的性质包括( )。
 (A) 是对客观事物歪曲的知觉
 (B) 只要具备产生错觉的条件，错觉就一定会发生
 (C) 只要知道错觉产生的原因，就可以克服错觉
 (D) 错觉所产生的歪曲带有固定的倾向

287. 错觉的种类包括( )的错觉。
 (A) 线段长短　　　　　　　　　(B) 线段方向
 (C) 面积大小　　　　　　　　　(D) 不同感觉器官相互作用形成

288. ( )等都属于不同感觉器官相互作用形成的错觉。
 (A) 线条长短的错觉　　　　　　(B) 面积大小的错觉
 (C) 视听错觉　　　　　　　　　(D) 形重错觉

289. 对于错觉的产生的原因有各种观点，正确的看法应该是( )。
 (A) 可以找出一些理由来解释所有的错觉
 (B) 不可能找出一些理由来解释所有的错觉
 (C) 各种错觉的产生都有其特殊的原因

(D) 感觉器官的相互作用产生的错觉有共同的原因
290. 记忆的内容包括( )。
(A) 直接作用于感觉器官的事物 (B) 过去感知过的事物、思考过的问题
(C) 体验过的情绪 (D) 操作过的动作
291. 按照记忆的内容,记忆的种类包括( )。
(A) 形象记忆和情景记忆 (B) 语义记忆
(C) 情绪记忆和动作记忆 (D) 程序记忆
292. 认知心理学按照信息保存时间的长短以及信息的编码、储存和加工方式的不同,将记忆分为( )。
(A) 瞬时记忆 (B) 程序记忆
(C) 短时记忆 (D) 长时记忆
293. 短时记忆的编码方式为( )。
(A) 语言文字材料是语音的记忆
(B) 语言文字材料是内隐的记忆
(C) 非语言文字材料是形象的记忆
(D) 非语言文字材料是程序性的记忆
294. 回忆( )。
(A) 也叫再现 (B) 是识记和保持的结果
(C) 是对识记和保持的检验 (D) 有助于巩固所学的知识
295. 遗忘的原因主要的有( )。
(A) 系列位置的效应 (B) 记忆痕迹的自然衰退
(C) 干扰的作用 (D) 记忆材料的类似
296. 系列位置效应包括( )。
(A) 首因效应和近因效应 (B) 开头效应和末尾效应
(C) 首位效应和末位效应 (D) 首位效应和新近效应
297. 思维的特点有( )。
(A) 思维反映的是事物的本质和事物之间的内在联系
(B) 通过思维可以把一类事物的共同属性抽取出来形成概念
(C) 人们借助于概念可以认识那些还没有认识的事物
(D) 因为有了思维,使人的认识具有了超脱现实的性质
298. 思维的间接性表现在( )。
(A) 思维能通过已知推断出未知
(B) 思维借助于媒介,能对根本不能直接感知的客观事物进行反映
(C) 借助于思维,人们还能对尚未发生的事件作出预测
(D) 思维可以把一类事物的共同属性抽取出来并用词把它概括出来
299. 思维的概括性表现在( )。
(A) 思维可以把一类事物的共同属性抽取出来,形成概括性的认识
(B) 思维可以把事物的特性抽取出来,加以分类并用词把其标示出来

(C) 通过思维可以从已知推断出未知

(D) 通过思维可以预见到尚未发生的事情

300. 思维的智力操作过程包括(   )。
    (A) 分析
    (B) 综合
    (C) 抽象
    (D) 概括

301. 按照思维的形态,可把思维分作为(   )等几种。
    (A) 动作思维
    (B) 形象思维
    (C) 抽象思维
    (D) 创造性思维

302. 按照已知的信息和熟悉的规则进行的思维叫(   )。
    (A) 辐合思维
    (B) 发散思维
    (C) 求同思维
    (D) 求异思维

303. 沿着不同方向探索问题答案的思维叫做(   )。
    (A) 辐合思维
    (B) 发散思维
    (C) 求同思维
    (D) 求异思维

304. 影响问题解决的因素有(   )。
    (A) 迁移的作用
    (B) 定势的作用
    (C) 原型启发的作用
    (D) 思维形态的作用

305. 下列选项中属于迁移作用的例子有(   )。
    (A) 学会骑自行车有助于学骑摩托车
    (B) 会骑自行车的人刚骑三轮车时不如不会骑自行车的人顺利
    (C) 学了普通心理学再学心理学的其他分支会觉得容易
    (D) 鲁班因被带齿的丝毛草划破了皮肤而发明了锯子

306. 下列选项中属于原型启发作用的例子有(   )。
    (A) 瓦特看到水开时蒸气把壶盖顶起来,受到启发,发明了蒸汽机
    (B) 牛顿看到苹果掉到地上,发现了万有引力定律
    (C) 阿基米德洗澡时觉得身体受到水的浮力,发现了浮力定律
    (D) 鲁班因被带齿的丝毛草划破了皮肤而发明了锯子

307. 下列选项中属于定势作用的有(   )。
    (A) 把13放在英文字母中间会把它读成B;把它放到阿拉伯数字中间会把它读成13
    (B) 老师对某位同学印象好,阅卷时会不自觉地多给他几分
    (C) 在人际知觉中第一印象的作用
    (D) 天气预报说今天要下雨,我早晨上班时带上了雨伞

308. 言语的特点包括(   )。
    (A) 言语是人们运用语言交流思想,进行交际的过程
    (B) 言语是一种心理现象
    (C) 言语是一种社会现象
    (D) 言语活动离不开语言

309. 外部言语包括(　　)等几种形式。
    (A) 对话言语　　　　　　　　(B) 非交际性言语
    (C) 独白言语　　　　　　　　(D) 书面言语

310. 参与言语活动的皮质部位包括(　　)。
    (A) 言语运动中枢　　　　　　(B) 言语听觉中枢
    (C) 视觉性言语中枢　　　　　(D) 书写性言语中枢

311. 由言语中枢受到损伤造成的失语症有(　　)。
    (A) 表达性失语症　　　　　　(B) 接受性失语症
    (C) 失读症　　　　　　　　　(D) 失写症

312. 运动性言语中枢(　　)。
    (A) 又叫布洛卡中枢　　　　　(B) 又叫威尔尼克中枢
    (C) 受到损伤会产生接受性失语症　(D) 受到损伤会产生表达性失语症

313. 听觉性言语中枢(　　)。
    (A) 又叫布洛卡中枢　　　　　(B) 又叫威尔尼克中枢
    (C) 受到损伤会产生接受性失语症　(D) 受到损伤会产生表达性失语症

314. 表象是(　　)。
    (A) 过去感知过的事物的形象在头脑中再现的过程
    (B) 属于形象记忆的范畴
    (C) 在头脑中出现的事物的形象
    (D) 一种再造想象的过程

315. 表象的形象可以在头脑里放大、缩小、翻转的特性(　　)。
    (A) 叫有意表象　　　　　　　(B) 叫表象的可操作性
    (C) 使表象可以成为想象的素材　(D) 就是一种形象思维的过程

316. 想象(　　)。
    (A) 是以表象作为素材的　　　(B) 是创造出新形象的思维过程
    (C) 属于记忆的范畴　　　　　(D) 包括有意想象和无意想象两种

317. 下列选项中属于创造想象的有(　　)。
    (A) 作家塑造文学人物的过程
    (B) 画家构思一幅图画的过程
    (C) 音乐家谱写一首乐曲的过程
    (D) 服装设计师设计服装新款式的过程

318. 幻想的特点是(　　)。
    (A) 其内容和一个人的愿望相联系
    (B) 没有预定目的,在某种刺激作用下不由自主产生的
    (C) 其内容指向于未来
    (D) 科学幻想和理想都是积极的幻想

319. 在快速眼动的睡眠阶段里,(　　)。
    (A) 能觉察到外界刺激

(B) 出现类似于清醒状态下的高频低幅的脑电波
(C) 眼球开始上下左右快速移动
(D) 梦境开始出现

320. 梦的特点包括( )。
 (A) 梦境的不连续性 (B) 梦境的不协调性
 (C) 认知的不确定性 (D) 容易出现灵感

321. 梦剥夺实验证明, ( )
 (A) 做梦是一种正常的生理和心理现象
 (B) 做梦并不妨碍身体健康
 (C) 人人睡觉都做梦
 (D) 一夜不只做一次梦

322. 注意是( )。
 (A) 一种心理过程
 (B) 指心理活动对一定对象的指向和集中
 (C) 心理活动的特点
 (D) 心理过程的状态

323. 注意可分为( )。
 (A) 随意注意和不随意注意 (B) 无意注意和有意注意
 (C) 有意注意和随意注意 (D) 无意注意和不随意注意

324. 注意的起伏是( )。
 (A) 在稳定注意的条件下,感受性发生周期性增强和减弱的现象
 (B) 人人都有的普遍的现象
 (C) 和注意的稳定性相反的品质
 (D) 是由生理活动的周期性引起来的

325. 能够分配注意的条件是,所从事的( )。
 (A) 活动中必须有一些活动是非常熟练的
 (B) 活动不能在同一感觉道内完成
 (C) 活动不能用同一种心理操作来完成
 (D) 几种活动之间应该有内在的联系

326. 需要( )。
 (A) 都有对象,没有对象的需要是不存在的
 (B) 受社会的制约,带有社会性
 (C) 是不断发展的,永远不会停留在一个水平上
 (D) 是推动有机体活动的动力和源泉

327. 生理需要又叫( )。
 (A) 生长需要 (B) 自然需要
 (C) 生物需要 (D) 缺失性需要

328. 以人类的社会文化需要为基础而产生的社会性动机包括（　　）。
　　（A）交往动机　　　　　　　　　（B）成就动机
　　（C）权力动机　　　　　　　　　（D）兴趣和爱好
329. 兴趣的品质包括兴趣的（　　）。
　　（A）倾向性　　　　　　　　　　（B）广阔性
　　（C）效能　　　　　　　　　　　（D）持久性
330. 内在动机和外在动机之间的关系应该是（　　）。
　　（A）只能有一种动机起作用
　　（B）内在动机和外在动机对推动人的行为、活动都能发挥作用
　　（C）外在动机只有在不损害内在动机的条件下才是积极的
　　（D）奖励的价值越高，对人活动的推动作用就越大
331. 马斯洛把人的需要分为生理需要、（　　）以及自我实现的需要等层次。
　　（A）安全的需要　　　　　　　　（B）缺失性需要
　　（C）爱和归属的需要　　　　　　（D）尊重的需要
332. 低层次的需要的特点是（　　）。
　　（A）无论从种族的演化或个体的成长来说，层次越低的需要出现的越早
　　（B）层次越低的需要力量越强，它们能否得到满足直接关系到个体的生存
　　（C）只有当较低层次的需要得到基本的满足，较高层次的需要才会出现
　　（D）有益于健康、长寿和精力的旺盛
333. 在马斯洛的需要层次理论中，缺失性需要是（　　）。
　　（A）在种族和个体发展过程中早期出现的需要
　　（B）在人类才发展出来的需要
　　（C）关系到个体生存的需要
　　（D）有益于健康、长寿和精力旺盛的需要
334. 在马斯洛的需要层次理论中的生长需要（　　）。
　　（A）是低层次的需要
　　（B）是高层次的需要
　　（C）的满足关系到个体的生存
　　（D）的满足有益于健康、长寿和精力旺盛
335. 情绪和情感（　　）。
　　（A）是人脑对客观外界事物与主体需要之间关系的反映
　　（B）的反映形式是主观感受
　　（C）有其外部表现形式
　　（D）会引起一定的生理变化
336. 情绪、情感和认识活动之间的区别表现在（　　）上。
　　（A）反映的内容　　　　　　　　（B）反映的形式
　　（C）是否有外在表现　　　　　　（D）是否有生理变化

337. 表情（　　）。
    (A) 的产生有先天的、不学而会的性质
    (B) 的产生有后天模仿学习获得的性质
    (C) 全人类都相同的是先天的，与文化背景有关的是学习得来的
    (D) 包括面部表情、身段表情和言语表情三种

338. 表情包括（　　）等几种。
    (A) 面部表情　　　　　　　　(B) 身段表情
    (C) 言语表情　　　　　　　　(D) 内在表情

339. 情绪和情感的关系表现在（　　）。
    (A) 情感表现情绪　　　　　　(B) 情感通过情绪表现
    (C) 情感制约情绪的表现方式　(D) 情感受制于情绪

340. 情绪和情感具有（　　）的功能。
    (A) 适应　　　　　　　　　　(B) 动机
    (C) 组织　　　　　　　　　　(D) 信号

341. 情绪和情感的两极性表现在情绪和情感的（　　）上。
    (A) 动力性　　　　　　　　　(B) 强度
    (C) 紧张度　　　　　　　　　(D) 激动度

342. 划分情绪状态的标准包括（　　）。
    (A) 情绪发生的速度　　　　　(B) 情绪的强度
    (C) 情绪持续的时间　　　　　(D) 情绪的内容

343. 心境的特点有（　　）。
    (A) 强度比较小，但持续的时间比较长
    (B) 不是对某一事件的特定体验，而是以同样的态度对待所有的事件
    (C) 其产生都有其原因，但这种原因人们又常常意识不到
    (D) 对人的生活、工作和健康都会发生重要的影响

344. 激情的特点有（　　）。
    (A) 常由重大的、突如其来的事件或激烈的意向冲突引起
    (B) 强度比较大，但持续时间比较短
    (C) 会激发出人的意想不到的潜能的发挥
    (D) 会使人的认识范围变得狭窄，分析能力和自我控制能力降低

345. 强烈和持久的应激反应会（　　）。
    (A) 激发人的高度热情
    (B) 损害人的工作效能
    (C) 造成对许多疾病或障碍的易感状态
    (D) 提高人的免疫力

346. 高级情感主要包括（　　）。
    (A) 道德感　　　　　　　　　(B) 美感
    (C) 理智感　　　　　　　　　(D) 喜悦感

347. 意志过程的主要特点包括(　　)。
    (A) 意志是顺利有效地完成某种活动所必须具备的心理条件
    (B) 意志是有意识地确立行动目的的过程
    (C) 意志是有意识地调节和支配自己行动的过程
    (D) 意志是通过克服困难和挫折实现预定目的的过程

348. 动机冲突的形式主要的有(　　)。
    (A) 双趋式冲突　　　　　　　(B) 双避式冲突
    (C) 趋避式冲突　　　　　　　(D) 双重趋避式冲突

349. 意志的品质有(　　)。
    (A) 自觉性　　　　　　　　　(B) 果断性
    (C) 坚韧性　　　　　　　　　(D) 自制性

350. 和意志果断性相反的品质是(　　)。
    (A) 受暗示性　　　　　　　　(B) 优柔寡断
    (C) 鲁莽、草率　　　　　　　(D) 任性

351. 坚持不懈地克服困难、永不退缩的意志品质叫(　　)。
    (A) 坚韧性　　　　　　　　　(B) 自觉性
    (C) 毅力　　　　　　　　　　(D) 顽强性

352. 善于管理和控制自己情绪和行动的能力叫(　　)。
    (A) 自觉性　　　　　　　　　(B) 自制性
    (C) 自制力　　　　　　　　　(D) 意志力

353. 智力是(　　)。
    (A) 顺利、有效地完成某种活动所必须具备的心理条件
    (B) 从事任何活动都必须具备的最基本的心理条件
    (C) 认识事物并运用知识解决实际问题的能力
    (D) 以思维力为其支柱和核心的，它代表着智力发展的水平

354. 能力和知识、技能的关系表现为(　　)。
    (A) 能力是掌握知识技能的前提
    (B) 能力决定了掌握知识、技能的方向、速度和巩固的程度和所能达到的水平
    (C) 知识和技能的水平是衡量能力强弱的标准
    (D) 在掌握知识、技能的过程中也会促进相应能力的发展

355. 按能力所涉及的领域来划分，能力包括(　　)。
    (A) 认知能力　　　　　　　　(B) 操作能力
    (C) 创造能力　　　　　　　　(D) 社会交往能力

356. 能力发展的个体差异表现在(　　)的差异上。
    (A) 能力发展水平　　　　　　(B) 能力类型
    (C) 能力发展早晚　　　　　　(D) 受教育程度

357. 素质指的是一个人的(　　)。

(A) 感觉和运动器官构造和机能的特点
(B) 言语特点
(C) 神经系统构造和机能的特点
(D) 相貌特征

358. 能力发展的后天条件包括儿童(　　)。
(A) 正常发育的物质条件
(B) 的家庭
(C) 所在的学校
(D) 所处的社会环境

359. 气质是心理活动动力性质的心理特征的综合，心理活动的动力特征表现在神经过程的(　　)等方面。
(A) 强度和速度
(B) 稳定性和灵活性
(C) 暂时性和持久性
(D) 内向性和外向性

360. 气质类型有(　　)等学说。
(A) 体液说
(B) 体型说
(C) 血型说
(D) 激素说

361. 气质的特性表现在(　　)上。
(A) 感受性和耐受性
(B) 反应的敏捷性和可塑性
(C) 情绪的兴奋性
(D) 心理活动的指向性

362. 神经过程强的人，他的(　　)。
(A) 感受性高而耐受性低
(B) 感受性低而耐受性高
(C) 不能坚持长时间的工作，容易疲劳
(D) 能经受较强的刺激，能坚持长时间的工作

363. 胆汁质的行为特点是(　　)。
(A) 精力旺盛，行为外向，直爽热情
(B) 工作热情极高，容易产生超限抑制，形成疲劳
(C) 脾气暴躁，难以自我克制
(D) 情绪的兴奋性高，心境变化剧烈

364. 多血质的行为特点是(　　)。
(A) 活泼好动，善交际，不怯生
(B) 言语、行动敏捷，兴趣多变，情绪不稳定
(C) 注意转移的速度慢，注意力容易集中
(D) 行为外向，容易适应外界环境的变化，容易接受新事物

365. 黏液质的行为特点是(　　)。
(A) 情绪的兴奋性低，但很平稳
(B) 注意力不太容易集中
(C) 反应速度慢，行为内向，举止平和
(D) 不善言谈，交际适度

366. 抑郁质的行为特点是(　　)。

(A) 多疑多虑，内心体验极为深刻
(B) 敏感、机智，别人没有注意到的事情，他能注意得到
(C) 胆小，孤僻，善独处，不爱交往
(D) 情绪的兴奋性弱，难以为什么事动情，但防御反应明显

367. 气质类型(　　)。
(A) 是稳定的，又是可塑的
(B) 没有好坏之分
(C) 影响对环境的适应和心理健康水平
(D) 不决定一个人成就的高低，但能影响工作的效率

368. 性格(　　)。
(A) 容易受社会历史文化的影响　　(B) 直接反映了一个人的道德风貌
(C) 更多地体现了人格的社会属性　(D) 是个体间人格差异的核心

369. 气质和性格的区别在于(　　)。
(A) 气质反映的是心理活动的动力特征，性格是对现实的态度和行为方式
(B) 气质没有好坏之分；性格有明显的社会道德评价意义
(C) 气质更多地体现了人格的生物属性，性格更多地体现了人格的社会属性
(D) 个体之间人格差异的核心是性格的差异

370. 性格的态度特征主要指的是一个人如何处理社会各方面关系的性格特征，即一个人(　　)的性格特征。
(A) 对社会、对集体　　　　(B) 对工作、对劳动
(C) 对他人以及对待自己　　(D) 对刺激的感受性和耐受性

371. 性格的情绪特征表现在(　　)上。
(A) 情绪对活动的影响　　　　(B) 能否坚持不懈地追求目的的实现
(C) 对他人以及对待自己的态度　(D) 对自己情绪的控制能力

372. 性格的理智特征表现在(　　)等方面。
(A) 认知活动中的独立性和依存性　(B) 对他人以及对待自己的态度
(C) 想象中的现实性　　　　　　　(D) 思维活动的精确性

373. 性格的动态结构包括(　　)。
(A) 性格的各种特征在人的一生中是比较稳定且难以改变的
(B) 性格的态度特征是性格的核心
(C) 在不同的场合下，一个人的性格特征不会发生变化
(D) 在不同的场合下，会显露出一个人性格特征的不同侧面

374. 奥尔波特将人格特质的个人特质分为(　　)等几类。
(A) 首要特质　　(B) 关键特质
(C) 中心特质　　(D) 次要特质

375. 人格特质理论把特质看作是(　　)。
(A) 构成人格的基本元素　　(B) 决定个体行为的基本特性
(C) 划分人格类型的心理特性　(D) 评价人格的基本单位

376. 艾森克把许多人格特质都归结到( )等几个基本维度。
（A）内外倾　　　　　　　　　（B）稳定性
（C）神经质　　　　　　　　　（D）精神质

三、参考答案

单项选择题

1. A	2. A	3. B	4. C	5. D
6. B	7. C	8. A	9. C	10. B
11. A	12. D	13. C	14. C	15. C
16. B	17. A	18. D	19. B	20. D
21. C	22. B	23. B	24. B	25. C
26. C	27. B	28. C	29. C	30. C
31. D	32. A	33. A	34. D	35. C
36. B	37. C	38. C	39. B	40. B
41. A	42. D	43. D	44. B	45. C
46. A	47. C	48. B	49. D	50. B
51. C	52. C	53. C	54. B	55. C
56. D	57. D	58. C	59. C	60. C
61. A	62. A	63. A	64. D	65. B
66. C	67. A	68. A	69. A	70. B
71. B	72. B	73. C	74. C	75. C
76. D	77. B	78. B	79. B	80. C
81. C	82. D	83. B	84. C	85. B
86. C	87. C	88. A	89. B	90. A
91. C	92. B	93. C	94. C	95. D
96. B	97. B	98. B	99. A	100. B
101. C	102. C	103. A	104. B	105. B
106. C	107. C	108. B	109. C	110. C
111. C	112. A	113. D	114. A	115. B

116. C	117. A	118. D	119. A	120. D
121. A	122. B	123. D	124. B	125. B
126. D	127. A	128. C	129. D	130. A
131. C	132. C	133. D	134. C	135. C
136. D	137. A	138. B	139. B	140. C
141. B	142. A	143. A	144. B	145. C
146. C	147. D	148. B	149. C	150. D
151. C	152. B	153. C	154. D	155. C
156. C	157. B	158. A	159. C	160. A
161. A	162. B	163. B	164. A	165. B
166. C	167. D	168. A	169. A	170. B
171. C	172. D	173. B	174. D	175. C
176. B	177. B	178. D	179. C	180. C
181. B	182. B	183. D	184. B	185. C
186. B	187. D	188. B	189. C	190. A
191. C	192. A	193. C	194. C	195. B
196. C	197. C			

多项选择题

198. ABCD	199. ABCD	200. BC	201. ABD	202. BC
203. ABC	204. BCD	205. AB	206. ABCD	207. AB
208. AC	209. AB	210. ABC	211. ABCD	212. CD
213. ABC	214. BC	215. ABC	216. ABCD	217. BC
218. BD	219. AC	220. ABCD	221. BC	222. AD
223. BCD	224. ACD	225. ABCD	226. AD	227. BC
228. AD	229. AD	230. ABD	231. AD	232. BD
233. BD	234. BD	235. ABD	236. AB	237. ACD
238. CD	239. AB	240. BCD	241. ABCD	242. ABD

243. CD	244. ABC	245. ABCD	246. ABD	247. AC
248. ACD	249. ABCD	250. AC	251. BC	252. ABD
253. BC	254. AD	255. BD	256. BC	257. ABC
258. CD	259. ABCD	260. BC	261. AD	262. ACD
263. ABC	264. ABCD	265. ABD	266. AC	267. AD
268. BC	269. ABD	270. BCD	271. ABD	272. AB
273. ABCD	274. ABCD	275. ABCD	276. BC	277. AC
278. ABD	279. AC	280. ABC	281. AC	282. ABCD
283. ABCD	284. ABCD	285. BD	286. ABD	287. ABCD
288. CD	289. BC	290. BCD	291. ABC	292. ACD
293. AC	294. ABCD	295. BC	296. AD	297. ABCD
298. ABC	299. AB	300. ABCD	301. ABC	302. AC
303. BD	304. ABC	305. ABC	306. ABCD	307. AB
308. ABD	309. ACD	310. ABCD	311. ABCD	312. AD
313. BC	314. ABC	315. BC	316. ABD	317. ABCD
318. ACD	319. BCD	320. ABC	321. ABCD	322. BCD
323. AB	324. ABD	325. ABCD	326. ABCD	327. BC
328. ABCD	329. ABCD	330. BC	331. ACD	332. ABC
333. AC	334. BD	335. ABCD	336. ABCD	337. ABCD
338. ABC	339. BC	340. ABCD	341. ABCD	342. ABC
343. ABCD	344. ABCD	345. BC	346. ABC	347. BCD
348. ABCD	349. ABCD	350. BC	351. ACD	352. CD
353. BCD	354. ABD	355. ABD	356. ABC	357. AC
358. ABCD	359. AB	360. ABCD	361. ABCD	362. BD
363. ACD	364. ABD	365. ACD	366. ABCD	367. ABCD
368. ABCD	369. ABCD	270. ABC	371. AD	372. ACD
373. BD	374. ACD	375. ABD	376. ACD	

第二章 社会心理学知识习题

一、单项选择题

1. 一般认为,社会心理学诞生于( )年。
   (A) 1879   (B) 1897
   (C) 1908   (D) 1924

2. F. H. 奥尔波特(1924)指出,社会心理学是"研究个体的社会行为和( )的学科"。
   (A) 社会心理   (B) 社会意识
   (C) 社会知觉   (D) 社会观念

3. 社会学家 C. A. 艾尔乌德(1925)认为,社会心理学是关于( )的科学,以群体生活的心理学为基础。
   (A) 习惯行为   (B) 社会行为
   (C) 群体心理   (D) 社会互动

4. 勒温(1936)关于社会行为的公式 B = f(P, E)中,E 表示( )。
   (A) 行为   (B) 个体
   (C) 个体所处的情境   (D) 函数关系

5. 社会行为是人对( )引起的并对社会产生影响的反应系统。
   (A) 社会因素   (B) 现实生活
   (C) 周围环境   (D) 即时情境

6. 勒温认为,要理解和描述行为,人和( )必须被看成是一个相互依赖的因素群。
   (A) 他的情绪状态   (B) 他过去的经验
   (C) 他的个性特征   (D) 他所处的情境

7. 社会心理是( )与社会行为之间的中介过程,是由社会因素引起并对社会行为具有引导作用的心理活动。
   (A) 社会认知   (B) 社会意识
   (C) 社会规范   (D) 社会刺激

8. 在社会心理学领域里，态度属于(　　)的研究内容。
   (A) 个体层面　　　　　　　　　(B) 人际层面
   (C) 群体层面　　　　　　　　　(D) 社会层面

9. 在社会心理学领域里，时尚属于(　　)的研究内容。
   (A) 个体层面　　　　　　　　　(B) 人际层面
   (C) 群体层面　　　　　　　　　(D) 社会层面

10. E. P. 霍兰德（1976）认为，社会心理学的历史按顺序可划分为(　　)三个阶段。
    (A) 哲学思辨、经验描述与实证分析
    (B) 哲学思辨、实证分析与经验描述
    (C) 实证分析、经验描述与哲学思辨
    (D) 经验描述、实证分析与哲学思辨

11. 社会心理学的形成期是(　　)。
    (A) 哲学思辨阶段　　　　　　(B) 学派时代
    (C) 实证分析阶段　　　　　　(D) 经验描述阶段

12. 社会心理学的哲学思辨阶段从古希腊开始，延续到(　　)。
    (A) 19世纪下半叶　　　　　　(B) 20世纪20年代
    (C) 19世纪上半叶　　　　　　(D) 18世纪末

13. 一般认为历史上最早的社会心理学研究，是围绕(　　)的哲学争辩。
    (A) 遗传和环境　　　　　　　(B) 社会分层
    (C) 本能和教育　　　　　　　(D) 人性

14. 经验描述阶段是从(　　)到20世纪初。
    (A) 19世纪末　　　　　　　　(B) 18世纪末
    (C) 19世纪初　　　　　　　　(D) 19世纪中叶

15. 经验描述阶段的特点是在(　　)的基础上，对人类的心理活动和行为方式进行客观的描述和分析。
    (A) 观察　　　　　　　　　　(B) 实验
    (C) 思辨　　　　　　　　　　(D) 归纳

16. 实证分析阶段始于(　　)。
    (A) 19世纪初　　　　　　　　(B) 19世纪中叶
    (C) 19世纪末　　　　　　　　(D) 20世纪20年代

17. 实证分析阶段的特点是：社会心理学从描述研究转向实证研究，从定性研究转向定量研究，从(　　)转向应用研究。
    (A) 纯理论研究　　　　　　　(B) 经验研究
    (C) 实验室研究　　　　　　　(D) 哲学思辨

18. 对一些反社会的价值观和一些引起心理障碍的价值理念，心理咨询师应该(　　)。
    (A) 不用干预　　　　　　　　(B) 进行一定的引导

(C) 进行干预　　　　　　　　(D) 进行积极的干预和引导

19. 社会心理学研究的伦理原则是指(　　)。
    (A) 社会心理学研究要注意密切地联系社会现实
    (B) 社会心理学不仅要把所研究的对象纳入系统进行考察，而且要用系统的方法来研究
    (C) 社会心理学的研究要尽力避免对被试者的身心健康造成伤害
    (D) 研究者要采取实事求是的科学态度，对客观事实不能歪曲和臆测

20. 口头调查又称为(　　)。
    (A) 纸笔法　　　　　　　　(B) 量表法
    (C) 访谈法　　　　　　　　(D) 档案法

21. 社会心理学的主要研究方法不包括(　　)。
    (A) 统计法　　　　　　　　(B) 实验法
    (C) 调查法　　　　　　　　(D) 档案法

22. 关于访谈法，下列说法中错误的是(　　)。
    (A) 访谈法就是普通的"聊天"
    (B) 要取得成功，访谈者必须创造相互信任的氛围，取得被访者的积极配合
    (C) 访谈法是直接搜集资料的基本方法
    (D) 访谈过程是访谈者与被访者双方互相影响的过程

23. 关于问卷法，错误的说法是(　　)。
    (A) 问卷的标准化程度高
    (B) 问卷法可以在短期内获得大量的信息
    (C) 问卷涉及的问题应该尽可能广一些，要弄清被调查者的所有信息
    (D) 问卷设计要遵守非歧义性原则

24. 关于参与观察，下列说法中错误的是(　　)。
    (A) 观察者有可能获得更多的"内部"信息，且材料来源可能更加真实
    (B) 观察者与被观察者之间的互动关系，可能会有一些负面的影响
    (C) 观察者隐瞒自己的身份，有助于减少被观察者的紧张感或唐突感
    (D) 参与观察的主要目的在于观察者的自我体验

25. 问卷设计的基本原则不包括(　　)。
    (A) 目的性原则　　　　　　(B) 全面性原则
    (C) 非暗示性原则　　　　　(D) 系统性原则

26. 按照一定的目的搜集大量（过去及现在）的资料样本，将其内容分解成许多分析单元并进行统计分析的方法，叫(　　)。
    (A) 观察法　　　　　　　　(B) 实验法
    (C) 档案法　　　　　　　　(D) 内容分析法

27. 关于档案法，下列说法中错误的是(　　)。
    (A) 档案法的优点是对研究对象的心理干扰小
    (B) 缺点是工作量大，费时费力，分析数据的难度也较大

(C) 档案法是一种内容分析的方法
(D) 心理咨询中考察求助者的个人成长报告，不属于档案法

28. 学术界一般认为现代社会心理学之父是（　　）。
    (A) F. 奥尔波特　　　　　　　　(B) 勒温
    (C) 特里普力特　　　　　　　　(D) 麦独孤

29. 实验社会心理学的奠基人是（　　）。
    (A) F. 奥尔波特　　　　　　　　(B) 勒温
    (C) 特里普力特　　　　　　　　(D) 麦独孤

30. 关于社会心理学的研究结果，下列说法中错误的是（　　）。
    (A) 社会心理学研究结论不存在所谓的"生态学效度"问题
    (B) 实验室实验的结果不能任意地推广到现实情境中
    (C) 学习社会心理学理论，一定要把握其局限和适用范围
    (D) 20世纪70年代出现"社会心理学危机"的原因，是社会心理学研究结论的解释力较弱

31. 社会学习论的代表人物是（　　）。
    (A) 华生　　　　　　　　　　　(B) 班杜拉
    (C) 勒温　　　　　　　　　　　(D) 奥尔波特

32. 观察学习所包含的过程有（　　）。
    (A) 注意过程、保持过程、动作再现过程、动机过程
    (B) 联想过程、模仿过程、强化过程
    (C) 观察过程、学习过程、模仿过程、强化过程
    (D) 模仿过程、外部强化过程、内部强化过程、巩固过程

33. 社会交换论形成于20世纪50年代末60年代初，创始人是美国社会学家（　　）。
    (A) 霍曼斯　　　　　　　　　　(B) 布劳
    (C) 埃莫森　　　　　　　　　　(D) 蒂博特

34. 关于社会交换论，下列说法中错误的是（　　）。
    (A) 社会交换论是主张从经济学的投入与产出关系的视角研究社会行为的理论
    (B) 趋利避害是人类行为的基本原则
    (C) 人们在互动中倾向于扩大收益、缩小代价或倾向于扩大满意度、减少不满意度
    (D) 社会交换关系是建立在利益冲突基础上的人们的竞争性活动

35. "个体或群体重复获得相同奖赏的次数越多，则该奖赏对个体的价值越小"，这是霍曼斯社会交换论的（　　）。
    (A) 成功命题　　　　　　　　　(B) 刺激命题
    (C) 价值命题　　　　　　　　　(D) 剥夺—满足命题

36. 符号互动论的基本假设不包括（　　）。
    (A) 个体对事物采取的行动是以该事物对他的意义为基础的

(B) 事物的意义源于个体与他人的互动，而不是存在于事物自身
(C) 事物的意义在于得与失的权衡结果
(D) 个体在应付他所遇到的事物时，往往通过自己的解释去运用和修改事物对他的意义

37. 弗洛伊德精神分析论的主要概念不包括( )。
    (A) 潜意识   (B) 生本能与死本能
    (C) 力比多   (D) 集体潜意识

38. 荣格创立了分析心理学，他认为心理治疗的目的应该是发展病人的创造性潜力及( )，而不是治疗症状。
    (A) 认知能力   (B) 完整的人格
    (C) 恢复信心   (D) 调整他们的情绪

39. "集体潜意识"概念是( )提出来的。
    (A) 弗洛伊德   (B) 霍妮
    (C) 沙利文   (D) 荣格

40. 霍妮认为男女之间的心理差异是由( )决定的。
    (A) 文化因素   (B) 环境
    (C) 遗传因素   (D) 力比多

41. 沙利文认为( )是人格形成和发展的源泉。
    (A) 环境因素   (B) 人际关系
    (C) 认知能力   (D) 情感

42. 公元前328年，古希腊哲学家( )指出：人在本质上是社会性的动物。
    (A) 亚里士多德   (B) 苏格拉底
    (C) 马基雅维里   (D) 柏拉图

43. 社会化是个体由自然人成长、发展为( )的过程。
    (A) 生理健康的人   (B) 社会人
    (C) 心理健全的人   (D) 成年人

44. 我国的劳动教养制度是一种( )的机制。
    (A) 继续社会化   (B) 终身社会化
    (C) 早期社会化   (D) 再社会化

45. 关于再社会化，下列说法中正确的是( )。
    (A) 教导社会成员树立生活目标
    (B) 成年期的社会化
    (C) 教导社会成员掌握、遵守社会规范
    (D) 对早期社会化及继续社会化过程中没有取得合格社会成员资格的个体的再教化

46. 社会化的载体不包括( )。
    (A) 家庭   (B) 大学
    (C) 杂志   (D) 观念

47. 个体的全部社会化是以( )为条件的。

(A) 早期社会化   (B) 语言社会化
(C) 性别社会化   (D) 道德社会化

48. "性别"表示(　　)。
    (A) 男女在人格特征方面的差异
    (B) 社会对男女在态度、角色和行为方式方面的期待
    (C) 男女在生物学方面的差异
    (D) 男女思维方式的差异

49. 爱国意识的发展阶段不包括(　　)。
    (A) 国家形象阶段   (B) 抽象国家观念阶段
    (C) 国家认同阶段   (D) 国家组织系统阶段

50. 社会角色是个体与其(　　)、身份相一致的行为方式及相应的心理状态。
    (A) 社会地位   (B) 社会认知
    (C) 社会情感   (D) 社会意识

51. 企业家属于(　　)角色。
    (A) 表现型   (B) 功利型
    (C) 自由型   (D) 创造型

52. 角色承担者不得不退出舞台，放弃原有角色，这是(　　)。
    (A) 角色冲突   (B) 角色不清
    (C) 角色中断   (D) 角色失败

53. 作为老师，既需要权威者的角色，又需要是学生朋友的角色，这两种角色有时难以协调，这是(　　)。
    (A) 角色内冲突   (B) 角色失调
    (C) 角色不清   (D) 角色间冲突

54. 一位中年男子在工作单位是领导、管理者的角色，而在家中又是听从、顺从父母的孝顺儿子的角色，他觉得自己转换困难，那么他面临的是(　　)
    (A) 角色间冲突   (B) 角色不清
    (C) 角色内冲突   (D) 角色失败

55. 由他人的判断所反映的自我概念，是(　　)。
    (A) 主我   (B) 客我
    (C) 镜我   (D) 社会自我

56. 自我概念的形成与发展大致经历三个阶段，即(　　)。
    (A) 从生理自我到社会自我，最后到心理自我
    (B) 从生理自我到心理自我，最后到社会自我
    (C) 从社会自我到生理自我，最后到心理自我
    (D) 从心理自我到社会自我，最后到生理自我

57. 身份的特点不包括(　　)。
    (A) 客观性   (B) 主观性
    (C) 稳定性   (D) 系统性

58. 詹姆士（1890）关于自尊的经典公式是（　　）。
    (A) 自尊＝成功/自信　　　　　　　(B) 自尊＝成功/抱负
    (C) 自尊＝自信/抱负　　　　　　　(D) 自尊＝抱负/成功

59. 自尊是个体对其（　　）进行自我评价的结果。
    (A) 社会角色　　　　　　　　　　(B) 自我
    (C) 成功与失败　　　　　　　　　(D) 价值

60. 社会知觉是个体对他人、群体以及对（　　）的知觉。
    (A) 自己　　　　　　　　　　　　(B) 社会
    (C) 自然　　　　　　　　　　　　(D) 环境

61. 人的社会化过程以及人的社会动机、态度、社会行为的发生都是以（　　）为基础的。
    (A) 人际沟通　　　　　　　　　　(B) 情景判断
    (C) 社会知觉　　　　　　　　　　(D) 人际知觉

62. 人脑中已有的知识和经验的网络称为（　　）。
    (A) 图式　　　　　　　　　　　　(B) 核心知识
    (C) 框架　　　　　　　　　　　　(D) 内隐认知

63. 个体在已往经验的基础上，形成的对自己的概括性的认识，称为（　　）。个体会在此基础上加工有关自己的信息。
    (A) 自我知觉　　　　　　　　　　(B) 自我概念
    (C) 自我评定　　　　　　　　　　(D) 自我图式

64. 受（　　）的影响，个体记住的，往往是对他有意义的或者是以前知道的东西。
    (A) 印象　　　　　　　　　　　　(B) 遗忘曲线
    (C) 图式　　　　　　　　　　　　(D) 自我意识

65. 个体接触新的社会情境时，按照以往的经验，将情境中的人或事进行归类，明确其对自己的意义，使自己的行为获得明确定向，这一过程称为（　　）。
    (A) 印象管理　　　　　　　　　　(B) 印象形成
    (C) 个体印象　　　　　　　　　　(D) 个体信息

66. 在印象形成过程中，最初获得的信息的影响比后来获得的信息的影响更大的现象，称为（　　）。
    (A) 定向作用　　　　　　　　　　(B) 第一印象
    (C) 首因效应　　　　　　　　　　(D) 印象管理

67. 第一印象作用的机制是（　　）。
    (A) 近因效应　　　　　　　　　　(B) 首因效应
    (C) 光环效应　　　　　　　　　　(D) 好恶评价

68. 在印象形成的过程中，最新获得的信息的影响比原来获得的信息的影响更大的现象，称为（　　）。
    (A) 刻板印象　　　　　　　　　　(B) 光环效应
    (C) 首因效应　　　　　　　　　　(D) 近因效应

69. 首因效应的存在表明（　　）很重要，个体对后续信息的解释往往是以其为根据来完成的。
　　(A) 印象管理　　　　　　　　(B) 印象形成
　　(C) 信息加工　　　　　　　　(D) 第一印象

70. 首因效应和近因效应表明，在印象形成的过程中，（　　）对印象形成有重要的影响。
　　(A) 信息内容　　　　　　　　(B) 信息数量
　　(C) 信息顺序　　　　　　　　(D) 信息真实性

71. 个体对认知对象的某些品质一旦形成倾向性印象，就会带着这种倾向去评价认知对象的其他品质，这是（　　）。
　　(A) 特质印象　　　　　　　　(B) 印象形成
　　(C) 光环效应　　　　　　　　(D) 近因效应

72. 光环效应是一种（　　）的现象，一般是在人们没有意识到的情况下发生。
　　(A) 社会适应　　　　　　　　(B) 信息干扰
　　(C) 先入为主　　　　　　　　(D) 以偏概全

73. 人们通过自己的经验形成对某类人或某类事较为固定的看法叫（　　）。
　　(A) 印象形成　　　　　　　　(B) 第一印象
　　(C) 总体印象　　　　　　　　(D) 刻板印象

74. 刻板印象具有（　　）的意义，使人的社会知觉过程简化。
　　(A) 消极　　　　　　　　　　(B) 社会适应
　　(C) 破坏性　　　　　　　　　(D) 概括定型

75. 在有限经验的基础上形成的刻板印象往往具有（　　）的性质。
　　(A) 定向作用　　　　　　　　(B) 消极
　　(C) 双向作用　　　　　　　　(D) 积极

76. 在印象形成的过程中，个体在把各种具体信息综合后，会按照保持逻辑一致性和情感一致性的原则，形成（　　）。
　　(A) 第一印象　　　　　　　　(B) 刻板印象
　　(C) 总体印象　　　　　　　　(D) 客观印象

77. 人们形成总体印象时，参考的是各种品质的评价分值的总和，这是（　　）。
　　(A) 简约模式　　　　　　　　(B) 平均模式
　　(C) 加权模式　　　　　　　　(D) 加法模式

78. 在形成总体印象时，将各个特征的分值加以平均，然后根据平均值的高低来形成对他人的好或不好的总体印象，被称为印象形成中的（　　）。
　　(A) 加权平均模式　　　　　　(B) 平均模式
　　(C) 加法模式　　　　　　　　(D) 定型模式

79. 加权平均模式指形成对他人的总体印象时，不是根据简单的平均结果，而是根据重要性确定出各种特征的（　　），然后将其与每种特征的强度相乘，最后加以平均。

(A) 权重 　　　　　　　　　　　　(B) 比重
(C) 大小 　　　　　　　　　　　　(D) 均值

80. 在印象形成的过程中，人们往往忽略一些次要的、对个体意义不大的特征，仅仅根据几个重要的、对个体意义大的特征来形成总体印象，这种模式被称为( )。
(A) 简约模式 　　　　　　　　　　(B) 加权平均模式
(C) 概括模式 　　　　　　　　　　(D) 中心品质模式

81. 个体以一定的方式去影响他人对自己的印象，即个体进行自我形象的控制，通过一定的方法去影响别人对自己的印象形成，使他人对自己的印象符合自我的期待，这是( )。
(A) 印象输入 　　　　　　　　　　(B) 印象输出
(C) 印象管理 　　　　　　　　　　(D) 印象形成

82. 印象管理是个体适应社会生活的一种方式。现实生活中，个体要为他人、公众与社会所接受，其行为表现必须符合社会对他的( )。
(A) 印象定位 　　　　　　　　　　(B) 角色期待
(C) 基本规范 　　　　　　　　　　(D) 评价标准

83. 印象管理是一种( )。在人际交往中，互动的双方在都知道对方在不断地观察、评价自己，所以个体往往不断地调整自己的言辞、表情和行为等，以期给对方留下一个良好的印象。
(A) 信息加工 　　　　　　　　　　(B) 情感过程
(C) 社交技巧 　　　　　　　　　　(D) 影响力

84. 在印象管理时，为使他人对自己产生良好的印象，建立良好的人际关系，个体往往会承认自己某些小的不足，以使自己在抬高某些重要方面时变得可信。这种做法被称为( )。
(A) 隐藏自我 　　　　　　　　　　(B) 自我抬高
(C) 形象塑造 　　　　　　　　　　(D) 自我暴露

85. 个体根据有关信息、线索对自己和他人行为的原因进行推测与判断的过程被称为( )。
(A) 归因 　　　　　　　　　　　　(B) 探索
(C) 图式 　　　　　　　　　　　　(D) 评价

86. 存在于个体内部的原因，如人格、品质、动机、态度、情绪、心境及努力程度等个人特征，属于( )。
(A) 内归因 　　　　　　　　　　　(B) 行为内因
(C) 稳定性原因 　　　　　　　　　(D) 情境归因

87. 在许多情境中，行为与事件的发生并非由内因或外因这样的单方面的因素引起，而兼有两者的影响，这种归因叫做( )。
(A) 成败归因 　　　　　　　　　　(B) 稳定归因
(C) 综合归因 　　　　　　　　　　(D) 不可控归因

88. 在行为的内因与外因中，一部分是可变的，另一部分是稳定的，如内因中人的（　　）是易变性因素。
    (A) 情绪　　　　　　　　　　(B) 人格
    (C) 智力　　　　　　　　　　(D) 能力

89. 可控性原因表明个体通过主观的努力可以改变行为及其后果。对可控性因素的归因，使人们更可能对行为做出（　　）的预测。
    (A) 准确　　　　　　　　　　(B) 变化
    (C) 稳定　　　　　　　　　　(D) 系统

90. 对不可控因素的归因，使人们较可能对未来的行为做出（　　）的预测。
    (A) 准确　　　　　　　　　　(B) 变化
    (C) 可控　　　　　　　　　　(D) 不可控

91. 美国心理学家罗特（J. Rotter）关于个体归因倾向的理论是（　　）理论。
    (A) 控制点　　　　　　　　　(B) 内外因
    (C) 稳定性　　　　　　　　　(D) 可控性

92. 美国心理学家罗特（J. Rotter）发现，个体对自己生活中发生的事情及其结果的（　　）有不同的解释。
    (A) 态度　　　　　　　　　　(B) 原因
    (C) 控制源　　　　　　　　　(D) 行为

93. 某些人认为个体生活中多数事情的结果是个人不能控制的各种外部力量的作用造成的，相信社会的安排，相信命运和机遇等因素决定了自己的状况，认为个人的努力无济于事。这种人被称为（　　）。
    (A) 行动者　　　　　　　　　(B) 观察者
    (C) 外控者　　　　　　　　　(D) 内控者

94. 相信自己能发挥作用，面对可能的失败也不怀疑未来可能会有所改善，面对困难情境，能付出更大努力，加大工作投入，这种人是（　　）。
    (A) 行动者　　　　　　　　　(B) 内控者
    (C) 外控者　　　　　　　　　(D) 评价者

95. 其态度与行为方式均符合社会期待的是（　　）。
    (A) 行动者　　　　　　　　　(B) 内控者
    (C) 外控者　　　　　　　　　(D) 观察者

96. 海德（1958）认为，人们归因时，首先使用（　　）原则。
    (A) 不变性　　　　　　　　　(B) 易变性
    (C) 协变性　　　　　　　　　(D) 特异性

97. 折扣原则是归因现象的主要研究者（　　）提出的。他发现，如果也存在其他看起来合理的原因，那么某一原因引起某一特定结果的作用就会打折扣。
    (A) 海德　　　　　　　　　　(B) 凯利
    (C) 琼斯　　　　　　　　　　(D) 戴维斯

98. 协变原则认为人们归因时如同科学家在科研中寻求规律，试图找出一种效应发生的各种条件的( )协变。
(A) 共同性 (B) 一致性
(C) 特异性 (D) 规律性

99. 根据凯利的三维理论，如果( )，那么就更可能做出内部原因的归因。
(A) 特异性低、共同性低和一致性高
(B) 特异性高、共同性低和一致性低
(C) 特异性低、共同性高和一致性高
(D) 特异性高、共同性高和一致性低

100. 行动者（当事人）和观察者（局外人）对行动者行为原因的看法有差别，对行为原因的解释也会有明显的不同，这表明( )影响归因过程及其结果。
(A) 利益 (B) 社会视角
(C) 态度 (D) 控制点

101. 个体在归因过程中，对有自我卷入的事情的解释，往往带有明显的( )倾向。
(A) 自我暴露 (B) 自我防卫
(C) 自我抬高 (D) 自我价值保护

102. 在成败归因中，失败时个体很少用个人特征来解释，而倾向于外归因。失败时外归因，减少自己对失败的责任是一种( )策略。
(A) 隐藏自我 (B) 自我抬高
(C) 自我防卫 (D) 自我暴露

103. 在竞争条件下，个体倾向于把他人的成功外归因，而把他人的失败内归因，这种明显的使自己处于有利位置、保护自我价值的倾向叫( )归因偏差。
(A) 空间性 (B) 情境性
(C) 特异性 (D) 动机性

104. 失眠者往往认为失眠是自己内部的原因造成的，比如自己神经衰弱、焦虑、紧张，等等，因而有可能通过改变他们的( )模式，来使失眠程度得到缓解。
(A) 睡眠 (B) 生活
(C) 归因 (D) 治疗

105. 人的社会行为的直接原因是( )。
(A) 社会动机 (B) 社会态度
(C) 价值观 (D) 社会知觉

106. 引起、推动、维持与调节个体行为，使之趋向一定目标的心理过程称为( )。
(A) 需要 (B) 注意
(C) 兴趣 (D) 动机

107. 一般说来，动机强度与活动效率之间的关系大致呈( )。
(A) U 型曲线 (B) 倒 U 型曲线

(C) 线性关系 (D) 指数曲线

108. 根据研究,每种活动都存在最佳的动机水平,这种最佳动机水平随活动的性质不同而有所不同。随着任务难度的增加,最佳动机水平有( )的趋势。
(A) 逐渐下降 (B) 逐渐上升
(C) 迅速上升 (D) 稳定不变

109. 个体害怕孤独,希望和他人在一起建立协作和友好联系的心理倾向被称为( )。
(A) 亲合动机 (B) 成就动机
(C) 利他动机 (D) 优势动机

110. 亲合起源于( )。
(A) 依恋 (B) 恐惧
(C) 焦虑 (D) 社会化作用

111. 恐惧是现实危险引起的情绪体验,恐惧情绪越强烈,亲合倾向( )。
(A) 越强 (B) 越弱
(C) 越稳定 (D) 越难预测

112. 焦虑是非现实危险引起的情绪体验,高焦虑者的亲合倾向( )。
(A) 很难预测 (B) 较低
(C) 较稳定 (D) 较高

113. 出生顺序是影响亲合的一个重要因素。沙赫特的研究表明,长子、长女恐惧时的合群倾向要比他们的弟弟妹妹( )。
(A) 强 (B) 稳定
(C) 弱 (D) 弱很多

114. 亲合动机是人际吸引的( )层次。
(A) 较低 (B) 中等
(C) 较高 (D) 最高

115. 家长对儿童的自律训练的严格程度与儿童的成就动机之间是( )的关系。
(A) 正相关 (B) 负相关
(C) 零相关 (D) 很复杂

116. 人的某种需要从未满足的状态转换到满足的状态,并产生新的需要的过程称为( )。
(A) 归因过程 (B) 定势过程
(C) 动机过程 (D) 转换过程

117. 个体追求自认为是重要的、有价值的工作,并使之达到完善状态的动机叫( )。
(A) 抱负动机 (B) 成就动机
(C) 社会动机 (D) 习得性动机

118. 个体从事某种实际工作前,对自己可能达到的成就目标的主观估计,称为( )。

(A) 主观期望 (B) 成就水平
(C) 抱负水平 (D) 业绩要求

119. 个体希望影响和控制他人的心理倾向,称为( )。
(A) 亲合动机 (B) 权力动机
(C) 亲社会动机 (D) 侵犯动机

120. 阻碍个体达到目标的情境及行为受阻时,个体产生的心理紧张状态都是( )。
(A) 动机受阻 (B) 焦虑
(C) 需要 (D) 挫折

121. 挫折—侵犯理论认为,侵犯强度同目标受阻强度之间是( )的关系。
(A) 正相关 (B) 负相关
(C) 零相关 (D) 很复杂

122. 一般情况下,去个性化状态会使个体的侵犯性( )。
(A) 增加 (B) 保持稳定
(C) 减少 (D) 变得不确定

123. 利他行为中有一现象称为"旁观者效应",其意思是( )。
(A) 他人在场有利于促进助人行为
(B) 他人在场对利他行为有负面影响
(C) 他人在场,会激励助人者
(D) 他人在场,使助人者体会到社会赞许,增进助人行为

124. 有益于他人,需要或接受报酬的行为属于( )。
(A) 利他行为 (B) 助人行为
(C) 道德行为 (D) 亲合行为

125. 他人在场,会影响助人行为。一般情况下,在场人数越多,助人行为( )。
(A) 越少 (B) 越难预测
(C) 越多 (D) 越迅速增加

126. 社交情绪是人际交往中个体的一种( ),是个体的社会需要是否获得满足的反映。
(A) 主观体验 (B) 社会知觉
(C) 社会动机 (D) 社会态度

127. 与他人比较,发现自己在才能、名誉、地位或境遇等方面不如别人,而产生的一种由羞愧、愤怒、怨恨等组成的复杂的情绪状态属于( )。
(A) 焦虑 (B) 嫉妒
(C) 恐惧 (D) 羞耻

128. 个体因为自己在人格、能力、外貌等方面的缺憾,或者在思想与行为方面与社会常态不一致,而产生的一种痛苦的情绪体验是( )。
(A) 焦虑 (B) 嫉妒

(C) 恐惧　　　　　　　　　　　(D) 羞耻

129. 个体认为自己对实际的或者想象的罪行或过失负有责任，而产生的强烈的不安、羞愧和负罪的情绪体验是（　　）。
    (A) 内疚　　　　　　　　　　　(B) 羞耻
    (C) 焦虑　　　　　　　　　　　(D) 嫉妒

130. 个体对特定对象的总的评价和稳定性的反应倾向称为（　　）。
    (A) 归因　　　　　　　　　　　(B) 态度
    (C) 动机　　　　　　　　　　　(D) 情绪

131. 一般地说，态度的各个成分之间是协调一致的。在它们不协调时，（　　）往往占有主导地位，决定态度的基本取向与行为倾向。
    (A) 情感成分　　　　　　　　　(B) 行为倾向成分
    (C) 认知成分　　　　　　　　　(D) 动机成分

132. 态度的三成分说又称态度的（　　）模型。
    (A) B＝f（P，E）　　　　　　　(B) P－O－X
    (C) TIRO　　　　　　　　　　　(D) A－B－C

133. 在态度的 A－B－C 模型中，"C"指（　　）。
    (A) 情感　　　　　　　　　　　(B) 行为倾向
    (C) 人格　　　　　　　　　　　(D) 认知

134. 个体倾向于发展能给自己带来利益的态度，这是态度的（　　）功能。
    (A) 工具性　　　　　　　　　　(B) 自我防御
    (C) 认知　　　　　　　　　　　(D) 价值表现

135. 个体对情境中的客体通过态度来赋予其意义，这是态度的（　　）功能。
    (A) 自我防御　　　　　　　　　(B) 工具性
    (C) 价值表现　　　　　　　　　(D) 认知

136. 个体对特定态度对象的卷入水平，是态度的（　　）维度。
    (A) 强度　　　　　　　　　　　(B) 外显度
    (C) 方向　　　　　　　　　　　(D) 深度

137. 态度的内化是指（　　）。
    (A) 个体真正从内心相信并接受他人观点，且将之纳入自己的态度体系
    (B) 个体采纳他人观点、信息或群体规范，使自己与他人一致
    (C) 个体按社会规范和社会期待或他人意志，在外显行为方面表现出与他人一致
    (D) 个体以理智与情感，即认知和情感成分为基础习得一定的态度

138. 任何态度转变都是在沟通信息与接受者原有态度存在差异的情况下发生的。研究表明，对于威信高的传递者，这种差异较大时，引发的态度转变量（　　）。
    (A) 最稳定　　　　　　　　　　(B) 较小
    (C) 最难预测　　　　　　　　　(D) 最大

139. 对畏惧与态度转变关系的研究表明，（　　）信息能达到较好的说服效果。

(A) 低程度的畏惧　　　　　　　(B) 中等程度的畏惧
(C) 高程度的畏惧　　　　　　　(D) 最高程度的畏惧

140. 沟通信息的重复频率与说服效果呈(　　)的关系。
(A) 线性　　　　　　　　　　　(B) U型曲线
(C) 随机　　　　　　　　　　　(D) 倒U型曲线

141. 海德提出的有关态度改变的理论，可简称为(　　)模型。
(A) P－O－X　　　　　　　　　(B) B＝f(P，E)
(C) A－B－C　　　　　　　　　(D) TIRO

142. 海德提出，人们在态度转变时，往往遵循(　　)。
(A) 费力最小原则　　　　　　　(B) 符合需要原则
(C) 社会交换原则　　　　　　　(D) 道德原则

143. 在海德的P－O－X态度转变模型中，O代表(　　)。
(A) 他人　　　　　　　　　　　(B) 另一对象
(C) 个体　　　　　　　　　　　(D) 环境

144. 社会交换论认为态度改变的关键是(　　)。
(A) 诱因的强度　　　　　　　　(B) 回避动机
(C) 达到平衡状态　　　　　　　(D) 趋向动机

145. 人际沟通与大众沟通的最重要区别是(　　)。
(A) 有无情感的交流　　　　　　(B) 有无态度的交流
(C) 有无媒体的中介　　　　　　(D) 有无言语的出现

146. 沟通是(　　)传递和交流的过程。
(A) 信息　　　　　　　　　　　(B) 情感
(C) 物质　　　　　　　　　　　(D) 能量

147. 沟通结构模型中的基本要素不包括(　　)。
(A) 信息　　　　　　　　　　　(B) 障碍
(C) 背景　　　　　　　　　　　(D) 认知

148. 正式沟通网络形式不包括(　　)。
(A) 全通道式　　　　　　　　　(B) 圆周式
(C) 轮式　　　　　　　　　　　(D) 集束式

149. 一般来说，最能准确地反映人的内心状况的身体语言形式是(　　)。
(A) 目光　　　　　　　　　　　(B) 面部表情
(C) 姿势　　　　　　　　　　　(D) 空间距离

150. 朋友之间交往的距离属于(　　)距离。
(A) 公众　　　　　　　　　　　(B) 社交
(C) 个人　　　　　　　　　　　(D) 亲密

151. 最重要的身体语言沟通方式是(　　)。
(A) 身体姿势　　　　　　　　　(B) 身体运动
(C) 目光　　　　　　　　　　　(D) 面部表情

152. 除了目光外,（　　）也是一种可完成精细信息沟通的体语形式。
    (A) 身体姿势　　　　　　　　(B) 身体运动
    (C) 身体接触　　　　　　　　(D) 面部表情

153. 个体与他人在（　　）和身体接触时,情感体验最为深刻。
    (A) 触摸　　　　　　　　　　(B) 身体运动
    (C) 目光接触　　　　　　　　(D) 面部表情

154. 个体运用身体或肢体姿态表达情感及态度的体语,称之为（　　）。
    (A) 姿势　　　　　　　　　　(B) 外部语言
    (C) 触摸　　　　　　　　　　(D) 身体运动

155. 霍尔（1959）对美国白人中产阶级的研究表明,公众距离为（　　）。
    (A) 0~18 英寸　　　　　　　 (B) 1.5~4 英尺
    (C) 4~12 英尺　　　　　　　 (D) 12~25 英尺

156. 虚拟沟通的进程主要由沟通者自己的主观感受和（　　）来引导。
    (A) 情绪　　　　　　　　　　(B) 认知
    (C) 评价　　　　　　　　　　(D) 想象

157. 信息的传递速度较快,群体成员的满意度较高,这种沟通网络是（　　）。
    (A) 圆周式　　　　　　　　　(B) 轮式
    (C) 全通道式　　　　　　　　(D) Y 式

158. 人际关系是人与人在沟通与交往中建立起来的直接的（　　）的联系。
    (A) 心理上　　　　　　　　　(B) 行为上
    (C) 价值观上　　　　　　　　(D) 利益上

159. 人际关系的特点不包括（　　）。
    (A) 个体性　　　　　　　　　(B) 直接性
    (C) 情感性　　　　　　　　　(D) 系统性

160. 人际关系深度的一个敏感的"探测器"是（　　）。
    (A) 自我暴露程度　　　　　　(B) 好恶评价
    (C) 情感卷入程度　　　　　　(D) 亲密行为

161. 人际关系的交换性原则是指（　　）。
    (A) 对肯定自我价值的他人,个体对其认同和接纳,而对否定自我价值的他人则予以疏离
    (B) 个体期待人际交往对自己是有价值的,即在交往过程中的得大于失,至少得等于失
    (C) 我们喜欢那些也喜欢我们的人。人际交往中的接近与疏远、喜欢与不喜欢是相互的
    (D) 在交往的过程中,一方处于支配地位,另一方处于从属地位

162. 被动包容式的人际关系取向是（　　）。
    (A) 喜欢控制他人,能运用权力
    (B) 期待他人引导,愿意追随他人

(C) 对他人显得冷淡，负性情绪较重，但期待他人对自己亲密
(D) 期待他人接纳自己，往往退缩、孤独

163. 主动支配式的人际关系取向是（　　）。
    (A) 期待他人引导，愿意追随他人
    (B) 喜欢控制他人，能运用权力
    (C) 对他人显得冷淡，负性情绪较重，但期待他人对自己亲密
    (D) 表现出对他人喜爱、友善、同情和亲密

164. 基本的人际需要不包括（　　）。
    (A) 包容需要　　　　　　　　(B) 支配需要
    (C) 感情需要　　　　　　　　(D) 认知需要

165. 人际吸引最强烈的形式是（　　）。
    (A) 亲合　　　　　　　　　　(B) 喜欢
    (C) 亲情　　　　　　　　　　(D) 爱情

166. 根据安德森的研究，影响人际吸引的最重要的人格品质是（　　）。
    (A) 智慧　　　　　　　　　　(B) 真诚
    (C) 热情　　　　　　　　　　(D) 幽默

167. 根据"目标手段相互依赖理论"，只有与自己有关的他人采取某种手段实现目标时，个体的目标和手段才能实现，这样他们之间的关系是（　　）。
    (A) 合作关系　　　　　　　　(B) 竞争关系
    (C) 冲突关系　　　　　　　　(D) 互助关系

168. 良好人际关系原则不包括（　　）。
    (A) 交换性原则　　　　　　　(B) 平等性原则
    (C) 强化原则　　　　　　　　(D) 相互性原则

169. 对肯定自我价值的他人，个体对其认同和接纳，并反过来予以肯定与支持。这是人际关系的（　　）。
    (A) 相互性原则　　　　　　　(B) 交换性原则
    (C) 自我价值保护原则　　　　(D) 平等性原则

170. 舒茨用三维理论解释群体的形成与群体的解体，提出了（　　）。
    (A) 六种人际关系原则　　　　(B) 群体整合原则
    (C) 包容原则和情感原则　　　(D) 群体分解的控制原则

171. 美国学者舒茨认为，（　　）决定了个体与其社会情境的联系，如不能满足，就可能会导致心理障碍及其他严重问题。
    (A) 人际需要　　　　　　　　(B) 对自尊的需要
    (C) 社会赞同的需要　　　　　(D) 成就的需要

172. 如果双亲对儿童既有要求，又给他们一定的自由，使之有一定的自主权，就会使儿童形成民主式的行为方式。这说明，舒茨提出的（　　）的重要性。
    (A) 包容需要　　　　　　　　(B) 自尊需要
    (C) 支配需要　　　　　　　　(D) 情感需要

173. 舒茨的三维理论用于解释群体的形成时，认为群体形成经过（　　）的过程。
    (A) 控制—情感—包容　　　　　　(B) 包容—控制—情感
    (C) 情感—控制—包容　　　　　　(D) 情感—包容—控制

174. 人际关系的三维理论是由（　　）提出来的。
    (A) 摩根　　　　　　　　　　　(B) 奥斯古德
    (C) 舒茨　　　　　　　　　　　(D) 费斯廷格

175. "个体与他人之间情感上相互亲密的状态，人际关系中的一种肯定形式"，这指的是（　　）。
    (A) 人际关系　　　　　　　　　(B) 利他关系
    (C) 依恋　　　　　　　　　　　(D) 人际吸引

176. 人们在心理和行为方面的交流、交往，被称为（　　）。
    (A) 人际互动　　　　　　　　　(B) 人际交往
    (C) 人际喜欢　　　　　　　　　(D) 人际吸引

177. 个体与个体，群体与群体之间为达到共同目的，彼此互相配合的一种行为，称为（　　）。
    (A) 竞争　　　　　　　　　　　(B) 人际互动
    (C) 合作　　　　　　　　　　　(D) 协调

178. 个体与个体、群体与群体之间争夺一个共同目标的行为，称为（　　）。
    (A) 合作　　　　　　　　　　　(B) 竞争
    (C) 让步　　　　　　　　　　　(D) 妥协

179. 目标手段相互依赖理论是由（　　）提出来的。
    (A) 费斯廷格　　　　　　　　　(B) 多伊奇
    (C) 舒茨　　　　　　　　　　　(D) 李维奇

180. 影响喜欢的最稳定因素，也是个体吸引力最重要来源之一的是（　　）。
    (A) 熟悉　　　　　　　　　　　(B) 相似
    (C) 人格品质　　　　　　　　　(D) 外貌

181. 在喜欢的影响因素中，（　　）可视为相似性的特殊形式。
    (A) 熟悉　　　　　　　　　　　(B) 互补
    (C) 邻近　　　　　　　　　　　(D) 竞争

182. 熟悉能增加喜欢的程度，但交往频率与喜欢程度的关系呈（　　）。
    (A) 指数关系　　　　　　　　　(B) 线性关系
    (C) U 型曲线　　　　　　　　　(D) 倒 U 型曲线

183. 喜欢是（　　）的人际吸引。
    (A) 中等程度　　　　　　　　　(B) 最高程度
    (C) 较低层次　　　　　　　　　(D) 最低层次

184. 在他人作用下，引起个体思想、情感和行为的变化的现象，称为（　　）。
    (A) 印象管理　　　　　　　　　(B) 社会影响
    (C) 人际吸引　　　　　　　　　(D) 互动

185. 个体在群体压力下，在认知、判断、信念与行为等方面自愿地与群体中多数人保持一致的现象，称为（　　）。
 (A) 印象管理 (B) 社会感染
 (C) 人际吸引 (D) 从众

186. 群体规模影响从众行为，研究表明，群体规模一般在（　　）时，影响最大。
 (A) 1~3人 (B) 3~4人
 (C) 4~6人 (D) 10人以上

187. 从众是一种（　　）接受群体影响的方式。
 (A) 被动地 (B) 主动地
 (C) 积极地 (D) 有效地

188. 性别与从众之间的关系是（　　）。
 (A) 女性更容易从众 (B) 男性更容易从众
 (C) 男性不容易从众 (D) 没有明显的、确定性的关系

189. 个体进行某种活动时，由于他人在场而提高了绩效的现象，叫（　　）。
 (A) 社会促进 (B) 利他
 (C) 社会懈怠 (D) 从众

190. 个体与他人一起活动时，其效率比单独活动时低的现象，称为（　　）。
 (A) 从众 (B) 社会抑制
 (C) 利他 (D) 社会促进

191. 在有人陪同的活动中，个体会感到社会比较的压力，从而提高工作或活动的效率，这是（　　）。
 (A) 结伴效应 (B) 观众效应
 (C) 比较效应 (D) 淘汰效应

192. "优势反应强化说"认为，他人在场，个体的动机水平会提高，因此（　　）反应易于表现。
 (A) 优势 (B) 弱势
 (C) 复杂 (D) 简单

193. 已学习和掌握得相当熟练的动作，不假思索即可做出的反应称为（　　）。
 (A) 促进反应 (B) 懈怠反应
 (C) 优势反应 (D) 弱势反应

194. 在没有外在压力的条件下，个体受他人的影响而仿照他人，使自己与他人相同或相似的现象，称为（　　）。
 (A) 暗示 (B) 模仿
 (C) 感染 (D) 社会促进

195. 塔尔德在"模仿律"中指出，"个体对本土文化及其行为方式的模仿与选择，总是优于外域文化及其行为方式"，这被称为（　　）。
 (A) 结果律 (B) 几何级数律
 (C) 下降律 (D) 先内后外律

196. 在非对抗的条件下，通过语言、表情、姿势以及动作等对他人的心理与行为发生影响，使其接受影响者的意见和观点或者按所示意的方式去活动，叫（　　）。
    (A) 社会促进　　　　　　　　　(B) 模仿
    (C) 感染　　　　　　　　　　　(D) 暗示

197. 影响暗示效果的主要因素不包括（　　）。
    (A) 暗示者的个人魅力　　　　　(B) 环境
    (C) 被暗示者的人格　　　　　　(D) 暗示者的血型

198. 暗示刺激发出后，引起被暗示者相反的反应，称为（　　）。
    (A) 反暗示　　　　　　　　　　(B) 反模仿
    (C) 逆反　　　　　　　　　　　(D) 真暗示

199. 通过语言、表情、动作及其他方式引起众人相同的情绪和行为，这种现象叫（　　）。
    (A) 优势反应　　　　　　　　　(B) 模仿
    (C) 社会感染　　　　　　　　　(D) 暗示

200. 社会感染的特点不包括（　　）。
    (A) 全面性　　　　　　　　　　(B) 双向性
    (C) 接受的迅速性　　　　　　　(D) 爆发性

201. "在较大群体内产生循环感染，反复振荡、反复循环，引发强烈的冲动性情绪，导致非理性行为的产生"，这说明社会感染具有（　　）的特点。
    (A) 全面性　　　　　　　　　　(B) 双向性
    (C) 接受的迅速性　　　　　　　(D) 爆发性

202. "我宁愿自己吃苦，也不让自己爱的人受苦"，这是一种（　　）的爱情。
    (A) 游戏式　　　　　　　　　　(B) 利他式
    (C) 激情式　　　　　　　　　　(D) 逻辑式

203. "有时我不得不回避我的情人们，以免他们互相发现"，这是一种（　　）的爱情。
    (A) 游戏式　　　　　　　　　　(B) 利他式
    (C) 激情式　　　　　　　　　　(D) 逻辑式

204. "双方在共同的目标下勤勤恳恳地生活和工作"的夫妻属于（　　）的夫妻类型。
    (A) 平等合作型　　　　　　　　(B) 建设型
    (C) 爱情型　　　　　　　　　　(D) 一体型

205. 婚姻的主要动机不包括（　　）。
    (A) 经济　　　　　　　　　　　(B) 繁衍
    (C) 爱情　　　　　　　　　　　(D) 学习

206. 夫妻和未婚子女组成的家庭属于（　　）。
    (A) 主干家庭　　　　　　　　　(B) 核心家庭

(C) 联合家庭 (D) 其他家庭

207. 婚姻关系的本质在于它的(　　)。
(A) 社会性 (B) 经济性
(C) 繁衍性 (D) 激情性

208. 作为一个群体，它是社会的细胞，是社会生活的基本单位，这指的是(　　)。
(A) 参照群体 (B) 家庭
(C) 学校 (D) 单位

209. 在斯坦伯格（R. Sternberg, 1988）的爱情三角形中，一见钟情属于(　　)。
(A) 迷恋爱 (B) 愚蠢爱
(C) 浪漫爱 (D) 空洞爱

210. 关于爱情，下列说法中错误的是(　　)。
(A) 幼儿也有爱情体验 (B) 爱情有生理基础，包括性爱因素
(C) 爱情的基本倾向是奉献 (D) 爱情是一种高级情感，不是低级情绪

211. 双方高度关怀对方的情感状态，觉得让对方快乐和幸福是自己义不容辞的责任，这是(　　)的特点。
(A) 爱情 (B) 喜欢
(C) 依恋 (D) 单相思

212. "如果我怀疑我爱的人跟别人在一起，我的神经就紧张"，这是(　　)的爱。
(A) 迷恋式 (B) 好朋友式
(C) 占有式 (D) 浪漫式

213. 处于(　　)中的人春风沉醉，心无旁骛，不能忍受爱人的冷落和背叛，希望和对方融为一体。
(A) 激情爱 (B) 伙伴爱
(C) 游戏爱 (D) 友谊爱

二、多项选择题

214. 孕育社会心理学的母体学科包括(　　)。
(A) 社会学 (B) 生物学
(C) 文化人类学 (D) 心理学

215. 1908年，(　　)分别出版了社会心理学专著，这标志着社会心理学作为一门独立的学科的诞生。
(A) 心理学家奥尔波特 (B) 社会学家罗斯
(C) 心理学家勒温 (D) 心理学家麦独孤

216. 美国社会心理学家G. W. 奥尔波特（1954）认为，社会心理学试图了解和解释个体的思想、情感和行为怎样受他人的影响，他人的影响形式包括(　　)。

(A) 现实的 (B) 想象的
(C) 隐含的 (D) 虚拟的

217. 社会行为是人对社会因素引起的并对社会产生影响的反应系统。它包括(　　)。
(A) 个体的习得行为 (B) 亲社会行为
(C) 群体的决策行为 (D) 本能行为

218. 19世纪中叶到20世纪初,对社会心理学起了直接"催生"作用的重要学术思潮包括(　　)。
(A) 德国的民族心理学 (B) 法国的群众心理学
(C) 英国的本能心理学 (D) 奥地利的精神分析学

219. 社会心理学领域使用实证研究方法的两位先驱是(　　)。
(A) 特里普力特 (B) 墨菲
(C) 奥尔波特 (D) 莫德

220. 第二次世界大战后,社会心理学迅速发展,表现出一些新的特征,它们包括(　　)。
(A) 研究领域拓宽,涉及人类行为的方方面面
(B) 开展了应用社会心理学的研究
(C) 理论向多元化发展,提出很多新的"小理论"来解释与预测行为
(D) 从注意经验描述到注意假设检验

221. 社会心理学研究应遵循的主要原则有(　　)。
(A) 价值中立原则 (B) 系统性原则
(C) 伦理原则 (D) 重复原则

222. 社会心理学研究中,研究者应遵循的主要伦理守则有(　　)。
(A) 在制定研究计划时,研究者应评估其道德可接受性
(B) 在具体研究中,研究者必须采取保护被试者的措施
(C) 对被试者提供的资料应加以保密,如公开发表,须经被试者同意
(D) 不得和被试者建立研究工作以外的其他关系

223. 关于观察法,下列说法中正确的是(　　)。
(A) 自然观察的主要目的是描述行为,提供"类别"及"数量"的信息
(B) 参与观察时,由于身临其境,观察者可能获得较多的"内部"信息
(C) 采用参与观察法时,应尽量减少观察者与被观察者之间相互作用造成的负面影响
(D) 观察者在参与观察时,一般不需要隐瞒自己的身份

224. 新精神分析学派的代表人物包括(　　)。
(A) 霍妮 (B) 弗洛姆
(C) 荣格 (D) 艾里克森

225. 属于精神分析论的概念包括(　　)。
(A) 生本能与死本能 (B) 本我、自我与超我

(C) 潜意识、前意识与意识 (D) 联想、强化与模仿

226. 在态度测量领域有重要贡献的心理学家包括(　　)。
(A) 瑟斯顿 (B) 谢里夫
(C) 李科特 (D) 奥尔波特

227. 问卷法的主要特点包括(　　)。
(A) 成本低 (B) 标准化程度高
(C) 收效快 (D) 可以直接收集数据

228. 问卷的构成成分包括(　　)。
(A) 指导语 (B) 问题及其备选答案
(C) 人口学记录 (D) 结束语

229. 档案法的优点是(　　)。
(A) 对研究对象的心理干扰小 (B) 有统计资料可查
(C) 适用于跨文化的比较研究 (D) 适用于时间跨度较长的趋势研究

230. 社会心理学理论的价值体现在(　　)。
(A) 提高人认识自身的能力 (B) 提高人的智力
(C) 提高人的生活质量 (D) 满足研究者的兴趣

231. 在社会学习论看来,学习的机制主要有(　　)。
(A) 联想 (B) 强化
(C) 暗示 (D) 模仿

232. 霍曼斯(1961)社会交换论的基本观点体现在几个相互联系的普遍性命题上,这些命题包括(　　)。
(A) 成功命题 (B) 剥夺—满足命题
(C) 价值命题 (D) 侵犯—赞同命题

233. 符号互动论的代表人物包括(　　)。
(A) 詹姆士 (B) 米德
(C) 华生 (D) 凯利

234. 弗洛伊德认为,人格结构包括(　　)。
(A) 本我 (B) 镜我
(C) 自我 (D) 超我

235. 关于社会化,下列说法中正确的包括(　　)。
(A) 社会化是个体由自然人成长、发展为社会人的过程
(B) 社会化涉及社会及个体两个方面
(C) 社会化伴随人的一生
(D) 成人期的社会化是继续社会化

236. 社会化涉及两个方面,即(　　)。
(A) 社会对个体进行教化的过程
(B) 早期社会化过程
(C) 再社会化过程

(D) 个体适应社会的过程

237. 社会化的基本条件包括(　　)。
　　(A) 人类有较长的生活依附期
　　(B) 人类的遗传素质提供了社会化的可能性
　　(C) 人们能理解社会规范
　　(D) 人们能理解自己的社会角色

238. 社会化的载体包括(　　)。
　　(A) 学校　　　　　　　　　　(B) 参照群体
　　(C) 家庭　　　　　　　　　　(D) 大众传播媒体

239. 道德社会化包括(　　)等方面。
　　(A) 道德观念　　　　　　　　(B) 道德情感
　　(C) 道德行为　　　　　　　　(D) 道德判断

240. 教师的角色属于(　　)。
　　(A) 成就角色　　　　　　　　(B) 规定性角色
　　(C) 表现型角色　　　　　　　(D) 不自觉角色

241. 按角色获得的方式,可将角色分为(　　)。
　　(A) 先赋角色　　　　　　　　(B) 功利角色
　　(C) 自觉角色　　　　　　　　(D) 成就角色

242. 角色扮演过程包含(　　)等阶段。
　　(A) 角色期待　　　　　　　　(B) 角色冲突
　　(C) 角色领悟　　　　　　　　(D) 角色实践

243. 关于自我,下列说法中正确的包括(　　)。
　　(A) 自我是心理学的古老课题
　　(B) 又称自我意识或自我概念
　　(C) 是个体对自己存在状态的认知
　　(D) 是个体对其社会角色进行自我评价的结果

244. 自我的结构包括(　　)。
　　(A) 物质自我　　　　　　　　(B) 心理自我
　　(C) 社会自我　　　　　　　　(D) 理想自我

245. 自我概念的功能主要包括(　　)。
　　(A) 保持个体内在的一致性　　(B) 解释经验
　　(C) 决定期待　　　　　　　　(D) 控制社会化进程

246. 关于身份,下列说法中正确的包括(　　)。
　　(A) 身份是由个体的社会地位及处境地位决定的自我认同
　　(B) 身份是由角色构成的
　　(C) 社会地位所决定的身份是地位身份,是相对稳定的,是身份的主体
　　(D) 处境地位所决定的身份是处境身份,是易变的

247. 关于自尊,下列说法中正确的包括(　　)。

(A) 自尊是个体对其社会角色进行自我评价的结果
(B) 自尊水平是个体对其每一角色进行单独评价的总和
(C) 自尊需要的满足会导致自信
(D) 自尊就是我们日常生活中所说的"自尊心"

248. 自尊需要包括(　　)。
(A) 对成就、优势与自信等的欲望
(B) 对名誉、地位支配、赞赏的欲望
(C) 对奢侈生活的渴望
(D) 对美满家庭的渴望

249. 詹姆士的经典公式：自尊＝成功/抱负，意思是说，自尊取决于(　　)。
(A) 自信　　　　　　　　　(B) 成功的社会价值
(C) 成功　　　　　　　　　(D) 获得的成功对个体的意义

250. 影响自尊的因素，包括(　　)。
(A) 家庭中的亲子关系　　　(B) 行为表现的反馈
(C) 选择参与和扬长避短　　(D) 理性地进行社会比较

251. 社会知觉包括个体对(　　)的知觉。
(A) 环境　　　　　　　　　(B) 自己
(C) 群体　　　　　　　　　(D) 他人

252. 社会知觉包括(　　)。
(A) 行为原因　　　　　　　(B) 人际知觉
(C) 自我知觉　　　　　　　(D) 环境知觉

253. 影响社会知觉的主观因素包括认知者的(　　)。
(A) 情绪　　　　　　　　　(B) 兴趣
(C) 动机　　　　　　　　　(D) 经验

254. 社会知觉时，图式对新觉察到的信息起(　　)作用。
(A) 选择　　　　　　　　　(B) 引导
(C) 组合　　　　　　　　　(D) 解释

255. 图式的作用包括(　　)。
(A) 影响个体对他人的知觉和自我知觉
(B) 影响对注意对象的选择
(C) 影响记忆
(D) 影响能力

256. 信息顺序影响印象形成的现象包括(　　)。
(A) 刻板印象　　　　　　　(B) 首因效应
(C) 近因效应　　　　　　　(D) 光环效应

257. 一般来说，近因效应容易出现在(　　)的人之间。
(A) 熟悉　　　　　　　　　(B) 不熟悉
(C) 亲密　　　　　　　　　(D) 不常见面

258. 在有限经验的基础上形成的刻板印象往往具有消极的性质，会使人对某些群体的成员产生（   ）。
    (A) 态度
    (B) 偏见
    (C) 歧视
    (D) 距离

259. 一般来说，中心品质模式更接近于日常生活中大多数人的印象形成的实际情况。该模式认为，人们往往仅仅根据几个（   ）的特征来对对象形成总体印象。
    (A) 概括性
    (B) 逻辑一致
    (C) 对个体意义大
    (D) 重要

260. 印象形成中的信息整合模式包括（   ）。
    (A) 加法模式
    (B) 加权平均模式
    (C) 平均模式
    (D) 中心品质模式

261. 常用的印象管理策略包括（   ）等。
    (A) 隐藏自己与自我抬高
    (B) 按社会常模管理自己
    (C) 按社会期待管理自己
    (D) 投人所好

262. 根据社会心理学家的研究，个体归因时遵循的主要原则包括（   ）。
    (A) 不变性原则
    (B) 折扣原则
    (C) 情感一致性原则
    (D) 协变原则

263. 影响归因的因素包括（   ）。
    (A) 社会视角
    (B) 自我价值保护倾向
    (C) 观察位置
    (D) 时间因素

264. 在行为的内因与外因中均有稳定性原因与易变性原因。稳定性原因包括（   ）。
    (A) 人格特征
    (B) 能力
    (C) 天气
    (D) 工作性质

265. 根据凯利的三维理论，个体在归因时需要了解的信息包括（   ）。
    (A) 规律性信息
    (B) 特异性信息
    (C) 共同性信息
    (D) 一致性信息

266. 随着时间的推移，归因会越来越具有情境性。人们会将过去很久的事件解释为背景的原因，而不是（   ）的原因。
    (A) 行为主体
    (B) 刺激客体
    (C) 性别
    (D) 年龄

267. 社会动机的功能包括（   ）。
    (A) 激活功能
    (B) 指向功能
    (C) 维持功能
    (D) 调节功能

268. 亲合的作用包括（   ）。
    (A) 获得信息
    (B) 满足个体的某些社会性需要
    (C) 避免窘境
    (D) 使行为获得明确定向

269. 影响亲合的因素包括（　　）。
　　（A）情境因素　　　　　　　　（B）情绪因素
　　（C）出生顺序　　　　　　　　（D）智力

270. 亲合与人的情绪状态有密切的关系，一般来说（　　）。
　　（A）恐惧越强烈，亲合倾向越弱
　　（B）恐惧越强烈，亲合倾向越强
　　（C）焦虑越强烈，亲合倾向越弱
　　（D）焦虑越强烈，亲合倾向越强

271. 关于一个人的抱负水平，下列说法中正确的包括（　　）。
　　（A）个体的抱负水平取决于其成就动机的强弱
　　（B）以往的成败经验影响抱负水平
　　（C）个体的抱负水平与实际成就往往有差异
　　（D）个体的抱负水平与成就动机是一种倒 U 型关系

272. 培养儿童成就动机应注意的问题包括（　　）。
　　（A）家庭教养方式　　　　　　（B）强调成就、追求成就的社会氛围
　　（C）正确的价值观　　　　　　（D）社会化是否顺利进行

273. 影响成就动机的因素主要包括（　　）。
　　（A）目标的吸引力　　　　　　（B）风险与成败的主观概率
　　（C）个体施展才干的机会　　　（D）个体的情绪状态

274. 引起权力动机的因素大致包括（　　）。
　　（A）社会控制的需求　　　　　（B）嫉妒情绪
　　（C）对无能的恐惧　　　　　　（D）本能

275. 侵犯的构成要素包括（　　）。
　　（A）伤害行为　　　　　　　　（B）侵犯动机
　　（C）敌意　　　　　　　　　　（D）社会评价

276. 挫折—侵犯学说的要点包括（　　）。
　　（A）人在受挫折后，一定会产生侵犯行为
　　（B）侵犯强度与目标受阻强度呈正比
　　（C）抑制侵犯的力量与该侵犯可能受到的预期惩罚强度呈正比
　　（D）如果挫折强度一定，预期惩罚越大，侵犯发生的可能性则越小；如果预期惩罚一定，则挫折强度越大，侵犯越可能发生

277. 侵犯的本能论的代表人物包括（　　）
　　（A）弗洛伊德　　　　　　　　（B）罗伦兹
　　（C）多拉德　　　　　　　　　（D）伯克威兹

278. 社会规范论用普遍规范来解释人的社会行为，人类社会存在的普遍性的道德规范包括（　　）。
　　（A）交互性规范　　　　　　　（B）社会责任规范
　　（C）伦理规范　　　　　　　　（D）正当行为规范

279. 关于社交焦虑，下列说法中正确的包括(   )。
   (A) 是一种与人交往的时候，觉得不舒服、不自然、紧张，甚至恐惧的情绪体验
   (B) 社交焦虑的个体与他人交往的时候一般没有生理上的症状
   (C) 社交焦虑是一种消极的情绪体验
   (D) 为了回避导致社交焦虑的情境，个体通常是减少社交，选择孤独的生活方式

280. 嫉妒情绪的特点包括(   )。
   (A) 针对性   (B) 持续性
   (C) 对抗性   (D) 普遍性

281. 下列说法中正确的包括(   )。
   (A) 羞耻的个体往往会感到沮丧、自卑、自我贬损、自我怀疑
   (B) 健康的羞耻感是个体心理发展的自然结果
   (C) 内疚者往往有良心上和道德上的自我谴责
   (D) 内疚感越强，个体心理越健康

282. 态度的特点包括(   )。
   (A) 系统性   (B) 内在性
   (C) 稳定性   (D) 对象性

283. 态度的成分包括(   )。
   (A) 认知成分   (B) 情感成分
   (C) 行为成分   (D) 行为倾向成分

284. 下列说法中正确的包括(   )。
   (A) 态度是行为的直接决定因素，有什么样的态度，就有什么样的行为
   (B) 价值观对态度有直接的影响，这种影响是通过个体对对象赋予价值来实现的
   (C) 个体赋予态度对象的主观价值对态度有重要影响，但态度的直接决定因素是对象的客观价值
   (D) 价值观不具有直接的、具体的对象，也没有直接的行为动力意义

285. 态度的功能主要包括(   )。
   (A) 工具性功能   (B) 自我防御功能
   (C) 价值表现功能   (D) 认知功能

286. 根据凯尔曼的观点，态度形成包括(   )等阶段。
   (A) 内化   (B) 评价
   (C) 服从   (D) 认同

287. 传递者方面影响态度转变的主要因素包括(   )。
   (A) 意图   (B) 威信
   (C) 立场   (D) 吸引力

288. 下列说法中正确的包括(   )。
   (A) 分心一定会削弱说服效果
   (B) 预警一定会促进态度转变

(C) 已成为既定事实的态度,即接受者根据直接经验形成的态度不易转变
(D) 自尊水平高、自信的接受者不易转变态度

289. 态度转变理论包括(　　)。
(A) 平衡理论　　　　　　　　(B) 认知失调论
(C) 社会交换论　　　　　　　(D) 精神分析论

290. 根据海德的平衡理论,P-O-X模型中(　　)。
(A) 如果三种关系都是否定的,或两种肯定,一种否定,则存在平衡状态
(B) 如果三种关系都是肯定的,或两种否定,一种肯定,则存在平衡状态
(C) 如果三种关系中两种是否定的,一种是肯定的,则存在平衡状态
(D) 如果三种关系中两种是肯定的,一种是否定的,则存在平衡状态

291. 关于认知失调论,下列说法中正确的包括(　　)。
(A) 降低失调的认知因素各方的强度可以减少失调
(B) 当各认知因素出现"非配合性"的关系时,个体就会产生认知失调
(C) 认知失调给个体造成心理压力,使之处于不愉快的紧张状态
(D) 文化价值的冲突是认知失调的原因之一

292. 认知失调论认为,认知失调可能的原因包括(　　)。
(A) 逻辑的矛盾　　　　　　　(B) 文化价值的冲突
(C) 观念的矛盾　　　　　　　(D) 新旧经验相悖

293. 沟通的结构要素包括(　　)。
(A) 信息　　　　　　　　　　(B) 强化
(C) 反馈　　　　　　　　　　(D) 通道

294. 通过对"小道消息"的研究发现,非正式沟通网络的典型形式包括(　　)。
(A) 单线式　　　　　　　　　(B) 集束式
(C) 流言式　　　　　　　　　(D) 偶然式

295. 正式沟通网络形式包括(　　)。
(A) 链式　　　　　　　　　　(B) 轮式
(C) 全通道式　　　　　　　　(D) Y式

296. 按信息流动方向,沟通可分为(　　)。
(A) 平行沟通　　　　　　　　(B) 非正式沟通
(C) 上行沟通　　　　　　　　(D) 下行沟通

297. 身体语言包括(　　)。
(A) 目光　　　　　　　　　　(B) 面部表情
(C) 姿势　　　　　　　　　　(D) 妆饰

298. 关于沟通,下列说法中正确的包括(　　)。
(A) 人际沟通是以视听沟通为主的沟通
(B) 背景是沟通发生时的情境,其影响沟通的每一要素以及整个沟通过程
(C) 反馈使沟通成为一个双向的交互过程
(D) 在沟通使用的各种符号系统中,最重要的是语词

299. 人际关系的特点包括( )。
    (A) 直接性   (B) 情感性
    (C) 功利性   (D) 个体性

300. 一般来说，良好的人际关系的建立与发展要经过的阶段包括( )。
    (A) 定向阶段   (B) 情感探索阶段
    (C) 情感交流阶段   (D) 稳定交往阶段

301. 自我暴露的水平包括( )。
    (A) 隐私   (B) 自我概念与个人的人际关系状况
    (C) 态度   (D) 情趣爱好

302. 要建立良好的人际关系，应该遵循的原则包括( )。
    (A) 自我价值保护原则 (B) 包容性原则
    (C) 相互性原则   (D) 平等性原则

303. 人的基本人际需要包括( )。
    (A) 支配需要   (B) 认知需要
    (C) 从众需要   (D) 包容需要

304. "人际关系三维理论"的"三维"包括( )。
    (A) 包容需要   (B) 支配需要
    (C) 成就需要   (D) 情感需要

305. 根据群体整合原则，在群体分解时，要经过( )等阶段。
    (A) 感情不和   (B) 失控
    (C) 难以包容   (D) 心理冲突

306. 互补对于人际吸引是重要的，互补的形式主要有( )。
    (A) 情感的互补   (B) 需要的互补
    (C) 社会角色的互补 (D) 人格特征的互补

307. 人际互动主要的形式包括( )。
    (A) 竞争   (B) 利益冲突
    (C) 合作   (D) 感情相容

308. 合作的基本条件有( )。
    (A) 共识与规范   (B) 目标的一致
    (C) 人格的相似   (D) 相互信赖的合作氛围

309. 目标手段相互依赖理论的含义包括( )。
    (A) 个体行为的目标或手段与他人行为的目标或手段之间如存在相互依赖关系，就会产生相互作用
    (B) 当只有与自己有关的他人采取某种手段实现目标时，个体的目标和手段才能实现，个体与他人之间是合作关系
    (C) 当只有与自己有关的他人采取某种手段实现目标时，个体的目标和手段才能实现，个体与他人之间是竞争关系
    (D) 当只有与自己有关的他人不能达到目标或实现手段时，个体的目标和手

段才能实现，个体与他人之间是竞争关系

310. 从众的功能包括(　　)。
   (A) 促进社会形成共同规范、共同价值观
   (B) 让个体适应社会生活
   (C) 促进个体的模仿学习
   (D) 促进人格形成

311. 从众行为的原因包括(　　)。
   (A) 寻求行为参照　　　　(B) 避免对偏离的恐惧
   (C) 追求成就的动机　　　(D) 群体凝聚力

312. 从众包括(　　)。
   (A) 真从众　　　　　　　(B) 假从众
   (C) 权宜从众　　　　　　(D) 反从众

313. 下列说法中正确的包括(　　)。
   (A) 个体自我评价越高，他的从众行为越少
   (B) 如果情境很明确，判断事物的客观标准很清晰，从众行为会增加
   (C) 群体成员的一致性愈高，个体越容易从众
   (D) 群体规模与其成员的从众性呈线性关系

314. 社会促进的效应包括(　　)。
   (A) 结伴效应　　　　　　(B) 观众效应
   (C) 情感效应　　　　　　(D) 光环效应

315. 社会懈怠化的主要原因包括(　　)。
   (A) 情感卷入　　　　　　(B) 竞争意识增加
   (C) 被评价的焦虑减弱　　(D) 责任意识降低

316. 塔尔德的模仿律包括(　　)。
   (A) 下降律　　　　　　　(B) 几何级数律
   (C) 上升律　　　　　　　(D) 先内后外律

317. 模仿的意义包括(　　)。
   (A) 模仿是学习的基础　　(B) 模仿助人适应社会
   (C) 模仿可以促进群体形成(D) 模仿使人快乐

318. 社会感染的特点包括(　　)。
   (A) 双向性　　　　　　　(B) 恐慌性
   (C) 爆发性　　　　　　　(D) 群体性

319. 社会感染包括(　　)。
   (A) 群众性的感染　　　　(B) 个体间的感染
   (C) 大众传媒的感染　　　(D) 大型开放群体的感染

320. 社会交换论者将爱情发展划分为(　　)等阶段。
   (A) 取样与评估　　　　　(B) 互惠
   (C) 承诺　　　　　　　　(D) 制度化

321. 斯坦伯格（1988）的爱情三角形中，包括的因素有（　　）。
    （A）性活动　　　　　　　　　　（B）激情
    （C）承诺　　　　　　　　　　　（D）经济

322. 婚姻的动机包括（　　）。
    （A）经济　　　　　　　　　　　（B）繁衍
    （C）承诺　　　　　　　　　　　（D）爱情

323. 夫妻之间的心理冲突包括（　　）。
    （A）需求不满　　　　　　　　　（B）价值观念不一致
    （C）夫妻的性差异　　　　　　　（D）远离的"自我"

324. 从社会心理学角度看，下列说法中正确的包括（　　）。
    （A）结婚年龄较低的夫妻容易离婚
    （B）短时相识就结婚的夫妻，由于彼此不够了解，容易离异
    （C）对性生活不满意的，容易离异
    （D）有婚前性经验的人容易离异

325. 家庭的功能包括（　　）。
    （A）经济功能　　　　　　　　　（B）性功能和生育功能
    （C）教育功能　　　　　　　　　（D）感情交流功能

326. 一个典型的家庭生命周期包括（　　）等阶段。
    （A）形成　　　　　　　　　　　（B）扩展
    （C）稳定　　　　　　　　　　　（D）空巢

327. 爱情与喜欢的区别主要在（　　）等方面。
    （A）亲密　　　　　　　　　　　（B）依恋
    （C）服从　　　　　　　　　　　（D）利他

328. 家庭结构的要素有（　　）。
    （A）夫妻数量　　　　　　　　　（B）经济收入
    （C）代际层次　　　　　　　　　（D）家庭成员的数量

329. 哈特菲尔德（E. Hatfield，1988）把爱情分为两种，它们是（　　）。
    （A）游戏爱　　　　　　　　　　（B）伙伴爱
    （C）激情爱　　　　　　　　　　（D）占有爱

三、参考答案

单项选择题

1. C	2. B	3. D	4. C	5. A
6. D	7. D	8. A	9. D	10. A
11. D	12. C	13. D	14. D	15. A

73

16. D	17. A	18. D	19. C	20. C
21. A	22. A	23. C	24. D	25. D
26. C	27. D	28. B	29. A	30. A
31. B	32. A	33. A	34. D	35. D
36. C	37. D	38. B	39. D	40. A
41. B	42. A	43. B	44. D	45. D
46. D	47. B	48. A	49. C	50. A
51. B	52. D	53. D	54. A	55. C
56. A	57. D	58. B	59. A	60. A
61. C	62. A	63. D	64. C	65. B
66. C	67. B	68. D	69. D	70. C
71. C	72. D	73. D	74. B	75. B
76. C	77. D	78. B	79. A	80. D
81. C	82. B	83. C	84. B	85. A
86. B	87. C	88. A	89. B	90. A
91. A	92. C	93. C	94. B	95. B
96. A	97. B	98. D	99. A	100. B
101. D	102. C	103. D	104. C	105. A
106. D	107. B	108. A	109. A	110. A
111. A	112. B	113. A	114. A	115. A
116. C	117. B	118. C	119. B	120. D
121. A	122. A	123. B	124. B	125. A
126. A	127. B	128. D	129. A	130. B
131. A	132. D	133. D	134. A	135. D
136. D	137. A	138. D	139. B	140. D
141. A	142. A	143. A	144. A	145. C
146. A	147. D	148. D	149. A	150. C
151. C	152. D	153. A	154. A	155. D

156. D	157. C	158. A	159. D	160. A
161. B	162. D	163. B	164. D	165. D
166. B	167. A	168. C	169. C	170. B
171. A	172. C	173. B	174. C	175. D
176. A	177. C	178. B	179. B	180. C
181. B	182. D	183. A	184. B	185. D
186. B	187. A	188. D	189. A	190. B
191. A	192. A	193. C	194. B	195. D
196. D	197. D	198. A	199. C	200. A
201. D	202. B	203. A	204. B	205. D
206. B	207. A	208. B	209. C	210. A
211. A	212. C	213. A		

多项选择题

214. ACD	215. BD	216. ABC	217. ABC	218. ABCD
219. AD	220. ABC	221. ABC	222. ABCD	223. ABC
224. ABD	225. ABC	226. AC	227. BC	228. ABCD
229. ACD	230. AC	231. ABD	232. ABCD	233. AB
234. ACD	235. ABCD	236. AD	237. AB	238. ABCD
239. ABCD	240. ABC	241. AD	242. ACD	243. ABC
244. ABCD	245. ABC	246. ABCD	247. ABC	248. AB
249. CD	250. ABCD	251. BCD	252. ABC	253. ABCD
254. BD	255. ABC	256. BC	257. AC	258. BC
259. CD	260. ABCD	261. ABCD	262. ABD	263. ABCD
264. ABD	265. BCD	266. AB	267. ABCD	268. ABC
269. ABC	270. BC	271. ABC	272. AB	273. ABC
274. AC	275. ABD	276. BCD	277. AB	278. AB
279. ACD	280. ABCD	281. ABC	282. BCD	283. ABD

284. BD	285. ABCD	286. ACD	287. ABCD	288. CD
289. ABC	290. BC	291. ABCD	292. ABCD	293. ACD
294. BCD	295. ABCD	296. ACD	297. ABCD	298. ABCD
299. ABD	300. ABCD	301. ABCD	302. ACD	303. AD
304. ABD	305. ABC	306. BCD	307. AC	308. ABD
309. ABD	310. AB	311. ABD	312. ACD	313. AC
314. AB	315. CD	316. ABD	317. ABC	318. AC
319. BCD	320. ABCD	321. BC	322. ABD	323. ABCD
324. ABCD	325. ABCD	326. ABCD	327. ABD	328. ACD
329. BC				

第三章 发展心理学知识习题

一、单项选择题

1. 发展心理学是研究（　　）的科学。
   - (A) 认知发展规律
   - (B) 心理的种族发展
   - (C) 心理的种系发展
   - (D) 心理发展规律

2. 发展心理学的研究对象是（　　）。
   - (A) 个体从出生到衰亡全过程的心理发展现象
   - (B) 解释心理发展现象
   - (C) 揭示心理发展规律
   - (D) 描述心理发展现象，揭示心理发展规律

3. 狭义理解心理发展是指（　　）。
   - (A) 心理的种系发展
   - (B) 心理的种族发展
   - (C) 群体的心理发展
   - (D) 个体的心理发展

4. 个体发展心理学的研究对象是（　　）。
   - (A) 人生全过程各个年龄阶段的心理发展特点
   - (B) 人生全过程各个年龄阶段的认知发展特点
   - (C) 从动物到人的心理变化
   - (D) 从幼儿到成人的心理变化

5. 下列不属于心理发展规律性的是（　　）。
   - (A) 心理发展的不平衡性
   - (B) 心理发展共性和个性统一
   - (C) 心理发展的整体性
   - (D) 心理发展的方向性和顺序性

6. 心理发展的不平衡性主要是指（　　）。
   - (A) 人群中每个人的心理发展水平是不一样的
   - (B) 人一生的心理发展并不是以相同的速率前进的
   - (C) 心理过程的发展速率不同

(D) 人一生各个阶段智力发展的速率不同

7. 第一发展加速期是指( )。
   (A) 从出生到幼儿期　　　　　　(B) 从幼儿期到童年期
   (C) 从童年期到青春期　　　　　(D) 从青春期到青年期

8. 第二个发展加速期是指( )。
   (A) 幼儿期　　　　　　　　　　(B) 童年期
   (C) 青春期　　　　　　　　　　(D) 青年期

9. 在某一特定时间,同时对不同年龄组的被试者进行比较研究叫( )。
   (A) 横向研究　　　　　　　　　(B) 纵向研究
   (C) 个案研究　　　　　　　　　(D) 因果研究

10. 对相同的研究对象在不同的年龄或阶段进行长期的反复观测叫( )。
    (A) 横向研究　　　　　　　　　(B) 纵向研究
    (C) 相关研究　　　　　　　　　(D) 因果研究

11. 横向研究和纵向研究相结合的交叉设计,其特点包括( )。
    (A) 是横向研究和纵向研究两个方面的取长补短
    (B) 兼有横向研究和纵向研究两个方面的缺点
    (C) 是一种完美无缺的设计方式
    (D) 难以实施横向研究或纵向研究时采用的一种研究方式

12. 普莱尔是( )的奠基人。
    (A) 科学心理学　　　　　　　　(B) 科学儿童心理学
    (C) 科学发展心理学　　　　　　(D) 科学社会心理学

13. 科学儿童心理学的奠基人是( )。
    (A) 冯特　　　　　　　　　　　(B) 奥尔波特
    (C) 普莱尔　　　　　　　　　　(D) 弗洛伊德

14. 科学儿童心理学建立的时间为( )年。
    (A) 1879　　　　　　　　　　　(B) 1882
    (C) 1876　　　　　　　　　　　(D) 1891

15. 科学儿童心理学建立的标志是( )。
    (A) 达尔文于1876年写成《一个婴儿的传略》一书
    (B) 冯特于1879年在德国莱比锡成立心理学实验室
    (C) 普莱尔于1882年出版《儿童心理》一书
    (D) 霍尔于1891年出版《婴儿研究手记》一书

16. 发展心理学取代"儿童心理学"的重要标志是( )。
    (A) 1957年,美国《心理学年鉴》用"发展心理学"取代"儿童心理学"作为章的名称
    (B) 20世纪30年代,美国出版了《发展心理学》一书
    (C) 20世纪30年代,美国出版了《发展心理学概论》一书
    (D) 1922年,霍尔出版了《衰老:人的后半生》一书

17. 遗传决定论的代表人物是（　　）。
    (A) 达尔文　　　　　　　　　(B) 高尔顿
    (C) 华生　　　　　　　　　　(D) 霍尔
18. 环境决定论的代表人物是（　　）。
    (A) 达尔文　　　　　　　　　(B) 高尔顿
    (C) 华生　　　　　　　　　　(D) 施太伦
19. 维果茨基的文化—历史发展理论认为（　　）。
    (A) 心理的实质就是社会文化历史通过语言符号的中介而不断内化的结果
    (B) 人类的心理发展规律受生物进化规律所制约
    (C) 个人的心理发展决定于生理成熟
    (D) 心理发展是跨文化心理学和历史心理学研究的核心内容
20. 维果茨基的心理发展观认为（　　）。
    (A) 人的高级心理机能是由社会文化历史因素决定的
    (B) 心理发展是指高级心理机能的发展
    (C) 心理发展是一个外化的过程
    (D) 心理发展取决于一个人的成长经历
21. "最近发展区"是指（　　）。
    (A) 儿童借助成人的帮助所达到的解决问题的水平
    (B) 在独立活动中所达到的解决问题的水平
    (C) 在有指导的情境下，儿童借助成人的帮助所达到的解决问题的水平与在独立活动中所达到的解决问题的水平之间的差距
    (D) 儿童先天具有的水平和后天发展的水平之间的差异
22. 维果茨基认为教学与发展的关系应该是（　　）。
    (A) 发展要走在教学的前面　　　(B) 教学要走在发展的前面
    (C) 发展和教学齐头并进　　　　(D) 发展和教学相互决定
23. 学习的最佳期限是指（　　）。
    (A) 心理机能已经发展成熟的时候
    (B) 学习条件都已经具备的时候
    (C) 心理机能开始形成之前
    (D) 心理机能正在开始形成又尚未发展成熟之时
24. 皮亚杰的心理发展观认为心理起源于（　　）。
    (A) 先天的成熟　　　　　　　　(B) 后天的经验
    (C) 动作　　　　　　　　　　　(D) 吸吮
25. 认知结构或心理组织叫（　　）。
    (A) 图式　　　　　　　　　　　(B) 同化
    (C) 顺应　　　　　　　　　　　(D) 平衡
26. 主体将环境中的信息纳入并整合到已有的认知结构的过程叫（　　）。
    (A) 整合　　　　　　　　　　　(B) 同化

(C) 顺应 (D) 平衡

27. 主体的图式不能适应客体的要求时，就要改变原有的图式，或创造新的图式，以适应环境需要叫（　　）。
(A) 整合 (B) 同化
(C) 顺应 (D) 平衡

28. 皮亚杰认为影响儿童心理发展的基本因素包括（　　）。
(A) 成熟、经验、社会环境和平衡
(B) 图式、同化、顺应和平衡
(C) 图式、物理经验和数理—逻辑经验
(D) 成熟、经验、同化、顺应

29. 皮亚杰把儿童的心理发展划分为（　　）个阶段。
(A) 2 (B) 3
(C) 4 (D) 5

30. 艾里克森把人格发展划分为（　　）个阶段。
(A) 3 (B) 4
(C) 6 (D) 8

31. 艾里克森划分人格发展阶段的标准是（　　）。
(A) 力比多 (B) 心理社会危机
(C) 自我的调节作用 (D) 心理防御机制

32. 艾里克森认为婴儿前期的主要发展任务是（　　）。
(A) 获得信任感，克服怀疑感 (B) 获得自主感，克服羞耻感
(C) 获得主动感，克服内疚感 (D) 获得亲密感，避免孤独感

33. 艾里克森认为婴儿前期良好的人格特征是（　　）。
(A) 希望品质 (B) 意志品质
(C) 目标品质 (D) 能力品质

34. 艾里克森认为婴儿后期的主要发展任务是（　　）。
(A) 获得勤奋感，克服自卑感 (B) 获得主动感，克服内疚感
(C) 获得自主感，克服羞耻感 (D) 获得亲密感，避免孤独感

35. 艾里克森认为婴儿后期良好的人格特征是（　　）。
(A) 希望品质 (B) 意志品质
(C) 目标品质 (D) 能力品质

36. 艾里克森认为幼儿期的主要发展任务是（　　）。
(A) 获得勤奋感，克服自卑感 (B) 获得主动感，克服内疚感
(C) 获得自主感，克服羞耻感 (D) 获得亲密感，避免孤独感

37. 艾里克森认为幼儿期良好的人格特征是（　　）。
(A) 希望品质 (B) 意志品质
(C) 目标品质 (D) 能力品质

38. 艾里克森认为童年期的主要发展任务是（　　）。

(A) 获得勤奋感，克服自卑感　　　　(B) 获得完善感，避免失望或厌恶感
(C) 获得自主感，克服羞耻感　　　　(D) 获得亲密感，避免孤独感

39. 艾里克森认为童年期良好的人格特征是(　　)。
(A) 希望品质　　　　　　　　　　　(B) 意志品质
(C) 目标品质　　　　　　　　　　　(D) 能力品质

40. 艾里克森认为青少年期的主要发展任务是(　　)。
(A) 获得自主感，克服羞耻感　　　　(B) 获得亲密感，避免孤独感
(C) 获得勤奋感，克服自卑感　　　　(D) 形成角色同一性，防止角色混乱

41. 艾里克森认为青少年期良好的人格特征是(　　)。
(A) 诚实品质　　　　　　　　　　　(B) 爱的品质
(C) 关心品质　　　　　　　　　　　(D) 智慧、贤明品质

42. 艾里克森认为成年早期的主要发展任务是(　　)。
(A) 获得勤奋感，克服自卑感　　　　(B) 形成角色同一性，防止角色混乱
(C) 获得亲密感，避免孤独感　　　　(D) 获得繁衍感，避免停滞感

43. 艾里克森认为成年早期良好的人格特征是(　　)。
(A) 诚实品质　　　　　　　　　　　(B) 爱的品质
(C) 关心品质　　　　　　　　　　　(D) 智慧、贤明品质

44. 艾里克森认为成年中期的主要发展任务是(　　)。
(A) 获得完善感，避免失望或厌恶感
(B) 获得勤奋感，克服自卑感
(C) 获得亲密感，避免孤独感
(D) 获得繁衍感，避免停滞感

45. 艾里克森认为成年中期良好的人格特征是(　　)。
(A) 诚实品质　　　　　　　　　　　(B) 爱的品质
(C) 关心品质　　　　　　　　　　　(D) 智慧、贤明品质

46. 艾里克森认为成年后期的主要发展任务是(　　)。
(A) 获得繁衍感，避免停滞感
(B) 获得主动感，克服内疚感
(C) 获得完善感，避免失望或厌恶感
(D) 获得亲密感，避免孤独感

47. 艾里克森认为成年后期良好的人格特征是(　　)。
(A) 诚实品质　　　　　　　　　　　(B) 爱的品质
(C) 关心品质　　　　　　　　　　　(D) 智慧、贤明品质

48. 人类婴儿的关键期表现在(　　)。
(A) 感受系统范围内　　　　　　　　(B) 运动系统
(C) 感知活动水平　　　　　　　　　(D) 神经系统

49. 儿童生理发育和个体心理发展最迅速的时期是(　　)。
(A) 婴儿期　　　　　　　　　　　　(B) 幼儿期

(C) 青年期 (D) 中年期

50. 新生儿是指从( )的婴儿。
 (A) 出生到1个月 (B) 出生到2个月
 (C) 出生到3个月 (D) 出生到4个月

51. ( )是婴儿天生的学习能力。
 (A) 模仿学习 (B) 无条件反射
 (C) 条件反射 (D) 言语刺激

52. ( )是各种认知能力发展最迅速的时期。
 (A) 婴儿期 (B) 幼儿期
 (C) 童年期 (D) 青春期

53. 个体认知发展中最早发生,也是最早成熟的心理过程是( )。
 (A) 动作 (B) 感觉
 (C) 知觉 (D) 反射

54. 婴儿感知觉的发展是( )的心理过程。
 (A) 较为被动 (B) 主动的、有选择性
 (C) 非常缓慢 (D) 成熟较晚

55. 婴儿具有整合跨通道信息的知觉能力,最明显的表现形式之一是( )。
 (A) 直立行走 (B) 抓握反射
 (C) 五指分化 (D) 手眼协调

56. 视觉悬崖是研究婴儿( )的装置。
 (A) 形状知觉 (B) 颜色知觉
 (C) 动作发展 (D) 深度知觉

57. 基本上能掌握母语全部发音的年龄是( )。
 (A) 8个月 (B) 1岁左右
 (C) 2岁左右 (D) 3岁左右

58. 婴儿掌握母语基本语法的关键期在( )。
 (A) 0.5~1.5岁 (B) 1.5~2.5岁
 (C) 2.5~3.5岁 (D) 3.5~4.5岁

59. 指出不属于促进婴儿言语发展的谈话策略( )。
 (A) 把孩子作为交谈对象 (B) 注重问答式对话
 (C) 多说儿语 (D) 把孩子的话语加以扩展和引申

60. 皮亚杰认为婴儿对世界的最初认识源于( )。
 (A) 声音 (B) 味道
 (C) 动作 (D) 哭泣

61. 活动性气质儿童表现为( )。
 (A) 缺乏对情绪和行为的自我控制
 (B) 常以愤怒或者悲伤为主导情绪
 (C) 积极、主动地与他人接触和交流

(D) 积极探索环境, 偏爱运动性游戏

62. 婴儿兴趣发展的阶段性特征是( )。
(A) 自发性的兴趣阶段、无选择的兴趣爱好、有选择的兴趣
(B) 无条件反射性兴趣、条件反射类兴趣、社会性兴趣
(C) 先天反射性反应阶段、相似性物体再认知觉阶段、新异性事物探索阶段
(D) 初级兴趣、次级兴趣、社会性学习兴趣

63. 婴儿期笑的发展按顺序分为( )等阶段。
(A) 自发性微笑、无选择的社会性微笑、有选择的社会性微笑
(B) 无条件反射性的笑、条件反射性的笑、社会性微笑
(C) 对声音的笑、对熟悉人的笑、对新异性刺激的笑
(D) 无笑、无条件反射性的笑、自发性微笑

64. 婴儿出生一两天后就有笑的反应, 这种笑的反应属于( )。
(A) 习得性微笑   (B) 自发性微笑
(C) 无选择的社会性微笑   (D) 有选择的社会性微笑

65. 婴儿对熟人与陌生人都可以报以微笑, 这种笑的反应属于( )。
(A) 习得性的笑   (B) 自发性微笑
(C) 无选择的社会性微笑   (D) 有选择的社会性微笑

66. 婴儿对熟悉的人比不熟悉的人有更多的微笑, 这种笑的反应属于( )。
(A) 习得性的笑   (B) 自发性微笑
(C) 无选择的社会性微笑   (D) 有选择的社会性微笑

67. 婴儿分离焦虑经历的阶段性变化是( )。
(A) 自发性哭、应答性哭、主动操作性哭
(B) 悲伤求助、愤怒抗议、尝受失望、情感冷漠, 无能为力之下超脱焦虑困扰, 企图适应新环境
(C) 盲目寻人帮助、无选择的寻人帮助、寻求可亲近的陌生人帮助
(D) 食欲不良、睡眠不好、企图适应新环境

68. 安斯沃斯将婴儿依恋划分为( )等类型。
(A) 安全型依恋、回避型依恋、反抗型依恋
(B) 容易型依恋、困难型依恋、迟缓型依恋
(C) 初级依恋、次级依恋、高级依恋
(D) 无差别的社会反应、有差别的社会反应、特殊情感联结

69. 婴儿出现有选择地对人反应, 对母亲更加偏爱, 是在( )阶段。
(A) 无差别的社会反应   (B) 有差别的社会反应
(C) 特殊情感联结   (D) 互惠关系形成阶段

70. 婴儿情感社会化的重要标志是( )。
(A) 兴趣   (B) 微笑
(C) 依恋   (D) 哭泣

71. 自我意识发展的第一个飞跃表现为( )。

(A) 将自己作为活动主体来认识　　(B) 客体自我意识的出现
(C) 能有自己独特的感受　　(D) 能意识到自己的存在

72. 幼儿期儿童的主导活动是(　　)。
(A) 饮食　　(B) 睡眠
(C) 游戏　　(D) 学习

73. 幼儿游戏主要是一种(　　)。
(A) 互动游戏　　(B) 实物游戏
(C) 象征性游戏　　(D) 规则游戏

74. 童年期儿童游戏属于(　　)。
(A) 互动游戏　　(B) 实物游戏
(C) 象征性游戏　　(D) 规则游戏

75. 下列说法中，属于认知学派游戏观的是(　　)。
(A) 游戏能够控制现实中的创伤性体验
(B) 游戏练习并巩固已习得的各种能力
(C) 游戏能够实现现实不能实现的愿望
(D) 通过游戏重演人类历史的发展过程

76. 象征性游戏又称为(　　)。
(A) 模仿游戏　　(B) 假装游戏
(C) 规则游戏　　(D) 机能游戏

77. 有共同目的、明确分工和彼此协调、合作的游戏称为(　　)。
(A) 协同游戏　　(B) 合作游戏
(C) 假装游戏　　(D) 共同游戏

78. 以"不断地口头重复要记住的内容"为主的记忆策略是(　　)。
(A) 视觉"复述"策略　　(B) 捕捉典型策略
(C) 特征定位策略　　(D) 复述策略

79. 下列不是思维具体形象性特点的有(　　)。
(A) 思维具体形象性的可塑性和动态性
(B) 思维的直觉行动性日益增强
(C) 具有自我中心现象
(D) 有一定的计划性和预见性

80. 自我中心现象表现为(　　)。
(A) 只关注个人的需求而不考虑他人的需要
(B) 缺乏观点采择能力，以自己的感受和想法取代他人的感受和想法
(C) 善于吸引其他小朋友关注自己，并能影响他人
(D) 具有物主意识，缺乏与他人分享意识

81. 幼儿分类能力的发展表现为按(　　)分类。
(A) 不会、感知特征、兴趣、功能、概念
(B) 不会、感知特征、知识经验、概念

(C) 不能、随意、感知特征、物体功能
(D) 不懂、感知特征、外表特征、本质特征

82. 下列不属于说话语用技能的项目是( )。
 (A) 能够有效地参与谈话
 (B) 对影响有效沟通的情景因素敏感
 (C) 对听者的反馈易于作出积极反应
 (D) 情境语和连贯语交替运用

83. ( )是儿童口头言语发展的关键期。
 (A) 婴儿末期   (B) 幼儿期
 (C) 小学低年级   (D) 小学中年级

84. 下列不属于幼儿认同对象的项目有( )。
 (A) 富有"心理资源"和"社会资源"者
 (B) 父母
 (C) 教师
 (D) 小弟弟和小妹妹

85. 第一逆反期一般发生在( )。
 (A) 1~2 岁   (B) 2~3 岁
 (C) 3~4 岁   (D) 4~5 岁

86. 第一逆反期反抗的对象主要是( )。
 (A) 父母   (B) 伙伴
 (C) 老师   (D) 爷爷

87. 逆反期幼儿的行为表现在于( )。
 (A) 回避参与成人的生活活动
 (B) 要求父母代替自己做事情
 (C) 常顺从父母的意愿做事情
 (D) 要求行为活动自主和实现自我意志

88. 第一逆反期是儿童心理发展中的( )。
 (A) 反常现象   (B) 错误现象
 (C) 正常现象   (D) 偶然现象

89. 幼儿体验高自尊与以后生活中( )有关。
 (A) 不能很好地适应学校生活   (B) 压抑或焦虑等不良情绪
 (C) 对生活的满意度和幸福感   (D) 缺乏人际交往能力

90. 童年期儿童的主导活动是( )。
 (A) 游戏   (B) 学习
 (C) 劳动   (D) 运动

91. 小学阶段儿童的记忆策略不包括( )。
 (A) 复诵策略   (B) 组织策略
 (C) 巧妙加工策略   (D) 特征定位策略

92. 把要识记的材料，按其内在联系，加以归类等方式进行识记，称为（　　）策略。
    (A) 复述　　　　　　　　　　　　(B) 组织
    (C) 系统　　　　　　　　　　　　(D) 加工

93. 童年期儿童思维的本质特征是（　　）。
    (A) 从具体形象思维向抽象逻辑思维过渡
    (B) 依赖具体内容的逻辑思维
    (C) 思维主导类型发生质变的过程
    (D) 思维类型变化的转折期在小学中年级

94. 从具体形象思维向抽象逻辑思维过渡的转折期在（　　）。
    (A) 5~6岁　　　　　　　　　　　(B) 6~8岁
    (C) 9~10岁　　　　　　　　　　(D) 11~12岁

95. 小学阶段的儿童的概括能力发展的三个阶段依次为（　　）。
    (A) 感知动作水平、前运算水平、具体运算水平
    (B) 表象水平、形象水平、抽象水平
    (C) 直观形象水平、形象抽象水平、初步本质抽象水平
    (D) 直观形象水平、具体形象水平、形象抽象水平

96. 直观形象水平的概括是指所概括的事物特征或属性（　　）。
    (A) 是事物的外表的直观形象特征
    (B) 既有外部的直观形象特征，又有内部的本质特征
    (C) 是以事物的本质特征和内在联系为主的
    (D) 是事物的运动性特征

97. 形象抽象水平的概括是指所概括的事物特征或属性（　　）。
    (A) 是事物的外表的直观形象特征
    (B) 既有外部的直观形象特征，又有内部的本质特征
    (C) 是以事物的本质特征和内在联系为主的
    (D) 是事物的运动性特征

98. 初步本质抽象水平的概括是指所概括的事物特征或属性（　　）。
    (A) 是事物的外表的直观形象特征
    (B) 既有外部的直观形象特征，又有内部的本质特征
    (C) 是以事物的本质特征和内在联系为主的
    (D) 是事物的运动性特征

99. 童年期儿童间接推理能力的发展表现在（　　）的发展。
    (A) 掌握守恒、思维可逆性、概括能力的发展
    (B) 由一个或多个判断推出一个新的判断的思维过程
    (C) 新的思维结构的形成、脱自我中心化、思维类型过渡
    (D) 归纳推理能力、演绎推理能力、类比推理能力

100. 童年期儿童类比推理能力发展的特点是（　　）。

(A) 发展速度高于归纳推理和演绎推理
(B) 低年级到中年级的发展速度最快
(C) 类比推理能力的发展水平低于归纳推理和演绎推理
(D) 类比推理能力随思维结构的变化而变化

101. 童年期儿童思维结构的特点是（　　）。
    (A) 未掌握守恒   (B) 思维不可逆
    (C) 掌握守恒   (D) 不能把握本质特征

102. 一般而言，达到面积守恒和重量守恒在（　　）岁。
    (A) 6～8   (B) 7～9
    (C) 8、9～10   (D) 11～12

103. 对儿童自我意识发展起重要作用的因素是（　　）。
    (A) 教育和调节儿童与环境的关系
    (B) 模仿和调节儿童与环境的关系
    (C) 学习和调节儿童与同伴的关系
    (D) 模仿和调节儿童与成人的关系

104. 儿童自我评价能力的特点中包括（　　）。
    (A) 自我评价的内容主要是身体外表
    (B) 父母和同学对儿童自我评价起最重要的社会支持作用
    (C) 自我评价与儿童情绪尚无密切的联系
    (D) 自我评价主要来源于学习成绩

105. 抑制欲望的即时满足，学会等待是指儿童自我控制能力中的（　　）
    (A) 自我调整   (B) 自主满足
    (C) 延迟满足   (D) 自我约束

106. 皮亚杰将儿童道德认知发展分为（　　）。
    (A) 前道德阶段、他律道德阶段、普世道德阶段
    (B) 无道德阶段、他律道德阶段、社会约定阶段
    (C) 前道德阶段、他律道德阶段、自律道德阶段
    (D) 自律道德阶段、普世道德阶段、他律道德阶段

107. 指出下列不属于攻击行为的表述（　　）。
    (A) 对他人具有敌视性、伤害性和破坏性的行为
    (B) 实施行为的基本要素不在于伤害意图
    (C) 侵犯行为
    (D) 它的一种特殊形式是欺负

108. 以下关于童年期的同伴交往的重要意义的说法，不正确的是（　　）。
    (A) 同伴交往是童年期集体归宿感的心理需求
    (B) 同伴交往促进儿童学习成绩的提高
    (C) 同伴交往有利于儿童自我概念的发展
    (D) 同伴交往增进良好个性品质和社会责任感

109. 影响儿童在同伴中是否受欢迎的因素是(　　)。
    (A) 外表 (B) 环境因素
    (C) 儿童本人的社会交往能力 (D) 情绪状态

110. 指出如下不是受欢迎儿童的特点(　　)。
    (A) 学习成绩好 (B) 安静,有顺从性
    (C) 善于交往,易于合作 (D) 独立活动能力强,有主见

111. 儿童对友谊认识的发展,按阶段可分为(　　)。
    (A) 单向帮助关系、双向帮助关系、短期游戏伙伴关系、亲密而又相对持久的共享关系
    (B) 短期游戏伙伴关系、单向帮助关系、双向帮助关系、亲密而又相对持久的共享关系
    (C) 短期游戏伙伴关系、双向帮助关系、单向帮助关系、亲密而又相对持久的共享关系
    (D) 短期游戏伙伴关系、亲密而又相对持久的共享关系、单向帮助关系、双向帮助关系

112. 指出下列不是影响儿童选择朋友的因素是(　　)。
    (A) 人格尊重、相互敬慕
    (B) 兴趣、行为等方面的趋同性
    (C) 工作和社会交往中的协同关系
    (D) 相互接近的接触机会较多

113. 小学阶段亲子关系的变化表现为(　　)。
    (A) 直接交往的时间明显增加 (B) 父母教养关注重点的转移
    (C) 儿童尚无自主管理的能力 (D) 父母对儿童的控制力量逐渐加强

114. 父母对儿童控制的三种阶段模式依次为(　　)。
    (A) 共同控制、父母控制、儿童控制
    (B) 父母控制、儿童控制、共同控制
    (C) 儿童控制、父母控制、共同控制
    (D) 父母控制、共同控制、儿童控制

115. 青春发育期的主要特点是(　　)。
    (A) 身心稳定发展 (B) 心理发展无显著变化
    (C) 身心发展迅速而又不平衡 (D) 心理迅速发展并直达成熟

116. 关于青春期生理发育加速的描述,不正确的是(　　)。
    (A) 身体成长加速 (B) 生理机能发育加速
    (C) 性的发育和成熟加速 (D) 青春发育期提前

117. 人的记忆广度达到一生中的顶峰是在(　　)。
    (A) 幼儿期 (B) 童年期
    (C) 少年期 (D) 青年期

118. 少年期的思维发展水平属于(　　)。

(A) 感知运动阶段 　　　　　　　　(B) 前运算阶段
(C) 具体运算阶段 　　　　　　　　(D) 形式运算阶段

119. 皮亚杰运用钟摆实验证明，形式运算阶段的儿童已经具有(　　)。
(A) 依赖思维内容的逻辑推理能力
(B) 假设演绎推理能力
(C) 形象逻辑推理能力
(D) 辩证逻辑推理能力

120. 自我意识的第二次飞跃发生在(　　)。
(A) 幼儿期 　　　　　　　　　　(B) 少年期
(C) 青年期 　　　　　　　　　　(D) 更年期

121. 拉森通过对青春期儿童情绪状态研究，发现(　　)。
(A) 青春期早期，情绪状态的积极方面较少，消极情绪较多
(B) 青春期后期，情绪的稳定性较差，起伏变化较大
(C) 青春期后期，情绪状态的积极方面较少，消极情绪较多
(D) 青春期早期，情绪的稳定性增加，起伏变化逐渐趋缓

122. 第二逆反期主要发生在(　　)。
(A) 3～4岁 　　　　　　　　　　(B) 小学阶段
(C) 少年期 　　　　　　　　　　(D) 青年期

123. 第一逆反期的独立自主要求主要在于(　　)。
(A) 按自我意志行事，要求行为活动自主、自由
(B) 争取人格的独立和平等
(C) 反抗父母的漠不关心
(D) 对内部心理需求的争取

124. 第二逆反期的独立自主要求主要在于(　　)。
(A) 要求按自我的意志行事 　　　(B) 反抗父母的控制和过度保护
(C) 要求精神自主和人格的独立 　(D) 要求社会地位的优越

125. 逆反期的出现是(　　)。
(A) 儿童心理发展中的正常现象 　(B) 儿童心理发展中的异常现象
(C) 由早期挫折造成的 　　　　　(D) 人格异常的一种表现

126. 第二反抗期儿童与父母之间多重矛盾的焦点在于(　　)。
(A) 少年儿童的成人感
(B) 少年儿童对父母控制的反抗
(C) 父母对儿童的反抗期特点缺乏认识
(D) 亲子双方对少年儿童的成人感和半成熟现状认识上的矛盾

127. 指出下列不属于帮助少年儿童顺利度过逆反期的重要内容(　　)。
(A) 父母要正确面对逆反期是儿童心理发展过程必经的客观现象
(B) 父母必须正视少年儿童独立自主的需求
(C) 逆反期是少年儿童面临的心理社会问题

(D) 父母要认识少年期心理上的成人感与半成熟现状之间的矛盾是最基本的矛盾

128. 卡特尔把智力分为(　　)。
　　(A) 言语智力和操作智力　　(B) 16种因素
　　(C) 晶态智力和液态智力　　(D) 抽象智力和实用智力

129. 关于液态智力的正确表述是(　　)。
　　(A) 富有动态性　　(B) 通过掌握社会文化经验而获得
　　(C) 不是成人智力的基本形式　　(D) 加工信息和问题解决基本过程的能力

130. 关于晶态智力的正确表述是(　　)。
　　(A) 随神经系统的成熟而提高　　(B) 通过掌握社会文化经验而获得
　　(C) 更能反映人的聪明程度　　(D) 是识别图形关系等的基础能力

131. 液态智力的发展模式表现为(　　)。
　　(A) 在成人阶段呈缓慢上升的趋势
　　(B) 在成人阶段呈下降的趋势
　　(C) 在成人阶段基本保持相对稳定
　　(D) 倒U型曲线

132. 晶态智力的发展模式表现为(　　)。
　　(A) 在成人阶段呈缓慢上升的趋势
　　(B) 在成人阶段呈缓慢下降的趋势
　　(C) 在成人阶段既不上升，也不下降
　　(D) 倒U型曲线

133. 帕瑞把青年期思维发展划分为(　　)。
　　(A) 二元论阶段、相对性阶段、约定性阶段
　　(B) 二元论阶段、约定性阶段、相对性阶段
　　(C) 相对性阶段、二元论阶段、约定性阶段
　　(D) 相对性阶段、约定性阶段、二元论阶段

134. 指出下列与思维监控能力发展无关的因素(　　)。
　　(A) 思维监控能力是对思维本身的监视、控制和调解的能力
　　(B) 思维的自我监控是整个思维结构的统帅
　　(C) 在青少年期思维自我监控能力的发展与年龄阶段无关
　　(D) 青年初期思维自我监控能力已接近成人水平

135. 青年期自我概念的特点是(　　)。
　　(A) 自我概念的抽象性日益增强　　(B) 自我概念从整合性转变成分离性
　　(C) 自我概念的结构更加趋同化　　(D) 自我概念更加取决于他人的影响

136. 在自我概念提高中不能发挥作用的因素是(　　)。
　　(A) 自我探索是自我概念发展的内在动力
　　(B) 对自我接纳与自我排斥概念的认同
　　(C) 对同龄人的认同感
　　(D) 透过他人对自己的评价来认识自己

137. 马西亚归纳出青年解决同一感危机方式中不包括( )。
 (A) 同一性确立 (B) 同一性延续
 (C) 同一性困惑 (D) 同一性扩散

138. 社会给予青年暂缓履行成人的责任和义务的机会（如大学学习期间）。这个时期可以称( )。
 (A) 同一性确立期 (B) 心理代偿期
 (C) 危机处理期 (D) 延缓偿付期

139. 关于延缓偿付期，下列说法中不正确的是( )。
 (A) 青年期有一种避免同一性过程提前完结的内在需要
 (B) 延缓偿付期并非一种社会的延缓
 (C) 延缓偿付期是一种心理的延缓
 (D) 延缓偿付期又称做心理延缓偿付期

140. ( )是指个体对自身以及自身所具有的特征持积极的态度，正确地对待自己的长处和短处，以平常心面对自我现实。
 (A) 自我提升 (B) 自我贬抑
 (C) 自我接纳 (D) 自我排斥

141. ( )是对自我消极否定的心理倾向。
 (A) 自我提升 (B) 自我贬抑
 (C) 自我接纳 (D) 自我排斥

142. ( )是指人们对于人生目的和意义的根本看法和态度。
 (A) 人生观 (B) 价值观
 (C) 世界观 (D) 信仰

143. ( )是指个体以自己的需要为基础，对事物的重要性进行评价时，所持的内部尺度。
 (A) 人生观 (B) 价值观
 (C) 世界观 (D) 信仰

144. 影响人生观和价值观形成和发展的心理因素不包括( )。
 (A) 思维发展的抽象逻辑水平
 (B) 自我意识的成熟水平
 (C) 社会性需要和社会化的成熟水平
 (D) 身体的成熟水平

145. 不属于柯尔伯格道德认知发展六个阶段的内容是( )。
 (A) 惩罚和服从取向 (B) 社会契约取向
 (C) 维护生命取向 (D) 普遍道德原则取向

146. 中年期的年龄范围是( )。
 (A) 30～40岁 (B) 35或40岁～60或65岁
 (C) 45～60岁或65岁 (D) 50～60岁或65岁

147. 在发展心理学中更年期是指( )。

(A) 中年期更年期出现的危机与青春发育期相同
(B) 个体在老年期出现生理变化和心理状态明显改变的时期
(C) 个体由中年向老年过渡的过程中,生理变化和心理状态明显改变的时期
(D) 男性更年期的出现时间早于女性更年期

148. 女性更年期的年龄大约在( )岁左右。
 (A) 30～40 (B) 45～55
 (C) 60～65 (D) 65～70

149. 中年人对自我的看法( )。
 (A) 表现出消极的变化
 (B) 与青年期相比没有什么变化
 (C) 表现出更加积极的、满意的变化
 (D) 因人而异

150. 成年期的自我发展主要经历的阶段不包括( )。
 (A) 遵奉者水平 (B) 自律水平
 (C) 公平水平 (D) 自主水平

151. 自我发展的公平水平特点包括( )。
 (A) 善于放弃那些不能实现的目标,而进行新的选择
 (B) 能将社会的、外在于己的规则内化为个体自己的规则
 (C) 如果违反了社会规则,就会产生自责感
 (D) 能承认并接受人际关系和社会关系中的矛盾和冲突

152. 自我发展的最高水平是( )。
 (A) 遵奉者水平 (B) 公平水平
 (C) 整合水平 (D) 自主水平

153. "男女同化"人格变化趋向是指( )。
 (A) 一种变态的人格
 (B) 男性更加"男性化",女性更加"女性化"
 (C) 中年期性别角色日趋整合
 (D) 一种不成熟的人格

154. 在艾里克森的理论中,"繁衍"一词( )。
 (A) 仅指生育后代
 (B) 仅指事业的发展
 (C) 不单单指生育后代,更多的是指事业的发展
 (D) 更多的是指生育后代

155. 中年人的工作满意度( )。
 (A) 达到一生中的最低谷 (B) 达到一生中的最高峰
 (C) 和青年期相比没有什么特点 (D) 起伏变化较大

156. 对初级控制的正确表述有( )。
 (A) 人类通过改造环境而控制环境的企图

(B) 人的根本愿望，能满足个人的需求
(C) 创造性的适应环境的行为系统
(D) 功能相当强大的控制环境的行为系统

157. 对次级控制的正确表述有（　　）。
(A) 是人类通过改造自己以顺应环境的企图
(B) 次级控制属于被动适应环境的行为方式系统
(C) 次级控制水平的发展贯穿整个成年期
(D) 次级控制水平的策略丰富而宽广

158. 老年期一般是指（　　）岁以后。
(A) 50　　　　　　　　　　　(B) 60
(C) 70　　　　　　　　　　　(D) 80

159. 老年丧失期观认为（　　）。
(A) 心理发展是可以逆转的
(B) 年龄与老化是唯一因果关系
(C) 老年期的心理机能不断衰退，没有发展
(D) 老年期的心理机能的衰退也可以叫做"发展"

160. 毕生发展观认为影响心理发展的因素有（　　）。
(A) 成熟因素、社会文化因素、个人因素
(B) 生理因素、心理因素、社会因素
(C) 个人经历、社会环境非规范事件
(D) 生活事件、人格、社会环境

161. （　　）是老年期心理发展的总趋势。
(A) 认知活动的退行性变化　　(B) 人格出现偏差
(C) 情感脆弱　　　　　　　　(D) 人际交往技能降低

162. 老年期退行性变化出现最早的心理过程是（　　）。
(A) 感知觉　　　　　　　　　(B) 注意
(C) 记忆　　　　　　　　　　(D) 思维

163. 老年人的主要记忆障碍表现是（　　）。
(A) 记忆广度迅速下降
(B) 再认能力和回忆能力日益衰退
(C) 机械记忆明显衰退
(D) 编码储存过程障碍和信息提取困难

164. 老年人的人格特征的重要变化是（　　）。
(A) 安全感增加　　　　　　　(B) 孤独感下降
(C) 适应性增强　　　　　　　(D) 拘泥刻板性

165. 老年期人格的变化特点是（　　）。
(A) 安全感增加　　　　　　　(B) 孤独感降低
(C) 趋于激进　　　　　　　　(D) 容易回忆往事

二、多项选择题

166. 广义理解心理发展包含（　　）。
　　（A）心理的种系发展　　　　（B）心理的种族发展
　　（C）个体的心理发展　　　　（D）社会团体的心理发展

167. 心理发展的基本性质包括（　　）。
　　（A）心理发展的整体性　　　（B）心理发展的社会性
　　（C）心理发展的活动性　　　（D）心理发展的规律性

168. 理解心理发展的整体性要把握（　　）。
　　（A）作为整体的心理活动具有独特的质的规定性
　　（B）心理发展的整体性受社会因素制约
　　（C）整体是指各种心理特征相加的集合
　　（D）心理发展是在各种心理过程相互作用的互动关系中进行的

169. 对心理发展活动性内容的表述包括（　　）。
　　（A）活动主要是指外部动作
　　（B）个体心理发展是主客体相互作用的结果
　　（C）主客体相互作用的桥梁是活动和动作
　　（D）主客体相互作用是指外界环境作用于主体，主体对环境采取一系列活动之间的相互作用

170. 活动内化是一种特殊的转化过程，内化过程表现为（　　）。
　　（A）概括化　　　　　　　　（B）言语化
　　（C）简约化　　　　　　　　（D）超越化

171. 发展心理学研究的主要内容包括（　　）。
　　（A）一生全过程心理发展年龄阶段特征
　　（B）阐明各种心理机能的发展进程和特征
　　（C）探讨心理发展的内在机制
　　（D）研究发展心理学的基本理论

172. 心理发展的基本理论包括（　　）。
　　（A）遗传和环境的作用
　　（B）心理发展过程中连续性和阶段性的关系
　　（C）心理发展内在动力和外在动力的关系
　　（D）心理发展中的"关键期"问题

173. 发展心理学研究的主要功能包括（　　）。
　　（A）描述　　　　　　　　　（B）解释
　　（C）预测　　　　　　　　　（D）控制

174. 横向研究的主要优点在于（　　）。
　　（A）适用性　　　　　　　　（B）时效性

(C) 可以找到变量间的因果关系　　（D）耗费人力、物力和时间

175. 横向研究的主要缺点在于(　　)。
    （A）难以得出个体心理连续变化的过程
    （B）横向设计所关注的年龄效应可能与组群效应相混淆
    （C）研究结果中出现的组间差异可能有不属于心理发展的因素
    （D）难以对大样本进行研究

176. 纵向研究的优点在于(　　)。
    （A）节约研究成本
    （B）能够系统地了解心理发展的连续过程
    （C）能够揭示从量变到质变的规律
    （D）比较容易发现心理发展中各事件之间的因果关系

177. 纵向研究的缺点在于(　　)。
    （A）具有人为联结性
    （B）耗费时间及人力和物力
    （C）被试者容易流失
    （D）因多次重复测试，可能出现练习效应和疲劳效应

178. 发展心理学研究方法的新趋势表现为(　　)。
    （A）跨文化比较研究
    （B）跨学科、跨领域的综合性研究
    （C）各种研究方法的整合
    （D）训练研究和教育实验越来越受重视

179. 遗传决定论的观点包括(　　)。
    （A）心理发展是由遗传因素决定的
    （B）心理发展的过程是遗传素质的自然显现过程
    （C）环境只能促进或延缓遗传素质的自我显现而已
    （D）社会文化对心理发展有决定作用

180. 环境决定论的观点包括(　　)。
    （A）承认先天因素在心理发展中的作用
    （B）否认遗传在心理发展中的作用
    （C）片面地强调环境或教育在心理发展中的作用
    （D）心理发展是由环境因素决定的

181. 下列观点中，属于二因素论的有(　　)。
    （A）心理发展是由遗传和环境两个因素决定的
    （B）把遗传和环境视为具有相互作用关系的两个因素
    （C）企图揭示各因素单独发挥作用的程度
    （D）遗传和环境是两种各自孤立存在的因素

182. 图式从低级向高级发展是通过(　　)两种形式进行的。
    （A）整合　　　　　　　　　　（B）同化

(C) 顺应 (D) 平衡

183. 下列阶段中属于皮亚杰划分的儿童心理发展阶段的有（   ）。
    (A) 前运算阶段 (B) 具体运算阶段
    (C) 感知动作阶段 (D) 形式运算阶段

184. 处于前运算阶段的儿童具有（   ）的特征。
    (A) 泛灵论 (B) 自我中心
    (C) 思维的不可逆性 (D) 掌握守恒

185. 掌握概念的本质特征，概念具有稳定性并不因某些非本质特征的改变而改变。与以上描述不相符合的项目包括（   ）。
    (A) 同化 (B) 顺应
    (C) 守恒 (D) 可逆性

186. 处于具体运算阶段的儿童具有（   ）的特征。
    (A) 获得了守恒概念 (B) 思维具有可逆性
    (C) 可以进行逻辑运算 (D) 思维形式可以摆脱思维内容

187. 处于形式运算阶段的儿童具有（   ）的特征。
    (A) 守恒概念发展了 (B) 不能针对问题提出假设
    (C) 思维形式摆脱思维内容的束缚 (D) 能进行假设—演绎推理

188. 皮亚杰认为影响心理发展的基本因素有（   ）。
    (A) 成熟 (B) 经验
    (C) 社会环境 (D) 平衡

189. 维果茨基认为低级心理机能转化到高级心理机能的标志有（   ）。
    (A) 心理活动的随意机能的形成和发展
    (B) 心理活动抽象概括机能的形成和发展
    (C) 形成新质的心理结构
    (D) 心理活动越发突出个性特征

190. 学习的最佳期限的前提和条件（   ）。
    (A) 以个体的发育成熟为前提
    (B) 以个体智力的发展成熟为前提
    (C) 以心理发展的快速期为前提条件
    (D) 要以一定的心理技能发展为条件

191. 社会学习理论强调儿童习得社会行为的主要方式是（   ）。
    (A) 观察学习 (B) 机体成熟
    (C) 替代性强化 (D) 社会环境

192. 维果茨基提出教育、教学与心理发展关系的几个重要问题是（   ）。
    (A) "最近发展区"思想 (B) 教学应当在发展的前面
    (C) 学习和指导的最佳期限 (D) 模仿是重要的学习来源

193. 心理发展的内动力和外动力之间的关系是（   ）。
    (A) 儿童心理发展是内动力和外动力相互作用的结果

(B) 人自身的内在动因是其发展的原动力
(C) 外在环境和教育需要通过内在动力来发挥作用
(D) 内动力和外动力良性互动的结果是形成具有新质的发展动力

194. 儿童早期是对个体长期发展影响最深远的阶段。这种观点包括( )。
 (A) 个体早期发展的优劣对毕生心理发展的质量具有重要的影响
 (B) 儿童早期是独特的发展时期
 (C) 儿童早期的发展变化既迅速，又显著
 (D) 个体发展的早期对负面影响最为敏感

195. 以下关于新生儿的说法中正确的是( )。
 (A) 新生儿指从出生到1个月的婴儿
 (B) 新生儿是婴儿独立发挥生理机能的开始
 (C) 新生儿阶段的婴儿开始建立正常的生活节律
 (D) 新生儿是发展维持生命机能的重要时期

196. 新生儿具有生存意义的无条件反射包括( )。
 (A) 抓握反射 (B) 食物反射
 (C) 围抱反射 (D) 防御反射

197. 新生儿的无条件反射的意义在于( )。
 (A) 适应环境、保护自身生存 (B) 有助于发展早期社会关系
 (C) 是各种条件反射建立的基础 (D) 是智力发展的最原始的基础

198. 新生儿啼哭的功能是( )。
 (A) 传递需求信息的交流手段 (B) 吸引成人照料的导向作用
 (C) 建立生活节律 (D) 观察周围事物

199. 婴儿的主要动作有( )。
 (A) 吸吮 (B) 手的抓握动作
 (C) 头颈部活动 (D) 独立行走

200. 手的抓握动作发展的重点包括( )。
 (A) 拇指的运用 (B) 五指分化
 (C) 手眼协调 (D) 抓握力量的增加

201. 手的抓握动作发展的意义包括( )。
 (A) 抓握动作是婴儿主动地探索和认识周围事物的表现
 (B) 为认识发展奠定基础
 (C) 促进言语的发展
 (D) 开始操作工具，使动作具有间接性

202. 独立行走的意义包括( )。
 (A) 婴儿的躯体移动从被动转为主动，使活动具有一定的主动性
 (B) 主动行走可以扩大认知范围
 (C) 增加了与周围人的交往机会
 (D) 促进躯体的生理成熟

203. 婴儿动作发展遵循的原则包括(　　)。
　　(A) 由无条件反射向条件反射发展的反射原则
　　(B) 由上到下发展的头尾原则
　　(C) 由内向外发展的近远原则
　　(D) 由大动作向精细动作发展的大小原则

204. 影响婴儿动作技能的因素包括(　　)。
　　(A) 动作活动的机会　　　　(B) 探究环境的愿望
　　(C) 母亲的抚养方式　　　　(D) 生理机能的成熟

205. 婴儿的主要学习能力包括(　　)。
　　(A) 模仿学习　　　　　　　(B) 条件反射学习方式
　　(C) 偏好新颖刺激的学习形式　(D) 习惯化范式

206. 婴儿注意的发展趋势主要表现在对注意内容的选择性，这包括(　　)。
　　(A) 受刺激物外部特征制约　　(B) 受知识经验支配
　　(C) 受言语调节和支配　　　　(D) 容易注意新异刺激

207. 关于婴儿感知觉发展的重要表述是(　　)。
　　(A) 婴儿感知觉发展的关键期是出生后的头三年
　　(B) 婴儿期是个体感知觉发展的最重要的时期
　　(C) 婴儿期是个体感知觉发展最迅速的时期
　　(D) 对感知觉能力发展的干预和训练的最宝贵的时期

208. 婴儿1岁以前的主要记忆包括(　　)。
　　(A) 情绪记忆　　　　　　　(B) 动作记忆
　　(C) 表象记忆　　　　　　　(D) 词语记忆

209. 婴儿思维能力发展主要表现在(　　)。
　　(A) 整合信息，进行分类编码的加工能力
　　(B) 运用习惯化和去习惯化的方法解决问题
　　(C) 具有尝试行为，运用策略的问题解决能力
　　(D) 对外部刺激只有选择性的刺激偏好能力

210. 根据语言的结构和机能，婴儿的言语发展分为(　　)。
　　(A) 语音的发展　　　　　　(B) 语义的发展
　　(C) 语法的发展　　　　　　(D) 语用的发展

211. 婴儿发音的三个阶段包括(　　)。
　　(A) 简单发音阶段　　　　　(B) 多音节发音阶段
　　(C) 学话萌芽阶段　　　　　(D) 声母发音阶段

212. 适合与婴儿说话的语用技巧包括(　　)。
　　(A) 句子要简短　　　　　　(B) 语速要减慢
　　(C) 发音应拖长　　　　　　(D) 话语多重复

213. 到3岁末，婴儿已经(　　)。
　　(A) 基本上能掌握母语的全部发音

(B) 能够使用复合句进行交流
(C) 掌握全部母语语法规则
(D) 掌握1000个左右的词汇量

214. 成人和婴儿言语交流的必要规则和语用技能有(　　)。
(A) 言语交流的内容要贴近婴儿的已有知识和经验
(B) 采取适合与婴儿说话的语用技巧
(C) 运用互动方式和促进言语发展策略
(D) 不断地叫孩子的名字，并提升语调

215. 研究者（巴斯等）根据婴儿对活动的倾向性和行为特征，将其气质划分为(　　)类型。
(A) 情绪性
(B) 活动性
(C) 冲动性
(D) 社交性

216. 托马斯等把婴儿气质划分为三种典型的类型，分别是(　　)。
(A) 容易抚养型
(B) 抚养困难型
(C) 发动缓慢型
(D) 社交冲动型

217. 抚养困难型的儿童表现为(　　)。
(A) 难以适应新环境
(B) 缺乏主动地探索周围的环境的积极性
(C) 负性情绪多、情绪反应强烈
(D) 具有呆板的生活规律性

218. 兴趣三阶段包括(　　)。
(A) 先天反射性反应阶段
(B) 相似性物体再认知阶段
(C) 新异性探索阶段
(D) 发动相对缓慢阶段

219. 关于婴儿的哭，以下说法中正确的是(　　)。
(A) 不愉快的反应
(B) 自出生就有的
(C) 较早出现分化
(D) 不具有适应价值

220. 婴儿啼哭的原因包括(　　)。
(A) 饥饿
(B) 瞌睡
(C) 兴奋
(D) 无聊

221. 婴儿的依恋类型可划分为(　　)三种类型。
(A) 安全型依恋
(B) 焦虑型依恋
(C) 活动型依恋
(D) 回避型依恋

222. 安全型依恋的孩子在成人后，可能的表现包括(　　)。
(A) 享有信任而持久的人际关系
(B) 遇到困难时，善于寻求社会支持
(C) 能够良好地与他人分享感受
(D) 具有高自尊，自信程度较高

223. 衡量婴儿期母亲教养方式的三个标准包括(　　)。

(A) 信任性 　　　　　　　　　(B) 反应性
(C) 情绪性 　　　　　　　　　(D) 社会性刺激

224. 游戏对儿童心理发展的意义在于(　　)。
    (A) 是幼儿活动和情感愉悦的精神寄托
    (B) 是促进幼儿认知发展和社会性发展的重要渠道
    (C) 是幼儿之间社会交往的最好园地
    (D) 是幼儿实现自我价值的最佳载体

225. 幼儿记忆发展的特点是(　　)。
    (A) 无意识记忆为主，有意识记忆发展较迅速
    (B) 形象记忆为主，词语记忆逐渐发展
    (C) 机械记忆和意义记忆同时发展并相互作用
    (D) 5岁以前运用记忆策略有明显进步

226. 幼儿思维发展的主要特点是(　　)。
    (A) 具体形象思维为主　　　(B) 二元论思维开始萌芽
    (C) 逻辑思维开始萌芽　　　(D) 思维的实用性日益突出

227. 下列不属于幼儿推理能力发展特点的内容是(　　)。
    (A) 对熟悉事物的简单推理　(B) 假设演绎推理
    (C) 模式化推理　　　　　　(D) 转导推理

228. 幼儿想象发展的特点为(　　)。
    (A) 无意想象经常出现，有意想象日益丰富
    (B) 年幼儿童的想象易受各种规则束缚
    (C) 再造想象占主要地位，创造想象开始发展
    (D) 富有创造想象潜能

229. 幼儿创造想象的特点有(　　)。
    (A) 新颖性　　　　　　　　(B) 神奇性
    (C) 现实性　　　　　　　　(D) 超越性

230. 幼儿口语表达能力发展的趋势是(　　)。
    (A) 从对话语向独白语发展　(B) 从独白语向对话语发展
    (C) 从情境语向连贯语发展　(D) 从连贯语向情境语发展

231. 语用技能包括(　　)。
    (A) 沟通的手势　　　　　　(B) 听的技能
    (C) 实用性技能　　　　　　(D) 说的技能

232. 认同对于儿童心理发展的意义包括(　　)。
    (A) 认同能够带给儿童以归属感和成就感
    (B) 认同使儿童获得榜样的力量和发展动力
    (C) 认同对儿童性别意识的发展具有重要的影响
    (D) 认同对儿童道德意识的发展具有重要的影响

233. 幼儿期个性初步形成的特点包括(　　)。

(A) 表现出最初的性格特征
(B) 显示出明显的气质特点
(C) 表现出一定的兴趣爱好特点
(D) 表现出一定的能力倾向

234. 培养高自尊儿童，父母在教养中的不宜事项包括(　　)。
(A) 关爱且过多保护
(B) 严格要求，要求明确，不采取强制性管教
(C) 要求严格，注重强制性管教
(D) 关爱、接纳、民主，培养孩子的独立自主性

235. 小学阶段的儿童学习的一般特点包括(　　)。
(A) 学习是儿童的主导活动
(B) 教和学是师生双向互动的过程
(C) 逐渐转向以掌握间接经验为主
(D) 学习促进儿童心理积极发展

236. 下列关于"学会学习"的说法中正确的是(　　)。
(A) 是小学生的最基本学习任务
(B) 包括学会思考、学会合理安排和分配时间
(C) 学会学习的规则、方法和技巧
(D) 善于发现问题、提出问题

237. 小学阶段的儿童记忆策略包括(　　)。
(A) 复诵   (B) 组织
(C) 排列组合   (D) 机械加工

238. 下列策略中属于记忆中的巧妙加工策略的有(　　)。
(A) 联想   (B) 谐音
(C) 重组   (D) 拆分

239. 童年期思维形式的发展，表现为(　　)。
(A) 概括能力的发展   (B) 辩证思维的发展
(C) 推理能力的发展   (D) 词语概念的发展

240. 童年期儿童演绎推理能力发展过程中包含有(　　)。
(A) 运用概念对直接感知的事实进行简单推理
(B) 能够对语言描述的事实进行推理
(C) 自觉地运用演绎推理解决抽象问题
(D) 所有小学阶段儿童在学习中尚不能运用演绎推理

241. 形成守恒概念的推理方式包括(　　)。
(A) 脱自我中心化   (B) 恒等性
(C) 可逆推理   (D) 两维互补推理

242. 童年期儿童自我中心化的正确表述有(　　)。
(A) 童年期处于脱自我中心阶段

(B) 8岁左右儿童处于脱自我中心化的转折时段
(C) 9岁以后儿童的认知基本上摆脱了自我中心现象的影响
(D) 儿童脱自我中心化的过程是认知发展机制的转换

243. 关于自我中心的表述，正确的包括(　　)。
 (A) 幼儿的自我中心是认知现象
 (B) 童年期处于认知领域的脱自我中心阶段
 (C) 少年期的自我中心性是自我意识发展中的现象
 (D) 老年人的自我中心表现兼有幼儿和少年儿童的特点

244. 童年期自我评价能力的特点表现为(　　)。
 (A) 社会支持因素对自我评价起重要作用
 (B) 自我价值评价与情感密切地联系
 (C) 自我评价的领域包括多个方面
 (D) 自我评价与同伴交往无密切关系

245. 影响儿童自我控制能力的因素有(　　)。
 (A) 家庭教育 (B) 认知和策略
 (C) 榜样的作用 (D) 自我中心现象

246. 儿童道德发展包括儿童(　　)的发展。
 (A) 道德情感 (B) 道德内容
 (C) 道德认知 (D) 道德行为

247. 儿童欺负行为的类型包括(　　)。
 (A) 直接身体欺负 (B) 经常欺负
 (C) 直接言语欺负 (D) 间接欺负

248. 关于儿童对友谊认识的发展，正确的包括(　　)。
 (A) 3~5岁是短期游戏伙伴关系 (B) 6~9岁是单向帮助关系
 (C) 9~12岁是双向帮助关系 (D) 12岁以后是利益关系

249. 影响儿童选择朋友的因素包括(　　)。
 (A) 相互接近
 (B) 行为、品质、学习成绩和兴趣相近
 (C) 人格尊重并相互敬慕
 (D) 社会、工作交往中的协同关系

250. 实施亲社会行为需要具备的条件包括(　　)。
 (A) 具有设身处地为需要帮助者着想的能力
 (B) 一定的道德动机发展水平
 (C) 掌握必要的助人的知识和技能
 (D) 具备必要的体能

251. 关于儿童人际交往关系变化趋势，正确的说法包括(　　)。
 (A) 与父母的交往随年龄增长而减少
 (B) 与同龄伙伴的交往随年龄增长而快速增加

(C) 在入学以后与教师的交往一直维持在交往比率的20%许
(D) 根据儿童个人特点因人而异

252. 青春发育期容易出现的身心危机和矛盾包括(   )。
   (A) 心理和行为偏差　　　　　(B) 心理生物性紊乱
   (C) 性功能成熟　　　　　　　(D) 诸多心理发展的矛盾性

253. 青春期心理活动的矛盾现象包括(   )。
   (A) 心理上的成人感与半成熟现状之间的矛盾
   (B) 心理断乳与精神依托之间的矛盾
   (C) 心理闭锁性与开放性之间的矛盾
   (D) 成就感与挫折感的交替

254. 少年期记忆的特点包括(   )。
   (A) 研究表明各种记忆的成绩都达到高值
   (B) 最高峰出现在十七八岁
   (C) 记忆容量达到一生中的最高峰
   (D) 多项记忆成绩最高峰出现在十五六岁

255. 少年期思维的特点包括(   )。
   (A) 具体形象思维日益发展　　(B) 思维形式摆脱具体内容的束缚
   (C) 假设演绎推理能力的发展　(D) 认识到解决问题的方法不止一个

256. 少年期自我意识发展包括(   )。
   (A) 强烈关心自己的个性成长　(B) 强烈关注自己的外貌和风度
   (C) 有很强的自尊心　　　　　(D) 重视自己的能力和学业成绩

257. 少年期的情绪变化包括(   )。
   (A) 经常出现难以控制的情绪波动　(B) 孤独感、压抑感增强
   (C) 关注异性　　　　　　　　(D) 烦恼增多

258. 少年期的自我中心性可用(   )的概念来表征。
   (A) 独特自我　　　　　　　　(B) 假想观众
   (C) 内在自我　　　　　　　　(D) 重要他人

259. 第二逆反期的表现包括(   )。
   (A) 为独立自主意识受阻而抗争
   (B) 观念上的碰撞
   (C) 为社会地位平等的欲求不满抗争
   (D) 经济上的自主

260. 网络游戏成瘾者的表现包括(   )。
   (A) 在网络游戏中获得强烈满足感和成就感
   (B) 不由自主地强迫性网络游戏
   (C) 一旦停止网络游戏会出现严重身心不良反应
   (D) 陷入网络游戏的虚拟快感与强化上网欲望的恶性循环而不能自拔

261. 造成青少年网络成瘾的原因包括(   )。

(A) 网络游戏的吸引力 (B) 学习压力过大
(C) 自制力比较差 (D) 家庭环境不良

262. 造成青少年自杀的原因有（   ）。
(A) 抑郁等心理障碍 (B) 不良家庭环境
(C) 学校的强大压力 (D) 无力面对个人遭遇的问题

263. 青年期的一般特征有（   ）。
(A) 生理发育和心理发展达到成熟的水平
(B) 进入成人社会，承担社会义务
(C) 生活空间扩大
(D) 开始恋爱、结婚

264. 影响青少年辩证逻辑思维的因素包括（   ）。
(A) 掌握知识的程度 (B) 形式逻辑的发展水平
(C) 社会性发展 (D) 个体思维品质

265. 关于思维自我监控能力发展，以下说法正确的是（   ）。
(A) 是整个思维结构的统帅
(B) 是思维发展趋成熟的重要标志
(C) 是自我概念发展的必要条件
(D) 在青年初期已经接近成人水平

266. 影响人生观和价值观形成和发展的因素包括（   ）。
(A) 个体成熟因素 (B) 个体自我调节作用
(C) 社会文化环境因素 (D) 道德观念的作用

267. 影响人生观和价值观形成和发展的心理因素包括（   ）。
(A) 思维发展的抽象逻辑水平
(B) 自我意识的成熟水平
(C) 社会性需要和社会化的成熟水平
(D) 身体的成熟水平

268. 青年期自我概念的特点包括（   ）。
(A) 逐渐地运用更加抽象的概念概括自己的价值标准、意识形态及信念等
(B) 在描述自我时逐一地引出个别特点描述自我觉知的各个方面
(C) 能够根据自己的不同社会角色分化出不同的自我概念
(D) 懂得自我在不同的场合可以以不同的面目出现

269. 小此木启吾把持久的、病态的同一性危机归纳为同一性症候群的特征，它们是（   ）。
(A) 同一性意识过剩
(B) 勤奋感崩溃
(C) 处于回避自我选择和自我决断的麻痹状态
(D) 时间意识障碍

270. 道德认知发展的六个阶段中包括（   ）。

(A) 服从和惩罚取向　　　　　　　(B) 功利取向
(C) 好孩子取向　　　　　　　　　(D) 好公民取向

271. 自我发展达到整合水平的人，其特点包括(   )。
    (A) 能正视内部的矛盾和冲突，积极地调和、解决这些冲突
    (B) 善于放弃那些不能实现的目标，而进行新的选择
    (C) 倾向于把复杂的事情简单地区分为对立的两极
    (D) 认识到既要充分尊重个人的独立性，也要看到人们之间的朴素依赖性

272. 中年期人格的成熟性表现包括(   )。
    (A) 内省日趋明显　　　　　　　(B) 性别特征日趋固化
    (C) 心理防御机制日趋成熟　　　(D) 为人处世日趋圆通

273. 成人思维的特点包括(   )。
    (A) 思维的辩证性提高　　　　　(B) 严格的逻辑规则
    (C) 实用性思维　　　　　　　　(D) 具有相对性和变通性

274. 关于自我，正确表述包括(   )。
    (A) 自我是人格的核心
    (B) 自我具有对思维、道德、价值等的整合的能力
    (C) 自我的改变就意味着认知发展水平的改变
    (D) 自我的发展是个体与环境相互作用的结果

275. 有关老年心理变化的观点包括(   )。
    (A) 老年丧失期观　　　　　　　(B) 毕生发展观
    (C) 认知发展观　　　　　　　　(D) 道德发展观

276. 老年丧失期观认为老年期丧失的内容包括(   )。
    (A) 心身健康　　　　　　　　　(B) 经济基础
    (C) 社会角色　　　　　　　　　(D) 生活价值

277. 毕生发展观认为(   )。
    (A) 心理发展贯穿人的一生，老年期也在发展
    (B) 年龄（即时间）是心理发展或衰退的唯一根据
    (C) 心理发展总是由生长和衰退两个方面结合而成的
    (D) 心理发展有很大的个体可塑性

278. 老年期记忆力下降的原因包括(   )。
    (A) 记忆加工过程的速度变慢　　(B) 识记和回忆能力减退
    (C) 工作记忆容量变小　　　　　(D) 机械记忆和再认老化

279. 一般来说，造成老年人人格变化的因素包括(   )。
    (A) 生物学的衰老　　　　　　　(B) 心理上的老化
    (C) 社会文化因素的影响　　　　(D) 认知退行性变化

280. 老年人的人格特征的变化包括(   )。
    (A) 不安全感增加　　　　　　　(B) 老年孤独感
    (C) 适应性差　　　　　　　　　(D) 容易回忆往事

281. 老年人调适自己适应老化需把握的要点包括(   )。
   （A）积极转换社会角色和活动内容
   （B）维护自我尊严，积极体现自我生活价值
   （C）减少社交活动，逐渐疏离社会
   （D）避免消极的逃避式的适应方式

三、参考答案

单项选择题

1. D	2. D	3. D	4. A	5. C
6. B	7. A	8. C	9. A	10. B
11. A	12. B	13. C	14. B	15. C
16. A	17. B	18. C	19. A	20. A
21. C	22. B	23. D	24. C	25. A
26. B	27. C	28. A	29. C	30. D
31. B	32. A	33. A	34. C	35. B
36. B	37. C	38. A	39. D	40. D
41. A	42. C	43. B	44. D	45. C
46. C	47. D	48. A	49. A	50. A
51. A	52. A	53. B	54. B	55. D
56. D	57. D	58. B	59. C	60. C
61. D	62. C	63. A	64. B	65. C
66. D	67. B	68. A	69. C	70. C
71. B	72. C	73. C	74. D	75. B
76. B	77. B	78. D	79. B	80. B
81. B	82. D	83. B	84. D	85. C
86. A	87. D	88. C	89. C	90. B
91. D	92. B	93. B	94. C	95. C
96. A	97. B	98. C	99. D	100. C
101. C	102. C	103. A	104. B	105. C

106. C	107. B	108. B	109. C	110. B
111. B	112. C	113. B	114. D	115. C
116. D	117. C	118. D	119. B	120. B
121. A	122. C	123. A	124. C	125. A
126. D	127. C	128. C	129. D	130. B
131. B	132. A	133. A	134. C	135. A
136. B	137. C	138. D	139. B	140. C
141. D	142. A	143. B	144. D	145. C
146. B	147. C	148. B	149. C	150. B
151. B	152. C	153. C	154. C	155. B
156. A	157. A	158. B	159. C	160. A
161. A	162. A	163. D	164. D	165. D

多项选择题

166. ABC	167. ABCD	168. AD	169. BCD	170. ABCD
171. ABCD	172. ABCD	173. ABCD	174. AB	175. ABC
176. BCD	177. BCD	178. ABCD	179. ABC	180. BCD
181. ACD	182. BC	183. ABCD	184. ABC	185. ABD
186. ABC	187. CD	188. ABCD	189. ABCD	190. AD
191. AC	192. ABC	193. ABCD	194. ABCD	195. ABCD
196. BD	197. ABCD	198. AB	199. BD	200. BC
201. ABD	202. ABC	203. BCD	204. ABCD	205. ABC
206. ABCD	207. ABCD	208. AB	209. AC	210. ABCD
211. ABC	212. ABD	213. ABD	214. ABC	215. ABCD
216. ABC	217. ABC	218. ABC	219. ABC	220. ABD
221. ABD	222. ABCD	223. BCD	224. ABCD	225. ABC
226. AC	227. BC	228. ACD	229. ABD	230. AC
231. ABD	232. ABCD	233. ABCD	234. AC	235. ABCD

236. ABCD	237. AB	238. ABCD	239. ACD	240. ABC
241. BCD	242. ABCD	243. ABC	244. ABC	245. ABC
246. ACD	247. ACD	248. ABC	249. ABC	250. ABC
251. ABC	252. ABD	253. ABCD	254. ACD	255. BC
256. ABCD	257. ABD	258. AB	259. ABC	260. ABCD
261. ABCD	262. ABCD	263. ABCD	264. ABD	265. ABD
266. ABC	267. ABC	268. ACD	269. ABCD	270. ABCD
271. AB	272. ACD	273. ACD	274. ABD	275. AB
276. ABCD	277. ACD	278. AC	279. ABC	280. ABCD
281. ABD				

第四章 变态心理学与健康心理学知识习题

一、单项选择题

1. 关于社会人群的心理活动，正确的说法是（　　）。
   - （A）有正常心理活动和异常心理活动两个方面
   - （B）心理健康水平不高，就属于精神异常
   - （C）精神障碍者的心理活动是完全异常的
   - （D）正常心理活动和异常心理活动之间无法转换

2. 下列关于心理异常错误的说法是（　　）。
   - （A）异常心理可以部分地改善
   - （B）异常心理无法被矫正
   - （C）精神障碍者的心理活动并不是完全异常的
   - （D）正常心理活动和异常心理活动之间可以互相转换

3. 异常心理活动得到矫正，需要经过（　　）。
   - （A）健康咨询
   - （B）心理咨询
   - （C）系统治疗
   - （D）发展咨询

4. 关于"变态心理学"研究的对象，下列说法中正确的是（　　）。
   - （A）以负性情绪过程为对象
   - （B）以变态心理的治疗过程为对象
   - （C）以心理与行为的异常表现为对象
   - （D）以错误的认知结构为对象

5. 精神病学研究的侧重点是（　　）。
   - （A）异常心理的基本性质与特点
   - （B）个体的心理差异
   - （C）生存环境对异常心理发生、发展的影响
   - （D）异常心理的诊断、治疗、转归和预后

6. 变态心理学与精神病学共同的研究对象是（　　）。
   - （A）心理与行为的联系
   - （B）心理与行为的异常

(C) 各种不良行为模式　　　　　　(D) 各种脑的器质性病变

7. 关于古代"变态心理学"的发端,下列说法中正确的是(　　)。
   (A) 显现出"心理是脑的功能"这一推论的雏形
   (B) 是东方科学发展的产物
   (C) 与古希腊医生希波克里特提出的"体液学说"无关
   (D) 始于公元前800年

8. 自然科学诞生后,人们对变态心理学的新见解有(　　)。
   (A) 把心理异常现象和大脑的功能联系起来
   (B) 变态心理学比精神病学更为活跃
   (C) 变态心理学更为独立了
   (D) 更倾向于用唯心的思维对待心理异常的问题

9. 符合精神分析理论关于变态心理的解释的是(　　)。
   (A) 意识与潜意识同样的重要
   (B) 性的冲动是神经症和精神病的重要起因
   (C) "超我"与神经症绝对没有关系
   (D) 心理过程主要是意识的

10. 精神分析理论关于变态心理的解释,下列基本命题中不正确的是(　　)。
    (A) 意识与潜意识同样的重要
    (B) 性的冲动是神经病和精神病的重要起因
    (C) 潜意识在心理异常中具有重要意义
    (D) 心理过程主要是潜意识的

11. 精神分析理论认为,在人的成长过程中,未来心理健康的充分必要条件是(　　)。
    (A) 合理使用不同形式的"心理防御机制"
    (B) 力比多的驱动
    (C) 顺利地渡过"性心理"发展的每个阶段
    (D) 潜意识的结构

12. 下列说法中符合弗洛伊德关于"力必多"的看法的是(　　)。
    (A) 自出生起到发展结束有不确定的发展阶段
    (B) 是心理活动的动力
    (C) 不一定是人类的生物本能
    (D) 是人格结构的核心

13. 下列说法中符合弗洛伊德关于"心理结构"的看法的是(　　)。
    (A) 人的心理结构缺乏层次性
    (B) 心理结构与心理防御机制的含义相类似
    (C) 由潜意识、前意识和意识构成
    (D) 是心理活动的基本动力

14. 下列说法中不符合弗洛伊德关于"人格结构"的表述的是(　　)。

（A）"本我"按"快乐原则"活动
（B）"自我"按"现实原则"活动
（C）"超我"按"道德原则"活动
（D）人格结构由潜意识、前意识和意识构成

15. 人类的生物本能是心理活动的动力，这是（　　）。
（A）完形主义疗法的核心　　（B）行为主义的观点
（C）经典精神分析理论的推断　　（D）认知理论的核心

16. 行为主义心理学介入变态心理学的早期记载是（　　）。
（A）从现象学角度描述异常的心理与行为
（B）巴甫洛夫用高级神经活动学说说明了人类的异常心理现象
（C）从纯心理学和精神病学的角度说明异常心理现象
（D）通过意识分析来说明异常心理现象

17. 巴甫洛夫通过（　　），来解释人类的异常心理现象。
（A）现象描述结果　　（B）精神病学结果
（C）实验研究结果　　（D）心理研究结果

18. 下列描述中不符合巴甫洛夫对人类的异常心理现象的解释的是（　　）。
（A）通过动物试验
（B）通过高级神经系统功能的病理生理机制
（C）通过对临床病人的观察
（D）通过演绎式的方法

19. 依据巴甫洛夫的理论，下列表述中符合区分神经症和精神病的判断的是（　　）。
（A）两者的区别在神经活动的感受性上
（B）两者的区别在大脑组织的解剖关系上
（C）两者的区别在神经活动障碍的复杂性或精细特征性上
（D）两者的区别在大脑皮层的新陈代谢上

20. 下列说法中符合巴甫洛夫关于神经症和精神病的原因的描述的是（　　）。
（A）是大脑结构和功能这两个基本因素的相互关系
（B）是大脑兴奋和抑制这两个基本神经过程的冲突
（C）是脑的新陈代谢障碍
（D）是弱的、经常性的精神刺激

21. 关于行为主义心理学研究的一般技术路线，下列说法中正确的是（　　）。
（A）通过动物实验的结果，进而演绎和推论人的心理过程
（B）以一种动物为实验对象，并与其他动物的实验结果相比较
（C）通过人的行为功能实验，推论动物的心理现象
（D）以人为实验对象，研究其行为与思维的关系

22. 下列表述中符合人本主义对异常心理的解释的是（　　）。
（A）"自我"无法实现的结果和趋于完善的"潜能"特征受阻

(B)"人格结构"和"行为过程"的不平衡
(C)"心理动力学"特征发展受阻
(D)"情绪"过程和"情感"过程的偏离

23. 在人本主义看来,"存在焦虑"是(　　)。
    (A) 存在与责任的冲突　　　(B) 存在与潜能的冲突
    (C) 潜能与本能的矛盾　　　(D) 本能与社会的冲突

24. 下列描述中不属于人类正常心理活动的主要功能的是(　　)。
    (A) 能保障人作为生物体,顺利地适应环境,健康地生存发展
    (B) 能保障人作为社会实体,正常地进行人际交往
    (C) 能防止人的各类躯体疾病
    (D) 能使人类正确地反映、认识客观世界的本质及其规律性

25. 对人的心理正常与心理异常进行判别时,下列表达中不属于"标准化区分"法的内容的是(　　)。
    (A) 医学标准　　　　　　　(B) 伦理学标准
    (C) 内省经验标准　　　　　(D) 社会适应标准

26. 对人的心理正常与心理异常进行判别时,下列表述中符合"医学标准"的含义的是(　　)。
    (A) 将心理障碍当作躯体疾病一样看待
    (B) 将心理问题与统计学标准联系起来
    (C) 将症状当作内省经验标准
    (D) 将心理过程当作重要的分析点

27. 对人的心理正常与心理异常进行判别时,下列表述中反映了"统计学标准"局限性的是(　　)。
    (A) 远离平均数的两端被视为"异常"
    (B) 多以心理测验法为工具,获得确定正常与异常的界限
    (C) 有些心理特征和行为不一定成常态分布
    (D) 位于平均值的大多数人属于心理正常范围

28. 根据统计学标准,心理异常是(　　)。
    (A) 由个体行为偏离平均值的程度决定的
    (B) 事件不确定性的函数
    (C) 由个体主观上的不适体验程度决定的
    (D) 心理不稳定性的函数

29. 在判断人的心理正常与否的情形下,下列表述中符合"内省经验标准"的含义的是(　　)。
    (A) 病人的内省经验　　　　(B) 亚健康人群的内省经验
    (C) 健康人群的内省经验　　(D) 普通人的内省经验

30. 在判断正常心理和异常心理时,按照"社会适应标准"的要求,正常人的行为符合社会准则,能够(　　)。

(A) 根据社会要求和道德规范行事　　(B) 根据自己的思想意识行事

(C) 按照自我认可的方式行事　　(D) 与自我要求一致

31. 在区分心理正常与心理异常时，下列表述中不属于"社会适应标准"的内容的是(　　)。

(A) 人的行为符合社会的准则

(B) 人能根据社会要求和道德规范行事

(C) 人能按照自我认可的方式行事

(D) 人能够维持生理活动和心理活动的稳定状态

32. 下列说法中不符合"心理学标准"判断正常心理与异常心理的原则的是(　　)。

(A) 主、客观世界统一的原则

(B) 心理活动的内在协调性原则

(C) 个人理想与他人理想一致的原则

(D) 人格的相对稳定性原则

33. "自知力不完整"或"无自知力"不含(　　)。

(A) 对自身状态的反映错误

(B) 作为判断精神病的指标之一

(C) 对"自我"概念的错误认知

(D) "自我认知"与"自我现实"的统一性的丧失

34. 在临床上，可以将"自知力不完整"或"无自知力"作为(　　)。

(A) 对"自知力"概念的错误认知　　(B) 判断精神病的指标之一

(C) 对"自我"概念的错误认知　　(D) "现实自我"的解体和丧失

35. 下列表述中符合心理活动的"内在协调性原则"的是(　　)。

(A) "高级神经类型"的功能协调

(B) 各种心理过程之间具有协调一致的关系

(C) 各种情绪活动和情感活动的协调、一致

(D) 意识活动和心理动力过程的一致

36. 下列描述中符合"人格相对稳定性原则"的内涵的是(　　)。

(A) 可以稳定地表达一个人的"心境"

(B) 心理结构与人格类型之间具有对应关系

(C) 人格特征一旦形成，便有相对的稳定性

(D) "自我状态"与"自我理想"的协调关系

37. 下列描述中不符合"人格相对稳定性原则"的内涵的是(　　)。

(A) 每个人在长期的生活道路上，都会形成自己独特的人格心理特征

(B) 人格类型与心理过程之间具有对应关系

(C) 人格特征一旦形成，便有相对的稳定性

(D) 人格特征具有倾向性和独特性

38. 区分心理正常与心理异常的心理学原则中，人格相对稳定性原则认为(　　)。

(A) 无明显原因的人格改变提示异常
(B) 心理过程通过人格表现出来
(C) 人格在各种条件下都应是稳定的
(D) 人格是各种心理过程的总和

39. 心理咨询师掌握心理异常的症状，是为了（   ）。
   (A) 诊断精神障碍和进行治疗　　(B) 鉴别精神障碍和非精神障碍
   (C) 对精神病患者进行心理咨询　(D) 对变态人格进行有效的咨询

40. 对精神病患者的心理咨询是有条件的，下列表述中不符合这些条件的规定的是（   ）。
   (A) 必须是在经过系统的临床治疗，病理性症状基本消失以后
   (B) 主要以社会功能的康复为主
   (C) 必须停药以后才能进行心理咨询
   (D) 必须密切地配合精神科医生一起实施

41. 以下不属于"感知障碍"的是（   ）。
   (A) 感知综合障碍　　(B) 感觉障碍
   (C) 躯体障碍　　　　(D) 知觉障碍

42. 病理性错觉的特点是（   ）。
   (A) 能够进行自我校正　　(B) 感知综合障碍
   (C) 不能接受现实检验　　(D) 感觉功能障碍

43. 无对象性的知觉是（   ）。
   (A) 幻觉　　(B) 错觉
   (C) 妄想　　(D) 谵妄

44. 临床上最常见的幻觉是（   ）。
   (A) 幻味　　(B) 幻触
   (C) 幻视　　(D) 幻听

45. 产生于主观空间内的幻觉是（   ）。
   (A) 真性幻觉　　(B) 假性幻觉
   (C) 主观幻觉　　(D) 脑内幻觉

46. 区分真性幻觉和假性幻觉的依据是（   ）。
   (A) 幻觉体验的形式　　(B) 幻觉体验的来源
   (C) 产生幻觉的器官　　(D) 产生幻觉的原因

47. （   ）符合幻觉体验不同真实性分类的特点。
   (A) 内脏幻觉和幻触　　(B) 真性幻觉和假性幻觉
   (C) 幻听和幻视　　　　(D) 躯体幻觉

48. （   ）不属于特殊条件下的幻觉类型。
   (A) 心因性幻觉　　(B) 功能性幻觉
   (C) 假性幻觉　　　(D) 思维鸣响

49. 体内有性质明确、部位具体的异常知觉，属于（   ）。

(A) 内感性不适 (B) 非真实感
(C) 内脏性幻觉 (D) 被洞悉感

50. 下列描述中不符合"感知综合障碍"的含义的是( )。
    (A) 感知客观事物的个别属性,如大小、长短、远近时产生变形
    (B) 感觉周围的人在监视自己
    (C) 感觉周围的事物像"水中月""镜中花"
    (D) 感觉自己的面孔或体形改变了形状

51. 非现实感属于( )。
    (A) 感觉功能障碍 (B) 感知综合障碍
    (C) 思维功能障碍 (D) 思维综合障碍

52. 兴奋性思维联想障碍的一种常见形式是( )。
    (A) 思维奔逸 (B) 思维散漫
    (C) 被洞悉感 (D) 妄想心境

53. "思维贫乏"和"思维迟缓"两个症状的鉴别要点之一,是前者( )。
    (A) 在回答问题时的语速明显地减慢
    (B) 在回答问题时的语言中断
    (C) 在回答问题时的语速加快
    (D) 在回答问题时的内容极为简单

54. "思维贫乏"和"思维迟缓"的一个重要鉴别点是( )。
    (A) 语速是否减慢 (B) 话语是否中断
    (C) 语句是否通顺 (D) 话语是否流畅

55. 意识清楚时出现的谈话内容缺乏逻辑性,可能是( )。
    (A) 思维松弛 (B) 思维不连贯
    (C) 思维中断 (D) 破裂性思维

56. "思维内容障碍"的类型不包括( )。
    (A) 强迫观念 (B) 音联义联
    (C) 妄想 (D) 超价观念

57. "妄想"是一种脱离现实的病理性思维,其类型不包括( )。
    (A) 关系妄想、被害妄想 (B) 夸大妄想、自罪妄想
    (C) 病理性象征思维 (D) 内心被揭露感

58. 把与自己本无关系的事情认为有关,这种临床表现最可能出现于( )。
    (A) 被害妄想 (B) 钟情妄想
    (C) 关系妄想 (D) 夸大妄想

59. 按照妄想的起源分类,可以将妄想分为( )。
    (A) 原发性妄想和继发性妄想 (B) 嫉妒妄想和被钟情妄想
    (C) 被害妄想和牵连性妄想 (D) 疑病妄想和自罪妄想

60. 关于"继发性妄想",下列说法中不正确的是( )。
    (A) 指以错觉、幻觉、情感高涨或低落等精神异常为基础所产生的妄想

115

(B) 在某些妄想的基础上产生的另一种妄想
(C) 在诊断精神分裂症时，其临床价值大于原发性妄想
(D) 可以见于多种精神疾病

61. 违背本人意愿地在脑海中涌现出大量观念，这种症状可能是（　　）。
    (A) 破裂性思维　　　　　　　　　(B) 强迫观念
    (C) 强制性思维　　　　　　　　　(D) 超价观念

62. 关于"强迫观念"与"强制思维"的临床意义，下列表述中正确的是（　　）。
    (A) 强迫性穷思竭虑属于强制思维
    (B) 强制性思维多见于精神分裂症，强迫观念多见于强迫症
    (C) 强迫性怀疑属于强制思维
    (D) 强迫性对立属于强迫观念

63. 关于"超价观念"，下列描述中不正确的是（　　）。
    (A) 患者知道这种想法是不必要的，甚至是荒谬的，并力图加以摆脱
    (B) 它的发生虽然常常有一定的事实基础，但是这种观念是片面的
    (C) 是一种在意识中占主导地位的错误观念
    (D) 多见于人格障碍和心因性精神障碍患者

64. 关于"注意"，下列描述中不正确的是（　　）。
    (A) 注意是一切心理活动的共同属性
    (B) 注意对判断有无行为障碍具有重要的意义
    (C) 意识障碍总是伴随有注意障碍
    (D) 注意障碍也可见于激情状态

65. 关于"注意"，下列描述中不正确的是（　　）。
    (A) 注意是一切心理活动的共同属性
    (B) 注意是一种独立的心理过程
    (C) 注意对判断是否有意识障碍有重要的意义
    (D) 意识障碍总是伴随有注意障碍

66. 关于"注意狭窄"，下列描述中不正确的是（　　）。
    (A) 注意范围显著地缩小　　　　　(B) 可见于激情状态
    (C) 见于智能障碍患者　　　　　　(D) 被动注意的兴奋性减弱

67. 关于"注意减弱"，下列描述中不正确的是（　　）。
    (A) 主动注意和被动注意的兴奋性减弱
    (B) 多见于神经衰弱症状群
    (C) 多见于智力障碍群
    (D) 见于意识障碍时

68. 如果出现注意范围缩小、主动注意减弱，这可能是（　　）。
    (A) 注意减弱　　　　　　　　　　(B) 自知力不完整
    (C) 注意狭窄　　　　　　　　　　(D) 内心被披露感

69. 关于"记忆减退"的临床表述，下列描述中不正确的是（　　）。

(A) 远记忆减退

(B) 近记忆减退

(C) 脑器质性损害者在早期容易出现近记忆减退

(D) 神经症患者在早期易出现远记忆减退

70. 记忆增强是一种病理性改变，下列疾病中一般没有记忆增强的是（　　）。
    (A) 抑郁发作
    (B) 躁狂发作
    (C) 偏执障碍
    (D) 强迫症

71. 记忆减退临床上较多见，它的主要特点是（　　）。
    (A) 远记忆力丧失
    (B) 近记忆力丧失
    (C) 远记忆力和近记忆力的减退
    (D) 远记忆力减退主要见于脑功能性障碍

72. 关于"遗忘"，下列说法中错误的是（　　）。
    (A) 有顺行性遗忘和逆行性遗忘两种类型
    (B) 对局限于某一事件或某一时期内的经历不能回忆
    (C) "顺行性遗忘"是指患者忘掉受伤前一段时间的经历
    (D) "逆行性遗忘"是指患者忘掉受伤前一段时间的经历

73. 将过去事实上没有发生过的事情说成是确有其事，这种症状属于（　　）。
    (A) 错觉
    (B) 幻觉
    (C) 虚构
    (D) 错构

74. 下列说法中不符合"虚构"概念的是（　　）。
    (A) 以记忆中的事实来弥补他所遗忘的一段经历
    (B) 虚构的内容常常变化
    (C) 多见于脑器质性疾病
    (D) 很容易受暗示的影响

75. 智能是一个复杂的、综合的精神活动，它不包括（　　）。
    (A) 感知觉、注意力
    (B) 记忆力、理解力
    (C) 分析综合能力
    (D) 计算能力、判断力

76. 关于"痴呆"，下列说法中不正确的是（　　）。
    (A) 是一种综合征
    (B) 是意识清楚的情况下，后天获得的记忆、智能的明显受损
    (C) 绝大多数是功能性的
    (D) 常伴有精神和行为的异常

77. 关于假性痴呆的特点，下列说法中不正确的是（　　）。
    (A) 由心理应激引起
    (B) 与环境污染相关
    (C) 预后一般较好
    (D) 大脑无器质性损害

78. 下列说法中不符合"自知力完整"含义的是（　　）。
    (A) 是指患者对自己精神病态认识和批判的能力
    (B) 不能主动地叙述自己的病情和接受治疗
    (C) 可以随病情的演变而发生变化

(D) 通常能认识到自己的不适应
79. 下列说法中不属于"情绪低落"的临床特点的是( )。
(A) 自我评价降低、自信心不足　　(B) 自责自罪、有自杀企图和行为
(C) 常常伴有思维内容的极度贫乏　(D) 思维迟缓、愉快感消失
80. 关于"恐怖情绪",下列说法中不正确的是( )。
(A) 出现与处境不符的情绪反应
(B) 属于心理学性质,一般无明显的自主神经紊乱的症状
(C) 伴随明显的、无法摆脱的紧张、害怕
(D) 紧张、害怕的感受与特定环境或事物有紧密联系
81. 弗洛伊德认为,道德性焦虑中的危险来自于( )。
(A) 超我　　　　　　　　　　　　(B) 冲动
(C) 自我　　　　　　　　　　　　(D) 现实
82. 下列表述中不符合弗洛伊德对焦虑的分型的是( )。
(A) 道德性焦虑　　　　　　　　　(B) 客体性焦虑
(C) 心因性焦虑　　　　　　　　　(D) 神经性焦虑
83. A. Lewis（1967）认为,焦虑作为一种精神病理现象,不具有( )的特点。
(A) 指向未来
(B) 情绪状态
(C) 欣快体验
(D) 躯体不适感、精神运动性不安和植物功能紊乱
84. 漂浮焦虑的特点是( )。
(A) 情绪反应强烈　　　　　　　　(B) 持续时间较短
(C) 有明确的对象　　　　　　　　(D) 无明确的对象
85. 处于焦虑中的人会出现来回走动,这种表现属于( )。
(A) 情绪的主观体验　　　　　　　(B) 精神动动性不安
(C) 植物神经系统紊乱　　　　　　(D) 精神运动性抑制
86. 以"性质改变"为主的情绪障碍不包括( )。
(A) 情绪迟钝　　　　　　　　　　(B) 情绪焦虑
(C) 情绪淡漠　　　　　　　　　　(D) 情绪倒错
87. 关于情绪迟钝特征性症状,下列说法中不正确的是( )。
(A) 正常情感反应量减少
(B) 患者的义务感、责任感和荣誉感等受损
(C) 见于焦虑症患者
(D) 见于脑器质性精神障碍
88. 关于"情绪淡漠",下列说法中不正确的是( )。
(A) 对事物缺乏相应的情感反应　　(B) 表情比较呆板
(C) 内心体验丰富,但表达不出来　(D) 对周围事情漠不关心
89. 关于"情绪倒错"的临床表现,下列说法中不正确的是( )。

(A) 情绪反应与现实刺激的性质不相称
(B) 多见于广泛性焦虑
(C) 情绪反应与思维内容不协调
(D) 多见于精神分裂症

90. 情绪反应与现实刺激的性质不相称，这种表现可出现于（　　）。
    (A) 情绪淡漠　　　　　　　　(B) 意志增强
    (C) 情绪倒错　　　　　　　　(D) 意志减退

91. 关于"意志缺乏"，下列说法中不正确的是（　　）。
    (A) 生活极端懒散　　　　　　(B) 行为被动
    (C) 多见于躁狂症患者中　　　(D) 缺乏应有的主动性和积极性

92. 抑郁状态和较轻度的意志缺乏都可以出现意志减退，它们的区别是（　　）不同。
    (A) 主动性缺失程度　　　　　(B) 行为减少程度
    (C) 内心的情绪体验　　　　　(D) 被动性的表现

93. 关于"缄默"，下列说法中不正确的是（　　）。
    (A) 患者缄默不语，也不回答问题
    (B) 有时可用手势或写字与人交流
    (C) 机械、刻板地反复重复某一单调的动作
    (D) 多见于癔症患者

94. 紧张性木僵，是紧张症性综合症的一部分，其临床症状不包括（　　）。
    (A) 以木僵为主要临床表现　　(B) 被动服从、刻板动作
    (C) 缄默、模仿动作和言语　　(D) 意向倒错、作态等

95. 患者对他人的要求做出完全相反的动作称为（　　）。
    (A) 被动性违拗　　　　　　　(B) 被动性服从
    (C) 主动性违拗　　　　　　　(D) 主动性服从

96. 关于"精神分裂症"，下列说法中不正确的是（　　）。
    (A) 是一组器质性障碍症候群
    (B) 患病期的患者基本丧失自知力
    (C) 患者的情绪、情感以及行为极其脱离现实
    (D) 自己的内部世界与外部客观世界分离

97. 关于"精神分裂症"，下列说法中不正确的是（　　）。
    (A) 是一组精神性障碍症候群
    (B) 患病期的患者基本丧失自知力
    (C) 患者的情绪、情感以及行为极其脱离现实
    (D) 自己的内部世界与外部客观世界保持一致

98. 下列说法中不符合"偏执性精神障碍"的特点的是（　　）。
    (A) 以思维障碍为主的精神性障碍　　(B) 妄想常有系统化的倾向
    (C) 病程进展快速　　　　　　　　　(D) 有时人格可以保持完整

99. 下列说法中符合"偏执性精神障碍"的特点的是（　　）。
    (A) 病程演进迅速　　　　　　　　(B) 妄想常有系统化的倾向
    (C) 以意识障碍为主的精神性障碍　(D) 常有人格分裂样改变

100. 下列说法中不符合"急性短暂性"精神障碍的临床特点的是（　　）。
    (A) 在6个月内痊愈　　　　　　　(B) 以精神病性症状为主
    (C) 在两周内急性起病　　　　　　(D) 起病前经历相应的心理创伤

101. 关于"心境障碍"，下列说法中不正确的是（　　）。
    (A) 是一组精神障碍的总称
    (B) 是明显而持久的心境高涨或心境低落
    (C) 常伴有意志减退
    (D) 也称"情感性精神障碍"

102. "躁狂发作"的主要特点不包括（　　）。
    (A) 精神运动性兴奋　　　　　　　(B) 语词新作
    (C) 情绪高涨　　　　　　　　　　(D) 思维奔逸

103. "抑郁发作"的特点不包括（　　）。
    (A) 思维缓慢　　　　　　　　　　(B) 思维中断
    (C) 情绪低落　　　　　　　　　　(D) 语言动作减少和迟缓

104. 下列说法中不符合"持续性心境障碍"的主要特点的是（　　）。
    (A) 每次发作极少严重到足以描述为轻躁狂
    (B) 情绪高涨与情绪低落交错发作
    (C) 持续性并常有起伏的心境障碍
    (D) 不足以达到轻度抑郁

105. 心理冲突的变形是（　　）。
    (A) 道德性的　　　　　　　　　　(B) 精神病性的
    (C) 现实性的　　　　　　　　　　(D) 神经症性的

106. 遭受急剧、严重的精神打击刺激后，数分钟或数小时内发病的精神障碍称为（　　）。
    (A) 情感障碍　　　　　　　　　　(B) 急性应激障碍
    (C) 认知障碍　　　　　　　　　　(D) 创伤后应激障碍

107. 创伤后应激障碍是指在受到强烈的或灾难性的精神创伤之后，在（　　）出现的精神障碍。
    (A) 数分钟后　　　　　　　　　　(B) 数周至数月内
    (C) 一至两天内　　　　　　　　　(D) 半年以后

108. 创伤后应激障碍又称（　　）。
    (A) 延迟性心因反应　　　　　　　(B) 急性心因反应
    (C) 反应性精神病　　　　　　　　(D) 灾难综合征

109. 常见的人格障碍类型不包括（　　）。
    (A) 偏执型人格　　　　　　　　　(B) 内向型人格

(C) 反社会型人格 (D) 强迫型人格

110. 焦虑性人格障碍的主要表现是( )。
 (A) 过分要求严格与完美 (B) 过分感情用事或夸张
 (C) 不能独立地解决问题 (D) 习惯性夸大潜在危险

111. ( )人格障碍，是以过分要求严格与完美无缺为特征的。
 (A) 冲动型 (B) 焦虑型
 (C) 强迫型 (D) 表演型

112. 心理生理障碍是与( )相关的精神障碍。
 (A) 社会事件 (B) 心理因素
 (C) 生理因素 (D) 饮食习惯

113. 进食障碍不包括( )。
 (A) 神经性贪食 (B) 神经性呕吐
 (C) 神经性厌食 (D) 神经性消化不良

114. 梦游属于( )。
 (A) 分离性障碍 (B) 转换性障碍
 (C) 睡眠障碍 (D) 运动障碍

115. 癔症多以( )为发病基础，在心理社会因素的影响下产生，病程反复迁移。
 (A) 躯体疾病 (B) 人格倾向
 (C) 社会环境 (D) 季节变化

116. 癔症分离性障碍又称癔症性精神障碍，是癔症较常见的表现形式，其中包括( )。
 (A) 意识障碍 (B) 遗忘障碍
 (C) 梦游 (D) 情感爆发

117. 适应障碍是指在遭遇生活事件后，( )起病。
 (A) 2个月到3个月内 (B) 1个月内
 (C) 超过6个月 (D) 不超过1年

118. 许又新综合考察心理健康的标准不包括( )。
 (A) 操作标准 (B) 体验标准
 (C) 统计学标准 (D) 发展标准

119. 通过观察和测验等方法考察心理活动过程及其效率的指标，被称为( )。
 (A) 体验标准 (B) 综合标准
 (C) 发展标准 (D) 操作标准

120. 着重对人的个体心理发展状况进行纵向考察与分析并作为评价指标，被称为( )。
 (A) 体验标准 (B) 综合标准
 (C) 发展标准 (D) 操作标准

121. 根据许又新的发展标准，评估心理健康水平时，应该对个体心理发展状况进行( )。
   - (A) 项目考察
   - (B) 横向考察
   - (C) 背景考察
   - (D) 纵向考察

122. 评估心理健康水平的十个标准是由( )提出来的。
   - (A) 许又新
   - (B) 郭念锋
   - (C) 钟友彬
   - (D) 李心天

123. 遭遇精神打击时，不同的人对于同一类精神刺激，反应各不相同。这种对精神刺激的抵抗能力，被称为( )。
   - (A) 心理活动强度
   - (B) 心理活动耐受力
   - (C) 心理康复能力
   - (D) 心理自控力

124. 衡量心理健康水平，从长期经受精神刺激的能力来判断，被称为( )。
   - (A) 心理活动强度
   - (B) 心理活动耐受力
   - (C) 心理康复能力
   - (D) 心理自控力

125. 从创伤刺激中恢复到往常水平的能力，被称为( )。
   - (A) 心理活动强度
   - (B) 心理活动耐受力
   - (C) 心理康复能力
   - (D) 心理自控力

126. 对情绪、思维和行为的控制程度进行调节的能力被称为( )。
   - (A) 心理活动强度
   - (B) 心理活动耐受力
   - (C) 心理康复能力
   - (D) 心理自控力

127. 个体始终不脱离生存的环境，并随其做顺应性改变的能力，叫( )。
   - (A) 环境适应能力
   - (B) 受暗示性
   - (C) 周期节律性
   - (D) 社会交往能力

128. 个体与亲友、同伴和其他社会成员沟通交流的能力，叫( )。
   - (A) 环境适应能力
   - (B) 受暗示性
   - (C) 从众
   - (D) 社会交往能力

129. 心理活动的形式和效率存在自身的变化规律，叫心理活动的( )。
   - (A) 环境适应能力
   - (B) 受暗示性
   - (C) 周期节律性
   - (D) 社会交往能力

130. 当生活环境的条件改变时，个体试图采用忍耐环境的这种适应方式是( )。
   - (A) 积极适应
   - (B) 消极适应
   - (C) 主动适应
   - (D) 拒绝适应

131. 个体能够恰如其分地评价和表现自己的这种能力，被称为( )。
   - (A) 自信
   - (B) 自卑
   - (C) 自负
   - (D) 自嘲

132. 心理活动耐受力强是指在遇到精神刺激时，( )。
   - (A) 有较强的抵抗能力
   - (B) 有较快的恢复能力
   - (C) 有较持久的经受力
   - (D) 有自如的控制能力

133. "心理正常"意味着( )。
    (A) 包含精神病症状在内的心理活动
    (B) 包含心理不正常在内的心理活动
    (C) 一切可能的心理活动
    (D) 具备正常功能的心理活动

134. "心理正常"与"心理异常"这对范畴,是用来讨论( )的问题的。
    (A) 个人能力发展   (B) 心理上"有病"与"没病"
    (C) 心理健康水平   (D) 人格特点

135. 下列说法中不正确的是( )。
    (A) 心理健康与心理不健康的概念应包含在心理正常的范围内
    (B) 心理不健康不等于有心理疾病
    (C) 心理不健康是心理疾病的一种表现
    (D) 区分心理正常与心理异常的标准与区分心理健康水平的标准不同

136. 个体是否患有心理疾病,( )。
    (A) 只有在心理咨询工作中被关心
    (B) 只有在精神病学工作中被关心
    (C) 心理咨询学与精神病学都不关心
    (D) 咨询心理学与精神病学都关心,但关心的动机和目的不同

137. 心理咨询工作关注来访者是否心理异常,是为了( )。
    (A) 选出有精神疾病的人立即作为自己的工作对象
    (B) 选出没有精神疾病的人作为自己的工作对象
    (C) 选出有精神疾病的人,永远不把他们作为自己的工作对象
    (D) 将其作为心理健康的指标

138. 从发展的角度看,心理健康是一种( )。
    (A) 健康常模   (B) 心理状态
    (C) 心理相对平衡的过程   (D) 心理绝对平静的过程

139. 从静态的角度看,心理健康是一种( )。
    (A) 健康常模   (B) 心理状态
    (C) 心理相对平衡的过程   (D) 内心无任何矛盾

140. 健康心理学( )。
    (A) 已经有了明确的研究对象、任务与方法
    (B) 是试图依照现代医学模式开始探索健康问题的学科
    (C) 有清楚界定的内涵与外延
    (D) 是一门发展成熟的学科

141. 健康心理学的工作领域不包括( )。
    (A) 疾病控制的管理问题   (B) 躯体疾病患者的心理学问题
    (C) 健康和疾病中的心理学问题 (D) 促进和维护健康的心理学问题

142. 健康心理学的工作领域不包括( )。

(A) 疾病防御和治疗中的心理学问题
(B) 促进健康服务和健康服务政策的制定
(C) 生活方式及心理活动与疾病的关系
(D) 心身疾病的诊断和治疗

143. 一般情况下，躯体疾病患者在住院时不大可能产生的心理变化是(　　)。
(A) 感到自己更独立、自由
(B) 情绪低落
(C) 更多地关心自己身体的感觉和状态
(D) 感到时间过得很慢

144. 躯体疾病患者伴有(　　)的症状时，是意识模糊的先兆，应请精神科医生会诊。
(A) 虚弱症　　　　　　　　　(B) 谵妄
(C) 抑郁　　　　　　　　　　(D) 夸大疾病体验

145. 意识障碍会出现在(　　)时。
(A) 疾病慢慢发展　　　　　　(B) 疾病逐渐严重
(C) 疾病严重　　　　　　　　(D) 疾病减轻

146. 神经官能症类的症状会出现在(　　)时。
(A) 严重中毒现象存在　　　　(B) 疾病迁延发展
(C) 疾病迅速发展　　　　　　(D) 康复

147. 心理健康咨询的主要工作对象是各类(　　)。
(A) 心理不健康状态　　　　　(B) 异常心理状态
(C) 功能性机能失调　　　　　(D) 神经过程紊乱

148. 心理健康咨询的对象不应当是(　　)。
(A) 心理不健康状态　　　　　(B) 严重心理问题
(C) 心理问题　　　　　　　　(D) 升学、就业时的困惑

149. 借鉴许又新对神经症分类的模式，我们对"心理不健康状态"进行分类的目的，不包括(　　)。
(A) 限定心理健康咨询的范围、对心理健康问题深入研究
(B) 咨询心理学与邻近学科的区分、自我心理保健的需要
(C) 进行个体心理过程的研究和探索
(D) 进行合理的临床诊断、进行职业培训

150. 根据教材提供的方法，确定"心理不健康状态"真实存在的效度标尺时，下列指标中错误的是(　　)。
(A) 症状学效度　　　　　　　(B) 统计学效度
(C) 预测效度　　　　　　　　(D) 结构效度

151. 下列说法中不符合"一般心理问题"的界定的是(　　)。
(A) 不良情绪持续一个月或间断地持续两个月仍不能自行化解
(B) 产生内心冲突，并因此而体验到不良情绪

(C) 情绪反应已经泛化
(D) 不良情绪的激发因素仅局限于最初事件

152. 下列说法中不符合"严重心理问题"的含义的是（　　）。
    (A) 多数情况下，会短暂地失去理性控制
    (B) 是较为强烈的、对个体威胁较大的现实刺激
    (C) 一般伴有人格障碍
    (D) 内容充分泛化

153. 关于"严重心理问题"，下列说法中不正确的是（　　）。
    (A) 多数情况下，会短暂地失去理性控制
    (B) 是较为强烈的、对个体威胁较大的现实刺激
    (C) 心理冲突是道德性的
    (D) 持续时间可在一年以上、两年以下

154. "心理不健康"的分类不包括（　　）。
    (A) 心理问题　　　　　　　　(B) 严重心理问题
    (C) 神经症性心理问题　　　　(D) 确诊的神经症

155. 从心理学的角度，下列说法中符合"压力"的定义的是（　　）。
    (A) 压力是大气层对地球表面形成的作用力
    (B) 压力是物体所承受的与表面垂直的作用力
    (C) 压力是现实生活要求人们去适应的事件
    (D) 压力是压力源和压力反应共同构成的一种认知和行为体验的过程

156. 一组直接阻碍和破坏个体生存与种族延续的事件是（　　）。
    (A) 灾难性压力　　　　　　　(B) 生物性压力源
    (C) 叠加性压力　　　　　　　(D) 精神性压力源

157. 精神性压力源是指（　　）。
    (A) 一组直接阻碍和破坏个体社会需求的事件
    (B) 一组直接阻碍和破坏个体生存与种族延续的事件
    (C) 一组直接阻碍和破坏个体生活的事件
    (D) 一组直接阻碍和破坏个体正常精神需求的内在事件和外在事件

158. 社会性压力源是指（　　）。
    (A) 一组直接阻碍和破坏个体社会需求的事件
    (B) 一组直接阻碍和破坏个体生存与种族延续的事件
    (C) 一组直接阻碍和破坏个体生活的事件
    (D) 一组直接阻碍和破坏个体正常精神需求的内在事件和外在事件

159. 因社会交往不良而形成的压力源属于（　　）。
    (A) 生物性压力源　　　　　　(B) 社会性压力源
    (C) 精神性压力源　　　　　　(D) 混合性压力源

160. 除了（　　）外，其他各项均可成为生物性压力源。
    (A) 躯体创伤　　　　　　　　(B) 噪音

(C) 歪曲的认知结构　　　　　　(D) 饥饿

161. 关于社会再适应量表，下列说法中不正确的是(　　)。
    (A) 该量表有局限性
    (B) 该量表针对重大生活事件而设计
    (C) 该量表中，负面生活事件遭遇者易患精神障碍
    (D) 得分低的个体易患感冒、心脏病、骨质疏松等

162. 日常生活小困扰量表提出(　　)。
    (A) 日常生活压力小比主要的生活改变更能预测健康状况
    (B) 生活事件的数目和严重性有关
    (C) 健康状况与小困扰出现的频率和强度无关
    (D) 兴奋性事件与健康有关

163. 咨询中，有时会让求助者确定生活中哪些事件超越了自己的应对能力，这种工作叫做(　　)。
    (A) 知觉压力测评　　　　　　(B) 重大生活事件评估
    (C) 情绪体验测评　　　　　　(D) 生活小困扰评估

164. (　　)的心态不会产生压力体验。
    (A) 无法选择　　　　　　　　(B) 无所适从
    (C) 左右为难　　　　　　　　(D) 漠不关心

165. 当"鱼和熊掌不可兼得"的情况出现时，称为(　　)。
    (A) 双趋冲突　　　　　　　　(B) 双避冲突
    (C) 趋避冲突　　　　　　　　(D) 双重趋避冲突

166. 当面临两种不利情景，如"腹背受敌"时，称为(　　)。
    (A) 双趋冲突　　　　　　　　(B) 双避冲突
    (C) 趋避冲突　　　　　　　　(D) 双重趋避冲突

167. 当同时面临两种既有利、又有弊的选择时，我们将体验到的冲突称为(　　)。
    (A) 双趋冲突　　　　　　　　(B) 双避冲突
    (C) 趋避冲突　　　　　　　　(D) 双重趋避冲突

168. 下列说法中符合一般单一生活压力特征的是(　　)。
    (A) 经历各种各样的生活事件
    (B) 经历无法避免的生活事件
    (C) 经历某种足以使个体崩溃的，并不能通过努力适应的事件
    (D) 经历某种不足以使个体崩溃的，并可以努力适应的事件

169. 一般单一性生活压力的后效是(　　)。
    (A) 灾难性的　　　　　　　　(B) 有延缓作用的
    (C) 高强度的　　　　　　　　(D) 有积极作用的

170. 我们往往用"四面楚歌"来形容(　　)。
    (A) 单一性压力　　　　　　　(B) 同时性叠加压力

(C) 继时性叠加压力　　　　　　　(D) 破坏性压力

171. 我们往往用"飞来横祸"来形容(　　)。
　　(A) 单一性压力　　　　　　　　(B) 同时性叠加压力
　　(C) 继时性叠加压力　　　　　　(D) 破坏性压力

172. 我们往往用"祸不单行"来形容(　　)。
　　(A) 单一性压力　　　　　　　　(B) 灾难性压力
　　(C) 继时性叠加压力　　　　　　(D) 破坏性压力

173. 继时性压力是指(　　)。
　　(A) 同一时间有若干构成压力的事件发生
　　(B) 经历某种不足以使个体崩溃的，并可以努力适应的事件
　　(C) 两个以上能构成压力的事件相继发生
　　(D) 极为严重和难以应对的压力

174. 下列事件中属于破坏性压力的事件是(　　)。
　　(A) 空难　　　　　　　　　　　(B) 恋爱
　　(C) 旅游　　　　　　　　　　　(D) 迁居

175. "灾难症候群"是指(　　)。
　　(A) 经历破坏性压力后的心理反应
　　(B) 经历强大自然灾害后的心理反应
　　(C) 由破坏性压力造成的各种疾病
　　(D) 由强大自然灾害造成的各种疾病

176. 强大自然灾害后的心理反应一般经历以下阶段(　　)。
　　(A) 警觉期—恢复期—康复期　　(B) 警觉期—搏斗期—恢复期
　　(C) 惊吓期—恢复期—康复期　　(D) 惊吓期—衰竭期—恢复期

177. "失魂落魄"的状态，意味着个体处在灾难综合征的(　　)。
　　(A) 初始期　　　　　　　　　　(B) 惊吓期
　　(C) 恢复期　　　　　　　　　　(D) 康复阶段

178. 经受破坏性压力的个体，出现逢人就述说自己遭遇的行为，可推断其处在(　　)。
　　(A) 初始期　　　　　　　　　　(B) 惊吓期
　　(C) 恢复期　　　　　　　　　　(D) 康复阶段

179. (　　)描述了适应压力所付出的生理学代价的特征。
　　(A) 勒温　　　　　　　　　　　(B) 坎农
　　(C) 塞利　　　　　　　　　　　(D) 米勒

180. 塞利提出的适应压力的第三阶段是(　　)。
　　(A) 警觉阶段　　　　　　　　　(B) 搏斗阶段
　　(C) 衰竭阶段　　　　　　　　　(D) 恢复阶段

181. 个体处在全力投入对事件应对的过程中，或消除和适应压力，抑或退却，这一阶段是(　　)。

(A) 警觉阶段 　　　　　　　　　(B) 搏斗阶段
(C) 衰竭阶段 　　　　　　　　　(D) 恢复阶段

182. 个体表现出呼吸、心跳加速，汗腺加快分泌，血压、体温升高等促进新陈代谢的状态时，表明该个体处于适应压力的(　)。
(A) 警觉阶段 　　　　　　　　　(B) 搏斗阶段
(C) 衰竭阶段 　　　　　　　　　(D) 恢复阶段

183. 塞利提出的压力适应三阶段又被称为(　)。
(A) 战场疲劳综合征 　　　　　　(B) 一般适应症候群
(C) 创伤后应激障碍 　　　　　　(D) 灾难综合征

184. 在应对压力时，反应最敏感以及活动强度和活动频率最高的器官，最容易患病。这种对压力引发疾病机制的解释是(　)。
(A) 器官敏感论 　　　　　　　　(B) 体质、压力论
(C) 心身转化论 　　　　　　　　(D) 心身一体论

185. 压力和个体的身体素质对疾病的发生同时起作用，这种观点的理论被称为(　)。
(A) 器官敏感理论 　　　　　　　(B) 心身特化理论
(C) 心身一体理论 　　　　　　　(D) 体质—压力理论

186. (　)的压力事件可能引不起个体的强烈响应。
(A) 生物性 　　　　　　　　　　(B) 社会性
(C) 精神性 　　　　　　　　　　(D) 未来发生

187. 压力作用于个体后，会经过(　)系统的增益或消解。
(A) 认知、情绪、意志 　　　　　(B) 认知、免疫、社会
(C) 免疫、情绪、人格 　　　　　(D) 社区、家庭、学校

188. 个体对事件的实际反应取决于经过中介系统的增益或消解后，压力的(　)。
(A) 稳定程度 　　　　　　　　　(B) 相对强度
(C) 主要特点 　　　　　　　　　(D) 本质属性

189. 在(　)的认知情况下，可使压力事件的强度相对降低。
(A) 能正确认识和评估压力 　　　(B) 了解自己的实力不够全面
(C) 难以正确认识和评估压力 　　(D) 夸大压力的程度

190. 拉扎鲁斯认为，认知影响压力相对强度的方式不包括(　)。
(A) 当事人对自我能力的评估 　　(B) 认知结果是两可的
(C) 对客观事件严重性的评估 　　(D) 对个性特征的认识程度

191. 面对压力，个体能否控制行为的自由是关于(　)的问题。
(A) 行为的自我控制 　　　　　　(B) 认知的控制
(C) 环境的控制 　　　　　　　　(D) 对他人的控制

192. 外控型人格(　)。
(A) 认为命运主宰人的生活

(B) 认为成功是个人努力的结果
(C) 遭遇压力事件后,很少怨天尤人
(D) 体验到的压力强度较低

193. 人在经历压力事件时,并不感到孤独、无助,这可能是(　　)。
(A) 认知支持系统的作用　　(B) 心理调节能力强
(C) 社会支持系统的作用　　(D) 压力适应能力强

194. 不好的社会支持系统可能(　　)。
(A) 使压力的强度相对降低　　(B) 使压力的强度相对增加
(C) 能更好的抵抗压力　　(D) 减少压力造成的不良反应

195. 近年来许多研究显示,在社会支持系统中,压力的有效缓冲器是(　　)。
(A) 较少的社交活动　　(B) 现代化的家庭居住条件
(C) 较多的家庭成员　　(D) 亲密的和可信任的关系

196. 良好的生物调节系统功能,可以防止或降低应激引起的(　　)。
(A) 认知功能的失调　　(B) 躯体化的症状
(C) 人格结构的变化　　(D) 心理冲突强度

197. 个体响应压力后,经过中介系统处理,迅速表现出的临床症状是(　　)。
(A) 及时型症状　　(B) 滞后型症状
(C) 中间型症状　　(D) 附带症状

198. 关于滞后型临床症状,下列说法中不正确的是(　　)。
(A) 压力初次经由认知系统处理时,形成意义模糊的观念并积存起来
(B) 当类似的事件出现时,积存的观念被激活并还原为其原来的意义
(C) 原先模糊的观念在事件中被明朗化
(D) 明朗化的观念对个体再次发生作用而形成临床症状

二、多项选择题

199. 关于社会人群的心理活动,下列说法中正确的是(　　)。
(A) 有正常心理活动和异常心理活动两个方面
(B) 精神异常群体的比例较小
(C) 精神障碍者的心理活动是全部异常的
(D) 正常心理活动和异常心理活动是可以转换的

200. 以下陈述中正确的是(　　)。
(A) 精神障碍患者的心理活动并不一定都是异常的
(B) 精神障碍患者的心理异常必须要接受系统治疗
(C) 精神障碍患者的心理活动一定都是偏离常态的
(D) 精神障碍患者的心理异常须通过心理咨询矫正

201. 变态心理学的研究对象包括(　　)。
(A) 变态心理的定义　　(B) 变态心理的种类

(C) 异常心理的特点 (D) 异常心理的转归

202. 关于古代"变态心理学"的发端，下列说法中正确的是（　　）。
(A) 明确提出了"心理是脑的功能"这一科学判断
(B) 是东方科学发展的产物
(C) 与古希腊医生希波克里特提出的"体液学说"有关
(D) 始于公元前400年

203. 自然科学诞生后，人们对变态心理学的新见解有（　　）。
(A) 把心理异常现象和大脑的功能联系起来
(B) 变态心理只能使用神经科学进行解释
(C) 变态心理学渐渐融入精神病学
(D) 促使用唯物的思维对待心理异常的问题

204. 精神分析理论对心理异常现象的看法有（　　）。
(A) 心理健康的充分和必要条件是个体要合理地渡过"性心理"发展的每个阶段
(B) 性心理发展受挫，就会造成性心理的"退化"或发展"固著"
(C) 性心理的"退化"或"固著"，会造成未来人格的变态和心理异常
(D) 在性心理发展的每个阶段上，接受的刺激太多或者太少，都会使其发展受到挫折

205. 巴甫洛夫解释人的异常心理的基本概念包括（　　）。
(A) 消退 (B) 兴奋
(C) 分化 (D) 抑制

206. 正常心理活动能保证我们（　　）。
(A) 顺利适应环境 (B) 维持生理机能
(C) 进行人际交往 (D) 认识客观世界

207. 正常心理与异常心理的标准化区分原则包括（　　）。
(A) 内省经验标准 (B) 社会适应标准
(C) 人格的稳定性 (D) 主客观相统一

208. 根据区分心理活动正常与异常的社会适应标准，正常人的行为一般应该（　　）。
(A) 符合社会准则 (B) 能按照社会认可的方式行事
(C) 遵守道德规范 (D) 能完成社会要求的各种活动

209. 按"心理学标准"判断正常心理与异常心理的原则，包括（　　）。
(A) 主—客观世界统一原则 (B) 心理活动的内在协调性原则
(C) 情感与理智协调原则 (D) 人格的相对稳定性原则

210. "自知力不完整"或"无自知力"是指（　　）。
(A) 自我意识对身体状态的反映
(B) 判断精神病的指标之一
(C) 对"自我概念"的扭曲
(D) "自我认知"与"自我现实"的统一性的丧失

第一部分 《国家职业资格培训教程·心理咨询师（基础知识）》习题

211. 对精神病患者的心理咨询是有条件的，这些条件主要包括(　　)。
   (A) 必须是在经过系统临床治疗，病理性症状基本消失以后
   (B) 主要以社会功能的康复为主
   (C) 必须停药以后才能进行心理咨询
   (D) 必须密切地配合精神科医生一起实施

212. 关于"感知障碍"的类型，下列说法中正确的是(　　)。
   (A) 感知综合障碍　　　　　(B) 感觉障碍
   (C) 躯体障碍　　　　　　　(D) 知觉障碍

213. 关于"感觉障碍"的类型，下列说法中正确的是(　　)。
   (A) 感觉过敏　　　　　　　(B) 内感性不适
   (C) 外感性过激　　　　　　(D) 感觉减退

214. 根据幻觉涉及的感受器官的不同，幻觉类型包括(　　)。
   (A) 幻听、幻视　　　　　　(B) 幻嗅、幻味
   (C) 幻触　　　　　　　　　(D) 内脏性幻觉

215. 根据幻觉体验的不同真实性，幻觉可以分为(　　)。
   (A) 内脏幻觉　　　　　　　(B) 真性幻觉
   (C) 假性幻觉　　　　　　　(D) 躯体幻觉

216. 根据幻觉产生的特殊条件，幻觉又可以分为(　　)。
   (A) 心因性幻觉　　　　　　(B) 功能性幻觉
   (C) 假性幻觉　　　　　　　(D) 思维鸣响

217. 关于思维鸣响，正确的说法包括(　　)。
   (A) 它是一种特殊形式的幻觉　(B) 认为别人能知道自己没表达的思想
   (C) 它是一种特殊形式的妄想　(D) 能听到自己头脑中思维活动的内容

218. 下列描述中符合"感知综合障碍"的含义的是(　　)。
   (A) 感知客观事物的个别属性，如大小、长短、远近时产生变形
   (B) 感觉周围的人在监视自己
   (C) 感觉周围的事物像"水中月""镜中花"
   (D) 感觉自己的面孔或体形改变了形状

219. 思维形式障碍包括(　　)。
   (A) 强迫观念　　　　　　　(B) 思维插入
   (C) 思维鸣响　　　　　　　(D) 思维贫乏

220. 下列表现中符合"思维奔逸"的主要表现的是(　　)。
   (A) 一种兴奋性的思维联想障碍　(B) 思维活动量增加
   (C) 思维联想速度加快　　　　　(D) 表现为语量多，语速快，滔滔不绝

221. "思维松弛或思维散漫"的临床特点是(　　)。
   (A) 思想内容空虚，概念和词汇贫乏
   (B) 对问题的叙述不够中肯，也不很切题
   (C) 对问题的思考吃力，反应迟钝

131

(D) 给人感觉患者的回答是"答非所问"

222. 强制性思维的主要特点是(   )。
   (A) 思潮大量涌现并不受意愿支配
   (B) 某种观念反复出现而无法摆脱
   (C) 思维的内容与环境保持联系
   (D) 思潮的内容往往杂乱多变

223. 妄想是(   )。
   (A) 是一种思维内容障碍，表现为脱离现实的病理性思维
   (B) 一种具有自我卷入性，以自己为参照系的病理性思维
   (C) 一种建立在毫无根据的设想的基础上并违背逻辑的思维
   (D) 一种表现为用普通概念来表示某些特殊含义的思维

224. 妄想是一种脱离现实的病理性思维，它的主要特点有(   )。
   (A) 对荒唐结论坚信不移，不能通过讲道理、进行教育以及亲身经历来纠正这种结论
   (B) 与人交谈中不能简单明了、直截了当地回答问题，在谈话中夹杂了不必要的细节
   (C) 以毫无根据的设想为前提进行推理，违背思维逻辑
   (D) 以一些普通概念、词句或动作来表示某些特殊的、不经自己解释，别人无法理解的含义

225. "原发性妄想"的主要特点有(   )。
   (A) 是突然发生，内容不可理解
   (B) 与既往经历和当前处境无关
   (C) 不是起源于其他精神异常的一种病态信念
   (D) 找不到任何心理学上的解释

226. 原发性妄想的形式包括(   )。
   (A) 妄想感觉   (B) 妄想知觉
   (C) 妄想心境   (D) 妄想焦虑

227. 关于"强迫观念"与"强制思维"的临床意义，下列表述中正确的是(   )。
   (A) 强迫性穷思竭虑属于强制思维   (B) 强制性思维多见于精神分裂症
   (C) 强迫观念多见于强迫症   (D) 强迫性对立观念属于强迫观念

228. 强迫观念的主要表现是(   )。
   (A) 某种观念或概念反复出现在脑海中
   (B) 不受意愿支配的思潮涌现在脑海中
   (C) 知道没有必要并努力摆脱，但无法摆脱
   (D) 内容与周围环境无任何联系且杂乱、多变

229. 关于"超价观念"，下列表述中正确的是(   )。
   (A) 患者知道这种想法是不必要的，甚至是荒谬的，并力图加以摆脱

(B) 它的发生虽然常常有一定的事实基础,但是这种观念是片面的
(C) 是一种在意识中占主导地位的错误观念
(D) 多见于人格障碍和心因性精神障碍患者

230. 关于"注意",下列表述中正确的是( )。
(A) 注意是一种相对独立的心理过程
(B) 注意对判断是否有记忆障碍有重要意义
(C) 注意对判断是否有意识障碍有重要意义
(D) 智能活动也需要注意的参与

231. 下列情况中,符合"痴呆"的特点的是( )。
(A) 先天大脑发育不良　　　(B) 后天获得的知识、能力下降或丧失
(C) 本能的意向活动亢进　　(D) 意识常常不能保持清醒

232. "自知力完整"是指患者具有( )的特点。
(A) 通常能认识到自己的不适　(B) 主动地叙述自己的病情
(C) 可观察的行为变化　　　　(D) 主动地要求治疗

233. "自知力"是精神科的一个重要指标,它的临床意义主要包括( )。
(A) 判断患者有无精神障碍　　(B) 判断是否与心理应激相关
(C) 判断精神障碍的严重程度　(D) 判断疗效的重要指征之一

234. 情绪低落的表现包括( )。
(A) 自我评价过低　　(B) 自信心不足
(C) 内心体验缺乏　　(D) 愉快感缺失

235. 德国精神病学家 GeBsattel 说过,没有焦虑的生活和没有恐惧的生活一样,并不是我们真正需要的,所以一定程度的焦虑是有用的和可取的,这是因为( )。
(A) 焦虑是对生活持冷漠态度的对抗剂
(B) 焦虑是自我满足而停滞不前的预防针
(C) 焦虑促进个人的社会化和对文化的认同
(D) 焦虑推动着人格的发展

236. 弗洛伊德将焦虑分为( )等类型。
(A) 道德性焦虑　　(B) 客体性焦虑
(C) 心因性焦虑　　(D) 神经性焦虑

237. A. Lewis(1967)基于文献复习和临床实践,认为焦虑作为一种精神病理现象,具有( )的特点。
(A) 焦虑情绪指向未来
(B) 焦虑是一种情绪状态
(C) 焦虑情绪是一种不快的和痛苦的体验
(D) 躯体不适感、精神运动性不安和植物功能紊乱

238. 我们把焦虑情绪稍加归并和简化后,焦虑症状主要包括( )。
(A) 明显的人格障碍

(B) 与处境不相称的痛苦的情绪体验
(C) 精神运动性不安
(D) 伴有身体不适感的植物神经功能障碍

239. 病理性焦虑的主要表现包括(　　)。
    (A) 无名焦虑　　　　　　　　(B) 精神运动性不定
    (C) 抑郁情绪　　　　　　　　(D) 自主神经系统症状

240. 意志缺乏者的临床症状包括(　　)。
    (A) 精神活动不协调　　　　　(B) 自知力不完整
    (C) 缺乏应有的主动性　　　　(D) 生活极端懒散

241. 精神运动性兴奋常区分为(　　)。
    (A) 协调性　　　　　　　　　(B) 不协调性
    (C) 先天性　　　　　　　　　(D) 后天性

242. 协调性精神运动性兴奋的表现包括(　　)。
    (A) 行为增多　　　　　　　　(B) 意志减退
    (C) 行为可理解　　　　　　　(D) 动作有目的

243. 刻板动作的特点是(　　)。
    (A) 反复地重复某一动作　　　(B) 动作违背个人意愿
    (C) 常伴随有刻板的言语　　　(D) 能体验到内心痛苦

244. 关于紧张症性综合征,下列说法中正确的是(　　)。
    (A) 包括紧张性木僵和紧张性兴奋
    (B) 紧张性木僵可单独出现
    (C) 紧张性兴奋可单独出现
    (D) 紧张性木僵和紧张性兴奋交替出现

245. 关于"强迫动作",下列表述中正确的是(　　)。
    (A) 患者感到痛苦,但又无法摆脱
    (B) 多见于强迫症
    (C) 是一种违反本人意愿,反复出现的动作
    (D) 多见于精神分裂症

246. "强迫动作"包括(　　)。
    (A) 强迫性意向　　　　　　　(B) 强迫检查
    (C) 强迫性洗涤　　　　　　　(D) 强迫性穷思竭虑

247. 关于"精神分裂症",下列说法中不正确的是(　　)。
    (A) 是一组器质性障碍症候群
    (B) 患病期的患者基本丧失自知力
    (C) 患者的情绪、情感以及行为极其脱离现实
    (D) 自己的内部世界与外部客观世界一致

248. 精神分裂症患者通常会表现出(　　)。
    (A) 自知力受到破坏　　　　　(B) 智能低下

(C) 精神活动不协调 (D) 意识障碍

249. 抑郁发作的特点是( )。
    (A) 情绪低落 (B) 思维混乱
    (C) 动作减少 (D) 感觉过敏

250. 根据神经症的定义,下列说法中正确的是( )。
    (A) 有自知力
    (B) 社会功能相对良好
    (C) 痛苦程度基本一致
    (D) 是一组心因性障碍,人格因素和心理社会因素是主要的致病因素,但非应激障碍

251. 各种神经症的共同特征是( )。
    (A) 意识的心理冲突 (B) 具有躯体机能障碍且是器质性的
    (C) 持久的精神痛苦 (D) 具有人格特质基础而非人格障碍

252. "创伤后应激障碍"的主要症状是( )。
    (A) 闯入性回忆 (B) 过度警觉
    (C) 失眠 (D) 情绪迟钝

253. 适应障碍是指( )出现的反应性情绪障碍,适应不良性行为障碍和社会功能受损。
    (A) 在易感个性的基础上 (B) 由于精神障碍
    (C) 遇到了应激性生活事件 (D) 受到过多关怀

254. 适应障碍在发病时间上的特点是( )。
    (A) 通常在遭受生活事件后1个月内起病
    (B) 通常在遭受生活事件后数小时内起病
    (C) 病程一般不超过3个月
    (D) 病程一般不超过6个月

255. 焦虑性人格障碍的特点是( )。
    (A) 总是感到不安 (B) 对他人的意见过分敏感
    (C) 一贯猜疑、偏执 (D) 习惯性地夸大潜在危险

256. 睡眠障碍包括( )等类型。
    (A) 失眠症 (B) 嗜睡症
    (C) 睡行症 (D) 梦魇

257. 第三届国际心理卫生大会认定的心理健康的标志包括( )。
    (A) 适应环境 (B) 有幸福感
    (C) 追求第一 (D) 受到赞扬

258. 许又新认为心理健康可以用( )的标准去衡量。
    (A) 操作 (B) 体验
    (C) 评价 (D) 发展

259. 评估心理健康的十个标准包括( )。

(A) 心理活动的强度 　　(B) 心理冲突的类型
(C) 环境适应的能力 　　(D) 心理自控的能力

260. 郭念锋提出的评估心理健康水平的标准包括( )。
(A) 心理活动的灵活性 　　(B) 自信心
(C) 神经活动的平衡性 　　(D) 暗示性

261. 影响人的心理活动强度的因素包括( )。
(A) 认识水平 　　(B) 生活经验
(C) 性格特征 　　(D) 事件性质

262. 心理自控能力好的人，往往( )。
(A) 不过分拘谨 　　(B) 不过分随便
(C) 情感表达恰如其分 　　(D) 行为自如、言语通畅

263. 心理异常包括( )。
(A) 确诊的神经症 　　(B) 严重心理问题
(C) 一般心理问题 　　(D) 各种人格障碍

264. 心理咨询的主要对象是( )。
(A) 心理健康的人 　　(B) 心理不健康的人
(C) 心理正常的人 　　(D) 心理异常的人

265. 心理咨询主要针对那些( )的人而进行。
(A) 有精神疾病 　　(B) 没有精神疾病
(C) 心理健康状况欠佳 　　(D) 心理健康

266. 关于健康心理活动，下列陈述中正确的是( )。
(A) 健康的心理活动是一种处于动态平衡的心理过程
(B) 它涵盖着一切有利于个体生存与发展和提高生活质量的心理活动
(C) 它是围绕心理健康常模，在一定范围内上下波动的相对平衡的过程
(D) 它在某一时段内，展现着自身的正常功能

267. 在压力作用后，出现滞后型临床症状，是由于潜在的模糊观念( )。
(A) 因类似情境出现而被还原
(B) 因被赋予新意义而明朗化
(C) 再次发生效用并重新隐藏了起来
(D) 再次发生效用并表现在临床相上

268. 从动态的角度看，健康心理活动( )。
(A) 是一种稳定的心理状态 　　(B) 始终能发挥出自身功能
(C) 有利于个体生存与发展 　　(D) 可围绕常模上下波动

269. 躯体疾病患者一般的心理特点主要是( )。
(A) 对客观世界和自身价值的态度发生改变
(B) 把注意力转移到自身的体验和感觉上
(C) 时间感觉发生变化
(D) 精神偏离正常状态

270. 医院中，医生与患者的关系应包括（　　）。
    （A）医生诊治患者的躯体疾病
    （B）医生应给予患者一定的心理辅导
    （C）医生按照患者的要求行事
    （D）患者应减轻医生的精神压力

271. 医生如果出言不慎，可使一些有（　　）倾向的患者产生医源性心身疾病。
    （A）易受暗示　　　　　　　　（B）固执己见
    （C）歇斯底里　　　　　　　　（D）神经官能症

272. 借鉴许又新对神经症分类的模式，我们对"心理不健康状态"进行分类的目的，主要包括（　　）。
    （A）限定心理健康咨询的范围、对心理健康问题深入研究
    （B）咨询心理学与邻近学科的区分、自我心理保健的需要
    （C）咨询方案的制定和疗效评定、心理健康状况的调查
    （D）进行合理的临床诊断、进行职业培训

273. 对心理不健康状态的"自然发展的预期"，包括（　　）。
    （A）心理不健康导致心理抗压能力和耐受性下降
    （B）在三个月内，部分人有可能自行地缓解
    （C）不良的情绪和行为会泛化到其他类似对象
    （D）成为脑器质性疾病的易感人群

274. 刚出现的"心理不健康状态"若自然发展，其结果可能是（　　）。
    （A）部分人的不良情绪因迁延时间久而泛化
    （B）部分人三个月内有可能出现了自行地缓解
    （C）部分人很快就可出现严重的躯体性疾病
    （D）部分人成为神经衰弱或神经症的易感者

275. "非专业的社会支持"，是指在心理不健康状态出现后，来自（　　）的支持。
    （A）亲朋好友　　　　　　　　（B）心理咨询师
    （C）援助机构　　　　　　　　（D）社会福利机构

276. 按"结构效度"的理论，促成或影响"心理不健康状态"的因素有（　　）。
    （A）身体健康水平　　　　　　（B）社会变迁
    （C）人口学因素　　　　　　　（D）个性心理特征

277. 寻找造成个体心理不健康状态的原因时，应该考虑（　　）。
    （A）人口学因素　　　　　　　（B）个性心理特征
    （C）社会适应状况　　　　　　（D）身体健康水平

278. 与心理不健康有关的人口学因素包括（　　）。
    （A）文化程度　　　　　　　　（B）性格特点
    （C）动机水平　　　　　　　　（D）生活方式

279. 求助者要被诊断为"一般心理问题"，必须满足（　　）的条件。
    （A）不良情绪持续一个月或间断地持续两个月仍不能自行地化解

137

(B) 产生内心冲突，并因此而体验到不良情绪
(C) 始终能保持行为不失常态
(D) 不良情绪的激发因素仅局限于最初事件

280. 关于"一般心理问题"，下列说法中正确的是（　　）。
(A) 由现实因素激发　　　　　(B) 持续的时间较短
(C) 情绪反应能在理智控制之下　(D) 不严重破坏社会功能

281. 下列表述中符合"严重心理问题"的界定的是（　　）。
(A) 多数情况下，会短暂地失去理性控制
(B) 是较为强烈的、对个体威胁较大的现实刺激
(C) 关键问题是与神经症进行鉴别
(D) 痛苦情绪间断或不间断地持续两个月以上、半年以下

282. 严重心理问题的诊断要点包括（　　）。
(A) 痛苦由比较强烈的现实刺激引起
(B) 痛苦情绪产生以后，持续半年以上
(C) 痛苦情绪的反应对象已经被泛化
(D) 痛苦情绪对社会功能有一定的影响

283. 压力源的性质包括（　　）。
(A) 生物性的　　　　　　　　(B) 叠加性的
(C) 社会性的　　　　　　　　(D) 灾难性的

284. 社会环境性压力源的种类包括（　　）。
(A) 纯社会性问题　　　　　　(B) 人际适应问题
(C) 自然条件改变　　　　　　(D) 物理属性改变

285. 研究发现，人的健康状况与生活中小困扰的（　　）有关。
(A) 出现频率　　　　　　　　(B) 变化
(C) 出现顺序　　　　　　　　(D) 强度

286. 知觉压力测评（　　）。
(A) 可以测评个体认为超出能力的事件
(B) 可以评估个人习惯性压力或慢性压力
(C) 由坎纳编制
(D) 可以预测早期健康问题

287. 承受一般性压力并适应后，人们通常会（　　）。
(A) 降低应对各种压力的能力　(B) 积累许多适应压力的经验
(C) 提高和改善自身的适应能力　(D) 被压力所击垮

288. 破坏性压力可以造成（　　）。
(A) 灾难综合征　　　　　　　(B) 兴奋行为
(C) 破坏行为　　　　　　　　(D) 创伤后应激障碍

289. 面临压力时，人的认知系统对局面的控制类型包括（　　）控制。
(A) 人格的　　　　　　　　　(B) 认知的

(C) 环境的 (D) 适应力

290. 面对压力，个体通常会进行(　　)的认知活动。
(A) 评估压力对自身的利弊及程度
(B) 评估压力的性质
(C) 评估自己的实力
(D) 确定自己对待压力的方式

291. 认知系统对压力的控制作用是(　　)。
(A) 个体认为自己能否自主地控制和调节压力
(B) 个体认为自己能否自主地调整自己的适应行为
(C) 当不可控压力出现时，个体感受的压力常常减弱
(D) 当可控压力出现时，个体感受的压力常常增强

292. 下列陈述中正确的是(　　)。
(A) 生物调节系统主要包括神经内分泌系统
(B) 中介系统的总体功能是由各个子系统的功能决定的
(C) 个体对事件的实际反应，是由中介系统对压力增益或消解后的相对强度决定的
(D) 压力影响免疫功能系统，但不影响其他组织系统

三、参考答案

单项选择题

1. A	2. B	3. C	4. C	5. D
6. B	7. A	8. A	9. B	10. A
11. C	12. B	13. C	14. D	15. C
16. B	17. C	18. D	19. C	20. B
21. A	22. A	23. A	24. C	25. B
26. A	27. C	28. A	29. A	30. A
31. C	32. C	33. C	34. B	35. B
36. C	37. B	38. A	39. B	40. C
41. C	42. C	43. A	44. D	45. B
46. B	47. B	48. C	49. C	50. B
51. B	52. A	53. D	54. A	55. D
56. B	57. C	58. C	59. A	60. C

61. C	62. B	63. A	64. B	65. B
66. D	67. C	68. C	69. D	70. D
71. C	72. C	73. C	74. A	75. A
76. C	77. B	78. B	79. C	80. B
81. A	82. C	83. C	84. D	85. B
86. B	87. C	88. C	89. B	90. C
91. C	92. C	93. C	94. D	95. C
96. A	97. D	98. C	99. B	100. A
101. C	102. B	103. B	104. B	105. D
106. B	107. B	108. A	109. B	110. D
111. C	112. B	113. D	114. C	115. B
116. D	117. B	118. C	119. D	120. C
121. D	122. B	123. A	124. B	125. C
126. D	127. A	128. D	129. C	130. B
131. A	132. C	133. D	134. B	135. C
136. D	137. B	138. C	139. B	140. B
141. A	142. D	143. A	144. B	145. C
146. B	147. A	148. D	149. C	150. B
151. C	152. C	153. D	154. D	155. D
156. B	157. D	158. A	159. B	160. C
161. D	162. A	163. A	164. D	165. A
166. B	167. D	168. D	169. D	170. B
171. D	172. C	173. C	174. A	175. B
176. C	177. B	178. C	179. B	180. C
181. B	182. A	183. B	184. A	185. D
186. D	187. B	188. B	189. A	190. D
191. A	192. A	193. C	194. B	195. D
196. B	197. A	198. B		

多项选择题

199. ABD	200. AB	201. ABC	202. CD	203. AD
204. ABCD	205. BD	206. ACD	207. AB	208. ABC
209. ABD	210. ABD	211. ABD	212. ABD	213. ABD
214. ABC	215. BC	216. ABD	217. AD	218. ACD
219. BD	220. ABCD	221. BD	222. AD	223. ABC
224. AC	225. ABCD	226. BC	227. BCD	228. AC
229. BCD	230. BCD	231. BC	232. ABD	233. ACD
234. ABD	235. ABCD	236. ABD	237. ABCD	238. BCD
239. ABD	240. CD	241. AB	242. ACD	243. AC
244. ABCD	245. ABC	246. BC	247. AD	248. AC
249. AC	250. ABD	251. AC	252. ABCD	253. AC
254. AD	255. AD	256. ABCD	257. AB	258. ABD
259. ACD	260. BD	261. ABC	262. ABCD	263. AD
264. ABC	265. BCD	266. ABCD	267. ABD	268. CD
269. ABCD	270. AB	271. ACD	272. ABCD	273. ABC
274. ABD	275. ACD	276. ABCD	277. ABD	278. AD
279. ABCD	280. ABCD	281. ABCD	282. ACD	283. AC
284. AB	285. AD	286. ABD	287. BC	288. AD
289. BC	290. ABCD	291. AB	292. BC	

第五章 心理测量学知识习题

一、单项选择题

1. 关于测量，正确的是(　　)。
   (A) 测量就是心理测量
   (B) 测量就是依据一定的法则用数字对事物加以确定
   (C) 测量就是用数字来描述事物的法则
   (D) 测量就是用一些题目或数字来描述事物的属性

2. 参照点就是确定事物的量时，计算的(　　)。
   (A) 起点　　　　　　　　　　(B) 中点
   (C) 终点　　　　　　　　　　(D) 重点

3. 用1代表男，用2代表女等等，这样的量表通常叫(　　)量表。
   (A) 命名　　　　　　　　　　(B) 顺序
   (C) 等距　　　　　　　　　　(D) 等比

4. 我们通常将学生的考试结果按名次排队，这些名次属于(　　)变量。
   (A) 命名　　　　　　　　　　(B) 顺序
   (C) 等距　　　　　　　　　　(D) 等比

5. 在顺序量表中，变量具有(　　)。
   (A) 相等单位　　　　　　　　(B) 绝对零点
   (C) 等级　　　　　　　　　　(D) 可以做四则运算

6. 0℃并不意味着没有温度，这种说法(　　)。
   (A) 错误　　　　　　　　　　(B) 不确定
   (C) 正确　　　　　　　　　　(D) 不存在

7. 其数值可以进行加、减、乘、除运算的量表是(　　)。
   (A) 命名量表　　　　　　　　(B) 顺序量表
   (C) 等距量表　　　　　　　　(D) 等比量表

8. 一般来说，心理测量是在(　　)上进行的。
   (A) 命名量表　　　　　　　　(B) 顺序量表

(C) 等距量表 (D) 等比量表

9. 下列说法中正确的是( )。
   (A) 心理测量就是将具有代表性的行为构成的项目集，对代表性人群进行测试，标准化后的数量化系统
   (B) 心理测量就是用标准化测验或量表，在标准情境下，对人的外显行为进行观察，并将结果按照数量或类别加以描述的过程
   (C) 心理测量就是对心理的某方面品质，采用多种手段进行系统地观察和综合评价
   (D) 心理测量就是依据心理学理论，使用一定的操作程序，通过观察人的少数有代表性的行为，对于贯穿在人的全部行为活动中的心理特点做出推论和数量化分析的一种科学手段

10. 关于测验的客观性，下列说法中不正确的是( )。
    (A) 测验的刺激是客观的 (B) 对反应的量化是客观的
    (C) 要有绝对的标准 (D) 对结果的推论是客观的

11. 下列属于正确的测验观的是( )。
    (A) 测验万能论 (B) 测验无用论
    (C) 心理测验即智力测验 (D) 心理测验尚不完善

12. ( )编制了世界上第一个正式的心理测验。
    (A) 高尔顿 (B) 比内
    (C) 卡特尔 (D) 奥蒂斯

13. 近些年来，我国心理学家正在致力于心理测验的( )研究。
    (A) 本土化 (B) 数量化
    (C) 引进并修订国外量表 (D) 大量测验

14. ( )是由具有某种共同特征的人所组成的一个群体，或者是该群体的一个样本。
    (A) 团体 (B) 常模团体
    (C) 受测人群 (D) 样本

15. 常模样本量的大小，一般最低不小于( )。
    (A) 100 或 500 (B) 800 或 1000
    (C) 20 或 25 (D) 30 或 100

16. 全国性常模，样本量一般要在( )之间。
    (A) 1000~2000 (B) 2000~3000
    (C) 3000~4000 (D) 4000~5000

17. 样本大小适当的关键是样本要有( )。
    (A) 代表性 (B) 特殊性
    (C) 相关性 (D) 可比性

18. 取样是指从( )中选择有代表性的样本。
    (A) 总体 (B) 群体

(C) 目标人群 (D) 样本

19. 随机号码表法是( )。
    (A) 简单随机抽样 (B) 系统抽样
    (C) 分组抽样 (D) 分层抽样

20. 系统抽样又称为( )。
    (A) 简单抽样 (B) 分组抽样
    (C) 分层抽样 (D) 等距抽样

21. 先将群体分组，再在组内进行随机取样的方法是( )。
    (A) 简单随机抽样 (B) 系统抽样
    (C) 分组抽样 (D) 分层抽样.

22. ( )是一种供比较的标准量数，是心理测验时用于比较和解释测验结果的参照分数标准。
    (A) 常模 (B) 常模分数
    (C) 分数 (D) 导出分数

23. 常模分数又叫( )。
    (A) 导出分数 (B) 原始分数
    (C) 粗分数 (D) 总体分数

24. 发展常模就是( )。
    (A) 发展模型 (B) 个人的分数
    (C) 团体的分数 (D) 年龄量表

25. 在( )量表中，个人的分数指出了他的行为在按正常的途径发展方面处于什么样的发展水平。
    (A) 年龄 (B) 态度
    (C) 性别 (D) 人格

26. 最早的一个发展顺序量表的范例是( )。
    (A) 贝利发展程序表 (B) 皮亚杰发展程序表
    (C) 葛塞尔发展程序表 (D) 比内发展程序表

27. 按照葛塞尔研究的婴儿行为变化的顺序，( )周的婴儿能使头保持平衡。
    (A) 4 (B) 16
    (C) 28 (D) 40

28. 皮亚杰最著名的工作就是对( )概念的研究。
    (A) 同化 (B) 顺应
    (C) 适应 (D) 守恒

29. 皮亚杰发现，儿童不同时期出现不同的守恒概念，通常儿童到( )岁时才会理解质量守恒；( )岁才会掌握重量守恒；( )岁时才具有容量守恒的概念。
    (A) 2、3、4 (B) 4、5、6
    (C) 5、6、7 (D) 7、8、9

30. （　　）中首先使用了智力年龄的概念。
    (A) 比内—西蒙量表　　　　　　　(B) 斯坦福—比内量表
    (C) 韦克斯勒量表　　　　　　　　(D) 瑞文量表

31. 在吴天敏修订的比内—西蒙量表中，某儿童通过了4岁组的全部题目，5岁组通过3题，6岁组通过2题，7岁组通过1题，其智龄为（　　）。
    (A) 4岁3个月　　　　　　　　　　(B) 4岁6个月
    (C) 5岁　　　　　　　　　　　　　(D) 5岁2个月

32. 常模样本中6年级的算术平均分为35，某儿童在算术测验中也得35分，那就是说，该儿童的算术能力的年级当量是（　　）。
    (A) 5年级水平　　　　　　　　　　(B) 6年级水平
    (C) 7年级水平　　　　　　　　　　(D) 8年级水平

33. （　　）是应用最广的表示测验分数的方法。
    (A) 百分点　　　　　　　　　　　　(B) 四分位数
    (C) 百分等级　　　　　　　　　　　(D) 十分位数

34. 55的百分等级表示在常模样本中有55%的人比这个分数（　　）。
    (A) 低　　　　　　　　　　　　　　(B) 高
    (C) 相等　　　　　　　　　　　　　(D) 以上都不是

35. 在实际应用中，我们一般既可以由原始分数计算百分等级，又可以由百分等级确定原始分数。通过这样的双向方式编制的原始分数与百分等级对照表，就是（　　）。
    (A) 四分位数　　　　　　　　　　　(B) 十分位数
    (C) 百分位数　　　　　　　　　　　(D) 百分位常模

36. 四分位数是将量表分成四等份，相当于百分等级的（　　）、（　　）和（　　）对应的三个百分数分成的四段。
    (A) 25%、50%、75%　　　　　　　　(B) 5%、65%、95%
    (C) 15%、55%、85%　　　　　　　　(D) 35%、65%、95%

37. 十分位数（　　）为第一段。
    (A) 1%~10%　　　　　　　　　　　(B) 91%~100%
    (C) 50%~60%　　　　　　　　　　　(D) 10%~20%

38. 在计算标准Z分数的公式中SD为（　　）。
    (A) 任一原始分数　　　　　　　　　(B) 样本平均数
    (C) 样本标准差　　　　　　　　　　(D) 标准分数

39. $Z = A + Bz$式中，Z为转换后的标准分数，A、B为根据需要指定的常数。加上一个常数是为了去掉（　　），乘以一个常数是为了使单位变小，从而去掉小数点。
    (A) 整数　　　　　　　　　　　　　(B) 小数
    (C) 负值　　　　　　　　　　　　　(D) 分值

40. 当以50为平均数，以10为标准差来表示时，通常叫（　　）。

(A) Z 分数 　　　　　　　　　　(B) T 分数
(C) 标准九分数　　　　　　　　(D) 离差智商

41. 标准九分是一种标准分数系统，其量表是个 9 级的分数量表。它是以（　　）为平均数，以（　　）为标准差的一个量表。
    (A) 5、2　　　　　　　　　　(B) 6、3
    (C) 8、5　　　　　　　　　　(D) 10、7

42. 标准十分，平均数为（　　），标准差为（　　）。
    (A) 6、2　　　　　　　　　　(B) 5.5、1.5
    (C) 6、1.5　　　　　　　　　(D) 7、1.5

43. 标准二十分，平均数为（　　），标准差为（　　）。
    (A) 12、5　　　　　　　　　(B) 11、4
    (C) 10、3　　　　　　　　　(D) 9、2

44. 使用最广、影响最大的标准分数是（　　）。
    (A) 离差智商　　　　　　　　(B) T 分数
    (C) 标准九分　　　　　　　　(D) Z 分数

45. 当原始分数不是常态分布时，也可以使之常态化，这一转换过程是（　　）。
    (A) 线性的　　　　　　　　　(B) 非线性的
    (C) 直接的　　　　　　　　　(D) 间接的

46. （　　）过程主要是将原始分数转化为百分等级，再将百分等级转化为常态分布上相应的离均值，并可以表示为任何平均数和标准差。
    (A) 常态化　　　　　　　　　(B) 线性化
    (C) 百分制　　　　　　　　　(D) 分布均匀

47. 若儿童的心理年龄高于其生理年龄，则智力较一般儿童高，若心理年龄低于其生理年龄，则智力较一般儿童低。但在实践中发现，单纯用心理年龄来表示智力高低的方法缺乏不同（　　）儿童间的可比性。
    (A) 性别　　　　　　　　　　(B) 来源
    (C) 出身　　　　　　　　　　(D) 年龄

48. 比率智商（IQ）被定义为（　　）与实足年龄之比。
    (A) 生理年龄　　　　　　　　(B) 真实年龄
    (C) 心理年龄　　　　　　　　(D) 智力商数

49. 由于个体智力增长是一个由快到慢再到停止的过程，即心理年龄与实足年龄（　　）增长，所以比率智商并不适合于年龄较大的受测者。
    (A) 不同步　　　　　　　　　(B) 同步
    (C) 成比例　　　　　　　　　(D) 成反比例

50. 韦克斯勒将离差智商的平均数定为（　　），标准差定为（　　）。
    (A) 100、16　　　　　　　　(B) 100、15
    (C) 100、14　　　　　　　　(D) 100、13

51. （　　）表示的是个体智力在同年龄组中所处的位置。

(A) 离差智商 (B) 比率智商
(C) 百分等级 (D) 标准九分数

52. IQ = 100 + 15（X - $\bar{X}$）/SD 是(　　)的计算公式。
(A) 比率智商 (B) 标准分数
(C) 标准差 (D) 离差智商

53. 从不同测验获得的离差智商只有当(　　)相同或接近时，才可以比较。
(A) 标准差 (B) 平均数
(C) 标准分数 (D) 原始分数

54. 最简单而且最基本的表示常模的方法就是(　　)，也叫常模表。
(A) 转换表 (B) 分布表
(C) 对照表 (D) 都不是

55. 测验的使用者利用(　　)可将原始分数转换为与其对应的导出分数，从而对测验的分数作出有意义的解释。
(A) 转换表 (B) 分布表
(C) 对照表 (D) 都不是

56. (　　)是将测验分数的转换关系用图形表示出来，从而可以很直观地看出受测者在各个分测验上的表现及其相对的位置。
(A) 条形图 (B) 直方图
(C) 剖面图 (D) 都不是

57. (　　)是指在不同的时间内用同一测验（或用另一套相等的测验）重复测量同一受测者，所得结果的一致程度。
(A) 信度 (B) 效度
(C) 难度 (D) 区分度

58. 信度只受(　　)的影响。
(A) 系统误差 (B) 随机误差
(C) 恒定效应 (D) 概化理论

59. 随机误差越大，信度(　　)。
(A) 越高 (B) 不变
(C) 越低 (D) 不确定

60. 信度是以信度系数为指标的，信度系数是一种(　　)。
(A) 无关系数 (B) 相关系数
(C) 决定系数 (D) 参照系数

61. 不同的信度反映(　　)的不同来源。
(A) 分数 (B) 相关系数
(C) 测验误差 (D) 系统误差

62. 用重测法估计信度，最适宜的时距随测验的目的、性质和受测者的特点而异，一般是(　　)周较宜，间隔时间最好不超过(　　)个月。
(A) 1~2、4 (B) 2~4、6

147

(C) 4~6、8 　　　　　　　　　　(D) 6~8、10

63. 复本信度又称等值性系数。它是以两个等值但题目不同的测验（复本）来测量同一群体，然后求得受测者在两个测验上得分的相关系数。复本信度反映的是测验在(　　)上的等值性。
(A) 时间 　　　　　　　　　　(B) 题目
(C) 评分 　　　　　　　　　　(D) 内容

64. 分半信度通常是在测验实施后将测验题目按奇数、偶数分为等值的两半，并分别计算每位受测者在两半测验上的得分，求出这两半分数的相关系数。这个相关系数就代表了(　　)内容取样的一致程度。
(A) 原测验与新测验之间 　　　　(B) 所有条目之间
(C) 题目与分测验之间 　　　　　(D) 两半测验

65. 同质性信度主要代表测验内部的(　　)间的一致性。
(A) 两半测验 　　　　　　　　　(B) 所有题目
(C) 题目与分测验 　　　　　　　(D) 分测验

66. 一般要求在成对的受过训练的评分者之间，平均一致性达到(　　)以上，才认为评分是客观的。
(A) 0.70 　　　　　　　　　　　(B) 0.80
(C) 0.90 　　　　　　　　　　　(D) 1.00

67. 确定可以接受的信度水平的一般原则是，当(　　)时，测验因不可靠而不能使用。
(A) $r_{xx} < 0.70$ 　　　　　　　　(B) $0.70 \leq r_{xx} < 0.85$
(C) $r_{xx} \geq 0.85$ 　　　　　　　　(D) $r_{xx} = 1.00$

68. "大约有95%的可能性真分数落在所得分数±1.96SE的范围内，或有5%的可能性落在范围之外"的描述，其置信区间为(　　)。
(A) $X - 1.96SE < X_T \leq X + 1.96SE$ 　(B) $X - 1.96SE \geq X_T$
(C) $X + 1.96SE \leq X_T$ 　　　　　(D) $X - 1.96SE \leqq X_T \leqq X + 1.96SE$

69. 某受测者在韦氏成人智力测验中的言语智商为102，操作智商为110。已知两个分数都是以100为平均数，15为标准差的标准分数。假设言语测验和操作测验的分半信度分别为0.87和0.88。该受测者的操作智商(　　)于言语智商。
(A) 显著高 　　　　　　　　　　(B) 不显著高
(C) 等 　　　　　　　　　　　　(D) 低

70. 一般而言，若获得信度的取样团体较为异质的话，往往会(　　)测验的信度。
(A) 高估 　　　　　　　　　　　(B) 低估
(C) 忽略 　　　　　　　　　　　(D) 不清楚

71. 对于不同平均能力水平的团体，题目的(　　)会影响信度系数。
(A) 难度 　　　　　　　　　　　(B) 形式
(C) 信度 　　　　　　　　　　　(D) 效度

72. 难度对信度的影响，存在于( )之中。
   (A) 人格测验 (B) 兴趣测验
   (C) 智力测验 (D) 态度量表

73. 以再测法或复本法求信度，两次测验的相隔时间越短，其信度系数越( )。
   (A) 大 (B) 低
   (C) 小 (D) 不变

74. 对于速度测验，( )不能按传统的方法估计。
   (A) 重测信度 (B) 复本信度
   (C) 分半信度 (D) 重测复本信度

75. 由于信度与测验长度有关，当一个测验有几个分测验时，分测验的分数与合成分数相比，( )。
   (A) 更加可靠 (B) 不如合成分数可靠
   (C) 一样可靠 (D) 不确定

76. 在心理测验中，效度是指所测量的与所要测量的心理特点之间符合的程度，或者简单地说是指一个心理测验的( )。
   (A) 稳定性 (B) 准确性
   (C) 可信度 (D) 区分性

77. 测量的效度除受随机误差影响外，还受( )的影响。
   (A) 随机效应 (B) 概化理论
   (C) 系统误差 (D) 相关系数

78. 可信的测验未必有效，有效的测验( )。
   (A) 未必可信 (B) 必定可信
   (C) 必定不可信 (D) 不确定

79. ( )指的是测验题目对有关内容或行为取样的适用性，从而确定测验是否是所欲测量的行为领域的代表性取样。
   (A) 内容效度 (B) 构想效度
   (C) 效标效度 (D) 区分效度

80. 专家判断法就是请有关专家对测验题目与原定内容的符合性做出判断，看测验题目是否代表规定的内容。如果专家认为测验题目恰当地代表了所测内容，则测验具有内容效度。因此，内容效度有时又称( )。
   (A) 构想效度 (B) 效标效度
   (C) 区分效度 (D) 逻辑效度

81. 在编制测验时，效度是重要的要考虑的特性。如果是编制最高行为测验，除了内容效度，也要求有( )。
   (A) 较高的表面效度 (B) 较好的专家判断
   (C) 较好的外行判断 (D) 主观性

82. 计算两种测验之间得分的相关，其中一种测验是待研究效度的，另一种是已有效度证据的成熟的测验，但两者测量的是同一种心理特质。假如相关高，说明新测验所测量的特质确实是老测验所反映的特质。这种方法叫（　　）。
(A) 区分效度　　　　　　　　(B) 逻辑效度
(C) 相容效度　　　　　　　　(D) 构想效度

83. （　　）是检验测验分数能否有效地区分由效标所定义的团体的一种方法。
(A) 相关法　　　　　　　　　(B) 区分法
(C) 命中率法　　　　　　　　(D) 失误法

84. 效度系数的实际意义常常以决定系数来表示，如测验的效度是0.80，则测验正确解释的效标的方差占总方差的比例是（　　）。
(A) 36%　　　　　　　　　　(B) 46%
(C) 56%　　　　　　　　　　(D) 64%

85. 在估计的标准误计算公式中，r^2xy代表效度系数的平方，即（　　）。
(A) 相关系数　　　　　　　　(B) 信度系数
(C) 决定系数　　　　　　　　(D) 标准误系数

86. $\hat{Y} = a + b_{yx}X$式中，$\hat{Y}$是（　　）。
(A) 预测的效标分数　　　　　(B) 纵轴的截距
(C) 斜率　　　　　　　　　　(D) 测验分数

87. 预测效率指数E值的大小表明使用测验比盲目猜测能减少多少误差。如一个测验的效度系数为0.80，E=40，这表明由于该测验的使用，使得我们在估计受测者的效标分数时，减少了（　　）的误差。
(A) 60%　　　　　　　　　　(B) 50%
(C) 40%　　　　　　　　　　(D) 30%

88. 如果其他条件相同，样本团体越同质，分数分布范围越小，测验效度就越（　　）。
(A) 高　　　　　　　　　　　(B) 低
(C) 大　　　　　　　　　　　(D) 接近1

89. 样本团体的性质包括年龄、性别、教育水平、智力、动机、兴趣、职业和任何有关的特征。由于这些特征的影响，使得测验对于不同的团体具有不同的预测能力，故测量学上称这些特征为（　　）。
(A) 测验变量　　　　　　　　(B) 主观影响变量
(C) 客观影响变量　　　　　　(D) 干涉变量

90. 效标测量本身的可靠性如何是值得考虑的一个问题。效标测量的可靠性即效标测量的（　　）。
(A) 区分度　　　　　　　　　(B) 常模
(C) 信度　　　　　　　　　　(D) 效度

91. 难度是指项目的难易程度，用P代表。P值越（　　），难度越低。
(A) 大　　　　　　　　　　　(B) 小
(C) 低　　　　　　　　　　　(D) 接近0

92. 在能力测验中，通常需要一个反映难度水平的指标，在非能力测验（如人格测验）中，类似的指标称（　　）。
   (A) 流畅性　　　　　　　　　(B) 灵活性
   (C) 通俗性　　　　　　　　　(D) 相似性

93. 在200个学生中，答对某项目的人数为120人，则该项目的难度为（　　）。
    (A) 0.1　　　　　　　　　　(B) 0.2
    (C) 0.4　　　　　　　　　　(D) 0.6

94. 在370名受测者中，选为高分组和低分组的受测者各有100人，其中高分组有70人答对第1题，低分组有40人答对第1题，则第1题的难度为（　　）。
    (A) 0.35　　　　　　　　　　(B) 0.45
    (C) 0.55　　　　　　　　　　(D) 0.65

95. 数学测验的第7题满分为15分，该题考生的平均得分为9.6分，则该题的难度为（　　）。
    (A) 0.64　　　　　　　　　　(B) 0.55
    (C) 0.43　　　　　　　　　　(D) 0.21

96. 对于选择题来说，难度P值一般应该（　　）概率水平。
    (A) 小于　　　　　　　　　　(B) 等于
    (C) 大于　　　　　　　　　　(D) 不确定

97. 如果受测者样本具有代表性，对于中等难度的测验，其测验总分应该接近（　　）分布。
    (A) 正偏态　　　　　　　　　(B) 负偏态
    (C) 峰态　　　　　　　　　　(D) 常态

98. 项目（　　）也叫鉴别力，是指测验项目对受测者的心理特性的区分能力。
    (A) 难度　　　　　　　　　　(B) 区分度
    (C) 信度　　　　　　　　　　(D) 效度

99. 鉴别指数的计算步骤为（　　）：（1）确定高分组与低分组，每一组取答卷总数的27%；（2）按测验总分的高低排列答卷；（3）分别计算高分组与低分组在该项目上的通过率或得分率；（4）计算D值。
    (A) (1)(2)(3)(4)　　　　　　(B) (1)(3)(2)(4)
    (C) (1)(4)(3)(2)　　　　　　(D) (2)(1)(3)(4)

100. 1965年，美国测验专家伊贝尔（L. Ebel）根据长期的经验提出，用鉴别指数评价项目性能的标准，鉴别指数D为（　　）时，说明该项目差，必须淘汰。
     (A) 0.19以下　　　　　　　　(B) 0.20～0.29
     (C) 0.30～0.39　　　　　　　(D) 0.40以上

101. 区分度的取值范围介于（　　）之间。
     (A) −2至+2　　　　　　　　 (B) −1至+1
     (C) −1至0　　　　　　　　　(D) 0至+1

102. 假如项目得分与实际能力水平呈正相关，则区分度为正值，相关系数越大，区分度（　　）。

(A) 越低 (B) 越高
(C) 中等 (D) 不确定

103. 难度与区分度的关系，一般来说，较难的项目对高水平的受测者区分度（　　），中等难度的项目对中等水平的受测者区分度高。
(A) 中等 (B) 一般
(C) 高 (D) 低

104. 项目难度的分布一般以（　　）分布为好，这样不仅能保证多数项目具有较高的区分度，而且可以保证整个测验对受测者具有较高的区分能力。
(A) 偏态 (B) 负偏态
(C) 峰态 (D) 常态

105. 为保证测验中多数项目具有较高的区分度，进而保证整个测验对受测者具有较高的区别能力，各题难度应该在（　　）之间。
(A) 0.50±0.10 (B) 0.50±0.20
(C) 0.50±0.30 (D) 0.50±0.40

106. 一般来说，测验的用途可分为两类，即（　　）。
(A) 显示和预测 (B) 描述和诊断
(C) 选拔和预测 (D) 样本和标记

107. （　　）是指编制的测验是测什么的，即用来测量什么样的心理变量或行为特征。
(A) 心理测验的对象 (B) 心理测验的用途
(C) 心理测验的动机 (D) 心理测验的目标

108. 关于心理测验题目的来源，下列说法中不正确的是（　　）。
(A) 直接翻译国外测验的题目 (B) 已出版的标准测验
(C) 理论和专家的经验 (D) 临床观察和记录

109. 关于编制简答题的原则，下列说法中不正确的是（　　）。
(A) 将其操作化 (B) 宜用问句形式
(C) 填充形式的空格不宜太多 (D) 每题应只有一个正确答案

110. 关于测验编排的一般原则，下列说法中不正确的是（　　）。
(A) 难度逐步上升，先易后难 (B) 将同类型的测题组合在一起
(C) 答案混合排列 (D) 注意各种类型测题本身的特点

111. 在心理测验实施中，主测者和受测者之间建立了一种友好的、合作的、能促使受测者最大限度地做好测验的关系，叫（　　）关系。
(A) 协调 (B) 朋友
(C) 帮助者与被帮助者 (D) 教育者与被教育者

112. 一般来说，大多数（　　）是不受时间限制的。
(A) 最高作为测验 (B) 速度测验
(C) 典型行为测验 (D) 智力测验

113. 关于对测验环境条件的要求，下列说法中不正确的是（　　）。

(A) 完全遵从测验手册对环境的要求
(B) 安排测验材料
(C) 记录下任何意外的测验环境因素
(D) 在解释测验结果时，必须考虑环境因素

114. 受应试动机影响较小的测验是( )。
 (A) 成就测验 (B) 智力测验
 (C) 能力倾向测验 (D) 投射测验

115. ( )会提高智力测验、成就测验和能力倾向测验的成绩。
 (A) 过高的焦虑 (B) 适度的焦虑
 (C) 一点焦虑也没有 (D) 过度抑郁

116. ( )是指独立于测验内容的反应倾向，即由于每个人回答问题的习惯不同，而使能力相同的受测者得到不同的测验分数。
 (A) 应试动机 (B) 焦虑倾向
 (C) 反应定势 (D) 应试技巧

117. 在编制是非题时，"是""否"题大致相等或答"否"题略多，是控制( )的有效方法。
 (A) 求"快"与求"精确" (B) 肯定定势
 (C) 喜好较长选项 (D) 喜好特殊位置

118. 在测验编制的过程中，正确答案的位置在整个测验中出现在各位置的概率( )时，就可以控制喜好特殊位置定势的影响。
 (A) 相等 (B) 较多
 (C) 较少 (D) 大

119. 测验中，有些受测者认为选项长、内容多的，一般是正确答案，在无法确定何者正确时，有偏好长选项的反应定势。在编制测验时，只要我们尽量使选项的长度( )，就不难避免这类问题。
 (A) 长一些 (B) 内容多一些
 (C) 不定 (D) 一致

120. 关于如何使评分尽可能地客观，下列说法中不正确的是( )。
 (A) 及时而清楚地记录反应的情况
 (B) 评分者自由地把握评分的尺度
 (C) 要有记分键
 (D) 对照记分键，对反应进行分类

121. 测验分数一般应是一个范围，而不是一个确定的点。如在韦氏智力测验中，通常是用测得的 IQ 值加减( )（85%～90%的可信限水平）的方法，来判断 IQ 值的波动范围。
 (A) 16 (B) 15
 (C) 5 (D) 2

122. 不能把分数( )，更不能仅仅根据一次测验的结果轻易下结论。我们说，

一个人在任何一个测验上的分数，都是他的遗传特征、测验前的学习与经验以及测验情境的函数。
(A) 绝对化　　　　　　　　　　(B) 神化
(C) 固定化　　　　　　　　　　(D) 变成一个点

123. 为了使不同的测验分数可以相互比较，在经典测验理论的指导下，测验等值的计算方法主要有两大类：一类叫等百分位等值法；另一类叫线性等值法。线性等值法计算就是用相同的(　　)作等值的基础。
(A) 方差　　　　　　　　　　　(B) 百分点
(C) 百分等级　　　　　　　　　(D) 标准分数

二、多项选择题

124. 测量的元素包括(　　)。
(A) 事物　　　　　　　　　　　(B) 数字
(C) 法则　　　　　　　　　　　(D) 描述

125. 测量所用的数字具有(　　)。
(A) 区分性　　　　　　　　　　(B) 序列性
(C) 等距性　　　　　　　　　　(D) 可加性

126. 任何测量都应该具备的要素是(　　)。
(A) 量表　　　　　　　　　　　(B) 参照点
(C) 等级　　　　　　　　　　　(D) 单位

127. 参照点有两种，即(　　)。
(A) 绝对零点　　　　　　　　　(B) 相对零点
(C) 绝对定点　　　　　　　　　(D) 相对定点

128. 测量所用的单位，好的单位应具备有(　　)条件。
(A) 确定的大小　　　　　　　　(B) 相同的意义
(C) 确定的意义　　　　　　　　(D) 相同的价值

129. 斯蒂文斯将测量从低级到高级分成(　　)。
(A) 命名量表　　　　　　　　　(B) 顺序量表
(C) 等距量表　　　　　　　　　(D) 等比量表

130. 等距量表中的数值可以进行(　　)运算。
(A) 加　　　　　　　　　　　　(B) 减
(C) 乘　　　　　　　　　　　　(D) 除

131. 心理测量具有独特的性质，即具有(　　)。
(A) 外显性　　　　　　　　　　(B) 间接性
(C) 相对性　　　　　　　　　　(D) 客观性

132. 按测验的功能进行分类，可将测验分为(　　)。
(A) 智力测验　　　　　　　　　(B) 特殊能力测验

(C) 人格测验　　　　　　　　　　(D) 投射测验
133. 按测验材料的性质分类,可将测验分为(　　)。
 (A) 文字测验　　　　　　　　　　(B) 智力测验
 (C) 主题统觉测验　　　　　　　　(D) 操作测验
134. 按测验材料的严谨程度分类,可将测验分为(　　)。
 (A) 文字测验　　　　　　　　　　(B) 客观测验
 (C) 投射测验　　　　　　　　　　(D) 非文字测验
135. 按测验的方式分类,可将测验分为(　　)。
 (A) 操作测验　　　　　　　　　　(B) 文字测验
 (C) 个别测验　　　　　　　　　　(D) 团体测验
136. 按测验的要求分类,可将测验分为(　　)。
 (A) 最高行为测验　　　　　　　　(B) 典型行为测验
 (C) 主观测验　　　　　　　　　　(D) 客观测验
137. 正确的测验观包括(　　)。
 (A) 心理测验是重要的心理学研究方法之一,是决策的辅助工具
 (B) 做心理测验时,态度要正确
 (C) 心理测验作为研究方法和测量工具尚不完善
 (D) "一考定终身"说明心理测验最重要
138. 我国目前心理门诊中运用较多的心理测验有(　　)。
 (A) 态度量表　　　　　　　　　　(B) 智力测验
 (C) 人格测验　　　　　　　　　　(D) 心理评定量表
139. 英国生物学家和心理学家高尔登(F. Galton)的主要贡献有(　　)。
 (A) 提出人的不同气质特点和智能是按身体特点的不同而遗传的
 (B) 为了研究差异的遗传性,设计了测量差异的方法
 (C) 为心理测验奠定了统计学基础,第一个提出了相关的概念
 (D) 创立了积差相关法
140. 美国心理学家卡特尔(J. M. Cattell)对促进心理测验发展做出的巨大贡献是(　　)。
 (A) 使心理测验首次出现于心理学文献中
 (B) 认为心理学应立足于实验和测验
 (C) 为智力测量制定了常模
 (D) 认为心理测验应有普遍的标准
141. 20世纪以后,心理测验在(　　)等方面取得了长足的发展。
 (A) 操作测验　　　　　　　　　　(B) 团体智力测验
 (C) 能力倾向测验　　　　　　　　(D) 人格测验
142. 常模团体的选择一般包括(　　)。
 (A) 确定测验目标　　　　　　　　(B) 确定一般总体
 (C) 确定目标总体　　　　　　　　(D) 确定样本

143. 常模团体的条件包括( )。
    (A) 群体构成的明确界定　　　　(B) 对群体具有代表性
    (C) 样本量大小要适当　　　　　(D) 具有新近性

144. 实际工作中,样本量大小适当须从( )等方面考虑。
    (A) 经济　　　　　　　　　　　(B) 实用
    (C) 尽量大　　　　　　　　　　(D) 减少误差

145. 抽样的方法一般有( )。
    (A) 简单随机抽样　　　　　　　(B) 系统抽样
    (C) 分组抽样　　　　　　　　　(D) 分层抽样

146. 按照样本大小和来源,常模可以分为( )。
    (A) 全国常模　　　　　　　　　(B) 区域常模
    (C) 特殊常模　　　　　　　　　(D) 标准分常模

147. 导出分数的特性包括( )。
    (A) 与原始分数等值　　　　　　(B) 具有意义
    (C) 等单位　　　　　　　　　　(D) 具有参照点

148. 发展顺序量表可以告诉人们,某儿童的发育与其年龄相比( )。
    (A) 超前　　　　　　　　　　　(B) 滞后
    (C) 正常　　　　　　　　　　　(D) 以上都不是

149. 葛塞尔发展程序表按月份显示儿童在( )等方面的大致发展水平。
    (A) 运动水平　　　　　　　　　(B) 适应性
    (C) 语言　　　　　　　　　　　(D) 社会性

150. 一个儿童在年龄量表上所得的分数,就是最能代表他的智力水平的年龄。这种分数叫做( )。
    (A) 智力商数　　　　　　　　　(B) 智商
    (C) 智力年龄　　　　　　　　　(D) 智龄

151. 百分位常模包括( )。
    (A) 百分等级　　　　　　　　　(B) 百分点
    (C) 四分位数　　　　　　　　　(D) 十分位数

152. 在分数量表上,相对于某一百分等级的分数点就叫( )。
    (A) 百分等级　　　　　　　　　(B) 四分位数
    (C) 百分点　　　　　　　　　　(D) 百分位数

153. 标准分常模是将原始分数与平均数的距离以标准差为单位表示出来的量表。因为它的基本单位是标准差,所以叫标准分数。常见的标准分数有( )。
    (A) 标准十分数　　　　　　　　(B) T 分数
    (C) 标准九分数　　　　　　　　(D) 离差智商

154. 标准分数可以通过( )得到。
    (A) 线性转换　　　　　　　　　(B) 非线性转换
    (C) 调整　　　　　　　　　　　(D) 变化

155. 离差智商的优点是(　　)。
    (A) 建立在统计学的基础之上
    (B) 表示的是个体智力在年龄组中所处的位置
    (C) 表示的是智力高低的一种理想的指标
    (D) 以上描述都不对

156. (　　)相当于84的百分等级。
    (A) 1.00的z分数　　　　　　　　(B) 60的T分数
    (C) 115的韦氏离差智商分数　　　(D) 70的T分数

157. 常模的构成要素为(　　)。
    (A) 团体分数　　　　　　　　　　(B) 原始分数
    (C) 导出分数　　　　　　　　　　(D) 对常模团体的有关具体描述

158. 测量的标准误与信度之间的关系是(　　)。
    (A) 信度越低，标准误越小　　　　(B) 信度越低，标准误越大
    (C) 信度越高，标准误越大　　　　(D) 信度越高，标准误越小

159. 估计信度的方法一般有(　　)。
    (A) 重测信度　　　　　　　　　　(B) 复本信度
    (C) 内部一致性信度　　　　　　　(D) 评分者信度

160. 使用同一测验，在同样条件下对同一组受测者前后施测两次测验，求两次得分间的相关系数，叫(　　)。
    (A) 复本信度　　　　　　　　　　(B) 重测信度
    (C) 稳定性系数　　　　　　　　　(D) 分半信度

161. 如果复本信度考虑到两个复本实施的时间间隔，并且两个复本的施测相隔一段时间，则称(　　)。
    (A) 重测复本信度　　　　　　　　(B) 重测信度
    (C) 复本信度　　　　　　　　　　(D) 稳定与等值系数

162. 复本信度的缺点包括(　　)。
    (A) 如果测量的行为易受练习的影响，则复本信度只能减少而不能完全消除这种影响
    (B) 由于第二个测验只改变了题目的内容，已经掌握的解题原则可以很容易地迁移到同类问题
    (C) 能够避免记忆效果、学习效应等
    (D) 对于许多测验来说，建立复本是十分困难的

163. 下列描述中正确的是(　　)。
    (A) 随机抽取若干份测验卷，由两位评分者按评分标准分别给分，然后再根据每份测验卷的两个分数计算相关，即得评分者信度
    (B) 所有的题目看起来好像测量同一特质，但相关很低或为负相关时，则测验为异质的
    (C) 人的多数心理特征，如智力、性格、兴趣等，具有相对的稳定性，间隔

一段时间，不会有很大的变化
(D) 系统误差产生恒定效应，不影响信度

164. r_{xx}为信度系数。（　　）属于极端情况。
(A) $r_{xx} = 0.90$ (B) $r_{xx} = 0.80$
(C) $r_{xx} = 0$ (D) $r_{xx} = 1.00$

165. 信度系数在解释个人分数的意义时的作用是（　　）。
(A) 通过应用测量标准误去体现
(B) 估计真实分数的范围
(C) 了解实得分数再测时可能的变化情形
(D) 了解具体的误差分数的大小

166. 一般来说，在一个测验中增加同质的题目，可以使信度提高。下列描述中正确的是（　　）。
(A) 测验越长，测验的测题取样或内容取样就越有代表性
(B) 测验越长，受测者受猜测因素的影响就越小
(C) 测验越长，越遵循报酬递增率的原则
(D) 测验太长，有时反而会引起受测者的疲劳和反感，从而降低可靠性

167. 效度具有相对性，因此，在评鉴测验的效度时，必须考虑测验的（　　）与（　　）。
(A) 信度 (B) 目的
(C) 功能 (D) 长度

168. 信度与效度的关系可表述为（　　）。
(A) 信度是效度的必要而充分条件
(B) 信度是效度的充分条件
(C) 信度是效度的必要而非充分条件
(D) 效度是受信度制约的

169. 美国心理学会在1974年所发行的《教育与心理测量之标准》一书中，将效度分为几个大类，即（　　）。
(A) 内容效度 (B) 构想效度
(C) 效标效度 (D) 区分效度

170. 内容效度的评估方法有（　　）。
(A) 专家判断法 (B) 双向细目表法
(C) 统计分析法 (D) 经验推测法

171. 为了使内容效度的确定过程更为客观，弥补不同专家对同一测验的判断可能不一致，可采用的步骤是（　　）。
(A) 定义好测验内容的总体范围
(B) 编制双向细目表
(C) 制定评定量表来测量测验的整个效度
(D) 进行统计分析

172. 除了描述性语言外，内容效度的确定也可采用一些统计分析方法，如（　　）。
　　（A）计算两个评分者的一致性　　（B）复本相关
　　（C）专家推测　　（D）再测法

173. 构想效度是（　　）。
　　（A）构思效度
　　（B）主要涉及的是心理学的理论概念问题
　　（C）指测验能够测量到理论上的构想或特质的程度
　　（D）测验的结果是否能证实或解释某一理论的假设、术语或构想，解释的程度如何

174. 构想效度的估计方法包括（　　）。
　　（A）对测验本身的分析　　（B）测验间的相互比较
　　（C）效标效度的研究证明　　（D）实验法和观察法证实

175. 可以作为构想效度的测验内部证据有（　　）。
　　（A）测验的内容效度　　（B）测验的内部一致性指标
　　（C）分析几个测验间的相互关系　　（D）分析受测者对题目的反应特点

176. 可以作为构想效度的测验间比较的有（　　）。
　　（A）内容效度　　（B）相容效度
　　（C）区分效度　　（D）因素分析法

177. 效标效度反映的是测验预测个体在某种情境下行为表现的有效性程度。它可分为（　　）。
　　（A）相容效度　　（B）区分效度
　　（C）同时效度　　（D）预测效度

178. 在检验一个测验的效标效度时，难点在于找到合适的效标。因此效标的选择至关重要，一个好的效标必须具备（　　）的条件。
　　（A）效标必须能最有效地反映测验的目标，即效标测量本身必须有效
　　（B）效标必须具有较高的信度，稳定可靠，不随时间等因素而变化
　　（C）效标可以客观地加以测量，可用数据或等级来表示
　　（D）效标测量的方法简单，省时省力，经济实用

179. 效标效度的主要评估方法有（　　）。
　　（A）命中率法　　（B）区分法
　　（C）失误法　　（D）相关法

180. 相关法是求测验分数与效标资料间的相关，这一相关系数称为效度系数。根据变量的不同，可选用的计算方法有（　　）。
　　（A）积差相关法　　（B）点二列相关公式
　　（C）二列相关公式　　（D）贾斯朋（Juspen）多系列相关公式

181. 命中率法是当测验用来做取舍的依据时，用其正确决定的比例作为效度指标的一种方法。命中的情况是指（　　）。

(A) 预测成功而且实际也成功　　　　(B) 预测成功但实际上失败
(C) 预测失败而事实上成功　　　　(D) 预测失败而且实际上也失败

182. 要保证测验具有较高的效度，测验本身的因素要做到(　　)。
(A) 测验材料必须对整个内容具有代表性
(B) 测题设计时应尽量避免容易引起误差的题型
(C) 测题难度要适中，具有较高的区分度
(D) 测验长度要恰当，测题的排列应先易后难

183. 测验实施中的干扰因素包括(　　)。
(A) 主测者的影响因素　　　　(B) 测验情境
(C) 其他干扰因素　　　　(D) 受测者的影响因素

184. 美国心理学家吉赛利（E. E. Ghiselli）提出了如何找出干涉变量的一套方法，它们是(　　)。
(A) 用回归方程求得每个人的预测效标分数，将该分数与实际效标分数相比较，获得差异分数 D。如果 D 的绝对值很大，说明测验中可能存在干涉变量
(B) 根据样本团体的组成分析，找出对照组，分别计算效度，从而找出干涉变量
(C) 对于欲测团体，根据某些易见的干涉变量将其区分为预测性高和预测性低的两个亚团体。对于预测性高的团体，获得的测验效度会有所提高
(D) 兴趣就是干涉变量，去掉对兴趣的研究

185. 一般来说，测验的项目分析包括(　　)分析。
(A) 大小　　　　(B) 范围
(C) 定性　　　　(D) 定量

186. 项目的定性分析包括考虑内容效度、题目编写的(　　)等。
(A) 难度　　　　(B) 形式
(C) 恰当性　　　　(D) 有效性

187. 下列公式中，(　　)是计算项目难度的公式。
(A) $P = \frac{R}{N} \times 100\%$　　　　(B) $P = \frac{P_H + P_L}{2}$
(C) $C_p = \frac{KP-1}{K-1}$　　　　(D) $P = \frac{\overline{X}}{X_{max}} \times 100\%$

188. 计算区分度最常用的方法是相关法。常用的相关法有(　　)。
(A) 点二列相关　　　　(B) 二列相关
(C) φ 相关　　　　(D) 等比相关

189. 在编制测验前，首先要明确测量的对象，也就是该测验编成后要用于哪些团体。只有对受测者的(　　)等心中有数，编制测验时，才能有的放矢。
(A) 年龄　　　　(B) 受教育程度
(C) 社会经济水平　　　　(D) 阅读水平

190. 测验用途不同，编制测验时的取材范围以及试题难度等也不尽相同。测验用途一般包括（　　）。
    (A) 描述　　　　　　　　　　　(B) 诊断
    (C) 选拔　　　　　　　　　　　(D) 预测

191. 显示性测验是指测验题目和所要测量的心理特征相似的测验。古德纳夫曾经将其分为（　　）。
    (A) GRE 的词汇测验　　　　　　(B) 样本测验
    (C) 标记测验　　　　　　　　　(D) 预测性测验

192. 心理测验的目标分析因测验不同而异，一般可分为（　　）。
    (A) 工作分析　　　　　　　　　(B) 对特定的概念下定义
    (C) 确定测验的具体内容　　　　(D) 列双向细目表

193. 对于选拔和预测功用的预测性测验，它的主要任务就是要对所预测的行为活动作具体分析，我们称之为任务分析或工作分析。这种分析的具体步骤包括（　　）。
    (A) 确定哪些心理特征和行为可以使要预测的活动达到成功
    (B) 编制相应的心理特征和行为的有关条目
    (C) 进行预测验和正式测验，以建立心理测验手册
    (D) 建立衡量受测者是否成功的标准

194. 心理测验命题的一般原则可以从（　　）等方面来考虑。
    (A) 内容　　　　　　　　　　　(B) 文字
    (C) 理解　　　　　　　　　　　(D) 社会敏感性

195. 心理测验命题在内容方面的主要要求是（　　）。
    (A) 内容符合测验的目的　　　　(B) 避免贪多而乱出题
    (C) 内容取样要有代表性　　　　(D) 题目间内容相互独立

196. 心理测验命题在文字方面的主要要求是（　　）。
    (A) 使用准确的当代语言　　　　(B) 语句简明扼要
    (C) 排除与答案无关的因素　　　(D) 最好是一句话说明一个概念

197. 心理测验命题在理解方面的主要要求是（　　）。
    (A) 题目应有确切的答案
    (B) 题目的内容不要超出受测团体的知识水平和理解能力
    (C) 题目不可令人费解
    (D) 题目不能有歧义

198. 有些测验必须涉及一些社会敏感性问题，菲力普提出的可供参考的策略包括（　　）。
    (A) 命题时假定受测者具有某种行为
    (B) 命题时假定规范不一致
    (C) 涉及社会禁忌或个人隐私的题目不使用
    (D) 指出该行为是常见的，虽然是违规的

199. 选择题要编好题干，也要编好选项，必须注意（　　）。
　　（A）题干问题明确，避免与选项用词一致
　　（B）选项简明扼要，长度相等
　　（C）每题只给一个正确答案
　　（D）选项最好用同一形式

200. 编制是非题时，应注意（　　）。
　　（A）内容以有意义的概念、事实或基本原则为基础
　　（B）每道题只能包含一个概念
　　（C）尽量避免否定的叙述，尤其是双重否定
　　（D）"是""非"题的数目应基本相等，随机排列

201. 编制操作测验的原则有（　　）。
　　（A）明确所要测量的目标，并将其操作化
　　（B）尽量选择逼真度较高的项目
　　（C）指导语要简明扼要
　　（D）制定评分标准，确定记分方法

202. 在选择题目的形式时，需要考虑（　　）。
　　（A）测验的目的　　　　　　（B）材料的性质
　　（C）接受测验的团体的特点　（D）各种实际因素

203. 审定试题要注意题目的（　　）。
　　（A）范围应与测验计划的双向细目表相一致
　　（B）数量要比最后所需的数目多一倍至几倍
　　（C）难度必须符合测验目的
　　（D）说明必须清楚、明白

204. 测题常见的排列方式有（　　）。
　　（A）并列直进式　　　　　　（B）并列螺旋式
　　（C）混合螺旋式　　　　　　（D）混合直进式

205. 预测应注意（　　）。
　　（A）对象应取自将来正式测验准备应用的群体
　　（B）实施过程与情境应力求与将来正式测验时的情况相近似
　　（C）时限可稍宽一些，最好使每个受测者都能将题目做完
　　（D）预测过程中，随时记录受测者的反应情形

206. 测验指导手册的内容有（　　）。
　　（A）测验的目的和功用
　　（B）编制的理论背景，选材的原则、方法
　　（C）实施测验的说明、测验的记分标准
　　（D）测验的基本特征、常模资料

207. 主测者的知识结构是指开展心理测验工作所必须具备的（　　）。
　　（A）心理学基础知识　　　　（B）心理测量专业知识

(C) 本行业的从业经验 (D) 职业道德

208. 主测者的心理测验专业理论知识包括(　　)。
(A) 对心理测验的特点、性质和作用的认识
(B) 对心理测验局限性的认识
(C) 了解测验的基本特征
(D) 熟悉保证心理测验标准化的必要性

209. 主测者必须具有实际操作心理测验的专业技能和经验，接受过严格、系统的心理测验专业训练，熟悉有关测验的(　　)等。
(A) 内容 (B) 适用范围
(C) 测验程序 (D) 记分方法

210. 测验主测者的职业道德包括(　　)。
(A) 测验的保密 (B) 测验的控制使用
(C) 测验中个人隐私的保护 (D) 对测验特别熟悉

211. 选择测验必须注意，所选测验必须(　　)。
(A) 适合主测者的要求 (B) 适合测量的目的
(C) 符合心理测量学的要求 (D) 适合主测者的职业道德要求

212. 测验前的准备工作主要包括(　　)。
(A) 预告测验 (B) 准备测验的材料
(C) 熟悉测验指导语 (D) 熟悉测验的具体程序

213. 测验中，主测者的职责包括(　　)。
(A) 应按照指导语的要求实施测验
(B) 测验前不讲太多无关的话
(C) 不应对受测者的反应做出任何暗示性反应
(D) 对特殊问题要有心理准备

214. 测验指导语一般由(　　)组成。
(A) 如何选择反应形式 (B) 如何记录这些反应
(C) 时间限制 (D) 测验目的

215. 受测者对测验的经验或应试技巧会影响测验成绩，"测验油子"的表现有(　　)。
(A) 能觉察出正确答案与错误答案的细小差别
(B) 懂得合理地分配测验时间
(C) 常常是各种题型都见过
(D) 熟悉测验的程序

216. 受练习效应影响较大的情况，具体表现为(　　)。
(A) 智力较高者 (B) 两次测验之间的时距过大
(C) 重复实施相同的测验 (D) 着重速度的测验

217. 研究表明，(　　)者，测验焦虑较高。
(A) 对自己的能力没有把握

(B) 抱负水平过高，求胜心切
(C) 缺乏自信、患得患失、情绪不稳定
(D) 与测验成绩关系重大，压力过大

218. 除非"反应速度"本身即为重要的研究目标，否则让受测者有充分的时间反应，同时注明每题的答题时间，可以减少（　　）定势的影响。
(A) 求"快"　　　　　　　　(B) 求"精确"
(C) 猜测　　　　　　　　　(D) 喜好正面叙述

219. 做测验时，几种常见的反应定势有（　　）。
(A) 求"快"与求"精确"　　　(B) 喜好正面叙述
(C) 喜好较长选项　　　　　(D) 喜好特殊位置

220. 在对测验分数进行综合分析时，要做到（　　）。
(A) 把测验分数视为一个范围　(B) 不把测验分数绝对化
(C) 有常模和信度、效度的资料　(D) 不直接比较来自不同测验的分数

221. 对测验分数做出确切的解释，只有常模的资料是不够的，还必须有测验的信度和效度的资料，在解释测验分数时，一定要依据从（　　）中获得的资料。
(A) 最准确的描述　　　　　(B) 最大量的人群
(C) 最匹配的情境　　　　　(D) 最相近的团体

222. 为了使受测者本人以及与受测者有关的人，如家人、老师、雇主等，能更好地理解分数的意义，在报告分数时，要注意（　　）。
(A) 应告知分数的解释，避免使用专业术语
(B) 保证当事人知道该测验测量或预测什么，与什么团体比较，如何运用他的分数
(C) 考虑给当事人带来的心理影响
(D) 让当事人积极地参与测验分数的解释

三、参考答案

单项选择题

1. B	2. A	3. A	4. B	5. C
6. C	7. D	8. B	9. D	10. C
11. D	12. B	13. A	14. B	15. D
16. B	17. A	18. C	19. A	20. D
21. C	22. A	23. A	24. D	25. A
26. C	27. B	28. D	29. C	30. A
31. C	32. B	33. C	34. A	35. D

36. A	37. A	38. C	39. C	40. B
41. A	42. B	43. C	44. A	45. B
46. A	47. D	48. C	49. A	50. B
51. A	52. D	53. A	54. A	55. A
56. C	57. A	58. B	59. C	60. B
61. C	62. B	63. D	64. D	65. B
66. C	67. A	68. A	69. B	70. A
71. A	72. C	73. A	74. C	75. B
76. B	77. C	78. B	79. A	80. D
81. A	82. C	83. B	84. D	85. C
86. A	87. C	88. B	89. D	90. C
91. A	92. C	93. D	94. C	95. A
96. C	97. D	98. B	99. D	100. A
101. B	102. B	103. C	104. D	105. B
106. A	107. D	108. A	109. A	110. C
111. A	112. C	113. B	114. D	115. B
116. C	117. B	118. A	119. D	120. B
121. C	122. A	123. D		

多项选择题

124. ABC	125. ABCD	126. BD	127. AB	128. CD
129. ABCD	130. AB	131. BCD	132. ABC	133. AD
134. BC	135. CD	136. AB	137. AC	138. BCD
139. ABC	140. ABD	141. ABCD	142. BCD	143. ABCD
144. ABD	145. ABCD	146. ABC	147. ABCD	148. ABC
149. ABCD	150. CD	151. ABCD	152. CD	153. ABCD
154. AB	155. ABC	156. ABC	157. BCD	158. BD
159. ABCD	160. BC	161. AD	162. ABD	163. ABCD

164. CD	165. ABC	166. ABD	167. BC	168. CD
169. ABC	170. ACD	171. ABC	172. ABD	173. ABCD
174. ABCD	175. ABD	176. BCD	177. CD	178. ABCD
179. ABD	180. ABCD	181. AD	182. ABCD	183. ABCD
184. ABC	185. CD	186. CD	187. ABD	188. ABC
189. ABCD	190. ABCD	191. BC	192. ABC	193. AD
194. ABCD	195. ABCD	196. ABCD	197. ABCD	198. ABD
199. ABCD	200. ABCD	201. ABCD	202. ABCD	203. ABCD
204. AC	205. ABCD	206. ABCD	207. AB	208. ABCD
209. ABCD	210. ABC	211. BC	212. ABCD	213. ABCD
214. ABCD	215. ABCD	216. ACD	217. ABCD	218. AB
219. ABCD	220. ABCD	221. CD	222. ABCD	

第六章 咨询心理学知识习题

一、单项选择题

1. 1882年,( )采用测量的方法对心理活动个别差异进行的研究,为心理咨询的产生做出了学术贡献。
   - (A) 高尔顿
   - (B) 卡特尔
   - (C) 韦特默
   - (D) 比内—西蒙

2. 1890年,( )首次发表《心理测验与测量》一文,为心理咨询的产生做出了学术贡献。
   - (A) 比内—西蒙
   - (B) 韦特默
   - (C) 卡特尔
   - (D) 艾森克

3. 在宾夕法尼亚大学,( )开办了儿童行为矫正诊所,属于咨询心理学产生前的开创性工作。
   - (A) 高尔顿
   - (B) 卡特尔
   - (C) 韦特默
   - (D) 比内—西蒙

4. 作为咨询心理学产生的前提学术条件,比内—西蒙在( )年为帮助弱智儿童编制了智力测量。
   - (A) 1904
   - (B) 1907
   - (C) 1890
   - (D) 1908

5. 大卫于1907年,开展了( )的工作,为心理咨询的产生作出了学术贡献。
   - (A) 为防止学生的行为出现问题,进行行为指导
   - (B) 为帮助弱智儿童编制智力测量
   - (C) 开办儿童行为矫正诊所
   - (D) 发表《心理测验与测量》一文

6. 作为咨询心理学产生的前提学术条件,1908年,( )促进了职业指导运动的兴起。
   - (A) 高尔顿
   - (B) 卡特尔
   - (C) 韦特默
   - (D) 帕森斯

7. 心理咨询直接起源于( )年在美国诞生的历史上第一本《临床心理学》。
   (A) 1904 (B) 1907
   (C) 1896 (D) 1908

8. ( )年，美国心理学会首次规定了正式的心理咨询专家的培养标准。
   (A) 1904 (B) 1953
   (C) 1896 (D) 1908

9. ( )年，二十余名美国心理学家发起创办了《咨询心理学杂志》，该刊物成为心理咨询的专业杂志。
   (A) 1904 (B) 1954
   (C) 1896 (D) 1908

10. 经原国家劳动和社会保障部批准，在( )，我国开始启动心理咨询师的职业化工作，由国家颁布《心理咨询师国家职业标准》（试用版）。
    (A) 1985年10月 (B) 1995年8月
    (C) 2001年8月 (D) 2003年6月

11. 狭义的心理咨询主要是指( )。
    (A) 具备心理学理论指导和技术应用的临床干预措施
    (B) 使用"心理咨询"和"心理治疗"等手段
    (C) 使用各种心理咨询技术
    (D) 使用各种非标准化的临床干预措施

12. 教材中推荐的心理咨询的操作性定义，认为心理咨询是( )的过程。
    (A) 心理咨询师对求助者各类行为问题进行矫治
    (B) 心理咨询师协助求助者解决心理问题
    (C) 心理咨询师对求助者各类心理问题进行矫治
    (D) 心理咨询师协助求助者分析心理问题

13. "向求助者提供心理帮助并力图促使其行为、态度发生变化的过程"，是( )关于心理咨询的操作性定义的核心内容。
    (A) 罗杰斯 (B) 威廉森
    (C) 陈仲庚 (D) 韦特默

14. 受过专门训练的咨询师，向在心理适应方面出现问题并企求解决问题的求助者提供援助的过程，是( )关于心理咨询的操作性定义的主要内容。
    (A) 韦特默 (B) 威廉森等
    (C) 陈仲庚 (D) 罗杰斯

15. ( )不是咨询师应该持有的正确观点与态度。
    (A) 唯物主义的观点 (B) 普遍联系的观点
    (C) 实用主义的观点 (D) 中立性的态度

16. ( )不属于心理咨询中普遍联系观点的具体含义。
    (A) 心身一体的观点
    (B) 心理、生理和社会因素交互作用的观点

(C) 整体性的观点

(D) 唯物主义的观点

17. 心理问题既可以一果多因，也可以一因多果的说法，属于(　　)的主要内容。

(A) 心理、生理和社会因素交互作用观点

(B) 心身一体的观点

(C) 整体性的观点

(D) 唯物主义的观点

18. 下列关于整体性观点的说法，错误的是(　　)。

(A) 牵一发可以动全身

(B) 将各种咨询方法整合运用

(C) 知、情、意、行不是永远相联系的

(D) 求助者的心理问题不是静止和孤立的

19. 下列关于心理咨询师应该遵循的限制观点的内容，错误的是(　　)。

(A) 职责限制　　　　　　　(B) 时间限制

(C) 感情限制　　　　　　　(D) 费用限制

20. (　　)属于时间限制的内涵。

(A) 不同被试者的时程完全一致　(B) 咨询时间应绝对地限定

(C) 咨询时间应灵活地掌握　　(D) 咨询必须遵守一定的时间限制

21. (　　)属于咨询师感情限制的内涵。

(A) 彼此沟通限制在工作范围　(B) 咨询师应该尽量地关心求助者

(C) 咨询应该让感情顺其自然　(D) 咨询师不能表露自己的真实情感

22. 下列关于咨询中保持中立性态度的意义的陈述中，正确的是(　　)。

(A) 有助于建立亲密的咨询关系

(B) 可以保证咨询师不把个人情绪带入咨询中

(C) 有助于咨询师保持自身尊严

(D) 避免求助者过分依赖咨询师

23. 下列关于心理咨询师应有的主要心理素质的陈述中，错误的是(　　)。

(A) 完美无缺的人格　　　　(B) 善于容纳他人

(C) 有强烈的责任心　　　　(D) 自我修复和觉察的能力

24. 用一句话表达，(　　)，就是对咨询师"品格"素质的要求。

(A) 努力满足求助者的一切需要

(B) 能提高中华民族的国民素质

(C) 促进全社会的完善与进步

(D) 做一个尊重生命、热爱生活的人，做一个有利于社会和他人的人

25. 下列关于心理咨询师具备自知之明的陈述中，错误的是(　　)。

(A) 咨询师需要弄清楚自己的优、缺点

(B) 咨询师需要知道自己的能力限度

(C) 咨询师能对自我生存价值进行恰当地评价

169

(D) 咨询师清楚自身能否满足社会道义的要求

26. 咨询师要"善于容纳他人"对于其意义的错误描述是( )。
    (A) 有利于营造和谐的咨询关系   (B) 能提供安全、自由的咨询气氛
    (C) 有利于接纳求助者的各类问题   (D) 能体现咨询师的高水平、高境界

27. ( )年,我国第一个心理咨询科室出现在北京市朝阳医院。
    (A) 1986
    (B) 1985
    (C) 2001
    (D) 1937

28. 关于心理咨询达到职业化阶段的可操作性指标,下列说法中错误的是( )。
    (A) 社会化水平
    (B) 社会效益
    (C) 是否有足够高水平的咨询师
    (D) 社会的认可

29. 关于我国心理咨询工作的未来发展可能具备的趋势,下列说法中错误的是( )。
    (A) 心理咨询会越来越贴近中国社会现实和文化背景
    (B) 社会需求渐趋广泛
    (C) 完善的和职业化的心理咨询将不断提高自身的价值
    (D) 职业化将使得专业人员因为咨询行业缺乏神圣意义而不满

30. ( )是概括精神分析学说五个观点的精神分析学家。
    (A) 弗洛伊德
    (B) 荣格
    (C) 阿帕波特
    (D) 安娜—弗洛伊德

31. ( )不属于精神分析学说的五个概括观点之一。
    (A) 适应观点
    (B) 结构观点
    (C) 动力观点
    (D) 移情观点

32. 下列关于精神分析分区观点的陈述中,错误的是( )。
    (A) 潜意识是人的心理活动的深层结构
    (B) 潜意识是介于前意识和意识之间的一部分
    (C) 潜意识包括原始冲动和本能
    (D) 意识由外在世界的直接感知和有关的心理活动构成

33. 精神分析理论之所以被称为深层心理学,是由于其( )。
    (A) 不承认潜意识心理活动层面的存在
    (B) 十分强调意识活动对人类心理的深刻作用
    (C) 十分强调深层的潜意识对人类心理的作用
    (D) 否认意识层面心理活动的存在

34. 精神活动包括( ),属于精神分析的人格结构观点。
    (A) 本我、自我和超我
    (B) 意识、潜意识和前意识
    (C) 个体保存、种族延续
    (D) 生物、心理和社会

35. 下列属于自我防御机制的是( )。
    (A) 压制
    (B) 情理化
    (C) 合理化
    (D) 正向

36. 根据经典精神分析的发展观点，下列心理发展阶段的划分标准中，错误的是（　　）。
    (A) 口欲期在0~1岁　　　　　　　　(B) 潜伏期在5~12岁
    (C) 生殖器期在12以后　　　　　　　(D) 肛欲期在1~3岁

37. （　　）是认识领悟疗法的创始人。
    (A) 埃利斯　　　　　　　　　　　　(B) 弗洛伊德
    (C) 荣格　　　　　　　　　　　　　(D) 钟友彬

38. （　　）是行为主义心理学的先驱人物。
    (A) 巴甫洛夫和华生　　　　　　　　(B) 华生和桑代克
    (C) 华生和斯金纳　　　　　　　　　(D) 巴甫洛夫和桑代克

39. 关于华生的行为主义心理学的理论观点，下列说法中错误的是（　　）。
    (A) 行为可通过学习和训练加以控制，遗传因素起重要作用
    (B) 心理学要排除主观内省
    (C) 不能将知觉或意识作为研究对象
    (D) 肌肉的收缩或腺体的分泌属于行为反应

40. 行为治疗是使用实验确立的行为学习原则和方式，克服不良行为习惯的过程，这个行为治疗的定义是由（　　）首先提出来的。
    (A) 斯金纳　　　　　　　　　　　　(B) 华生
    (C) 沃尔普　　　　　　　　　　　　(D) 巴甫洛夫

41. 关于行为治疗的步骤，下列说法中错误的是（　　）。
    (A) 首先制定行为矫正目标
    (B) 一旦达到目标，即可逐步地结束干预计划
    (C) 增加积极行为、减少消极行为是重要环节
    (D) 监测干预计划的实施并根据情况进行调整

42. 下列关于认知心理学观点中认知的概念的说法中，错误的是（　　）。
    (A) 对过去事件的评价
    (B) 当前的内部不平衡状态
    (C) 一个人对某一事件的认识和看法
    (D) 对未来发生事件的预期

43. 下列关于对人本主义思想体系的概括性描述中，错误的是（　　）。
    (A) 强调人的利益和价值　　　　　　(B) 认同自然一元论和还原主义机械论
    (C) 强调个人的尊严与自由　　　　　(D) 反对决定论观点

44. 人性心理学认为，（　　）属于人的三种基本属性。
    (A) 生物属性、行为属性、社会属性
    (B) 生物属性、心理属性、文化属性
    (C) 生理属性、文化属性、社会属性
    (D) 生物属性、精神属性、社会属性

45. （　　），属于人性心理学关于人的基本属性的内涵。

(A) 生物属性体现为人作为生物体与外界进行物质交换的过程
(B) 精神属性体现为个体与群体间的利益交换
(C) 社会属性是为生存与发展而对外界环境进行的探究反射
(D) 生物属性、精神属性、社会属性相互独立

46. 根据人性心理学观点，下列说法中错误的是( )。
(A) 人的心理动力来自人性的客观外在需要
(B) 人的心理动力来自个体保存、种族延续的本能
(C) 人的心理动力来自索取生活必需资料和适应环境的探究本能
(D) 人的心理动力来自为生存而组成人类社会的依存本能

47. 触及人性中的各类失衡状态，使它们重新恢复相对平衡的状态，是( )关于咨询和治疗的基本原则。
(A) 人本主义心理学   (B) 行为主义心理学
(C) 人性心理学   (D) 认知心理学

48. ( )，属于心理咨询的主要对象。
(A) 精神正常，遇到了现实问题的人群
(B) 精神正常，但心理健康水平较低，产生心理障碍导致无法正常学习、工作、生活并请求帮助的人群
(C) 临床未愈的精神病患者
(D) 精神不正常，但主动地请求帮助的人群

49. 心理咨询的总体任务是为达到( )的目的。
(A) 提高个人心理素质，使人健康无障碍地生活下去
(B) 提高个人道德素质，使人健康无障碍地生活下去
(C) 提高个人心理素质，使人健康、愉快、有意义地生活下去
(D) 提高个人道德素质，使人健康、愉快、有意义地生活下去

50. 关于感性反应，下列说法中错误的是( )。
(A) 感性反应是一种情绪化应对
(B) 感性反应是一种儿童式应对
(C) 如果一个成人不论场合，一律采取情感式的反应，我们便会觉得这个人很幼稚，甚至心理有问题
(D) 可以随时随地采用感性反应

51. 关于理性反应的概念，错误的理解是( )。
(A) 理性反应是以事物之间的客观逻辑去反应外部事物
(B) 理性反应是心理发展成熟的表现
(C) 理性反应在心理健康人群中表现得最广泛
(D) 理性反应难以完善地形成决策

52. 关于悟性反应，正确的理解是( )。
(A) 悟性反应是人的理性高度发展后，表现出的一种超越感性反应和理性反应的形式
(B) 悟性反应是以一种超脱的态度，用哲理把事物看穿

(C) 悟性反应能最完善地形成决策
(D) 悟性反应是剥离与自己名利相关的东西，以摆脱烦恼

53. 关于心理咨询按性质的分类，下列描述中错误的是(　　)。
    (A) 为适应新的生存环境而进行的咨询称为发展心理咨询
    (B) 发现自己的心理平衡被打破而进行的咨询称为健康心理咨询
    (C) 为个人事业的成功想突破个人弱点而进行的咨询称为发展心理咨询
    (D) 因各种挫折引起行为问题而进行的咨询称为发展心理咨询

54. 在各类心理咨询中，(　　)属于按咨询的形式的分类。
    (A) 个体咨询与团体咨询　　　　(B) 短程、中程和长期的心理咨询
    (C) 健康咨询与发展咨询　　　　(D) 门诊面询、电话咨询和互联网咨询

55. 在各类心理咨询中，(　　)属于按咨询的时程的分类。
    (A) 门诊面询、电话咨询和互联网咨询
    (B) 健康咨询与发展咨询
    (C) 短程、中程和长期的心理咨询
    (D) 个体咨询与团体咨询

56. 在各类心理咨询中，(　　)属于按咨询的规模的分类。
    (A) 个体咨询与团体咨询　　　　(B) 健康咨询与发展咨询
    (C) 短程、中程和长期的心理咨询　(D) 门诊面询、电话咨询和互联网咨询

57. 关于心理咨询中资料综合评估的主要内容，下列说法中错误的是(　　)。
    (A) 将主诉、临床症状、心理测评结果进行分析比较
    (B) 将主因、诱因与临床症状的因果关系进行解释
    (C) 按现行的症状诊断标准，进行鉴别诊断
    (D) 确定其在症状分类中的位置

58. (　　)，不属于心理咨询中鉴别诊断的主要内容。
    (A) 按症状的表现确定其性质
    (B) 确定鉴别诊断的关键症状和特征
    (C) 确定心理问题的由来、性质、严重程度
    (D) 将已经定性的症状与其相近的类似症状进行区分

59. 制定咨询方案的依据是(　　)。
    (A) 求助者的义务　　　　　　(B) 咨询师的权利
    (C) 咨询场所的要求　　　　　(D) 求助者问题的性质

60. 3岁以前的婴幼儿心理发展的最大威胁是(　　)。
    (A) 父母经验不足　　　　　　(B) 营养不足
    (C) 安全感得不到满足　　　　(D) 游戏活动不足

61. 下列说法中错误的是(　　)。
    (A) 儿童心理障碍的主要内容与形式包括多动和缄默
    (B) 儿童心理障碍的主要内容与形式包括丰富的情绪反应
    (C) 儿童心理障碍的主要内容与形式包括多余动作

(D) 儿童心理障碍的主要内容与形式包括攻击或退缩

62. 少年期产生心理障碍的首要原因是( )。
  (A) 成人的不正确对待   (B) 学校教育背离基本宗旨
  (C) 同龄人缺乏交流   (D) 社会世风日下

63. ( )，是造成青年心理问题的关键所在。
  (A) 父母不良教养的影响
  (B) 现代社会处于转型期
  (C) 社会需要是变成压力还是变成动力的问题
  (D) 市场经济所带来的负性影响

64. ( )，是中年人心理问题的特点。
  (A) 在社会、家庭和自我的需求的重压下产生心理问题
  (B) 社会需要是变成压力还是变成动力的问题
  (C) 现代社会处于转型期
  (D) 市场经济所带来的负性影响

65. 咨询师( )，符合爱情困惑与障碍的心理咨询的原则。
  (A) 只以理性逻辑加以判断   (B) 只以感性体验加以判断
  (C) 只以悟性反应加以判断   (D) 避免刻板的理性逻辑

66. ( )属于理解婚姻问题的三个要点。
  (A) 情爱、理解和相互依附
  (B) 生理、心理与社会
  (C) 生物属性、精神属性与社会属性
  (D) 个人、集体与社会

67. 关于婚恋问题咨询的一般原则，下列说法中错误的是( )。
  (A) 遵守与婚恋相关的法律和道德规范
  (B) 具体探讨婚恋问题的法学与伦理学
  (C) 首先判断感情的性质和程度
  (D) 如果求助者处在非理性的恋爱生活中，应当帮助他们分析、梳理心理学因素

68. 关于家庭心理咨询的主要原则，下列说法中错误的是( )。
  (A) 不要以自己的价值观来揣摩求助者
  (B) 敢于判断破裂家庭或死亡婚姻
  (C) 将问题具体化、客观化
  (D) 尽量地坚持夫妻双方同时参加咨询

69. 下列关于亲子关系的本质的陈述中，错误的是( )。
  (A) 自然的血缘关系   (B) 人伦道德关系
  (C) 教养与服从的关系   (D) 法定的赡养关系

70. 下列构建良好的亲子关系的基本条件中，错误的是( )。
  (A) 亲子双方对亲子关系有全面、正确的理解
  (B) 对人伦道德有端正的态度

(C) 用发展、变化的眼光看待对方
(D) 持久保持密切的亲子关系

71. 人类性科学包括( )五个方面的内容。
    (A) 性道德、性法律、性生理、性文学和性艺术
    (B) 性道德、性法律、性生理、性医学和性心理学
    (C) 性医学、性心理学、性文学、性艺术和性技巧
    (D) 性生理、性医学、性心理学、性艺术和性技巧

72. 根据人类性的心理因素的概念，下列说法中错误的是( )。
    (A) 人类的性活动与性需求密切相关
    (B) 人类的性活动与性动机密切相关
    (C) 人类的性活动与性生理密切相关
    (D) 人类的性活动与性情绪密切相关

73. 根据人类性的社会因素的概念，下列说法中错误的是( )。
    (A) 人类的性活动与家庭有关
    (B) 人类的性活动与人格特征有关
    (C) 人类的性活动与人际关系有关
    (D) 人类的性活动与道德、法律有关

74. 人类"性"的主要特征包括( )。
    (A) 性的特殊性　　　　　　　　(B) 功能多样性
    (C) 选择性、排他性　　　　　　(D) 文化—社会制约性

75. 下列说法中错误的是( )。
    (A) 人类"性"之普遍性体现在性与人类共存同在
    (B) 人类"性"之普遍性体现在性作为一种自然的生理现象，是每个正常人都有的
    (C) 人类"性"之普遍性体现在除试管婴儿外，人们都是性行为的产物
    (D) 人类"性"之普遍性体现在人类性活动的无季节性

76. 下列说法中错误的是( )。
    (A) 人类"性"之文化—社会制约性体现在每一种文化都有自身正统的性活动方式
    (B) 人类"性"之文化—社会制约性体现在能满足人的生殖需要
    (C) 人类"性"之文化—社会制约性体现在不同的文化有不同的种类繁多的性活动
    (D) 人类"性"之文化—社会制约性体现在人类的手在性活动中的参与和运用

77. 下列说法中错误的是( )。
    (A) 人类性道德的主要特点包括多样性
    (B) 人类性道德的主要特点包括一致性
    (C) 人类性道德的主要特点包括继承性
    (D) 人类性道德的主要特点包括普通性

78. 下列说法中错误的是( )。
    (A) 现代性道德的主要特点包括严肃性
    (B) 现代性道德的主要特点包括平等性

(C) 现代性道德的主要特点包括科学性
(D) 现代性道德的主要特点包括具体性

79. 下列关于现代性道德的科学性的最低标准的说法中，错误的是（　　）。
    (A) 遵守性医学原则　　　　　　　(B) 遵守性心理学原则
    (C) 遵守性生理学原则　　　　　　(D) 遵守性社会学原则

80. 性态度的概念包括（　　）的内容。
    (A) 性认知、性情感和性医学　　　(B) 性认知、性情感和性技术
    (C) 性认知、性情感和性行为倾向　(D) 性认知、性道德和性行为倾向

81. 下列关于性认知的内涵的说法中，错误的是（　　）。
    (A) 对性规范的认识　　　　　　　(B) 对性知识的理解
    (C) 对性法律的认识　　　　　　　(D) 对性文学的理解

82. 关于性心理咨询工作的基本宗旨，下列说法中错误的是（　　）。
    (A) 务必依据科学及心理学的原则
    (B) 对人类性行为做出本质的说明
    (C) 帮助求助者将自己的性行为由自觉转向自为
    (D) 帮助求助者将自己的性行为从愚昧转向文明

83. （　　），是我们从事性心理咨询工作的基本原则。
    (A) 性知识教育与性生理以及性技术教育的统一
    (B) 性知识教育与性生理以及性法制教育的统一
    (C) 性知识教育与性道德以及性法制教育的统一
    (D) 性医学教育与性道德以及性法制教育的统一

84. 关于儿童期的性心理咨询的主要内容，下列说法中错误的是（　　）。
    (A) 性别认同　　　　　　　　　　(B) 性冲动
    (C) 性好奇　　　　　　　　　　　(D) 性道德缺乏

85. 下列关于少年期性心理的陈述中，错误的是（　　）。
    (A) 性机能的初步成熟和第二性征的出现，可能使少年处于困惑不解的状态
    (B) 相对而言，由于对性知识的缺乏，少年很容易犯性错误
    (C) 在少年女性的初潮和少年男性的遗精出现后，大大加深了他们对性的好奇和体验
    (D) 即使对他们进行必需的性科学教育和辅导，也没有太大意义

86. 成年期的性心理咨询主要集中于（　　）方面。
    (A) 恋爱和夫妻性生活　　　　　　(B) 婚、恋和性道德
    (C) 婚、恋和夫妻性生活　　　　　(D) 婚、恋和性法律

87. 出现性行为问题的主要原因包括（　　）。
    (A) 生理、心理和社会环境的因素　(B) 个人、集体与社会的因素
    (C) 感情与理智的冲突　　　　　　(D) 坦率与封闭的矛盾

88. 对人类的性行为过程的8个阶段的理解，（　　）是正确的。
    (A) 首先是性动机形成　　　　　　(B) 不包括性能力发挥
    (C) 中间有性对象选择　　　　　　(D) 最后是性交体验

89. (　　)属于性行为问题按严重程度从弱到强的分类。
　　(A) 性行为失调、性行为障碍和性行为变态
　　(B) 性行为失调、性行为变态和性行为障碍
　　(C) 性行为变态、性行为失调和性行为障碍
　　(D) 性行为障碍、性行为失调和性行为变态

90. 关于8类主要的性心理问题,下列说法中错误的是(　　)。
　　(A) 包括性欲望问题这个类型
　　(B) 包括性能力问题这个类型
　　(C) 包括性法律问题这个类型
　　(D) 包括性交体验问题这个类型

91. 关于性角色问题的分类,下列说法中正确的是(　　)。
　　(A) 易性癖属于性角色认同失调
　　(B) 性身份认同障碍属于性角色认同障碍
　　(C) 儿童期性角色定向偏差属于性角色认同变态
　　(D) 儿童期性角色定向偏差属于性角色认同障碍

92. (　　)属于正确的性动机。
　　(A) 性爱、情爱相互依存并融为一体
　　(B) 性角色、性身份融为一体
　　(C) 感性、理性相互依存并融为一体
　　(D) 性医学、性道德融为一体

93. 下列说法中错误的是(　　)。
　　(A) 性对象的偏离的主要类型包括同性恋倾向
　　(B) 性对象的偏离的主要类型包括自恋倾向
　　(C) 性对象的偏离的主要类型包括恋物倾向
　　(D) 性对象的偏离的主要类型包括异性恋倾向

94. 下列说法中错误的是(　　)。
　　(A) 性能力问题的常见类型包括阳痿
　　(B) 性能力问题的常见类型包括同性恋
　　(C) 性能力问题的常见类型包括早泄
　　(D) 性能力问题的常见类型包括射精不能

二、多项选择题

95. 在咨询心理学形成之前,(　　)的开创性工作,为咨询心理学准备了前提学术条件。
　　(A) 高尔顿　　　　　　　　(B) 卡特尔
　　(C) 韦特默　　　　　　　　(D) 比内—西蒙

96. (　　)属于韦特默对咨询心理学的贡献。

(A) 第一次提出"临床心理学"的概念
(B) 从事儿童行为问题的解决
(C) 1907年创办了专业刊物
(D) 第一次提出咨询心理学的概念

97. 在以下内容中,(　　)属于美国心理学会咨询心理学分会定义委员会最初确定的咨询心理学的三个贡献。
(A) 促进个体内在精神世界的发展　　(B) 帮助个人与环境协调
(C) 加深社会对心理咨询的理解　　(D) 帮助人们了解心理活动的规律

98. 作为最初临床心理学发展的主要条件和促进因素,(　　)起了极其重要的作用。
(A) 心理测验的研究　　(B) 记忆的研究
(C) 意识的研究　　(D) 个体差异的研究

99. 在以下内容中,(　　)属于美国心理学会咨询心理学分会定义委员会所规定的心理咨询专业人员的工作目标。
(A) 帮助那些连最基本、最低适应状态都已丧失的心理不适应者
(B) 促进特定社会集团的每一个人最大限度地实现自我
(C) 帮助人们了解心理活动的规律
(D) 加深社会对心理咨询的理解

100. 关于中国心理咨询师职业的定义,下列说法中正确的是(　　)。
(A) 心理咨询师是运用心理学及相关知识的专业人员
(B) 心理咨询师应该遵循人文社会科学的原则
(C) 心理咨询师可以灵活地运用各种技术与方法
(D) 心理咨询师理应帮助求助者解除心理问题

101. 帮助求助者解除心理问题的具体内涵指的是(　　)。
(A) 咨询关系是"求"和"帮"的关系
(B) 帮助求助者解除的问题指的是心理问题
(C) 帮助求助者解除的问题指的是由心理问题引发的行为问题或躯体症状
(D) 帮助求助者解除的问题指的是生活中的某些具体问题

102. 下列说法中正确的有(　　)。
(A) 狭义的心理咨询主要是指具备心理学理论指导和技术应用的临床干预措施
(B) 广义的心理咨询涵盖了临床干预的各种方法或手段
(C) 狭义的心理咨询是指采用各种咨询与治疗方法
(D) 狭义的心理咨询是指采纳各种标准化的干预手段或方法

103. 罗杰斯认为,心理咨询可解释为(　　)。
(A) 应该与求助者持续接触
(B) 心理咨询师替求助者矫治心理问题
(C) 是促使求助者态度发生变化的过程
(D) 心理咨询师替求助者分析心理问题

104. 中国临床心理学家陈仲庚认为，(　　)是心理咨询应明确的三个问题。
    (A) 求助者需要解决问题的性质　　(B) 咨询师的技术和手段
    (C) 所要达到的目标　　　　　　　(D) 咨询师的态度与观点

105. 朱智贤主编《心理学大词典》定义的心理咨询范围包括(　　)。
    (A) 轻度心理失常　　　　　　　　(B) 机体性的失常
    (C) 中度心理失常　　　　　　　　(D) 机能性的心理失常

106. 赵耕源认为心理咨询的作用是(　　)。
    (A) 帮助求助者找到好工作
    (B) 给求助者带来美好生活
    (C) 增强求助者防卫心理刺激的能力
    (D) 减轻求助者的心理负担

107. 关于心理咨询的唯物主义观点，下列描述中正确的有(　　)。
    (A) 遵循科学的法则处理问题　　　(B) 依据事实做出判断
    (C) 善于利用个人的经验去推理　　(D) 善于把握整体的观念

108. 心理咨询师应该遵循(　　)等普遍联系的观点。
    (A) 具有整体的观念　　　　　　　(B) 透过关系把握本质
    (C) 遵循科学的法则处理问题　　　(D) 重视时间限制

109. 下列说法中属于咨询师需要遵循的心身一体的观点的有(　　)。
    (A) 心理和生理是相互作用的
    (B) 心理和生理互为因果
    (C) 求助者常有心理问题躯体化倾向
    (D) 生理状况欠佳体验为心理不适

110. 咨询师职责限制的内涵涉及(　　)等内容。
    (A) 职业责任不是无限的　　　　　(B) 任务限于心理问题本身
    (C) 任务限于具体问题本身　　　　(D) 帮人应该帮到底

111. (　　)，属于咨询目标限制的内涵。
    (A) 咨询目标的确定不是任意的
    (B) 咨询目标应锁定求助者的心理问题
    (C) 应该明确地展示咨询效果的预期效果
    (D) 应该灵活地掌握咨询目标

112. (　　)，属于心理咨询师应该遵循的历史、逻辑、现实相统一的发展观内容。
    (A) 考察个人史原因
    (B) 考察个人史与症状之间的逻辑关系
    (C) 用发展的观点看待求助者
    (D) 对于求助者要用发展的眼光做动态考察

113. 心理咨询师应该遵循的中立性态度，指的是(　　)。
    (A) 咨询师从求助者的角度出发了解求助者的问题

(B) 咨询师对于求助者的个性特点要有明确评价
(C) 咨询师以确切的价值取向来判断是非曲直
(D) 咨询师对求助者的困惑与处境表示理解，同时不予以评价，不掺杂个人的情绪与观点

114. 心理咨询过程中，用"理解"一词表达中立性态度的意义在于(　　)。
 (A) "理解"求助者，属于对求助者问题的恰当评估
 (B) 说明个体产生某种反应是合乎逻辑的结果
 (C) "理解"既不代表赞同，也不代表反对，
 (D) "理解"一词是中立态度最恰当的表达词

115. (　　)的做法，符合心理咨询师"有强烈的责任心"的素质要求。
 (A) 对求助者负责　　　　　　(B) 夸大心理咨询的作用
 (C) 特殊情况可以考虑转诊　　(D) 协助求助者解决生活困难

116. 对心理咨询师"自我修复和觉察的能力"的素质要求，其内涵包括(　　)。
 (A) 咨询师有意愿并且能够清楚地认识到自身的问题所在
 (B) 咨询师能通过个人修养或专业的自我体验，解决自己的心理矛盾和冲突
 (C) 咨询师能及时地觉察对来访者产生的移情，并调整状态，不因自身问题而影响咨询工作
 (D) 咨询师在咨询过程中能始终保持绝对的心理平衡

117. 中国第一位临床心理学家丁瓒的贡献在于(　　)。
 (A) 创建了《中国临床心理学》杂志
 (B) 翻译出版了《青年期心理学》
 (C) 采纳综合快速疗法治疗神经症和身心疾病
 (D) 开设了我国第一个心理咨询中心

118. 关于综合快速疗法，下列说法中正确的是(　　)。
 (A) 出现于20世纪50年代中叶
 (B) 诞生于美国
 (C) 参与者有丁瓒、伍正谊、李心天等
 (D) 属于世界上心理咨询工作的良好开端

119. (　　)，属于目前中国心理咨询业具备的特点。
 (A) 心理咨询已经开始职业化
 (B) 各项管理措施已经完善
 (C) 心理咨询工作在相当程度上得到社会的认可
 (D) 对心理咨询的需求与咨询力量存在差距

120. 评估心理咨询职业社会价值的指标应包括(　　)等方面的评价。
 (A) 支撑该职业行为的学科理论和操作程序是否科学
 (B) 国家机关是否将此纳入社会保险项目
 (C) 该职业的管理、服务体系是否达到标准化水平
 (D) 执业人员的能力是否达标

121. 弗洛伊德的《精神分析引论》的主要内容包括（　　）。
     （A）"过失心理学"　　　　　　　（B）"性学三论"
     （C）"梦"　　　　　　　　　　　（D）"神经病通论"

122. 经典精神分析理论认为，（　　）属于本我的特征。
     （A）追求生物本能欲望
     （B）遵循快乐原则
     （C）要求毫无约束地寻求肉体快感
     （D）履行适应环境和个体保存的功能

123. 弗洛伊德学说认为，自我的概念意味着（　　）。
     （A）按照现实原则而起作用的人格结构
     （B）自我的活动遵循道德原则行事
     （C）履行适应环境和个体保存的功能
     （D）自我是本我与外界关系的调节者

124. 精神分析理论中，超我的概念意味着（　　）。
     （A）超我是代表良心或道德力量的人格结构
     （B）超我的活动遵循快乐原则
     （C）超我在较大程度上依赖于自我教育的影响
     （D）超我在较大程度上依赖于父母教育的影响

125. 下列说法中符合精神分析的动力观点的是（　　）。
     （A）一切心理动力来源于人类的性本能
     （B）力比多不是个体唯一的心理动力
     （C）自我保存本能是个体唯一的心理动力
     （D）自我保存和种族延续两种本能同时成为心理动力

126. 下列说法中符合精神分析的适应观点的是（　　）。
     （A）本我会不惜改变存在或表达自己的模式，以求自己得到满足
     （B）抑郁是弗洛伊德确立适应观点的重要概念
     （C）焦虑分为现实性焦虑、神经症性焦虑、道德性焦虑
     （D）正常人也会使用自我防御机制

127. 自我防御机制（　　）。
     （A）是由于自我把焦虑当成一种危险或不愉快的信号而产生的
     （B）包括压抑、投射、置换等
     （C）是为了调整自我欲望与现实之间的矛盾所采取的应对方式
     （D）是为了抵御来自他人的负性评价所采取的应对方式

128. 下列说法中正确的有（　　）。
     （A）自我防御机制的形式包括压抑
     （B）自我防御机制的形式包括压制
     （C）自我防御机制的形式包括投射
     （D）自我防御机制的形式包括力比多

129. 下列说法中属于认识领悟疗法的理论范围的是(   )。
    (A) 引导个体认识到心理发育停滞在某一阶段
    (B) 引导求助者认识滞留的心理和行为特点与现在阶段不相容
    (C) "认识"一词指的就是"认知"的意思
    (D) 认识领悟疗法又称为中国精神分析疗法

130. 下列说法中符合刺激—反应模式的理论观点的是(   )。
    (A) 可以用公式 R = f (S) 来表示
    (B) 可以用公式 R = f (S、A) 来表示
    (C) 不必考虑刺激与反应之间的中间过程
    (D) 刺激变量和反应变量之间存在中介变量

131. 关于新行为主义者托尔曼的理论,(   )是正确的。
    (A) B = f (S、P、H、C、A)   (B) 中间变量就是有机体的外部因素
    (C) B = f (S、P、H、T、A)   (D) 刺激和反应之间存在中介变量

132. 关于斯金纳行为主义理论的贡献,下列陈述中正确的有(   )。
    (A) 提出操作条件反射理论
    (B) 提出 R = f (S、A) 的公式,其中 R 为反应,S 为中间变量
    (C) 提出 R = f (S、A) 的公式,其中 R 为反应,A 为第三变量
    (D) 提出经典条件反射理论

133. 社会学习理论强调(   )的观点。
    (A) 人与社会环境相互作用   (B) 模仿学习理论
    (C) 否认认知过程   (D) 人类可替代学习

134. 关于替代学习的概念,下列说法中正确的是(   )。
    (A) 替代学习即是观察学习
    (B) 人们能够操纵符号,思考外部事物
    (C) 人类不可预见行为结果,不需要实际去经验它
    (D) 替代学习属于经典行为主义理论的观点

135. 行为治疗的主要方法包括(   )。
    (A) 系统脱敏法   (B) 自我管理技术
    (C) 厌恶疗法   (D) 内省技术

136. (   )属于行为治疗技术的特点。
    (A) 注重形成靶行为的历史原因
    (B) 用客观的操作性术语描述治疗程序
    (C) 只以外显行为作为评价疗效的标准
    (D) 依据实验研究,从中引申出假设和治疗技术

137. 关于认知心理学观点与行为主义心理学观点的差别,下列说法中正确的是(   )。
    (A) 认知心理学认为刺激进入大脑以后的内部加工过程是重要的
    (B) 行为主义心理学认为内部加工过程是不可探索的黑箱

(C) 行为主义心理学认为信息加工过程需要关注
(D) 认知心理学认为应该探索内部加工过程

138. 关于认知活动的整个流程，下列说法中正确的是(　　)。
(A) 首先赋予感觉材料具体的意义
(B) 中间经过以往的经验和人格结构的折射
(C) 然后刺激物经感觉器官而成为感觉材料
(D) 认知可激活情绪系统和运动系统

139. 关于人本主义，下列说法中正确的是(　　)。
(A) 支持决定论观点
(B) 立场或观点与存在主义哲学紧密地相联
(C) 把实验心理学排除在外
(D) 支持自然一元论

140. 人性心理学认为，(　　)符合人性的概念。
(A) 与其他动物相区别的质的规定性
(B) 三种基本属性的辩证统一体
(C) 人的个性特点
(D) 人类的性具有普遍意义

141. 关于人性心理学，下列说法中正确的是(　　)。
(A) 以人性中的社会属性为中心
(B) 主要说明心理、脑和社会这三者的关系
(C) 关注人性是什么、人性怎么样、人性怎么办这三个问题
(D) 由郭念锋首次提出

142. 心理咨询过程应该(　　)，才能帮助人们认识自己的内外世界。
(A) 侧重对外部世界的认识与评估
(B) 帮助他们认识到自己尚未解决的内部冲突
(C) 对那些有内控倾向的宿命论者更有必要
(D) 指出内外世界的相互作用以及人的积极适应能力

143. 心理咨询过程应该(　　)，从而帮助人们了解和改变不合理的观念。
(A) 帮助求助者总结自己的经验教训
(B) 帮助求助者学会评估自己的思维观念是否合理
(C) 帮助求助者意识到他们的心理问题往往是由自己不合理的观念造成的
(D) 让求助者意识到他们其实十分清楚自己需要什么

144. 心理咨询过程应该让求助者意识到(　　)，从而帮助他们面对现实。
(A) 生存的真实意义仅仅是此时、此地
(B) 只有现在，才是真正可把握的时空
(C) 过去的是历史，现在的是希望
(D) 未来才是真正可把握的时空

145. 心理咨询应该让求助者意识到(　　)，才能帮助人们恰当应对现实。

(A) 不同的反应方式各有各的用途
(B) 保持理性能使人准确地判断形势，完善地形成决策，有效地应对事件
(C) 接纳七情六欲，才有生活质量
(D) 感性、理性、悟性三者把握其一并用其极

146. 只有做到(　　)，才能帮助人们构建合理的行为模式。
(A) 让求助者意识到要控制自己的思想和欲望
(B) 让求助者意识到要将合理的思想和观念付诸行动
(C) 让求助者意识到要发展新的有效行为
(D) 心理咨询师要把握建立合理模式的最佳时机

147. (　　)属于心理咨询中搜集资料的主要途径。
(A) 摄入性谈话记录　　　　(B) 观察记录
(C) 实验室记录　　　　　　(D) 心理测量、问卷调查

148. 心理咨询中所需资料的主要内容包括(　　)。
(A) 目前生活、学习、工作的状况
(B) 观察记录
(C) 心理冲突的性质和强烈程度
(D) 家族健康史

149. 关于心理咨询对于资料的分析过程，下列描述中正确的是(　　)。
(A) 排序就是按出现的时间将所有资料排序
(B) 筛选就是按可能的因果关系确定主症状和派生症状
(C) 比较就是将与症状关系比较远的资料剔除
(D) 分析就是对与症状有关的资料进行分析，找出造成问题的主因和诱因

150. (　　)是少年期产生行为和心理障碍的原因。
(A) 学前期不良教养的影响　　(B) 教师的错误对待
(C) 家长的错误对待　　　　　(D) 学习和生活的双重压力

151. (　　)是造成中年人心理问题的常见原因。
(A) 青年时期个性发展不甚完整
(B) 能力不足
(C) 认知水平的局限
(D) 年龄的增长

152. (　　)是老年人的主要心理需求。
(A) 健康和依存的需求　　　　(B) 工作的需求
(C) 安静的需求　　　　　　　(D) 尊敬的需求

153. (　　)是影响婚后夫妻关系的主要因素。
(A) 结婚动机　　　　　　　　(B) 恋爱过度情绪化
(C) 角色适应不良　　　　　　(D) 性格相容的问题

154. 人类性的生物因素的概念，指的是人类的性(　　)。
(A) 有遗传特性　　　　　　　(B) 是一种随机生理过程

(C) 受到中枢神经系统影响　　　(D) 是一种有序的生理过程

155. 人类"性"之功能多样性主要体现在(　　)。
(A) 不同的文化有不同的性活动形式
(B) 能满足人的生殖需要
(C) 维系夫妻关系上起纽带作用
(D) 能满足人的心理需要

156. 性道德的主要功能作用体现在(　　)。
(A) 社会通过性道德对性行为实行"软"控制
(B) 性道德对性行为的控制具有强制性
(C) 通过社会舆论形成社会压力,以约束不良性行为
(D) 引导社会人群在性行为方面,更加人性化、文明化

157. 性道德标准的双重性表现在(　　)。
(A) 理想期待与现实行为的脱节　　(B) 对男女性行为的道德评判不一致
(C) 过去与现代的不一致　　(D) 理想期待与现实行为相对一致

158. (　　)符合现代性道德严肃性的内涵。
(A) 性行为应在婚姻内进行　　(B) 性行为应是双方爱情的表达
(C) 性行为应该是主动的行为　　(D) 婚前自愿的性行为

159. 现代平等性道德的内涵包括(　　)。
(A) 性交过程中,双方自愿　　(B) 性交中的双方享有同等的权利和义务
(C) 性行为应是双方爱情的表达　　(D) 性行为应在婚姻内进行

160. (　　)属于老年性生活认知偏差的主要表现。
(A) 在性的方面已无能为力　　(B) 一滴精十滴血
(C) 老年少性　　(D) 老年无性

161. (　　)是影响老年性生活的心理因素。
(A) 认知偏差　　(B) 兴趣下降
(C) 人际关系问题　　(D) 对衰老的恐惧

162. 性动机偏离的主要类型包括(　　)。
(A) 泄欲动机　　(B) 性爱和情爱相统一动机
(C) 生育动机和交易动机　　(D) 享乐动机

三、参考答案

单项选择题

1. A	2. C	3. C	4. A	5. A
6. D	7. C	8. B	9. B	10. C
11. A	12. B	13. A	14. B	15. C

16. D	17. A	18. C	19. D	20. D
21. A	22. B	23. A	24. D	25. D
26. D	27. A	28. C	29. D	30. C
31. D	32. B	33. C	34. A	35. C
36. C	37. D	38. D	39. A	40. C
41. A	42. B	43. B	44. D	45. A
46. A	47. C	48. B	49. C	50. D
51. D	52. A	53. D	54. D	55. C
56. A	57. C	58. C	59. D	60. C
61. B	62. A	63. C	64. A	65. D
66. A	67. B	68. B	69. C	70. D
71. B	72. C	73. B	74. A	75. D
76. B	77. D	78. D	79. D	80. C
81. D	82. C	83. C	84. D	85. D
86. C	87. A	88. C	89. A	90. C
91. B	92. A	93. D	94. B	

多项选择题

95. ABCD	96. ABC	97. ABC	98. AD	99. AB
100. AD	101. ABC	102. AB	103. AC	104. ABC
105. AD	106. CD	107. AB	108. AB	109. ABCD
110. AB	111. AB	112. ABCD	113. AD	114. BCD
115. AC	116. ABC	117. BC	118. AC	119. ACD
120. ACD	121. ABCD	122. ABC	123. ACD	124. AD
125. BD	126. ACD	127. ABC	128. AC	129. ABD
130. AC	131. CD	132. AC	133. ABD	134. AB
135. ABC	136. BD	137. ABD	138. BD	139. BC
140. AB	141. BD	142. BD	143. ABC	144. AB

145. ABC	146. BCD	147. ABCD	148. ACD	149. AD
150. AB	151. ABC	152. ABCD	153. ABCD	154. ACD
155. BCD	156. ACD	157. AB	158. AB	159. AB
160. ABD	161. ABCD	162. ACD		

第二部分

国家职业资格培训教程

心理咨询师

(三级)

习题

第一章 心理诊断技能习题

一、单项选择题

1. 初诊接待时，工作人员应有的仪态是（　　）。
    (A) 坐姿端正、服饰入时、表情热情、视线不离开求助者
    (B) 坐姿端正、服饰整洁、表情平和、保持正常社交距离
    (C) 坐姿随意、服饰入时、表情热情、密切注视着求助者
    (D) 坐姿随意、服饰整洁、表情平和、不停地扫视求助者

2. 心理咨询室的面积一般以（　　）左右为宜。
    (A) 6~8平方米
    (B) 10平方米
    (C) 15平方米
    (D) 20平方米

3. 合理配置心理咨询的场所，需要注意的是（　　）。
    (A) 咨询室内要有足够的面积
    (B) 应配备足够数量的方便座椅
    (C) 咨询室的设备要尽可能齐备
    (D) 不需注意是否具保密功能

4. 初诊接待时，正确的询问方式是（　　）。
    (A) 您有什么样问题需要解决，说吧
    (B) 您能否告诉我到底出了什么事吗
    (C) 你希望我能帮助您解决什么问题
    (D) 您找我究竟想要解决什么问题呢

5. 初诊接待中，向求助者介绍心理咨询时正确的描述是（　　）。
    (A) 心理咨询按照对方的要求解决问题
    (B) 心理咨询不能够解决他的全部问题
    (C) 没有必要告知对方什么是心理咨询
    (D) 求助者不必了解心理咨询如何进行

6. 求助者的权利与义务不包括(　　)。
    (A) 如实地提供与心理问题有关的真实信息
    (B) 要按共同商订的时间表进行心理咨询
    (C) 不与咨询师建立咨询以外的任何关系
    (D) 应按时地完成作业并协商解决收费问题

7. 心理咨询中，对于保密原则的把握正确的是(　　)。
    (A) 心理咨询师时刻保守求助者的秘密
    (B) 求助者对于泄密有诉诸法律的权利
    (C) 不必反复地向求助者说明保密原则
    (D) 求助者的所有情况均在保密之列

8. 以下不属于保密例外的项目是(　　)。
    (A) 求助者同意能够透露给他人的信息
    (B) 求助者与咨询无关的个人隐私内容
    (C) 求助者可能对自身造成伤害的情况
    (D) 出现针对咨询师的伦理或法律诉讼

9. 初诊接待时，应该注意的事项是(　　)。
    (A) 尽力地满足求助者的要求　　(B) 可以随意地使用方言
    (C) 严守求助者的所有秘密　　(D) 可以适当地使用专业术语

10. 对心理测量的功能的理解正确的是(　　)。
    (A) 心理测量的作用是极其有限的
    (B) 为使对方信任，可适当地夸大测量的功能
    (C) 心理测验可超出咨询的范围
    (D) 心理测验应限制在咨询范围内

11. 摄入性谈话时，确定谈话的内容和范围时，正确的做法是(　　)。
    (A) 根据临床诊断的结果分析进行谈话
    (B) 对求助者的许多内容分别进行谈话
    (C) 依上级咨询师诊断的结果进行谈话
    (D) 依咨询师主动提出的内容进行谈话

12. 摄入性会谈的主要目的是(　　)。
    (A) 心理治疗　　(B) 收集资料
    (C) 鉴别诊断　　(D) 病因分析

13. 在摄入性谈话中，对倾听的理解正确的是(　　)。
    (A) 自然随意地倾听，不要随便地打断
    (B) 全神贯注地倾听，给予恰当的评论
    (C) 自然随意地倾听，给予恰当的评论
    (D) 全神贯注地倾听，不要随便地打断

14. 控制谈话的方向应把握的要点是(　　)。
    (A) 控制会谈的内容对咨询师最重要

(B) 运用技巧随心所欲地转换话题
(C) 涉及问题时要有计划性和目的性
(D) 应该按照求助者的意愿来进行

15. 对会谈法的理解正确的是( )。
    (A) 恰当地给予评价可以增加求助者的信任感
    (B) 只有在取得信息时，才可中断求助者的谈话
    (C) 即使听不懂谈话的内容，也要表现出很感兴趣
    (D) 只有持非评判性的态度，才能使对方无所顾忌

16. 对中立性态度的理解正确的是( )。
    (A) 对求助者的情绪和行为效应采取肯定的态度
    (B) 对求助者的情绪和行为的规律性给予保留
    (C) 会谈中心理咨询师不应该表明自己的态度
    (D) 对求助者的情绪和行为的后果采取保留态度

17. 对会谈法的种类描述正确的是( )。
    (A) 内容涉及健康人某些问题的谈话是咨询性谈话
    (B) 针对精神变态和行为异常的谈话是危机性谈话
    (C) 通过交谈和观察确定测验的种类的谈话是摄入性谈话
    (D) 通过谈话了解病史和其他状况的谈话是鉴别性谈话

18. 谈话时，咨询师提问过多的原因可能是( )。
    (A) 求助者不善于掌握语言交流的技巧
    (B) 求助者对与咨询师谈话的内容缺乏理解
    (C) 咨询师对求助者的心理障碍缺乏理解
    (D) 求助者对咨询师、对心理咨询各流派缺乏理解

19. 针对心理问题和行为问题的干预所进行的会谈叫( )。
    (A) 摄入性会谈
    (B) 鉴别性会谈
    (C) 治疗性会谈
    (D) 咨询性会谈

20. 心理咨询师在会谈中出现提问过多的错误，基本原因不包括( )。
    (A) 对求助者的心理问题缺乏基本理解
    (B) 对求助者涉及的内容缺乏基本理解
    (C) 咨询师没有掌握言语交流的技巧
    (D) 咨询师青睐于使用言语来进行交流

21. 谈话中不恰当提问的表现形式是( )。
    (A) 开放式询问　　　　　　(B) 解释性问题
    (C) 引导性询问　　　　　　(D) 间接性问题

22. 修饰性反问引起的后果是( )。
    (A) 求助者自我探索过多　　(B) 谈话的内容过于具体

(C) 对求助者毫无益处 (D) 使求助者过分依赖

23. 对会谈法的临床价值的评价是( )。
   (A) 不能够用来预测学习成绩 (B) 信度和效度完全是可靠的
   (C) 即使单独使用，效果也很好 (D) 该方法操作简便且较为完善

24. 使用摄入性谈话时，正确的做法是( )。
   (A) 结束语要客气、诚恳，必要时给出绝对性结论
   (B) 除了进行咨询性谈话外，不能讲任何题外话
   (C) 保持中立性态度，但必要时使用批评性语言
   (D) 避免提问失误，不随意扭转对方谈话的内容

25. 心理测验的正确使用要求( )。
   (A) 咨询师决定是否实施测验，无需求助者同意
   (B) 必要时不必征得上级咨询师的同意，即可施测
   (C) 针对不同的心理问题来选择恰当的测验项目
   (D) 不必说明进行测验和选择某测量手段的原因

26. 所谓乱用心理测验，并不是指( )。
   (A) 为寻找心理问题的原因而使用量表
   (B) 在诊断目的以外使用各种心理量表
   (C) 在临床上使用直接翻译的测验工具
   (D) 凭借直觉对数据以及结果进行解释

27. 一般资料的整理包括求助者的( )。
   (A) 精神状态 (B) 生活状况
   (C) 身体状态 (D) 测验结果

28. 个人成长史资料的整理包括( )。
   (A) 对成长中事件的评价 (B) 家族中其他成员的状况
   (C) 朋友的身体状况如何 (D) 最喜欢的人的状况如何

29. 求助者目前状态的整理包括( )。
   (A) 居住条件和经济状况 (B) 躯体感觉和体检报告
   (C) 家庭情况和婚姻状况 (D) 生活方式和价值取向

30. 验证临床资料的可靠性时，采用的方法一般是( )。
   (A) 录音资料 (B) 测验资料
   (C) 既往经验 (D) 反复追问

31. 给临床资料赋予意义的方法不包括( )。
   (A) 就事论事 (B) 相关分析
   (C) 分析迹象 (D) 实施测验

32. 不同的职业对资料的理解不正确的是( )。
   (A) 临床医生从来访者是否有病的角度看问题
   (B) 行为主义者从学习和认知障碍的角度看问题
   (C) 生态学者从生长环境失去平衡的角度看问题

(D) 非专业观察者常从日常生活的概念看问题
33. 影响资料可靠性的可能因素不包括( )
   (A) 就事论事
   (B) 形成暗示
   (C) 早期印象
   (D) 求助者的处境
34. 了解求助者既往史的内容应该包括( )。
   (A) 医疗机构的质量和职业规范执行的情况
   (B) 目前的心理诊断及咨询过程是否正确
   (C) 对以往心理测验的效果进行正确评价
   (D) 到医院就诊的原因是躯体的，还是心理的
35. 造成求助者的心理与行为问题的关键点的内涵是( )。
   (A) 它是在个体中持久存在并不随环境的变化而改变的形式
   (B) 它是个别临床表现的原因或与表现有联系
   (C) 该因素无论形式如何改变，其本身的性质不变
   (D) 在临床诊断中寻找关键点是相对重要的技能
36. 确定心理与行为问题的关键点的原则是( )。
   (A) 求助者提供的资料不能作为分析问题的依据
   (B) 咨询师凭借经验可以对初期资料作定性分析
   (C) 资料分析时既要可靠、真实，又要符合客观逻辑
   (D) 求助者家属提供的资料最有可靠性和真实性
37. 对判断区分心理正常与心理异常的原则的理解正确的是( )。
   (A) 背离一条原则者就可能为异常
   (B) 背离两条原则者才可能为异常
   (C) 背离三条原则者才可能为异常
   (D) 背离一条原则者不可能为异常
38. 对求医行为的理解不正确的是( )。
   (A) 神经症者常常有强烈的求治愿望
   (B) 由家属陪同者求治的愿望不强烈
   (C) 神经症儿童反复地向家长诉说痛苦
   (D) 精神分裂症的患者很少主动地求医
39. 对症状自知力的理解正确的是( )。
   (A) 求助者能认识自己的异常，但不能作出解释，说明自知力完整
   (B) 求助者能认识问题的存在，但不能分析原因，说明自知力完整
   (C) 求助者能找出问题的原因及与症状的关系，说明自知力完整
   (D) 求助者出现某些思维障碍和行为的异常，说明自知力丧失
40. 健康心理咨询的主要对象不包括( )。
   (A) 心理健康人群
   (B) 一般心理问题
   (C) 严重心理问题
   (D) 部分神经症性问题
41. 对初步印象不正确的理解是，对求助者的( )。

(A) 行为问题的归类诊断形成大致判断
(B) 心理问题的病因种类形成大致判断
(C) 心理问题的归类诊断形成大致判断
(D) 行为问题的严重程度形成大致判断

42. 评估求助者的一般心理健康水平的手段是(　　)。
    (A) 逐个使用国内通用的诊断及鉴别诊断标准进行衡量
    (B) 选择有效的测评工具对求助者的问题进行质量系统控制
    (C) 逐个使用国际通用的诊断及鉴别诊断标准进行衡量
    (D) 逐个使用"心理健康水平评估十项指标"进行衡量

43. 判断心理诊断是否具有科学性的依据是(　　)。
    (A) 测定结果与临床症状应有绝对的一致性
    (B) 诊断有时可以根据一个单项测定而得出
    (C) 诊断是对多项测定进行综合分析的结果
    (D) 任何单项测定不一定有可以比较的常模

44. 对心理诊断目标的理解正确的是(　　)。
    (A) 与一般心理学研究的目标有一定的相似之处
    (B) 确定个体的行为与常模偏离的程度
    (C) 寻求人类总体或某一群体的共同心理规律
    (D) 探求某种心理与行为问题的自然分布情况

45. 对心理诊断的理解正确的是(　　)。
    (A) 外延方面分为广义和狭义两种
    (B) 不采用心理评估—诊断的概念
    (C) 不应限制在临床心理学的范围内
    (D) 能确切地说明治疗前的决策过程

46. 对心理诊断适用范围的理解不正确的是(　　)。
    (A) 对于精神病学只有辅助作用　　(B) 不适合于心理疾病边缘状态
    (C) 适合于心理问题和病因分析　　(D) 基本不涉及精神病学的问题

47. 对一般心理问题的理解正确的是(　　)。
    (A) 问题内容虽未泛化，但人格存在明显的异常
    (B) 此类型心理紊乱的咨询效果一般不会太好
    (C) 反应强度不剧烈并未严重影响思维的逻辑性
    (D) 时间性质有近期发生而有可能持久的特点

48. 判断严重心理问题时，应该考虑到求助者(　　)。
    (A) 是否经历较强烈的既往性刺激
    (B) 生理年龄和心理年龄是否受到影响
    (C) 外在的冲突是否属于道德性质
    (D) 是否存在着器质性的病变基础

49. 对保密原则的理解正确的是(　　)。

(A) 咨询师对于泄密有诉诸法律的权利
(B) 求助者的所有情况均在保密之列
(C) 说明保密原则时，也须说明保密例外
(D) 心理咨询师时刻地保守求助者的秘密

50. 对初诊接待的理解不正确的是（　　）。
(A) 心理咨询有其局限性　　　(B) 应禁止使用专业术语
(C) 尽可能地避免使用方言　　(D) 积极地练习以避免紧张

51. 在摄入性谈话中，对倾听的理解不正确的是（　　）。
(A) 要耐心倾听　　　　　　　(B) 不随便评论
(C) 要及时把握关键点　　　　(D) 可随时打断求助者

52. 对释义的理解正确的是（　　）。
(A) 它是控制会谈和转换话题中不大常用的技巧
(B) 使用释义技巧时，没必要先征得求助者的同意
(C) 指重复并评价对方话题后，顺便提出另一问题
(D) 释义能使求助者感到咨询师所提的问题很合理

53. 对中断概念的理解不正确的是（　　）。
(A) 建议变换地方再谈　　　　(B) 强迫对方停止谈话
(C) 时间有限，下次再谈　　　(D) 暂时休止，然后再谈

54. 对引导概念的理解正确的是（　　）。
(A) 咨询师通过暗示转换话题　(B) 咨询师直接建议转换话题
(C) 由原来话题引申出新话题　(D) 经由中介转换出新的话题

55. 谈话中不正确的操作是（　　）。
(A) 交谈中一般不做笔录和录音　(B) 即使对方同意，也不可录像
(C) 谈话的信息依靠临场记忆整理　(D) 征得求助者同意后，可做笔录

56. 不恰当提问的消极作用不包括（　　）。
(A) 可造成互相依赖和责任转移　(B) 容易使咨询师产生防卫心理
(C) 可减少求助者的自我探索　　(D) 会因不准确的信息而延误确诊

57. 责备性问题引起的不良后果是（　　）。
(A) 使求助者感到威胁　　　　(B) 求助者自我探索过多
(C) 使求助者过分依赖　　　　(D) 谈话的内容过于具体

58. 下列选择谈话内容的原则中，正确的是（　　）。
(A) 能够改变求助者的个性和态度
(B) 尽可能地挖掘求助者的所有情况
(C) 符合求助者的接受能力和兴趣
(D) 可对思维障碍的症状加以讨论

59. 使用心理测验时，把握正确的是（　　）。
(A) 使用心理测验的目的不一定只为诊断
(B) 为深入地了解对方，应尽量多做心理测验

(C) 有时依据心理测验结果可以给出诊断
(D) 任何情况下都应按操作规定实施测验

60. 对求助者一般资料的整理不包括( )。
    (A) 一般婚姻状况　　　　　　(B) 日常活动场所
    (C) 社会交往状况　　　　　　(D) 家庭教养方式

61. 对求助者个人成长史资料的整理不包括( )。
    (A) 就业有没有挫折　　　　　(B) 情绪体验的描述
    (C) 朋友的状况如何　　　　　(D) 最喜欢读的书籍

62. 对求助者目前状态的整理不包括( )。
    (A) 情绪和情感的表现　　　　(B) 自控能力和言行
    (C) 职业和法律的意识　　　　(D) 考勤和工作动机

63. 影响资料可靠性的因素不包括( )。
    (A) 咨询师的倾向性可能形成暗示
    (B) 咨询师依情况，灵活地修改交谈计划
    (C) 过分随意的交谈可能形成暗示
    (D) 资料收集者也是后来的决策者

64. 对主客观统一性原则的理解正确的是( )。
    (A) 人的精神或行为只要与外界环境失去统一，就不能被人理解
    (B) 人的行为虽在量与质方面和外部刺激保持一致，但不一定正常
    (C) 人在行为上只要是超越了均数水平，就表明精神必然是异常的
    (D) 任何正常的心理活动和行为，在形式和内容上不一定与客观环境一致

65. 对人格相对稳定性原则的理解不正确的是( )。
    (A) 是区分精神活动的状况正常与异常的标准之一
    (B) 在没有重大外界变革的情况下，一般不易改变
    (C) 在存在重大外界变革的情况下，可能发生改变
    (D) 在存在重大外界变革的情况下，一般不易改变

二、多项选择题

66. 心理咨询室应具备的条件包括( )。
    (A) 能提供明亮的照明　　　　(B) 具有保密功能
    (C) 配置舒适的座椅　　　　　(D) 配置各种仪器设备

67. 初诊接待中，工作人员不应有的仪态是( )。
    (A) 坐姿随意、服饰入时、表情热情、密切注视着求助者
    (B) 坐姿随意、服饰整洁、表情平和、不停地扫视求助者
    (C) 坐姿端正、服饰整洁、表情平和、保持正常社交距离
    (D) 坐姿端正、服饰入时、表情热情、视线不离开求助者

68. 初诊接待时，不正确的询问方式是( )。

(A) 您有什么样问题需要解决，说吧
(B) 您希望我能帮助您解决什么问题
(C) 您能告诉我到底出了什么事吗
(D) 您找我究竟想要解决什么问题呢

69. 初诊接待中，向求助者介绍心理咨询时不正确的描述是（　　）。
    (A) 没有必要告知对方什么是心理咨询
    (B) 心理咨询不能够解决他的全部问题
    (C) 求助者不必了解心理咨询如何进行
    (D) 心理咨询按照求助者的要求解决问题

70. 心理咨询中，对于保密原则的把握不正确的是（　　）。
    (A) 心理咨询师时刻保守求助者的秘密
    (B) 求助者的所有情况均在保密之列
    (C) 求助者对于泄密有诉诸法律的权利
    (D) 应该反复地向求助者说明保密原则

71. 初诊接待时，应该正确把握的内容是（　　）。
    (A) 避免紧张情绪   (B) 避免使用影响交流的方言
    (C) 严守保密原则   (D) 禁止使用用各种专业术语

72. 心理咨询中，一旦发现求助者有危害自身或他人的情况时，心理咨询师应该（　　）。
    (A) 迅速逃离   (B) 绝对保密
    (C) 在必要时通知有关部门 (D) 在必要时通知他的家属

73. 在摄入性谈话中，确定谈话的内容和范围时，不正确的做法是（　　）。
    (A) 依上级咨询师诊断的结果进行谈话
    (B) 根据临床诊断的结果分析进行谈话
    (C) 根据咨询师观察到的疑点进行谈话
    (D) 依咨询师主动提出的内容进行谈话

74. 在摄入性谈话中，对倾听的理解正确的是（　　）。
    (A) 自然随意地倾听   (B) 全神贯注地倾听
    (C) 不随便地打断谈话   (D) 恰当地给予评论

75. 控制谈话的方向应把握的要点中不正确的是（　　）。
    (A) 应该按照求助者的意愿来进行
    (B) 运用技巧随心所欲地转换话题
    (C) 控制会谈的内容对咨询师最重要
    (D) 涉及问题时要有计划性和目的性

76. 对谈话法的理解正确的是（　　）。
    (A) 只有在取得信息时，才可中断求助者的谈话
    (B) 一旦开始进入会谈，就应该将谈话维持下去
    (C) 只有持非评判性的态度，才能使对方无所顾忌

(D) 即使听不懂谈话的内容，也要表现出很感兴趣

77. 对非批评性性态度的理解不正确的是（　　）。
(A) 会使求助者不知所措
(B) 对求助者情绪和行为的后果采取保留态度
(C) 可使求助者感到获得支持
(D) 对求助者情绪和行为的规律性给予肯定

78. 对谈话法的种类描述正确的是（　　）。
(A) 通过交谈和观察确定测验的种类的谈话是鉴别性谈话
(B) 通过谈话了解病史和其他状况的谈话是摄入性谈话
(C) 针对精神变态和行为异常的谈话是治疗性谈话
(D) 内容涉及健康人某些问题的谈话是咨询性谈话

79. 谈话时，提问过多的原因可能是（　　）。
(A) 咨询师对求助者的心理问题缺乏理解
(B) 求助者对咨询师所提的问题缺乏理解
(C) 咨询师对与求助者谈话的内容缺乏理解
(D) 咨询师不善于掌握语言交流的技巧

80. 不恰当的提问可能会带来的消极作用包括（　　）。
(A) 造成依赖　　　　　　　　(B) 责任转移
(C) 产生过度准确的信息　　　(D) 求助者产生防卫心理

81. 谈话中不恰当提问的表现形式不包括（　　）。
(A) 修饰性反问　　　　　　　(B) 解释性问题
(C) 间接性询问　　　　　　　(D) 开放式询问

82. 选择会谈内容的原则包括（　　）。
(A) 可接受　　　　　　　　　(B) 有效
(C) 积极　　　　　　　　　　(D) 可评估

83. 使用摄入性谈话时，不正确的做法是（　　）。
(A) 避免提问失误，绝对不能扭转对方谈话的内容
(B) 结束语要客气、诚恳，不应该给出绝对性结论
(C) 保持中立性态度，但必要时使用批评性语言
(D) 除了进行咨询性谈话外，不能讲任何题外话

84. 使用心理测验时，不正确的做法是（　　）。
(A) 不必说明进行测验和选择某测量手段的原因
(B) 针对不同的心理问题来选择恰当的测验项目
(C) 必要时不必征得上级咨询师的同意，即可施测
(D) 只有在求助者同意并愿意配合时，才可以实施

85. 所谓乱用心理测验，是指（　　）。
(A) 为寻找心理问题的原因而使用量表
(B) 在诊断目的以外使用各种心理量表

(C) 在临床上使用直接翻译的测验工具
(D) 单纯依据数据结果进行诊断和矫治

86. 一般资料的整理包括求助者的(   )。
    (A) 身体状态   (B) 娱乐活动
    (C) 自我描述   (D) 工作记录

87. 个人成长史资料的整理包括(   )。
    (A) 围产期母亲的身体状况   (B) 家庭教养的方式如何
    (C) 婚姻是否受到过挫折   (D) 目前对既往事件的评价

88. 求助者目前状态的整理不包括(   )。
    (A) 躯体感觉和体检报告   (B) 情感表现和自控能力
    (C) 生活方式和经济状况   (D) 家庭情况和婚姻状况

89. 验证临床资料的可靠性时，采用的方法一般是(   )。
    (A) 反复追问   (B) 补充提问
    (C) 测验资料   (D) 对同一资料从不同来源进行比较

90. 对临床资料进行解释的思路包括(   )。
    (A) 在现象与可能的原因之间建立联系
    (B) 找出偏离正常标准的现象
    (C) 他人对求助者的印象和治疗情况的评价
    (D) 首先考虑与处置方案密切关联的资料

91. 影响资料可靠性的因素可能是(   )。
    (A) 过分随意的交谈可能形成暗示
    (B) 咨询师的倾向性可能形成暗示
    (C) 收集资料者也是后来的决策者
    (D) 不能依情况灵活地做出交谈计划

92. 给临床资料赋予意义的方法包括(   )。
    (A) 就事论事   (B) 相关分析
    (C) 分析迹象   (D) 实施测验

93. 不同的职业对资料的理解正确的是(   )。
    (A) 临床医生从来访者是否有病的角度看问题
    (B) 行为主义者从学习和认知障碍的角度看问题
    (C) 生态学者从生长环境失去平衡的角度看问题
    (D) 非专业观察者常从日常生活的概念看问题

94. 了解求助者既往史的内容应该包括(   )。
    (A) 医疗机构的诊断和治疗以及疗效情况
    (B) 到医院就诊的原因是躯体的，还是心理的
    (C) 目前的心理诊断及咨询过程是否正确
    (D) 对以往心理咨询的效果进行正确评价

95. 对心理与行为问题关键点的内涵的理解不正确的是(   )。

(A) 该因素随着形式的改变，其本身性质也改变
(B) 在临床诊断中寻找关键点是最重要的技能
(C) 它是个别临床表现的原因或与表现有联系
(D) 它是在个体中持久存在并随环境的变化而改变的形式

96. 对区分心理正常与心理异常的原则的理解不正确的是（　　）。
(A) 背离一条原则者不能定为异常
(B) 背离一条原则者就可定为异常
(C) 背离两条原则者才可定为异常
(D) 背离三条原则者才可定为异常

97. 对症状自知力的理解不正确的是（　　）。
(A) 求助者出现某些思维障碍和行为的异常，说明自知力丧失
(B) 求助者能认识自己的异常，但不能做出解释，说明自知力完整
(C) 求助者能找出问题的原因及与症状的关系，说明自知力完整
(D) 求助者能认识问题的存在，但不能分析原因，说明自知力完整

98. 对心理咨询范围的理解不正确的是（　　）。
(A) 心理咨询师应给予对方承诺，以求得信任
(B) 心理咨询对某些问题不一定能起到作用
(C) 咨询师不包揽一切，但可提出指导性意见
(D) 与心理有关系的问题都应该妥善地解决

99. 对初步印象不正确的理解是，对求助者的（　　）。
(A) 行为问题的严重程度形成大致判断
(B) 心理问题的病因种类形成大致判断
(C) 行为问题的病因种类形成大致判断
(D) 心理问题的归类诊断形成大致判断

100. 形成初步印象的正确操作是（　　）。
(A) 对求助者心理问题的严重程度予以评估
(B) 对目前一般心理健康水平予以评估
(C) 对某些含混的临床表现进行鉴别诊断
(D) 把心理问题和神经症完全区分出来

101. 心理诊断的内容包括（　　）。
(A) 获取临床资料　　　　　　(B) 评定心理状态
(C) 制定咨询方案　　　　　　(D) 评估咨询效果

102. 对心理诊断重要性的理解不正确的是（　　）。
(A) 心理诊断是个过程
(B) 心理诊断只是一个结果
(C) 要确定个体的行为与常模偏离的程度
(D) 能揭示群体的共同心理规律

103. 与心理诊断的概念相符合的是（　　）。

(A) 可使用观察法 (B) 曾经就是狭义的专指心理测量
(C) 曾出现在精神医学中 (D) 能确切地说明治疗前的决策过程

104. 对一般心理问题的理解正确的是(   )。
   (A) 问题内容尚未泛化 (B) 咨询效果一般较好
   (C) 反应强度不太剧烈 (D) 人格没有明显异常

105. 判断严重心理问题时,应该考虑到求助者(   )。
   (A) 是否经历较强烈的现实性刺激
   (B) 内心的冲突是否属于道德性质
   (C) 心身及社会功能是否受到影响
   (D) 是否存在着器质性的病变基础

106. 求助者的权利与义务包括(   )。
   (A) 应按时地完成作业并协商解决收费问题
   (B) 如实地提供与心理问题有关的真实信息
   (C) 要按共同商订的时间表进行心理咨询
   (D) 必要时可与咨询师建立咨询以外的关系

107. 对释义的理解不正确的是(   )。
   (A) 使用释义技巧时,没必要先征得求助者的同意
   (B) 指重复并评价对方话题后,顺便提出另一问题
   (C) 释义能使求助者感到咨询师所提的问题很合理
   (D) 它是控制会谈和转换话题中不大常用的技巧

108. 对中断概念的理解不正确的是(   )。
   (A) 时间有限,下次再谈 (B) 建议变换地方再谈
   (C) 强迫对方停止谈话 (D) 直接建议转换话题

109. 对引导概念的理解不正确的是(   )。
   (A) 咨询师通过暗示转换话题 (B) 经由中介转换出新的话题
   (C) 咨询师直接建议转换话题 (D) 由原来话题引申出新话题

110. 谈话中应把握的要点是(   )。
   (A) 征得求助者同意后,可做笔录
   (B) 谈话的信息依靠临场记忆整理
   (C) 交谈中一般不做笔录和录音
   (D) 即使对方同意,也不可录像

111. 对不恰当提问带来的消极作用分析不正确的是(   )。
   (A) 可减少双方共同探索的主动性
   (B) 可造成对方的依赖和责任转移
   (C) 容易使求助者产生防卫心理
   (D) 可产生不准确的信息而延误确诊

112. 使用摄入性谈话时,不正确的做法是(   )。
   (A) 对方自我探索过多 (B) 对求助者毫无益处

(C) 谈话内容过于具体　　　　　(D) 常使谈话陷入僵局

113. 使用心理测验时，把握不正确的是（　　）。
(A) 为深入地了解对方，应尽量多做心理测验
(B) 使用心理测验的目的不一定只为诊断
(C) 特殊情况下可打破操作规定实施测验
(D) 有时依据心理测验结果可以给出诊断

114. 确定心理与行为问题的关键点的原则不包括（　　）。
(A) 求助者家属提供的资料最有可靠性和真实性
(B) 资料分析时既要可靠、真实，又要符合客观逻辑
(C) 咨询师凭借经验可以对初期资料作定性分析
(D) 求助者提供的资料不能作为分析问题的依据

115. 对求医行为的理解正确的是（　　）。
(A) 由家属陪同者求治的愿望不强烈
(B) 神经症者常常有强烈的求治愿望
(C) 神经症儿童反复地向家长诉说痛苦
(D) 重性精神病的患者很少主动地求医

116. 对主客观统一性原则的理解正确的是（　　）。
(A) 人的行为只要在量与质方面和外部刺激保持一致，则必然正常
(B) 人在行为上只要是超越了均数水平，就表明精神必然是异常的
(C) 任何正常的心理活动和行为，在形式和内容上必与客观环境一致
(D) 人的精神或行为只要与外界环境失去统一，必然不能被人理解

117. 心理过程的内在协调一致是区分（　　）。
(A) 一般心理问题和严重心理问题的标准之一
(B) 心理问题与精神性问题的标准之一
(C) 正常心理与异常心理的标准之一
(D) 正常人与心理问题者的标准之一

118. 对个性相对稳定性原则的理解正确的是（　　）。
(A) 在没有重大外界变革的情况下，一般不易改变
(B) 在存在重大外界变革的情况下，一般不易改变
(C) 在没有重大外界变革的情况下，可能发生改变
(D) 在存在重大外界变革的情况下，可能发生改变

三、参考答案

单项选择题

| 1. B | 2. B | 3. A | 4. C | 5. B |
| 6. D | 7. B | 8. B | 9. D | 10. D |

11. B	12. B	13. D	14. C	15. D
16. D	17. A	18. C	19. C	20. D
21. B	22. C	23. A	24. D	25. C
26. A	27. B	28. A	29. B	30. B
31. D	32. C	33. A	34. D	35. C
36. C	37. A	38. B	39. C	40. A
41. B	42. D	43. C	44. B	45. D
46. B	47. C	48. D	49. C	50. B
51. D	52. D	53. B	54. C	55. B
56. B	57. A	58. C	59. D	60. D
61. B	62. C	63. B	64. A	65. D

多项选择题

66. BC	67. ABD	68. ACD	69. ACD	70. AB
71. ABC	72. CD	73. ABD	74. BC	75. ABC
76. BC	77. AC	78. ABCD	79. ACD	80. ABD
81. CD	82. ABC	83. ACD	84. AC	85. BCD
86. BCD	87. ABCD	88. CD	89. BCD	90. AB
91. ABCD	92. ABC	93. ABD	94. ABD	95. AC
96. ACD	97. ABD	98. ACD	99. BC	100. ABC
101. AB	102. BD	103. ABCD	104. ABCD	105. ABCD
106. BC	107. ABD	108. CD	109. ABC	110. ABC
111. AD	112. AC	113. ABCD	114. ACD	115. BCD
116. ACD	117. BC	118. AD		

第二章 心理咨询技能习题

一、单项选择题

1. 咨询关系的建立受到( )的双重影响。
   (A) 咨询师与求助者　　　　　　(B) 咨询动机与期望程度
   (C) 自我觉察水平与行为方式　　(D) 合作态度与咨询方法
2. 正确的咨询态度包含的五种要素是尊重、热情、真诚、共情和( )。
   (A) 咨询特质　　　　　　　　　(B) 积极关注
   (C) 咨询技巧　　　　　　　　　(D) 职业理念
3. 下列说法中错误的是( )。
   (A) 尊重意味着将求助者作为活生生的人去对待
   (B) 尊重应当体现为对求助者的无条件接纳
   (C) 尊重可以唤醒求助者的自信心
   (D) 对求助者的尊重是有条件的
4. 尊重求助者的意义在于( )。
   (A) 使求助者最大限度地表达自己　(B) 使求助者获得自我价值感
   (C) 可以唤起求助者的自尊心和自信心 (D) 以上三点
5. 对求助者的尊重，并不包含( )。
   (A) 对求助者一视同仁　　　　　(B) 信任求助者
   (C) 不得讨论与咨询密切相关的隐私 (D) 接纳求助者错误的价值观
6. "无条件地接纳"求助者，并不意味着( )。
   (A) 接纳求助者全部的优点和缺点　(B) 对求助者的恶习无动于衷
   (C) 充分尊重求助者的价值观　　(D) 接受求助者的光明面和消极面
7. 下列说法中正确的是( )。
   (A) 尊重与真诚难以兼顾
   (B) 对于品行有问题的求助者持否定态度，可以表达对求助者的真诚
   (C) 对求助者讲原则、论是非，是不尊重的表现
   (D) 尊重意味着真诚

8. 下列说法正确的是( )。
   (A) 咨询师在人格方面与求助者是平等的
   (B) 转介是对求助者的不尊重
   (C) 咨询师对求助者的接纳是有条件的
   (D) 咨询师有权利探问求助者的隐私
9. 热情与尊重相比,下列说法中错误的是( )。
   (A) 尊重与求助者的距离更近些
   (B) 热情要体现在咨询的全过程
   (C) 尊重具有理性色彩
   (D) 热情具有感情色彩
10. 咨询师体现热情时,错误的做法是( )。
    (A) 初次来访时,热情地询问各种问题
    (B) 耐心地倾听求助者的叙述
    (C) 对求助者作指导解释时,不厌其烦
    (D) 流露真情实感
11. 真诚是指咨询师在咨询过程中( )。
    (A) 以"职业的我"出现
    (B) 没有防御式伪装
    (C) 把自己藏在专业角色的后面
    (D) 按照例行程序公事公办
12. 下列说法中值得商榷的是( )。
    (A) 真诚在咨询活动中具有重要的意义
    (B) 真诚可以为求助者提供安全、自由的氛围
    (C) 真诚可以为求助者提供榜样
    (D) 真诚不应有半点掩饰和虚假
13. 关于表达真诚,下列说法中错误的是( )。
    (A) 真诚就是说实话
    (B) 真诚不是自我发泄
    (C) 真诚应当实事求是
    (D) 表达真诚应当适度
14. "真诚不等于说实话"的含义是( )。
    (A) 真诚与说实话之间没有联系
    (B) 表达真诚不能通过言语
    (C) 表达真诚应有助于求助者的成长
    (D) 真诚就是说好话
15. 关于共情,下列说法中错误的是( )。
    (A) 共情就是体验求助者的内心世界
    (B) 共情就是把握求助者的情感、思维
    (C) 共情是最关键的咨询特质
    (D) 共情就是必须与求助者拥有同样的情感
16. 共情的三个具体含义中并不包括( )。
    (A) 咨询师要以自己的参照框架去剖析求助者的问题
    (B) 咨询师借助于求助者的言行,体验对方的内心世界
    (C) 咨询师借助于知识和经验,把握对方的体验与其人格之间的联系

(D) 咨询师要运用技巧将自己的共情传达给求助者
17. 共情对于咨询活动而言，最重要的意义在于(　　)。
   (A) 有利于咨询师收集材料　　(B) 建立积极的咨询关系
   (C) 有利于求助者自我表达　　(D) 可使求助者感到满足
18. 缺乏共情容易造成的咨询后果是(　　)。
   (A) 求助者充满期待　　(B) 求助者加紧自我探索
   (C) 求助者感到受伤害　　(D) 咨询师的反应更加具有针对性
19. 正确理解和使用共情时，应注意避免(　　)。
   (A) 咨询师走出自己的参照框架
   (B) 咨询师验证自己的共情程度
   (C) 表达共情因人而异
   (D) 表达共情不考虑对方的特点和文化背景
20. 积极关注指的是(　　)。
   (A) 关注求助者言行的积极面　　(B) 关注求助者的负性情绪
   (C) 关注求助者的身体状况　　(D) 关注求助者对咨询师的态度
21. 积极关注的临床意义并不在于(　　)。
   (A) 消除求助者的自卑感　　(B) 促进咨询双方彼此了解
   (C) 帮助求助者看到自身的长处　　(D) 使求助者拥有积极的价值观
22. 积极关注的注意事项中并未提及(　　)。
   (A) 避免盲目乐观　　(B) 反对过分消极
   (C) 积极关注应有限度　　(D) 立足实事求是
23. 收集求助者的资料时，围绕的七个问题中最重要的是(　　)。
   (A) who　　(B) what
   (C) why　　(D) how
24. 选择与求助者谈话的方式时，应当考虑的求助者自身因素包括(　　)。
   (A) 年龄特征　　(B) 性格特征
   (C) 文化特征　　(D) 以上三者
25. 深入了解求助者时，重点在于(　　)。
   (A) 明确求助者想要解决的问题　　(B) 进一步了解问题的来龙去脉
   (C) 澄清求助者的真实想法　　(D) 深入地探讨求助者问题的深层原因
26. 深入了解求助者时，可以从(　　)入手。
   (A) 深入地探讨求助者问题的深层原因
   (B) 明确求助者想要解决的问题
   (C) 澄清求助者的真实想法
   (D) 进一步了解问题的来龙去脉
27. 求助者的主要问题不一定是(　　)的问题。
   (A) 最关心　　(B) 最困扰自己
   (C) 最先提出　　(D) 最需要解决

28. 咨询目标应该是(　　)。
    (A) 咨询师的目标
    (B) 求助者的目标
    (C) 双方商定的目标
    (D) 上级咨询师布置的目标
29. 有效咨询目标的基本要素不包括(　　)。
    (A) 具体可行
    (B) 双方可接受
    (C) 解决求助者的实际困难
    (D) 属于心理学性质
30. 心理咨询的终极目标的含义是(　　)。
    (A) 多层次统一
    (B) 目标积极有效
    (C) 近期目标与远期目标的整合
    (D) 完善求助者的人格
31. 咨询的终极目标与具体目标的关系是(　　)。
    (A) 从终极目标着眼，从具体目标着手
    (B) 以具体目标为指导，实现终极目标
    (C) 从具体目标着眼，从终极目标着手
    (D) 由具体目标出发，确定终极目标
32. 确定咨询目标时常见的错误观念包括(　　)。
    (A) 咨询师可以带有自己的价值观
    (B) 咨询师不可灌输自己的价值观
    (C) 将求助者的快乐、满足作为咨询目标
    (D) 不把求助者能否适应环境作为咨询目标
33. 关于不同咨询流派的咨询目标，下列说法中正确的是(　　)。
    (A) 人本主义学派在于帮助求助者消除自我失败感
    (B) 行为主义学派在于帮助求助者成为自主性的人
    (C) 精神分析学派在于帮助求助者将潜意识意识化
    (D) 完形学派在于帮助求助者有创作自由、策略自由
34. 教材中划分的心理咨询基本阶段中不包括(　　)。
    (A) 巩固阶段
    (B) 诊断阶段
    (C) 咨询阶段
    (D) 评估阶段
35. 关于教材中提到的心理咨询三个阶段的主要工作内容，下列说法中正确的是(　　)。
    (A) 诊断阶段只包括做出诊断
    (B) 咨询阶段的重点在于建立咨询关系
    (C) 诊断阶段包括确立咨询目标
    (D) 巩固阶段是咨询的总结、提高阶段
36. 关于制定心理咨询方案，下列说法中错误的是(　　)。
    (A) 咨询方案是必需的
    (B) 可以使咨询双方明确行动目标
    (C) 只是为了满足求助者的知情权
    (D) 为了便于操作、便于检查
37. 心理咨询方案不包含(　　)。
    (A) 双方的责权义
    (B) 咨询的效果及评价手段

(C) 咨询的目标 (D) 内容的不可变更性

38. 咨询方案中需要明确的求助者的责任不包括（　　）。
    (A) 遵守咨询机构的有关规定　　(B) 向咨询师提供真实的资料
    (C) 积极地与咨询师一起探索　　(D) 完成双方商定的作业

39. 咨询方案中需要明确的求助者的权利包括（　　）。
    (A) 遵守职业道德　　(B) 提供真实的资料
    (C) 提出中止咨询　　(D) 完成商定的作业

40. 咨询方案中需要明确的求助者的义务包括（　　）。
    (A) 遵守预约时间　　(B) 积极地探索解决问题
    (C) 完成商定的作业　　(D) 选择咨询方案

41. 咨询方案中需要明确的咨询师的责任是（　　）。
    (A) 遵守咨询机构的有关规定　　(B) 介绍个人的受训背景
    (C) 遵守职业道德和相关法律法规　　(D) 尊重求助者

42. 咨询方案中需要明确的咨询师的权利并不包括（　　）。
    (A) 了解与求助者心理问题有关的个人资料
    (B) 选择合适的求助者
    (C) 可以提出转介或中止咨询
    (D) 遵守预约时间

43. 咨询方案中需要明确的咨询师的义务是（　　）。
    (A) 尊重求助者　　(B) 遵守国家法律法规
    (C) 严守保密原则　　(D) 贯彻中立原则

44. 心理咨询的次数一般是（　　）。
    (A) 每周1~2次　　(B) 每周2~3次
    (C) 两周1次　　(D) 每月1次

45. 心理咨询的时间安排，一般是每次（　　）。
    (A) 40分钟　　(B) 50分钟
    (C) 60分钟　　(D) 70分钟

46. 八种参与性技术中不包括（　　）。
    (A) 倾听　　(B) 面质
    (C) 内容反应　　(D) 情感反应

47. 关于倾听技术，不正确的做法是（　　）。
    (A) 设身处地地听　　(B) 适当地表示理解
    (C) 适当地给予价值评价　　(D) 通过言语或非言语作出反应

48. 倾听时容易出现的错误是（　　）。
    (A) 过分重视求助者的问题　　(B) 迟迟不下结论
    (C) 不好意思打断求助者的叙述　　(D) 做出道德和正确性的评价

49. 倾听时的鼓励性回应技巧中最常用、最简便的是（　　）。
    (A) 点头　　(B) 目光注视

(C) 手势　　　　　　　　　　　　(D) 言语

50. 开放式询问常用的是(　　)。
    (A) 是不是　　　　　　　　　　(B) 为什么
    (C) 对不对　　　　　　　　　　(D) 要不要

51. 开放式询问的实施方法是(　　)。
    (A) 带"什么"的询问可以获得一些事实、资料
    (B) 带"如何"的询问往往引出对原因的探讨
    (C) 带"为什么"的询问可以促使求助者自我剖析
    (D) 带"能不能"的询问往往涉及求助者的隐私

52. 封闭式询问一般用于(　　)。
    (A) 澄清事实真相　　　　　　　(B) 叙述情绪反应
    (C) 剖析问题原因　　　　　　　(D) 介绍事件背景

53. 封闭式询问一般不用(　　)。
    (A) 有没有　　　　　　　　　　(B) 是不是
    (C) 对不对　　　　　　　　　　(D) 为什么

54. 鼓励技术中最常用的方法是(　　)。
    (A) 不断地提问
    (B) 强化求助者叙述的内容其鼓励其进一步表述
    (C) 及时地表扬
    (D) 给予奖励

55. 鼓励技术的功能在于(　　)。
    (A) 促进会谈　　　　　　　　　(B) 使咨询师可以少说多听
    (C) 检验咨询关系　　　　　　　(D) 让求助者充分表现

56. 内容反应技术又可以称作(　　)。
    (A) 内容表达　　　　　　　　　(B) 释义技术
    (C) 反馈　　　　　　　　　　　(D) 回复

57. 咨询师选择求助者谈话的实质性内容，用自己的话将其表达出来，在咨询活动中称之为(　　)。
    (A) 概括　　　　　　　　　　　(B) 总结
    (C) 归纳　　　　　　　　　　　(D) 释义

58. 情感反应与内容反应的区别在于(　　)。
    (A) 前者针对的是求助者的情绪反应
    (B) 后者针对的是求助者的内心感受
    (C) 前者关心的是求助者的认知活动
    (D) 后者关心的是求助者的谈话过程

59. 情感反应最有效的方法是(　　)。
    (A) 针对求助者过去的情感　　　(B) 针对求助者现在的情感
    (C) 引发求助者的矛盾情绪　　　(D) 忽略求助者的矛盾情绪

60. 具体化技术是指咨询师帮助求助者(　　)。
　　(A) 清楚地说明所经历的事件　　(B) 将思想与情感分开
　　(C) 将理想与现实分开　　(D) 将所思所想加以简要地概括

61. 具体化技术的作用在于(　　)。
　　(A) 让求助者掌握具体的解决问题的方法
　　(B) 让求助者学会具体的行为技术
　　(C) 让求助者从具体小事入手完善自己
　　(D) 通过讨论引起求助者不合理情绪的具体事件，让求助者明白真相

62. 参与性概述是指(　　)。
　　(A) 团体咨询时常用的互动形式
　　(B) 咨询师让求助者参与总结
　　(C) 咨询师将求助者的言语、行为、情感综合整理后，简要地表达出来
　　(D) 咨询双方共同地讨论总结

63. 下列说法中错误的是(　　)。
　　(A) 非言语行为能够提供许多言语不能直接提供的信息
　　(B) 非言语行为能反映求助者想要回避或隐瞒的内容
　　(C) 咨询师可以利用非言语行为表达对求助者的理解
　　(D) 非言语行为的含义是唯一的

64. 八种影响性技术中并不包括(　　)。
　　(A) 指导　　(B) 倾听
　　(C) 面质　　(D) 自我开放

65. 面质技术的含义是(　　)。
　　(A) 当面质问求助者　　(B) 求助者对咨询师质疑
　　(C) 指出求助者身上存在的矛盾　　(D) 咨询双方当面对质

66. 咨询中使用面质的目的是(　　)。
　　(A) 协助求助者促进对自己的了解　　(B) 展示咨询师的专业实力
　　(C) 让求助者拥有争辩的权利　　(D) 让咨询双方的讨论更为激烈、深入

67. 关于面质技术，下列说法中正确的是(　　)。
　　(A) 完形学派鼓励求助者辨别言语表达与非言语表达之间的差异
　　(B) 理性情绪学派鼓励求助者去检验自己的行为是否真实与负责
　　(C) 现实疗法激励求助者重新评估仍然影响其生活的早年重要决定
　　(D) 交互分析法促使求助者培养理性信念

68. 解释技术的含义是运用心理学理论(　　)。
　　(A) 描述求助者的思想状态
　　(B) 描述求助者的情感反应
　　(C) 描述求助者的行为特点
　　(D) 说明求助者思想、情感、行为的原因与实质

69. 解释与释义的区别在于(　　)。

(A) 释义是从咨询师的参考框架出发
(B) 解释是从求助者的参考框架出发
(C) 解释是为求助者提供新的思维方法
(D) 释义是为咨询师提供反馈信息

70. 解释技术的正确做法是（　　）。
(A) 准确地把握情况　　　　　　(B) 不分对象
(C) 不分时间、场合　　　　　　(D) 坚持说明原因

71. 关于指导技术，下列说法中正确的是（　　）。
(A) 指导要随时地进行
(B) 指导技术的关键在于咨询师的理解
(C) 咨询师直接指示求助者以某种方式行动
(D) 求助者必须听从咨询师的指导

72. 关于不同理论流派的指导方法，下列说法中错误的是（　　）。
(A) 精神分析学派指导求助者通过自由联想寻找问题的根源
(B) 行为主义学派指导求助者进行各种行为的训练
(C) 完形学派习惯于做角色扮演的指导
(D) 理性情绪学派指导求助者如何调整情绪

73. 下列说法中错误的是（　　）。
(A) 情感表达是咨询师向求助者告知自己的情绪、情感活动
(B) 情感反应是咨询师反映求助者叙述中的情感内容
(C) 情感表达可以疏解咨询师的情绪
(D) 情感表达可以为求助者做示范

74. 内容表达技术与内容反应技术的区别在于（　　）。
(A) 内容表达是咨询师向求助者传递信息，提出忠告
(B) 内容反应是求助者向咨询师做出反应
(C) 内容表达是求助者向咨询师表达自己的意见
(D) 内容反应是咨询师向求助者如实地谈出看法

75. 自我开放的含义是（　　）。
(A) 咨询师公开自己的困扰，让求助者分担
(B) 咨询师谈出自己的经验，与求助者分享
(C) 咨询师可以在咨询过程中进行自我调节
(D) 借助于求助者的自我开放，咨询师可以自我开放

76. 自我开放的主要形式是（　　）。
(A) 开诚布公地袒露自己
(B) 自觉、主动地公开个人生活
(C) 自我剖析、自我批判
(D) 暴露与求助者所谈内容有关的个人经验

77. 影响性概述与参与性概述的不同之处是（　　）。

(A) 影响性概述是咨询师将自己叙述的主题以简明的形式表达出来
(B) 参与性概述是求助者将自己叙述的主题以简明的形式表达出来
(C) 影响性概述是咨询师将对方叙述的主题以简明的形式表达出来
(D) 参与性概述是求助者将对方叙述的主题以简明的形式表达出来

78. 下列说法中错误的是(　　)。
(A) 非言语行为可以传达共情的态度
(B) 非言语行为可以对言语的内容作出修正
(C) 非言语行为只能伴随言语出现
(D) 非言语行为受价值观影响

79. 下列说法中不符合目光注视的一般规律的是(　　)。
(A) 倾听时，注视对方双眼
(B) 讲者比听者更少注视对方
(C) 比起异性来，对同性的注视可能更多些
(D) 人们更愿意注视使自己感到愉悦的人

80. 达尔文在《人和动物的感情表达》中描述的"眼睛和嘴巴张大，眉毛上扬"的表情的含义是(　　)。
(A) 害羞   (B) 惊愕
(C) 愤慨   (D) 沮丧

81. 亚历山大·洛温博士在《人体动态与性格结构》一书中提到(　　)。
(A) 耷拉着的肩膀表示内心受到压抑
(B) 竖着的肩膀和愤怒有关
(C) 肩膀平齐是精神负担沉重的反映
(D) 弯曲的肩膀说明能承担责任

82. 下列说法中不符合声音特质的一般规律的是(　　)。
(A) 音调提高表示强调   (B) 节奏加快表示紧张
(C) 节奏变慢表示正在思考   (D) 语气冷峻表示关心

83. 咨询室内咨询双方座位的适宜距离大约是(　　)米。
(A) 0.5   (B) 1
(C) 1.5   (D) 2

84. 阻抗的本质是(　　)。
(A) 求助者对于心理咨询过程中自我暴露和自我改变的抵抗
(B) 求助者对于咨询师的反感和抵制
(C) 咨询师对求助者异常行为的阻拦
(D) 咨询过程中出现的异常情况的总称

85. 在讲话程度上，最常见的阻抗的表现形式是(　　)。
(A) 寡言   (B) 沉默
(C) 赘言   (D) 抵触

86. 卡瓦纳提出的产生阻抗的原因中不包括(　　)。

(A) 来自成长中的痛苦　　　　　　(B) 来自功能性的行为失调
(C) 来自对抗咨询的心理动机　　　(D) 来自家庭的干扰

87. 应付阻抗的要点是(　　)。
    (A) 认识到出现阻抗是非常严重的问题
    (B) 把求助者看作咨询中的对手
    (C) 调动对方的积极性
    (D) 认识到阻抗是求助者设置的障碍

88. 沉默现象的几种主要类型中并不包括(　　)。
    (A) 理智型　　　　　　　　　　(B) 怀疑型
    (C) 茫然型　　　　　　　　　　(D) 反抗型

89. 容易出现多话现象的求助者中，一般不包括(　　)。
    (A) 宣泄型　　　　　　　　　　(B) 倾吐型
    (C) 表白型　　　　　　　　　　(D) 内向型

90. 移情的两种不同类型是(　　)。
    (A) 正移情和反移情　　　　　　(B) 深移情和浅移情
    (C) 负移情和正移情　　　　　　(D) 明移情和暗移情

91. 阳性强化法属于(　　)。
    (A) 精神分析疗法　　　　　　　(B) 现实疗法
    (C) 完形疗法　　　　　　　　　(D) 行为疗法

92. 阳性强化法的实际操作中，错误的做法是(　　)。
    (A) 靶目标设置得越大越好
    (B) 设定的目标行为应可测量与分析
    (C) 观察目标行为的直接后果对不良行为的强化作用
    (D) 设计新的结果，以取代以往的不良行为产生的直接后果

93. 在合理情绪疗法的ABC理论中(　　)。
    (A) A代表看法或信念　　　　　(B) B代表行为后果
    (C) C代表诱发事件　　　　　　(D) 以上全错

94. 在合理情绪疗法中，咨询师需要帮助求助者达到的三种领悟中不包括(　　)。
    (A) 诱发事件是产生不良情绪的根源
    (B) 信念引起了情绪及行为后果，而不是诱发事件本身
    (C) 求助者对自己的情绪和行为反应负有责任
    (D) 只有改变了不合理的信念，才能减轻或消除他们目前存在的各种症状

95. 在合理情绪疗法的修通阶段最常用的技术方法是(　　)。
    (A) 与不合理的信念辩论　　　　(B) 合理情绪想象技术
    (C) 家庭作业　　　　　　　　　(D) 行为技术

96. 在合理情绪疗法中，咨询师可以运用的"黄金规则"是(　　)。
    (A) 我对别人怎样，别人必须对我怎样
    (B) 像你希望别人如何对待你那样去对待别人

(C) 别人必须喜欢我，接受我
(D) 滴水之恩，涌泉相报

97. 合理情绪疗法中的自助表（RET）技术不包括(　　)。
(A) 先让求助者写出事件 A 和结果 C
(B) 从表中列出的十几种常见的不合理的信念中找出符合自己情况的 B
(C) 要求求助者对 B 逐一分析，并找出可以代替那些 B 的合理的信念
(D) 最后求助者要进行全身松弛训练

98. 合理情绪疗法中的合理自我分析报告（RSA 技术）与 RET 技术的区别是(　　)。
(A) RSA 技术要求求助者写出 ABCDE 各项
(B) RET 技术以与不合理的信念辩论为主
(C) RSA 技术不像 RET 技术那样有严格、规范的步骤
(D) RSA 可以作为家庭作业

99. 艾利斯总结的导致神经症的 11 类不合理的信念不包括(　　)。
(A) 每个人绝对要获得生活中重要人物的喜爱和赞许
(B) 人对于自身的痛苦可以控制和改变
(C) 个人是否有价值，完全在于它是否在各方面都有所成就
(D) 如果事情非己所愿，就是一件可怕的事情

100. 非理性观念的主要特征并不包括(　　)。
(A) 绝对化的要求　　　　　　(B) 追求完美
(C) 过分的概括化　　　　　　(D) 糟糕至极

101. 合理情绪疗法的主要目标中的"完美目标"是(　　)。
(A) 使求助者能带着最少的焦虑、抑郁和敌意去生活
(B) 使求助者拥有比较现实、理性、宽容的生活哲学
(C) 降低求助者的不良情绪体验
(D) 使求助者克服负性生活事件的困扰

102. 合理情绪疗法的局限性在于(　　)。
(A) 不易操作　　　　　　　　(B) 缺少理论
(C) 不适用于过分偏执者　　　(D) 不适用于文化水平高的人

103. 咨询阶段性小结主要包括(　　)。
(A) 咨询师的小结　　　　　　(B) 求助者的小结
(C) 咨询双方共同讨论的结果　(D) 以上全部内容

104. 咨询结果一般可以分为(　　)种。
(A) 2　　　　　　　　　　　　(B) 3
(C) 4　　　　　　　　　　　　(D) 5

105. 在结束咨询关系的程序中，最重要的是(　　)。
(A) 确定咨询结束的时间
(B) 全面地回顾和总结

(C) 帮助求助者运用所学的方法和经验
  (D) 让求助者接受离别

106. 评估咨询效果时，评价的内容应以( )为主。
  (A) 求助者的意见 (B) 咨询目标
  (C) 咨询师的意见 (D) 双方的意见

107. 各种心理咨询方法都有效的共同因素中，最不重要的是( )。
  (A) 求助者希望改变自身状况的动机
  (B) 有针对性的咨询辅导
  (C) 求助者本身的成长、复愈的能力
  (D) 咨询场所的条件

108. 心理咨询案例记录的作用在于( )。
  (A) 避免咨询师遗忘 (B) 保证咨询关系的专业性
  (C) 作为咨询收费的依据 (D) 可以查阅咨询计划

109. 在每次的咨询记录中，用第一人称来写的是( )。
  (A) 求助者来访时的特征
  (B) 咨询中的谈话内容
  (C) 对咨询印象的总结
  (D) 综合咨询话题、求助者主诉内容和问题的记录

110. 咨询阶段性小结的主要目的并不在于( )。
  (A) 总结资料，撰写论文 (B) 发现新的情况和问题
  (C) 把握关键要素 (D) 促进心理咨询更加深入

111. 以下不适宜作为咨询对象的特征是( )。
  (A) 人格正常 (B) 动机正确
  (C) 行动自觉 (D) 智力偏低

112. 不适宜的咨询对象的类型并不包括( )。
  (A) 欠缺型 (B) 坦诚型
  (C) 忌讳型 (D) 冲突型

113. 咨询转介的不正确做法是( )。
  (A) 征求并尊重求助者的意见
  (B) 对新咨询师提供包括求助者隐私在内的全部情况
  (C) 对新求助者提供个人分析的意见
  (D) 完全不干预新咨询师的咨询活动

114. 以下对于心理咨询师的职业理解中，唯一正确的表述是( )。
  (A) 能解决心理问题的助人者都是心理咨询师
  (B) 心理咨询师只要解决求助者的问题，无论选用什么方法都可以
  (C) 心理咨询师帮助求助者解决问题的范畴非常明确，是心理学方面的问题
  (D) 心理咨询师在解决求助者心理问题上是唯一最专业的职业工作者

115. 心理咨询的工作模式是( )。

(A) 求助者主动的模式　　　　　(B) 咨询师主动的模式
(C) 求助者被迫的模式　　　　　(D) 咨询师主导的模式

116. 能否遵循(　　)原则是心理咨询存在的前提条件或先决条件。
(A) 自我保护　　　　　　　　　(B) 保密
(C) 避免双重关系　　　　　　　(D) 价值中立

117. (　　)是心理咨询中咨询师与求助者双方共同的责任与任务。
(A) 严格地遵守保密原则　　　　(B) 建立和维护良好的咨询关系
(C) 相互坦白各自的成长经历　　(D) 相互留下手机等重要的联络方式

118. "心理咨询师是求助者的榜样，也是求助者人生路上的导师。"这种观点体现了职业理念上的(　　)的误区。
(A) 宣扬自己　　　　　　　　　(B) 主观、武断
(C) 好为人师　　　　　　　　　(D) 同情、怜悯

119. 某位咨询师认为："我是专业的助人者，只有在咨询中体现我的专业和权威，才能保证求助者对我的信任。"这种观点违背了(　　)的咨询态度。
(A) 尊重　　　　　　　　　　　(B) 真诚
(C) 热情　　　　　　　　　　　(D) 共情

120. 某位咨询师这样回应求助者的倾诉："听起来，你感到犹豫不决，因为你在继续考研和直接工作就业这两个生涯选择上不知如何是好。不知道我这样讲，是否体会了你的心情？"这种表述体现了(　　)。
(A) 咨询师对求助者的热情
(B) 咨询师对求助者的积极关注
(C) 咨询师对求助者的共情并能验证共情的准确性
(D) 咨询师对求助者的同情

121. 以下是求助者与咨询师商定的一些咨询目标，(　　)的目标符合"积极"的特征。
(A) 我希望丈夫回家早一点，这样我们夫妻之间才能很好地沟通
(B) 我不想每天都这样焦虑，这样我才能提高工作效率
(C) 我不愿意再与孩子冷战下去，否则我担心孩子的心理健康
(D) 我要每天多鼓励和表扬孩子，这样可能改善亲子关系

122. 以下各咨询环节中，属于心理诊断阶段的是(　　)。
(A) 商定咨询目标　　　　　　　(B) 商定咨询方案
(C) 协商选择心理测验工具　　　(D) 调整求助者的求助动机

123. 放松训练是(　　)中使用最广泛的技术之一。
(A) 完形疗法　　　　　　　　　(B) 认知疗法
(C) 行为疗法　　　　　　　　　(D) 理性情绪疗法

124. 下列说法正确的是(　　)。
(A) 放松训练的方法只能单独使用
(B) 放松训练对独立性强的求助者效果显著

(C) 放松训练的关键是放松

(D) 练习放松时，可以不避免干扰

125. 以下关于解释技术的表述和理解，正确的是（　　）。

(A) 解释技术属于内容表达，侧重于对某一问题做理论上的分析

(B) 解释是站在求助者的思考框架上，帮助他自圆其说自己的问题

(C) 解释就是运用心理学理论对求助者的问题进行内容反应

(D) 解释是咨询师专业能力的体现，一般是不容求助者质疑的

126. 某儿童很少做家务，某日突然做了家务，妈妈为了让他保持这个良好行为，宣布撤销以前对他懒惰的惩罚："每天抄写50个英语单词。"这是（　　）。

(A) 正强化　　　　　　　　　(B) 负强化

(C) 正惩罚　　　　　　　　　(D) 负惩罚

127. 应用行为塑造技术时，应该对求助者使用（　　）刺激物。

(A) 最强有力的　　　　　　　(B) 适中的

(C) 最弱的　　　　　　　　　(D) 毫无危险的

128. 合理情绪疗法虽然与求助者中心疗法有很大的区别，但在对（　　）上，两者的观点是一致的。

(A) 指导性技术的应用　　　　(B) 求助者不合理的信念改变的方式上

(C) 求助者的行为塑造上　　　(D) 求助者无条件地接受

129. 当求助者大量陈述与咨询完全没有关系的内容时，咨询师妥当的处理方式是（　　）。

(A) 在求助者讲话的间隙，进行内容反应并提出新问题，控制谈话的方向和内容

(B) 一直做一个耐心的倾听者，不做任何处理

(C) 直接指出求助者的陈述离题太远，打断其谈话

(D) 顺着求助者的话题继续，相信求助者会自动转换话题

130. 求助者在咨询中经常出现不按时间前来咨询，或借故迟到早退等现象，这表明（　　）。

(A) 求助者存在讲话方式的阻抗　(B) 求助者存在咨询关系的阻抗

(C) 求助者存在讲话内容的阻抗　(D) 求助者存在讲话程度的阻抗

131. 父母对孩子的无理取闹行为，不予注意、不予理睬，可能慢慢地减弱这些行为，这是（　　）。

(A) 代币法　　　　　　　　　(B) 惩罚法

(C) 增强法　　　　　　　　　(D) 消退法

132. "如果事情非己所愿，那将是一件可怕的事情。"这种不合理的信念符合（　　）的特征。

(A) 绝对化　　　　　　　　　(B) 糟糕至极

(C) 以偏概全　　　　　　　　(D) 过分概括

133. 以下是关于咨询关系不匹配时的处理方法的表述，正确的有（　　）。

(A) 不匹配就马上转介

(B) 应首先尽力地调整匹配程度，无法实现匹配，再转介
(C) 转介是咨询师无能的表现
(D) 完全匹配的咨询关系才是完美的咨询关系

134. 关于咨询关系结束的正确处理方式是(   )。
    (A) 求助者何时提出结束，就何时结束
    (B) 咨询师必须严格地按照咨询方案结束咨询
    (C) 应该是在基本达到咨询目标后，双方都认为可以结束为宜
    (D) 咨询关系的结束应征得求助者家人的意见

135. 产婆术式辩论的基本形式是(   )。
    (A) 我（咨询师）的观点是……你（求助者）的观点是……你的错误是……
    (B) 你（求助者）的观点是……而其他的证据是……这就表明你的错误是……
    (C) 我（咨询师）的观点是……进一步的证据是……这就表明你的错误是……
    (D) 按你（求助者）所说……因此……因此……你现在怎样看

二、多项选择题

136. 对咨询关系的重要影响主要来自(   )等方面。
    (A) 咨询师   (B) 咨询机构
    (C) 求助者   (D) 求助者家属

137. 正确的咨询态度的五种要素中包括(   )。
    (A) 尊重   (B) 热情
    (C) 积极关注   (D) 共情

138. 正确的咨询态度强调对求助者的尊重，尊重的含义是(   )。
    (A) 对求助者价值观的接纳   (B) 对求助者现状的关注
    (C) 对求助者人格的评价   (D) 对求助者内心体验的关心

139. 尊重求助者的意义在于(   )。
    (A) 给求助者创造一个安全、温暖的氛围
    (B) 使求助者最大限度地表达自己
    (C) 可以唤起求助者的自尊心和自信心
    (D) 使求助者获得自我价值感

140. 尊重求助者，意味着对求助者(   )。
    (A) 有选择性的接纳   (B) 充分的信任
    (C) 一视同仁   (D) 以礼相待

141. "无条件地接纳"的含义是(   )。
    (A) 接纳求助者的一切

(B) 欣赏求助者全部的优点和缺点
(C) 对求助者的恶习视而不见
(D) 接受求助者的光明面和消极面

142. 尊重与真诚的关系是(   )。
    (A) 尊重意味着真诚
    (B) 真诚相待,是尊重对方的表现
    (C) 真诚以尊重为目的
    (D) 尊重与真诚常会出现矛盾

143. 关于热情下列说法正确的是(   )。
    (A) 热情具有感情色彩
    (B) 热情是咨询师助人愿望的真诚流露
    (C) 热情应该体现在咨询的整个过程
    (D) 热情对建立良好的咨询关系非常重要

144. 热情与尊重相比,下列说法中正确的是(   )。
    (A) 尊重具有感情色彩
    (B) 热情具有理性色彩
    (C) 热情是咨询师助人愿望的真诚流露
    (D) 热情要体现在咨询全过程

145. 咨询师对求助者的热情可以体现在(   )。
    (A) 初次来访时适当地询问,表达关切
    (B) 耐心地倾听求助者的叙述
    (C) 咨询时不厌其烦
    (D) 咨询结束时,使求助者感受到温暖

146. 咨询师的真诚体现在(   )。
    (A) 以"真实的我"出现
    (B) 要表里如一地扮演专业角色
    (C) 真实可信地置身于咨询关系之中
    (D) 不把咨询过程看成例行公事

147. 真诚在咨询活动中的重要意义在于(   )。
    (A) 可以使求助者感到被接纳、被信任
    (B) 可以使咨询师宣泄情感
    (C) 可以使求助者感到安全
    (D) 可以使咨询师认识真正的自我

148. 表达真诚时需要注意的是(   )。
    (A) 真诚不等于说实话
    (B) 真诚不是自我发泄
    (C) 真诚应当实事求是
    (D) 表达真诚应当适度

149. 对"真诚不等于说实话"的理解正确的是(   )。
    (A) 表达真诚并非有啥说啥
    (B) 表达真诚要对求助者有利
    (C) 真诚与实话实说之间既有联系又不能等同

221

(D) 表达真诚可以用假话

150. 共情的同义词是( )。
    (A) 同理心　　　　　　　　(B) 通情达理
    (C) 神入　　　　　　　　　(D) 同感心

151. 共情的三个具体含义是指( )。
    (A) 咨询师要以自己的参照框架去剖析求助者的问题
    (B) 咨询师借助于求助者的言行，体验对方的内心世界
    (C) 咨询师借助于知识和经验，把握对方的体验与其人格之间的联系
    (D) 咨询师要运用技巧将自己的共情传达给求助者

152. 共情在咨询活动中的重要性体现在( )。
    (A) 可以更准确地把握材料　　(B) 可以使求助者感到被理解、被接纳
    (C) 可以促进求助者自我表达　(D) 可以促进双方更深入的交流

153. 缺乏共情容易造成的咨询后果是( )。
    (A) 求助者感到失望　　　　　(B) 求助者停止自我探索
    (C) 求助者逐渐减轻压力　　　(D) 咨询师加强主动探索

154. 正确理解和使用共情的注意事项是( )。
    (A) 咨询师应进入求助者的参照框架
    (B) 咨询师应检验自己是否达到共情
    (C) 表达共情要对求助者一视同仁
    (D) 表达共情要考虑对方的特点和文化背景

155. "积极关注"的操作性定义是( )。
    (A) 关注求助者的基本认识　　(B) 关注求助者的基本情感
    (C) 关注求助者言语的积极面　(D) 关注求助者行为的积极面

156. 积极关注的临床意义主要在于( )。
    (A) 有助于建立咨询关系　　　(B) 促进咨询双方沟通
    (C) 本身具有咨询的效果　　　(D) 有利于看清求助者的问题

157. 积极关注的注意事项是( )。
    (A) 避免盲目乐观
    (B) 避免过分消极
    (C) 应建立在求助者的客观实际之上
    (D) 应贯穿咨询全过程

158. 收集求助者的资料时，围绕的七个问题中包括( )。
    (A) who　　　　　　　　　　(B) what
    (C) why　　　　　　　　　　(D) how

159. 选择与求助者谈话的方式时，应当考虑的求助者自身因素包括( )。
    (A) 年龄特征　　　　　　　　(B) 性格特征
    (C) 文化特征　　　　　　　　(D) 经济地位

160. 求助者的主要问题往往是( )的问题。

(A) 最先提出 (B) 最后提出
(C) 最困扰自己 (D) 最需要解决

161. 与求助者商定咨询目标时，应当（　　）。
    (A) 找出求助者的主要问题
    (B) 确定从哪个问题入手
    (C) 以咨询师的目标为主
    (D) 双方商定咨询目标

162. 有效咨询目标的基本要素包括（　　）。
    (A) 具体 (B) 可行
    (C) 全面 (D) 可以评估

163. 心理咨询的终极目标是（　　）。
    (A) 近期目标和远期目标的整合
    (B) 激发求助者的潜能
    (C) 促进求助者的心理健康和发展
    (D) 完善求助者的人格

164. 咨询的终极目标与具体目标的关系是（　　）。
    (A) 从终极目标着眼，从具体目标着手
    (B) 以具体目标为指导，实现终极目标
    (C) 由具体目标出发，确定终极目标
    (D) 从具体目标着手，实现终极目标

165. 确定咨询目标时常见的错误观念包括（　　）。
    (A) 咨询师应当保持完全中立的态度
    (B) 将求助者能否适应环境作为咨询目标
    (C) 将求助者的快乐、满足作为咨询目标
    (D) 咨询师不可灌输自己的价值观

166. 关于不同咨询流派的咨询目标，下列说法中正确的是（　　）。
    (A) 人本主义学派强调求助者自我实现
    (B) 行为主义学派帮助求助者消除适应不良的行为
    (C) 理性情绪疗法发展求助者成功的统整感
    (D) 完形学派帮助求助者消除不合理的信念

167. 教材中划分的心理咨询基本阶段包括（　　）。
    (A) 诊断阶段 (B) 咨询阶段
    (C) 巩固阶段 (D) 回访阶段

168. 教材中阐述的心理咨询三个阶段的主要工作内容包括（　　）。
    (A) 诊断阶段包括收集信息并做出诊断
    (B) 诊断阶段包括确立咨询目标
    (C) 咨询阶段的重点在于帮助求助者分析和解决问题
    (D) 巩固阶段是咨询的总结、提高阶段

169. 制定心理咨询方案的作用在于(　　)。
    (A) 满足形式上的需要　　　　(B) 可以使咨询双方明确行动目标
    (C) 可以满足求助者的知情权　(D) 便于总结经验教训
170. 心理咨询方案应当包括(　　)。
    (A) 咨询的目标　　　　(B) 双方的责权义
    (C) 咨询效果的承诺　　(D) 咨询的原理
171. 咨询方案中需要明确的求助者的责任包括(　　)。
    (A) 尊重咨询师　　　　(B) 向咨询师提供真实的资料
    (C) 按规定缴纳咨询费　(D) 完成双方商定的作业
172. 咨询方案中需要明确的求助者的权利包括(　　)。
    (A) 遵守和执行咨询方案　(B) 了解咨询师的执业资格
    (C) 了解咨询的具体方法　(D) 可以提出转介咨询
173. 咨询方案中需要明确的求助者的义务包括(　　)。
    (A) 遵守咨询机构的相关规定　(B) 尊重咨询师
    (C) 遵守咨询方案　　　　　　(D) 提供个人的真实资料
174. 咨询方案中需要明确的咨询师的责任包括(　　)。
    (A) 遵守职业道德和相关法律法规
    (B) 帮助求助者解决心理问题
    (C) 尊重求助者
    (D) 严格地遵守保密原则，并说明保密例外
175. 咨询方案中需要明确的咨询师的权利包括(　　)。
    (A) 了解与求助者心理问题有关的个人资料
    (B) 选择合适的求助者
    (C) 介绍个人的受训背景
    (D) 帮助求助者解决心理问题
176. 咨询方案中需要明确的咨询师的义务包括(　　)。
    (A) 向求助者出示营业执照　　(B) 遵守咨询机构的有关规定
    (C) 尊重求助者，遵守预约时间　(D) 遵守和执行咨询方案
177. 关于心理咨询的次数与时间安排一般是(　　)。
    (A) 每周1~2次　　(B) 每周3~4次
    (C) 每次60分钟　　(D) 每次120分钟
178. 八种参与性技术中包括(　　)。
    (A) 情感表达　(B) 内容表达
    (C) 情感反应　(D) 内容反应
179. 关于倾听技术，正确的做法是(　　)。
    (A) 认真、有兴趣地听　　(B) 不作价值评判
    (C) 不仅用耳，更要用心　(D) 不作任何反应，以免干扰求助者
180. 倾听时容易出现的错误是(　　)。

(A) 急于下结论 　　　　　　　(B) 轻视求助者的问题
(C) 不作正确与否的评价 　　　(D) 干扰或转移求助者的话题

181. 将咨询技巧用于实践时，容易出现的问题有(　　)。
 (A) 思考过多 　　　　　　　(B) 询问过多
 (C) 概述过多 　　　　　　　(D) 不适当的情感反应

182. 开放式询问常用的是(　　)。
 (A) 什么 　　　　　　　　　(B) 如何
 (C) 是不是 　　　　　　　　(D) 为什么

183. 开放式询问的实施方法是(　　)。
 (A) 用"什么"询问事实、资料
 (B) 用"如何"询问事件过程
 (C) 用"为什么"探讨原因
 (D) 用"能不能"促使求助者自我剖析

184. 封闭式询问常常用于(　　)。
 (A) 说明情况 　　　　　　　(B) 澄清事实
 (C) 获取重点 　　　　　　　(D) 展开讨论

185. 封闭式询问常用的是(　　)。
 (A) 是不是 　　　　　　　　(B) 对不对
 (C) 要不要 　　　　　　　　(D) 有没有

186. 鼓励技术中常用的是(　　)。
 (A) 嗯 　　　　　　　　　　(B) 讲下去
 (C) 别停下 　　　　　　　　(D) 还有吗

187. 鼓励技术的功能在于(　　)。
 (A) 让求助者感到快乐
 (B) 引导求助者的谈话朝着一个方向深入
 (C) 使咨询师可以少说多听
 (D) 促进会谈继续下去

188. 内容反应技术是指(　　)。
 (A) 把求助者的主要言谈加以整理，反馈给求助者
 (B) 将求助者的思想认识加以整理，反馈给求助者
 (C) 将咨询师的意见如实相告
 (D) 咨询师根据求助者的谈话内容给予指导

189. 实施内容反应技术时，要注意(　　)。
 (A) 表达咨询师的意见要中肯
 (B) 选择求助者的实质性谈话内容
 (C) 最好引用求助者谈话中最有代表性的词语
 (D) 最好引用求助者最敏感的词语

190. 情感反应技术并非指(　　)。

(A) 咨询师对求助者的言谈内容反馈
(B) 咨询师对求助者的情绪反应反馈
(C) 咨询师将自己的情绪告诉求助者
(D) 咨询师与求助者专门谈论情绪问题

191. 情感反应技术的实施方法是(　　)。
    (A) 将求助者的情绪反应反馈给求助者
    (B) 可以与内容反应同时进行
    (C) 对求助者的情绪反应加以点评
    (D) 咨询师将自己的情绪表露给求助者

192. 具体化技术是指咨询师协助求助者(　　)。
    (A) 讲明模糊不清的思想观点　　(B) 掌握具体的解决问题的方法
    (C) 澄清事件发生的来龙去脉　　(D) 具体地改变不合理的信念

193. 实施具体化技术，主要用于处理(　　)的情况。
    (A) 情绪低落　　(B) 问题模糊
    (C) 过分概括　　(D) 概念不清

194. 参与性概述的使用时机是(　　)。
    (A) 一次面谈结束前　　(B) 一个咨询阶段完成时
    (C) 一般情况下　　(D) 随时需要时

195. 理解非言语行为要注意(　　)。
    (A) 正确地把握非言语行为的各种含义
    (B) 全面地观察非言语行为
    (C) 应把动作群放到某种情境中来了解
    (D) 应关注言语内容与非言语内容的不一致

196. 八种影响性技术中包括(　　)。
    (A) 面质　　(B) 解释
    (C) 内容反应　　(D) 情感表达

197. 面质技术又称(　　)。
    (A) 质疑　　(B) 对峙
    (C) 正视现实　　(D) 指责

198. 咨询师可以面质的求助者的常见矛盾是(　　)。
    (A) 言行不一致　　(B) 理想与现实不一致
    (C) 前后言语不一致　　(D) 咨访意见不一致

199. 使用面质技术时应注意(　　)。
    (A) 要有事实的根据　　(B) 避免个人发泄
    (C) 避免无情地攻击　　(D) 话锋直率、犀利

200. 解释技术是(　　)。
    (A) 不厌其烦地说明情况
    (B) 解答求助者提出的问题

(C) 运用理论说明求助者行为背后的原因
(D) 运用理论揭示求助者情感反应的实质

201. 下列说法中正确的是( )。
 (A) 释义是从求助者的参考框架出发
 (B) 解释是从咨询师的参考框架出发
 (C) 内容表达是指咨询师提供信息或建议
 (D) 解释侧重于对某一问题做理论上的分析

202. 解释技术的正确做法是( )。
 (A) 凭感觉，凭经验，不必注重理论
 (B) 了解情况，准确把握
 (C) 因人而异
 (D) 不把解释强加给对方

203. 指导技术的正确做法是( )。
 (A) 咨询师直接指示求助者以某种方式行动
 (B) 可以不考虑求助者的心理准备
 (C) 让求助者真正理解指导的内容
 (D) 不强迫求助者执行

204. 不同理论流派的指导方法是( )。
 (A) 精神分析学派指导求助者通过自由联想寻找问题的根源
 (B) 行为主义学派指导求助者进行各种行为的训练
 (C) 完形学派习惯于做角色扮演的指导
 (D) 理性情绪学派指导求助者用合理的信念代替不合理的信念

205. 情感表达技术与情感反应技术的区别在于( )。
 (A) 情感表达是咨询师表达求助者的喜、怒、哀、乐
 (B) 情感反应是咨询师表达自己的情绪状态
 (C) 情感表达是咨询师表达自己的喜、怒、哀、乐
 (D) 情感反应是反映求助者叙述中的情感内容

206. 内容表达技术与内容反应技术的区别在于( )。
 (A) 内容表达是咨询师向求助者传递信息，提出忠告
 (B) 内容反应是咨询师反映求助者的叙述
 (C) 内容表达是求助者表达自己的生活内容
 (D) 内容反应是求助者对咨询师的谈话作出反应

207. 自我开放又称( )。
 (A) 自我剖析　　　　　　(B) 自我暴露
 (C) 自我表露　　　　　　(D) 自我批判

208. 自我开放的主要形式是( )。
 (A) 咨询师把对求助者的体验感受告诉求助者
 (B) 求助者把对咨询师的体验感受告诉咨询师

(C) 咨询师暴露与求助者所谈内容有关的个人经验
(D) 求助者公开自己的个人经历及感受

209. 影响性概述与参与性概述的不同之处是( )。
(A) 前者是概述咨询师自己叙述的内容
(B) 后者是概述求助者自己叙述的内容
(C) 前者较后者对求助者的影响小
(D) 后者较前者更为主动、积极

210. 非言语行为在咨询中的作用是( )。
(A) 非言语行为可以传达共情的态度
(B) 非言语行为可以有独立的意义
(C) 非言语行为不能与言语相融合
(D) 非言语行为可以对言语的内容作出修正

211. 目光注视的一般规律包括( )。
(A) 倾听时，注视对方双眼
(B) 讲者比听者更少注视对方
(C) 比起异性来，对同性的注视可能更多些
(D) 人们更愿意注视使自己感到愉悦的人

212. 面部表情的一般规律包括( )。
(A) 一条眉毛扬起表示怀疑	(B) 双眉扬起是生气
(C) 斜眼瞪视是挑衅	(D) 害羞会脸红

213. 关于身体语言，一般认为( )。
(A) 低头表示陈述句的结束	(B) 抬头表示问句的结束
(C) 不同手指的手势含义相同	(D) 双手交叉于胸前表示接纳

214. 声音特质的一般规律是( )。
(A) 节奏加快表示冷漠或沮丧	(B) 节奏变慢表示紧张或激动
(C) 音调提高表示强调	(D) 音调提高表示兴奋

215. 咨询双方空间距离的一般特点是( )。
(A) 防御性强的求助者希望距离大些
(B) 寻求依靠的求助者希望距离小些
(C) 相距2米以外为宜
(D) 距离越近越好

216. 关于阻抗，下列说法中正确的是( )。
(A) 出现阻抗属于正常现象，咨询师完全不必在意
(B) 本质上是求助者对于心理咨询过程中自我暴露和自我改变的抵抗
(C) 精神分析学派认为阻抗的意义在于增强个体的自我防御
(D) 行为主义学派把阻抗理解为个体对行为矫正的不服从

217. 阻抗可能表现在( )。
(A) 讲话程度上	(B) 讲话内容上

(C) 讲话方式上 (D) 咨询关系上

218. 阻抗产生的主要原因是( )。
    (A) 成长带来某种痛苦 (B) 由功能性行为失调引起
    (C) 咨询已经取得效果 (D) 满足不了心理需求

219. 应付阻抗的要点是( )。
    (A) 解除求助者戒备心理 (B) 正确地诊断和分析
    (C) 诚恳地帮助对方 (D) 顺其自然

220. 沉默现象的几种主要类型中包括( )。
    (A) 茫然型 (B) 情绪型
    (C) 外向型 (D) 思考型

221. 出现多话现象,可能( )。
    (A) 与咨询效果有关 (B) 与咨询师有关
    (C) 与求助者有关 (D) 与咨询环境有关

222. 移情的两种不同类型是( )。
    (A) 正移情 (B) 反移情
    (C) 负移情 (D) 泛移情

223. 阳性强化法的基本原理是( )。
    (A) 以奖励为手段建立或保持某种行为
    (B) 以严厉惩罚为手段消除某种行为
    (C) 以阳性强化为主,及时地奖励正常行为
    (D) 漠视或淡化异常行为

224. 阳性强化法的操作步骤是( )。
    (A) 明确目标行为 (B) 监控目标行为
    (C) 设计干预方案 (D) 实施强化

225. 在合理情绪疗法的ABC理论中( )。
    (A) A代表诱发事件 (B) B代表信念
    (C) C代表行为结果 (D) A是引发不良情绪的根源

226. 合理情绪疗法的步骤包括( )。
    (A) 心理诊断阶段 (B) 领悟阶段
    (C) 修通阶段 (D) 再教育阶段

227. 在合理情绪疗法中,咨询师需要帮助求助者达到的三种领悟是( )。
    (A) 诱发事件是产生不良情绪的根源
    (B) 信念引起了情绪及行为后果,而不是诱发事件本身
    (C) 求助者对自己的情绪和行为反应负有责任
    (D) 只有消除了诱发事件,才能减轻或消除他们目前存在的各种症状

228. 在合理情绪疗法的修通阶段常用的技术方法有( )。
    (A) 合理情绪想象技术 (B) 与不合理的信念辩论
    (C) 系统脱敏技术 (D) 厌恶疗法

229. 在合理情绪疗法中，求助者可以使用的"反黄金规则"是(   )。
 (A) 我对别人怎样，别人必须对我怎样
 (B) 像你希望别人如何对待你那样去对待别人
 (C) 我接受别人，别人必须接受我
 (D) 我为人人，人人必须为我

230. 合理情绪想象技术的具体步骤是(   )。
 (A) 使求助者在想象中进入产生过不适当的情绪反应的情境之中
 (B) 帮助求助者改变不正确的认识，使他能体验到适度的情绪反应
 (C) 停止想象，让求助者讲述改变了哪些观念、学到了哪些观念
 (D) 对求助者情绪和观念的积极转变，咨询师及时地给予强化

231. 合理情绪疗法中的自助表（RET）技术包括(   )。
 (A) 先让求助者写出事件 A 和结果 C
 (B) 从表中列出的十几种常见的不合理的信念中找出符合自己情况的 B
 (C) 要求求助者对 B 逐一分析，并找出可以代替那些 B 的合理的信念
 (D) 最后求助者要填写所得到的新的情绪和行为

232. 艾利斯总结的导致神经症的 11 类不合理的信念中包括(   )。
 (A) 每个人绝对要获得生活中重要人物的喜爱和赞许
 (B) 不愉快的事是外界因素，无法控制，所以人对于自身的痛苦也无法控制
 (C) 个人是否有价值，完全在于他是否在各方面都有所成就
 (D) 人们应当勇敢地面对现实中的困难和责任

233. 非理性观念的主要特征是(   )。
 (A) 绝对化的要求　　　　　　　(B) 追求完美
 (C) 过分地概括化　　　　　　　(D) 糟糕至极

234. 艾利斯认为合理情绪疗法可以帮助个体达到的目标是(   )。
 (A) 自我关怀　　　　　　　　　(B) 自我指导
 (C) 自我批判　　　　　　　　　(D) 自我接受

235. 合理情绪疗法的局限性在于(   )。
 (A) 假定人生来就有采用不合理思维方式的倾向
 (B) 对患有自闭症、急性精神分裂症的人难以奏效
 (C) 程序复杂，不易掌握
 (D) 咨询效果受咨询师个人信念的影响

236. 咨询阶段性小结主要包括(   )。
 (A) 咨询师的小结　　　　　　　(B) 求助者的小结
 (C) 咨询双方共同讨论的结果　　(D) 求助者家属的意见

237. 通过追踪研究，咨询结果可能(   )。
 (A) 显著，求助者的问题顺利地解决
 (B) 较好，心理问题基本解决
 (C) 有一定效果，但是问题依然存在

(D) 效果不明显，问题基本没有解决

238. 咨询效果的评估维度主要包括(　　　)。
    (A) 求助者的自我评估
    (B) 咨询师的评定
    (C) 社会生活适应状况改变的客观现实
    (D) 求助者周围人士的评定

239. 各种心理咨询方法有效的共同因素包括(　　　)。
    (A) 和谐、信任的咨询关系
    (B) 求助者的强烈求治动机
    (C) 双方都相信的理论和方法
    (D) 咨询师本身的特征，如准确的共情

240. 心理咨询案例记录可以分为(　　　)。
    (A) 心理测量的案例记录　　　　(B) 每次的案例记录
    (C) 总结几次咨询情况的记录　　(D) 咨询终结或中断时的记录

241. 每次咨询记录的内容包括(　　　)。
    (A) 求助者来访时的特征　　　　(B) 咨询中的谈话内容
    (C) 对咨询印象的总结　　　　　(D) 咨询师在咨询过程中的想法

242. 咨询阶段性小结的记录要点是(　　　)。
    (A) 咨询的次数及收费情况　　　(B) 谈话内容的概要及变化
    (C) 求助者在咨询室内外的变化　(D) 咨询机构的处理意见

243. "助人自助"的含义是(　　　)。
    (A) 通过咨询提高求助者自知、自控、自我行动的能力
    (B) 帮助求助者把咨询中获得的知识、方法体验运用到日常生活中
    (C) 帮助求助者实现知识与能力的迁移
    (D) 帮助求助者学会有效地解决所遇到的问题

244. 适宜的咨询对象应具备的条件包括(　　　)。
    (A) 人格正常　　　　　　　　　(B) 内容合适
    (C) 信任度高　　　　　　　　　(D) 匹配性好

245. 不适宜的咨询对象的类型是(　　　)。
    (A) 冲动型　　　　　　　　　　(B) 欠缺型
    (C) 紧张型　　　　　　　　　　(D) 忌讳型

246. 咨询转介的正确做法是(　　　)。
    (A) 由咨询师个人根据需要决定　(B) 对新咨询师详细地介绍情况
    (C) 对新咨询师提供自己的分析　(D) 继续参加新咨询师的咨询活动

247. 心理咨询师的职业生命线是(　　　)。
    (A) 求助者的身心健康是否得到最大限度地维护
    (B) 求助者的心理问题是否得到科学、有效地解决
    (C) 心理咨询师的身心健康是否得到最大限度地维护

(D) 求助者的家属是否满意咨询效果
248. 以下属于心理咨询工作对象的有( )。
 (A) 存在心理问题并主动地前来咨询的人
 (B) 不存在心理问题,但希望更好地发展自己的人
 (C) 认为自己没有心理问题,希望解决别人问题的人
 (D) 存在心理问题,但选择用宗教的方式解决自身问题的人
249. 以下属于心理咨询工作内容的有( )。
 (A) 离不离婚
 (B) 如何向老板争取提职、提薪
 (C) 工作上认真、努力,但缺乏成就感
 (D) 总是担心自己的身体健康
250. ( )的情况下,咨询师既要关注求助者心理问题的解决,又要关注具体现实问题的解决。
 (A) 因财务危机而有强烈的自杀企图
 (B) 因地震导致身体残疾而陷入生活和心理的困顿状态
 (C) 因亲子关系紧张而情绪焦虑
 (D) 因离婚而对再婚失去安全感
251. 以下关于咨询目标的表述,正确的有( )。
 (A) 职业的心理咨询反对没有咨询目标的咨询
 (B) 行为主义学派期望帮助求助者学习建设性的行为,以改变、消除适应不良的行为
 (C) 一切咨询的最终目的都在于促进求助者的认知改变、情绪调节、行为改善
 (D) 求助者的快乐、满足是心理咨询的终极目标
252. 学校心理辅导老师或军队心理咨询师常常接待非自愿的求助者,他们应该( )。
 (A) 以学校或部队的纪律,严格地要求求助者主动地接受咨询
 (B) 完全按照求助者自愿的原则,不做主动地促进和处理
 (C) 可以主动地普及心理知识,以激发学生和官兵维护心理健康的意识
 (D) 应用心理咨询的促进技术,使确有心理问题的不主动求助的人转化成主动求助者
253. 心理咨询与心理治疗的关系表现在( )。
 (A) 心理咨询与心理治疗在理论上没有明确的界定,所采用的方法也常常是一致的
 (B) 心理咨询着重解决正常人所遇到的各种问题,更多的采用发展模式
 (C) 心理治疗的适用范围主要是神经症、心理障碍或身心疾病等
 (D) 广义的心理咨询包含了狭义的心理咨询与心理治疗
254. 心理咨询师对保密的理解不应该是绝对的,一般在( )的情况下有保密

232

例外。
- (A) 求助者家属强烈地要求获知咨询的内容
- (B) 求助者企图自杀
- (C) 求助者准备采取杀人、爆炸等方式报复他人
- (D) 求助者所在单位的最高领导要求了解求助者咨询的内容

255. (　　)的情况属于心理咨询中应注意避免的双重关系。
- (A) 监狱心理咨询师对从监区转介过来的服刑人员进行咨询
- (B) 咨询结束后，求助者通过咨询师的朋友表达感谢并宴请、送礼
- (C) 学校心理咨询师对本校学生进行咨询
- (D) 给自己老同学的妹妹做婚姻、情感方面的咨询

256. 以下咨询师的哪些行为违反了咨询师的自我保护原则(　　)。
- (A) 将心理咨询室开设在自己家中
- (B) 应求助者的需要，在固定的咖啡厅包间中咨询
- (C) 给求助者留下自己的宅电和手机号码
- (D) 应求助者的强烈要求，每次咨询的时间延长至4小时

257. 在心理咨询职业活动中，(　　)可以体现在心理咨询的全过程中。
- (A) 心理诊断　　　　　　(B) 咨询效果的评定
- (C) 心理测验的实施　　　(D) 建立和维护咨询关系

258. 就求助者而言，求助者的(　　)直接影响咨询关系。
- (A) 咨询动机　　　　　　(B) 合作的态度
- (C) 对咨询的期望程度　　(D) 自我觉察的能力

259. 放松训练的方法包括(　　)。
- (A) 呼吸放松法　　　　　(B) 肌肉放松法
- (C) 想象放松法　　　　　(D) 节奏放松法

260. 某求助者提出："我希望和丈夫的相处和谐、融洽，这样自己就快乐了，而且希望通过咨询能让丈夫下班回家早一点。"这个咨询目标违反了有效咨询目标的(　　)的特征。
- (A) 可行　　　　　　　　(B) 可评估
- (C) 具体或量化　　　　　(D) 属于心理学范畴

261. 实施咨询方案的基本思路是(　　)。
- (A) 调动求助者的积极性　　(B) 启发、引导、支持、鼓励求助者
- (C) 克服阻碍咨询的因素　　(D) 严格地遵循咨询目标并不可更改

262. 内容反应技术的目的是(　　)。
- (A) 加强理解、促进沟通
- (B) 使求助者有机会再次剖析自己的困扰，深化会谈的内容
- (C) 帮助求助者更清晰地做出决定
- (D) 帮助咨询师更好地表达自己的观点

263. 从广义的角度而言，以下咨询技术中属于内容表达技术的有(　　)。

(A) 参与性概述 (B) 指导性技术
(C) 自我开放技术 (D) 影响性概述

264. 放松训练在应用中的优点有（   ）。
(A) 方法简便、易行 (B) 实用、有效
(C) 提高改善症状的速度 (D) 较少受时间、地点、经费的限制

265. 以下可以应用放松训练改善的症状有（   ）。
(A) 紧张 (B) 焦虑
(C) 悲观、失望 (D) 肌肉疼痛

266. 行为矫正常用的方法有（   ）。
(A) 增强法 (B) 代币管制法
(C) 惩罚法 (D) 消退法

267. 阳性强化法常用阳性强化来调节或塑造求助者的新行为，以下属于阳性强化法适用范围的问题有（   ）。
(A) 矫正儿童的多动 (B) 矫正神经性厌食/偏食
(C) 缓解焦虑、紧张的情绪 (D) 控制躁狂发作

268. 在实施阳性强化时，应做到（   ）。
(A) 在行为出现前，提前强化
(B) 对目标行为的强化要强度适当
(C) 强化物可逐渐由物质刺激变为精神奖励
(D) 可同时强化多个行为目标

269. 以下属于合理情绪疗法中经常应用的行为技术有（   ）。
(A) 自信训练 (B) 问题解决训练
(C) 放松训练 (D) 苏格拉底辩论术

270. 以下哪些属于默兹比（1975）提出的不合理信念的标准（   ）。
(A) 会使人不介入他人的麻烦 (B) 使人难以达到现实的目标而苦恼
(C) 包含更多的主观臆测成分 (D) 使人产生情绪困扰

271. 根据艾利斯对不合理信念的分析，以下观点中属于不合理信念的有（   ）。
(A) 我希望自己在众人面前讲话不紧张
(B) 我一定要出人头地
(C) 我是否有价值，完全在于我人生中的每个环节和方面都能有所成就
(D) 到目前为止，我的工作成绩不如别人

272. 求助者以下的哪些表现体现了求助者的依赖（   ）。
(A) "你直接告诉我吧，我该怎么解决？"
(B) "我真的不知道怎么办，你一定要帮我啊，全靠你了！"
(C) "我与你交谈感到特别愉快和难忘，你使我想起了我的……"
(D) "你的态度真好，和你一起我感到很轻松。"

三、参考答案
单项选择题

1. A	2. B	3. D	4. D	5. C
6. B	7. D	8. A	9. A	10. A
11. B	12. D	13. A	14. C	15. D
16. A	17. B	18. C	19. D	20. A
21. B	22. C	23. A	24. D	25. D
26. B	27. C	28. C	29. C	30. D
31. A	32. C	33. C	34. D	35. D
36. C	37. D	38. A	39. C	40. A
41. C	42. D	43. A	44. A	45. C
46. B	47. C	48. D	49. A	50. B
51. A	52. A	53. D	54. B	55. A
56. B	57. D	58. A	59. B	60. A
61. D	62. C	63. D	64. B	65. C
66. A	67. A	68. D	69. C	70. A
71. C	72. D	73. C	74. A	75. B
76. D	77. A	78. C	79. C	80. B
81. A	82. D	83. B	84. A	85. B
86. D	87. C	88. A	89. D	90. C
91. D	92. A	93. D	94. A	95. A
96. B	97. D	98. C	99. B	100. B
101. B	102. C	103. D	104. C	105. C
106. B	107. D	108. B	109. B	110. A
111. D	112. B	113. B	114. C	115. A
116. D	117. B	118. C	119. B	120. C
121. D	122. C	123. C	124. C	125. A

126. B	127. A	128. D	129. A	130. B
131. D	132. B	133. B	134. C	135. D

多项选择题

136. AC	137. ABCD	138. ABD	139. ABCD	140. BCD
141. AD	142. AB	143. ABCD	144. CD	145. ABCD
146. ACD	147. AC	148. ABCD	149. ABC	150. ABCD
151. BCD	152. ABCD	153. AB	154. ABD	155. CD
156. ABC	157. ABCD	158. ABCD	159. ABC	160. CD
161. ABD	162. ABD	163. BCD	164. AD	165. ABC
166. AB	167. ABC	168. ACD	169. BCD	170. ABD
171. BD	172. BCD	173. ABC	174. ABD	175. AB
176. ABCD	177. AC	178. CD	179. ABC	180. ABD
181. BCD	182. ABD	183. ABCD	184. BC	185. ABCD
186. ABD	187. BD	188. AB	189. BCD	190. ACD
191. AB	192. AC	193. BCD	194. ABCD	195. ABCD
196. ABD	197. ABC	198. ABCD	199. ABC	200. CD
201. ABCD	202. BCD	203. ACD	204. ABCD	205. CD
206. AB	207. BC	208. AC	209. AB	210. ABD
211. ABD	212. ACD	213. AB	214. CD	215. AB
216. BCD	217. ABCD	218. AB	219. ABC	220. ABD
221. BC	222. AC	223. ACD	224. ABCD	225. ABC
226. ABCD	227. BC	228. AB	229. ACD	230. ABCD
231. ABCD	232. ABC	233. ACD	234. ABD	235. ABD
236. ABC	237. ABCD	238. ABCD	239. ABCD	240. BCD
241. ABCD	242. BC	243. ABCD	244. ABCD	245. BD
246. BC	247. ABC	248. AB	249. CD	250. AB
251. ABC	252. CD	253. ABCD	254. BC	255. BD

256. ABCD	257. BD	258. ABCD	259. ABC	260. ABC
261. ABC	262. ABC	263. BCD	264. ABCD	265. ABD
266. ABCD	267. AB	268. BC	269. ABC	270. BCD
271. BC	272. AB			

第三章 心理测验技能习题

一、单项选择题

1. 第一个提出智力结构理论的是( )。
   (A) 斯皮尔曼 (B) 瑟斯顿
   (C) 吉尔福特 (D) 卡特尔

2. ( )理论认为,智力是由一群彼此无关的原始能力构成的,各种智力活动可以分成不同的组群,每一群中有一个基本因素是共同的。
   (A) 智力的群因素论 (B) 智力的三维结构理论
   (C) 智力的二因素论 (D) 智力的认知成分理论

3. 美国心理学家吉尔福特认为,智力结构应从内容、操作和产品三个维度去考虑,他设想,每一个内容都可以运用不同的操作而产生不同的产品,因此可得到( )种单独的智力因素。
   (A) 100 (B) 90
   (C) 60   (D) 120

4. 美国心理学家卡特尔认为,( )是人的一种潜在智力,很少受社会教育的影响,它与个体通过遗传获得的学习和解决问题的能力有联系。
   (A) 普通智力 (B) 晶体智力
   (C) 特殊智力 (D) 流体智力

5. 美国心理学家斯坦伯格认为,智力结构由( )组成。
   (A) 成分 (B) 因素
   (C) 符号 (D) 信息

6. 韦氏成人智力测验首先由( )于1955年所编制。
   (A) 卡特尔 (B) 瑞文
   (C) 比内   (D) 韦克斯勒

7. WAIS-RC适用于( )岁以上的受测者。
   (A) 15 (B) 16
   (C) 17 (D) 18

8. 在WAIS-RC的实施中，一般按照(　　)的顺序进行。
   (A) 先言语测验、后操作测验　　(B) 先操作测验、后言语测验
   (C) 言语测验和操作测验交替　　(D) 随机

9. WAIS-RC的数字符号分测验在正式测验时，限时(　　)秒。
   (A) 90　　(B) 60
   (C) 120　　(D) 30

10. 在WAIS-RC的实施中，(　　)测验是以反应的速度和正确性作为评分依据的。
    (A) 知识　　(B) 领悟
    (C) 相似性　　(D) 图画填充

11. 在WAIS-RC的实施中，(　　)测验是仅按反应的质量给予不同的分数的。
    (A) 数字符号　　(B) 图片排列
    (C) 图形拼凑　　(D) 相似性

12. 在韦氏智力量表中，各分测验粗分换算标准分时，使用的记分方法是(　　)。
    (A) 标准九分　　(B) 标准十分
    (C) 标准二十分　　(D) T分数

13. WAIS-RC各分测验的量表分的平均数为10，标准差为(　　)。
    (A) 1.5　　(B) 2
    (C) 3　　(D) 5

14. 下列关于离差智商的描述中，正确的是(　　)。
    (A) 心理年龄除以实足年龄所得的商数
    (B) 实足年龄除以心理年龄所得的商数
    (C) 受测者成绩与平均数之差除以标准差所得的商数
    (D) 受测者成绩除以标准差所得的商数

15. 在韦氏智力量表中，离差智商的计算公式为(　　)。
    (A) $100 + 16(X-M)/S$　　(B) $100 \pm 16(X-M)/S$
    (C) $100 + 15(X-M)/S$　　(D) $100 \pm 15(X-M)/S$

16. 在韦氏智力量表中，VIQ是(　　)的英文缩写。
    (A) 言语智商　　(B) 操作智商
    (C) 总智商　　(D) 智商

17. 在韦氏智力量表中，操作智商的英文缩写为(　　)。
    (A) VIQ　　(B) PIQ
    (C) FIQ　　(D) IQ

18. 在韦氏智力量表中，总智商的英文缩写为(　　)。
    (A) FIQ　　(B) VIQ
    (C) PIQ　　(D) IQ

19. 按照韦氏智商分级标准，IQ在90~109之间的人约占全体人群的(　　)。
    (A) 40%　　(B) 50%

(C) 60% (D) 70%

20. 按照韦氏智商分级标准,边界状态的智商范围在( )。
   (A) 80~89 之间 (B) 90~99 之间
   (C) 70~79 之间 (D) 70 以下

21. 按照韦氏智商分级标准,智力平常指的是 IQ 在( )。
   (A) 80~120 之间 (B) 85~115 之间
   (C) 90~109 之间 (D) 70~130 之间

22. 按照韦氏智商分级标准,中度智力缺陷的智商范围在( )。
   (A) 50~69 之间 (B) 35~49 之间
   (C) 20~34 之间 (D) 20 以下

23. 按照韦氏智商分级标准,智商在 20~34 之间属于( )智力缺陷。
   (A) 轻度 (B) 中度
   (C) 重度 (D) 极重度

24. WAIS-RC 是( )的英文缩写。
   (A) 中国修订的韦氏学龄前及幼儿智力量表
   (B) 中国修订的韦氏儿童智力量表
   (C) 中国修订的韦氏成人智力量表
   (D) 中国修订的韦氏智力量表

25. 韦氏智力量表的分量表主要包括( )。
   (A) 言语量表和操作量表 (B) 城市量表和农村量表
   (C) 成人量表和儿童量表 (D) 个体量表和团体量表

26. 中国修订的韦氏成人智力量表共计包括( )个分测验。
   (A) 10 (B) 11
   (C) 12 (D) 13

27. WAIS-RC 的言语部分共计包括( )个分测验。
   (A) 4 (B) 5
   (C) 6 (D) 7

28. WAIS-RC 的操作部分共计包括( )个分测验。
   (A) 4 (B) 5
   (C) 6 (D) 7

29. 在 WAIS-RC 中,( )测验主要测量人的注意力和短时记忆的能力。
   (A) 数字广度 (B) 算术
   (C) 数字符号 (D) 图形拼凑

30. 在 WAIS-RC 中,主要用来测量逻辑思维能力、抽象思维能力与概括能力的分测验是( )测验。
   (A) 领悟 (B) 相似性
   (C) 图片排列 (D) 图画填充

31. 在 WAIS-RC 中,主要用来测量处理部分与整体关系的能力、概括思维能力、知觉组织能力以及辨别能力的分测验是( )测验。
（A）数字符号　　　　　　　　　（B）图画填充
（C）图片排列　　　　　　　　　（D）图形拼凑

32. 在 WAIS-RC 中，图画填充测验的主要功能是( )。
（A）测量人的视觉辨认能力，以及视觉记忆与视觉理解能力
（B）测量处理部分与整体关系的能力、概括思维能力、知觉组织能力以及辨别能力
（C）测量逻辑思维能力、抽象思维能力与概括能力
（D）测量人的注意力和短时记忆的能力

33. 在 WAIS-RC 的操作中，有些项目无时限，但一般来说( )之内可以考虑好回答。
（A）5 秒或 10 秒　　　　　　　　（B）10 秒或 15 秒
（C）15 秒或 20 秒　　　　　　　（D）20 秒或 25 秒

34. 我国修订的联合型瑞文测验是( )的合并本。
（A）标准型与彩色型　　　　　　（B）标准型与高级型
（C）彩色型与高级型　　　　　　（D）城市版与农村版

35. CRT 是瑞文测验( )的英文缩写。
（A）标准型　　　　　　　　　　（B）彩色型
（C）高级型　　　　　　　　　　（D）联合型

36. CRT 适用的受测者的年龄范围是( )。
（A）三年级以上至 65 岁以下　　（B）5～75 岁
（C）儿童　　　　　　　　　　　（D）成人

37. 按照 CRT 的施测标准，当测验进行到( )分钟时，各报一次时间。
（A）20 及 40　　　　　　　　　（B）30 及 40
（C）15 及 30　　　　　　　　　（D）20 及 30

38. 瑞文测验采用的是( )级评分方法。
（A）2　　　　　　　　　　　　　（B）3
（C）5　　　　　　　　　　　　　（D）4

39. CRT 的 IQ 分数是先将受测者的原始分数转化成( )而后得来的。
（A）标准分　　　　　　　　　　（B）百分位数
（C）百分等级　　　　　　　　　（D）Z 分数

40. 适用于对儿童及智力落后的成人施测的瑞文测验的型式是( )。
（A）儿童型　　　　　　　　　　（B）彩色型
（C）标准型　　　　　　　　　　（D）高级型

41. SPM 是瑞文测验( )的英文缩写。
（A）彩色型　　　　　　　　　　（B）标准型
（C）高级型　　　　　　　　　　（D）联合型

42. 按照瑞文（J. C. Raven）对智力的理解，他所编制的瑞文测验主要测量的

是( )。
(A) 再生性能力 (B) 推断性能力
(C) 流体智力 (D) 晶体智力

43. 瑞文认为,( )是指个体当前所具备的回忆已获得信息并进行言语交流的能力,表明个体通过教育所达到的水平,与学校的教育内容有密切的联系。
(A) 再生性能力 (B) 推断性能力
(C) 流体智力 (D) 晶体智力

44. 在施测CRT的过程中,主测者与主测助理在受测者进行前( )题时,应进行巡视,对不能理解解题方式者应单独地重复指导语。
(A) 2 (B) 3
(C) 4 (D) 5

45. 在CRT的实施过程中,如果受测者的人数超过30人时,除主测者外,应增加主测助理( )。
(A) 3～4人 (B) 4～5人
(C) 1～2人 (D) 2～3人

46. CRT团体施测时,其受测者的人数不得超过( )人。
(A) 30 (B) 40
(C) 25 (D) 50

47. 1982年完成的《中国比内测验》的修订者为( )。
(A) 龚耀先 (B) 张厚粲
(C) 陆志韦 (D) 吴天敏

48. 施测中国比内测验时,应根据受测者的( ),从测验指导书的附表中查到开始的试题。
(A) 年龄 (B) 家庭经济状况
(C) 受教育程度 (D) 父母的职业

49. 按照中国比内测验的施测要求,连续有( )题不通过时,即停止测验。
(A) 3 (B) 4
(C) 5 (D) 6

50. 中国比内测验的智商的平均数为100,标准差为( )。
(A) 15 (B) 16
(C) 17 (D) 18

51. 中国比内测验的智商是根据( ),从测验指导书的智商表中查到的。
(A) 总分 (B) 实足年龄
(C) 总分和实足年龄 (D) 每题的答题质量

52. 在( )中,首次采用智力年龄表示测验成绩并建立了测验常模。
(A) 1905年版比内—西蒙量表 (B) 1908年版比内—西蒙量表
(C) 1916年版斯坦福—比内量表 (D) 1960年版斯坦福—比内量表

53. 1916年版斯坦福—比内量表的主要创新点是( )。

(A) 使测验题目总数达到59个
(B) 分为L型和M型两个等值量表
(C) 首次使用智力年龄表示测验成绩
(D) 首次引入比率智商的概念

54. 1916年版斯坦福—比内量表首次使用了( )的概念。
    (A) 智力水平   (B) 智力年龄
    (C) 比率智商   (D) 离差智商

55. 1960年版斯坦福—比内量表采用( )表示测验成绩。
    (A) 智力年龄   (B) 比率智商
    (C) 离差智商   (D) 智力商数

56. 1960年修订的斯坦福—比内量表使用了离差智商,其平均数为100,标准差为( )。
    (A) 15   (B) 16
    (C) 17   (D) 18

57. 在施测中国比内测验时,对于受测者有关试题的探索性问题,一般应该对他说( )。
    (A) 对了   (B) 错了
    (C) 你自己想一想   (D) 可以

58. 在施测中国比内测验时,主测者与受测者的位置关系应是( )。
    (A) 并排而坐   (B) 面对面
    (C) 被试者自己选择座位 (D) 90度角

59. 人格测验分为两大类,一类为结构明确的自陈量表,一类为结构不甚明确的( )。
    (A) 投射技术   (B) 他陈量表
    (C) 客观量表   (D) 推断技术

60. 下列人格测验中,采用经验效标法编制的是( )。
    (A) 爱德华个人偏好量表   (B) 明尼苏达多相人格测验
    (C) 卡特尔16种人格因素测验 (D) 杰克逊人格问卷

61. MMPI是采用( )编制的客观化测验。
    (A) 因素分析法   (B) 经验效标法
    (C) 总加评定法   (D) 理论推演法

62. MMPI的施测形式之一"卡片式"适合于( )施测。
    (A) 团体   (B) 个别
    (C) 团体和个别   (D) 面对面

63. 关于MMPI的实施,最准确的描述应该是( )。
    (A) 卡片式可团体施测
    (B) 手册式只用于个别施测
    (C) 手册式既可团体施测,又可个别施测

(D) 卡片式既可团体施测，又可个别施测

64. 在MMPI的399题版本中，Q量表的原始得分超过（　　）分，就表明答卷无效。
   (A) 30　　　　　　　　　　　(B) 8
   (C) 22　　　　　　　　　　　(D) 10

65. 按照中国常模标准，可将MMPI正常与异常的划界分确定为T分等于（　　）分。
   (A) 60　　　　　　　　　　　(B) 65
   (C) 70　　　　　　　　　　　(D) 75

66. 按照美国常模标准，MMPI的T分数在（　　）分以上，便可视为可能有病理性异常表现。
   (A) 55　　　　　　　　　　　(B) 60
   (C) 65　　　　　　　　　　　(D) 70

67. 在各类标准分数中，T分数指的是（　　）的分数。
   (A) 平均数为10，标准差为3　　(B) 平均数为5，标准差为1.5
   (C) 平均数为50，标准差为10　 (D) 平均数为100，标准差为15

68. 在MMPI的临床量表中，英文缩写（　　）代表轻躁狂量表。
   (A) D　　　　　　　　　　　 (B) Hs
   (C) Ma　　　　　　　　　　　(D) Sc

69. 在MMPI的10个临床量表中，英文缩写Pd指的是（　　）量表。
   (A) 精神衰弱　　　　　　　　(B) 精神分裂症
   (C) 社会病态　　　　　　　　(D) 轻躁狂

70. MMPI一共有566个条目，其中包括10个临床量表和（　　）个效度量表。
   (A) 3　　　　　　　　　　　 (B) 4
   (C) 5　　　　　　　　　　　 (D) 6

71. MMPI共有14个量表，其中（　　）是临床量表。
   (A) D　　　　　　　　　　　 (B) Q
   (C) L　　　　　　　　　　　 (D) F

72. 在MMPI的记分中，如果L量表的原始分超过（　　）分，就不能信任MMPI的结果。
   (A) 5　　　　　　　　　　　 (B) 8
   (C) 10　　　　　　　　　　　(D) 15

73. 在所有MMPI的简式量表中，似乎（　　）更优于标准版本。
   (A) MMPI-94　　　　　　　　(B) MMPI-104
   (C) MMPI-168　　　　　　　 (D) MMPI-200

74. 在施测MMPI测验时，如受测者报告有些想法现在没有了，主测者应当告之他（　　）。
   (A) 以从前的情况为准　　　　(B) 以现在的情况为准

(C) 根据具体的情况选择 (D) 以从前或现在的情况为准都可以

75. 卡特尔 16 种人格因素测验是采用(　　)编制的。
   (A) 逻辑分析法　　　　(B) 因素分析法
   (C) 经验效标法　　　　(D) 综合法

76. 关于 16PF 的实施方法，最准确的描述应该是(　　)。
   (A) 只用于团体实施的量表　　(B) 属于可团体实施的量表
   (C) 只用于个别实施的量表　　(D) 属于可个别实施的量表

77. 16PF 的每个试题有(　　)个可供受测者选择的答案。
   (A) 3　　　　　　　　(B) 4
   (C) 5　　　　　　　　(D) 2

78. 除聪慧性因素外，16PF 的其他因素都是按(　　)记分的。
   (A) 0、1 或 1、0　　　(B) 1、2、3 或 3、2、1
   (C) 1、2 或 2、1　　　(D) 0、1、2 或 2、1、0

79. 一般将 16PF 测验结果得到的原始分数转化成(　　)。
   (A) 标准九分　　　　　(B) 标准十分
   (C) 标准二十分　　　　(D) T 分数

80. 凡是平均数为 5.5，标准差为 1.5 的标准分数，一般我们都称为(　　)
   (A) 标准九分　　　　　(B) T 分数
   (C) 标准十分　　　　　(D) 标准二十分

81. 在 16PF 次元人格特征中，人云亦云、优柔寡断是(　　)的低分特征。
   (A) 适应与焦虑性　　　(B) 内向与外向性
   (C) 感情用事与安详机警性　　(D) 怯懦与果断性

82. 16PF 的英文原版共有 5 种版本，其中 A、B 为(　　)。
   (A) 全版本　　　　　　(B) 实验本
   (C) 缩减本　　　　　　(D) 修订本

83. 16PF 的英文原版共有 5 种版本，其中 C、D 为(　　)。
   (A) 全版本　　　　　　(B) 实验本
   (C) 缩减本　　　　　　(D) 修订本

84. 卡特尔把每个人所具有的独特的特质称之为(　　)。
   (A) 表面特质　　　　　(B) 根源特质
   (C) 体质特质　　　　　(D) 个别特质

85. 在卡特尔 16 种根源特质中，有的起源于体质因素，他称之为(　　)。
   (A) 素质特质　　　　　(B) 动力特质
   (C) 能力特质　　　　　(D) 气质特质

86. 在 16PF 测验中，环性情感或高情感为(　　)因素的高分特征。
   (A) 乐群性　　　　　　(B) 稳定性
   (C) 敢为性　　　　　　(D) 特强性

87. 在 16PF 测验中，乐群性因素的低分特征是(　　)。

(A) 严肃、审慎、冷静　　　　　　(B) 缄默、孤独、冷淡
(C) 固执、独立、积极　　　　　　(D) 外向、热情、乐群

88. 聪明、富有才识、善于抽象思维是16PF测验中(　　)因素的高分特征。
    (A) 乐群性　　　　　　　　　　(B) 聪慧性
    (C) 稳定性　　　　　　　　　　(D) 有恒性

89. 思维迟钝、学识浅薄、抽象思维能力弱是16PF测验中(　　)因素的低分特征。
    (A) 乐群性　　　　　　　　　　(B) 有恒性
    (C) 稳定性　　　　　　　　　　(D) 聪慧性

90. 在16PF测验中，(　　)因素的高分特征为好强、固执、独立、积极。
    (A) 乐群性　　　　　　　　　　(B) 稳定性
    (C) 敢为性　　　　　　　　　　(D) 恃强性

91. 在16PF测验中，恃强性因素的低分特征也称(　　)。
    (A) 敢为性　　　　　　　　　　(B) 怀疑性
    (C) 顺从性　　　　　　　　　　(D) 紧张性

92. 在16PF测验中，保守以及尊重传统观念与道德准则是(　　)因素的低分特征。
    (A) 乐群性　　　　　　　　　　(B) 稳定性
    (C) 敢为性　　　　　　　　　　(D) 实验性

93. 在16PF测验中，实验性因素的高分特征也称(　　)。
    (A) 敢为性　　　　　　　　　　(B) 怀疑性
    (C) 激进性　　　　　　　　　　(D) 紧张性

94. 艾森克人格问卷是采用(　　)编制的。
    (A) 逻辑分析法　　　　　　　　(B) 因素分析法
    (C) 经验效标法　　　　　　　　(D) 综合法

95. 下列测验方法中可分为成人和幼年两套问卷的是(　　)。
    (A) MMPI　　　　　　　　　　　(B) 16PF
    (C) EPPS　　　　　　　　　　　(D) EPQ

96. 艾森克幼年人格问卷适用的年龄范围是(　　)。
    (A) 6～16岁　　　　　　　　　　(B) 7～16岁
    (C) 6～15岁　　　　　　　　　　(D) 7～15岁

97. 一位受测者在EPQ的E量表上的T分为30分，则其个性倾向为(　　)。
    (A) 典型外向　　　　　　　　　(B) 典型内向
    (C) 倾向外向　　　　　　　　　(D) 倾向内向

98. 一位受测者在EPQ的N量表上的T分为60分，则其情绪特点为(　　)。
    (A) 典型情绪稳定　　　　　　　(B) 典型情绪不稳定
    (C) 倾向情绪稳定　　　　　　　(D) 倾向情绪不稳定

99. 如果一个受测者在EPQ的E量表上的T分为70分，在N量表上的T分为35

分,则他具有( )的气质。
(A) 多血质　　　　　　　　(B) 胆汁质
(C) 黏液质　　　　　　　　(D) 抑郁质

100. 在EPQ的E和N关系图中,外向、情绪不稳定型性格对应的气质类型为( )
(A) 多血质　　　　　　　　(B) 胆汁质
(C) 黏液质　　　　　　　　(D) 抑郁质

101. EPQ共有4个人格量表,其中英文缩写E指的是( )量表。
(A) 神经质　　　　　　　　(B) 精神质
(C) 内外向　　　　　　　　(D) 掩饰性

102. 在艾森克人格问卷中,N为( )的英文缩写。
(A) 精神质　　　　　　　　(B) 神经质
(C) 内外向　　　　　　　　(D) 掩饰性

103. 按照EPQ中国常模标准,属于典型内向的E量表划界分的范围为T分( )。
(A) >61.5　　　　　　　　(B) 56.7~61.5
(C) 38.5~43.3　　　　　　(D) <38.5

104. 关于SCL-90,下列说法中不正确的是( )。
(A) 采用5级评分　　　　　(B) 包括10个因子
(C) 共有90个项目　　　　　(D) 属于他评量表

105. 在SCL-90的评定中,如果受测者自觉常有该项症状,并对其有相当程度的影响,则应评为( )。
(A) 1　　　　　　　　　　(B) 2
(C) 3　　　　　　　　　　(D) 4

106. SCL-90共有90个项目,在本教材中,每个项目采用的均是( )级评分制。
(A) 4　　　　　　　　　　(B) 5
(C) 3　　　　　　　　　　(D) 2

107. SCL-90的统计指标主要有两项,即总分和( )。
(A) 阳性项目数　　　　　　(B) 阴性项目数
(C) 阳性项目均分　　　　　(D) 因子分

108. 在SCL-90的评分中,所谓阴性项目数指的是单项分( )的项目数。
(A) =1　　　　　　　　　(B) ≥1
(C) =2　　　　　　　　　(D) ≥2

109. 在SCL-90的评分中,所谓阳性项目数指的是单项分( )的项目数。
(A) =1　　　　　　　　　(B) ≥1
(C) =2　　　　　　　　　(D) ≥2

110. 若某求助者在SCL-90上所得的分为140分,阳性项目数为50项,则其阳性症状均分为( )分。
(A) 2.5 (B) 1.5
(C) 2.0 (D) 3.0

111. 按照中国常模结果，SCL-90的总分超过( )分，或阳性项目数超过43项，或任何一因子分超过2分，就可考虑筛选阳性。
(A) 100 (B) 120
(C) 140 (D) 160

112. Hospkin's 症状清单与( )指的是同一工具。
(A) MMPI (B) SDS
(C) SAS (D) SCL-90

113. 在SCL-90中，精神病性因子与MMPI中的( )量表相类似。
(A) 精神衰弱 (B) 精神分裂症
(C) 精神病态 (D) 轻躁狂

114. 抑郁自评量表的英文缩写是( )。
(A) SDS (B) SAS
(C) SCL-90 (D) TAT

115. SDS共包括20个项目，每个项目按症状的( )。
(A) 强度分为四级评分 (B) 频度分为四级评分
(C) 强度分为五级评分 (D) 频度分为五级评分

116. 在完成SDS评定时，要求受测者仔细地阅读每一条，然后根据最近( )的实际感觉，在适当的数字上划"√"表示。
(A) 一周 (B) 二周
(C) 一个月 (D) 一年

117. 完成SDS评定后，首先得到总粗分，然后乘以( )以后，取整数部分就得到标准分。
(A) 1.25 (B) 1.50
(C) 1.75 (D) 2.25

118. 对于SDS的正向评分题，若求助者自评为"少部分时间"有症状则应给( )分。
(A) 1 (B) 2
(C) 3 (D) 4

119. 按照中国常模结果，SDS的标准分的分界值为( )分。
(A) 42 (B) 40
(C) 50 (D) 53

120. 按照中国常模结果，SDS的标准分在( )为中度抑郁。
(A) 53~62分 (B) 63~72分
(C) 73~82分 (D) 82分以上

121. SAS是( )自评量表的英文缩写。

(A) 抑郁 (B) 焦虑
(C) 症状 (D) 恐怖

122. 关于SAS的计分方法，下列表述中正确的是(　　)。
(A) 各项均采用正向记分法 (B) 各项均采用反向记分法
(C) 各项分数相加得到总粗分 (D) 查常模表并将总粗分转换成T分

123. 对于SAS的反向评分题，若求助者自评为"少部分时间"，则应给(　　)分。
(A) 1 (B) 2
(C) 3 (D) 4

124. 按照中国常模结果，SAS的标准分的分界值为(　　)分。
(A) 30 (B) 40
(C) 50 (D) 60

125. 按照中国常模结果，SAS的标准分在60~69分之间者可能为(　　)。
(A) 正常 (B) 轻度焦虑
(C) 中度焦虑 (D) 重度焦虑

126. LES有多个版本，在教材中所选用的是由(　　)等编制的生活事件量表。
(A) 杨德森 (B) 张明园
(C) 张瑶 (D) 刘贤臣

127. 使用LES时，通常根据调查者的要求，将最近(　　)内的事件记录下来。
(A) 半年 (B) 一年
(C) 两年 (D) 十年

128. LES记分时，事件影响时间的记分如果在半年内的应记(　　)分。
(A) 1 (B) 2
(C) 3 (D) 4

129. LES记分时，对于长期性事件发生次数的记分不到半年的应记(　　)次。
(A) 4 (B) 3
(C) 2 (D) 1

130. 生活事件对人持续影响时间的划分并不包括(　　)。
(A) 一月内 (B) 三月内
(C) 半年内 (D) 一年内

131. 某生活事件刺激量等于该事件影响程度×该事件持续时间×(　　)。
(A) 正性事件刺激量 (B) 负性事件刺激量
(C) 该事件发生次数 (D) 生活事件总刺激量

132. 一般来讲，(　　)的正常人在一年内的LES总分不超过20分。
(A) 100% (B) 99%
(C) 95% (D) 90%

133. 一般来说，99%的正常人在一年内的LES总分不超过(　　)分。
(A) 20 (B) 22
(C) 28 (D) 32

134. 从20世纪60年代起，人们对各种生活事件的"客观定量"有了较多的研究兴趣，其中最有代表性的人物是美国的（　　）。
    (A) 塞利（Selye） (B) 霍尔姆斯（Holmes）
    (C) 梅耶（Meyer） (D) 卡特尔（Cattell）

135. 在教材中所选用的社会支持量表是由（　　）于1986年编制的。
    (A) 肖水源 (B) 肖计划
    (C) 杨德森 (D) 刘贤臣

136. 在社会支持量表中，第1～4、8～10条中，每条只选一项，选择第3项则记（　　）分。
    (A) 1 (B) 2
    (C) 3 (D) 4

137. 在社会支持量表中，第6～7条如回答"无任何来源"则记0分，回答"下列来源"者，有4个来源就记（　　）分。
    (A) 1 (B) 2
    (C) 3 (D) 4

138. 社会支持从性质上可以分为两类，其中主观的支持是指（　　）。
    (A) 物质上的直接援助
    (B) 个体在社会中受尊重、被支持、被理解的情感体验
    (C) 社会网络、团体关系的存在和参与
    (D) 对社会支持的利用度

139. 应对方式问卷的记分主要采用（　　）。
    (A) 总分 (B) 因子分
    (C) 积极应对分 (D) 消极应对分

140. 应对方式问卷各分量表因子分的记分为（　　）。
    (A) 分量表单项条目分之和
    (B) 分量表单项条目分之和乘以条目数
    (C) 分量表单项条目分之和除以分量表条目数
    (D) 加权后的分量表单项条目分之和除以条目数

141. 在应对方式问卷的6个应对因子中，与解决问题呈正相关的是（　　）
    (A) 退避 (B) 自责
    (C) 幻想 (D) 合理化

142. 在应对方式问卷中，如受测者在生活中常以"退避""自责"和"幻想"等应对方式应对困难和挫折，则称（　　）。
    (A) 成熟型 (B) 不成熟型
    (C) 混合型 (D) 合理化型

143. 应对方式问卷评定的时间范围是指受检者近（　　）来的应对行为的状况。
    (A) 三个月 (B) 半年
    (C) 一年 (D) 两年

二、多项选择题

144. 英国心理学家斯皮尔曼认为，人的智力活动中存在（   ）。
    (A) 群因素   (B) 普通因素
    (C) 特殊因素   (D) 单因素

145. 美国心理学家吉尔福特认为，智力结构应从（   ）维度去考虑。
    (A) 内容   (B) 操作
    (C) 产品   (D) 认知

146. 美国心理学家卡特尔认为，智力由两种成分构成，分别是（   ）。
    (A) 流体智力   (B) 普通智力
    (C) 特殊智力   (D) 晶体智力

147. 关于 WAIS – RC，下列描述中正确的是（   ）。
    (A) 适用于 16 岁以上的受测者
    (B) 分农村和城市两种版本
    (C) 凡较长期生活、学习或工作在县属集镇以上的人口采用城市版本
    (D) 长期生活、学习或工作于农村的人口采用农村版本

148. WAIS – RC 施测的基本步骤为（   ）。
    (A) 一般按先言语测验、后操作测验的顺序进行
    (B) 各分测验必须从起始点开始
    (C) 测验通常都是一次做完
    (D) 如遇言语障碍或情绪紧张的被试者，不妨先作一两个操作测验

149. 在进行 WAIS – RC 的数字广度测验时，施测的具体要求是（   ）。
    (A) 顺背数和倒背数两个测验分别进行
    (B) 念出数目的速度均按每一秒钟一个数字
    (C) 任何一项 1 试背得正确，便继续进行下一项
    (D) 如果 1 试有错误，便进行同项的 2 试

150. 在实施 WAIS – RC 的数字符号分测验时，正确的是（   ）。
    (A) 完成样本测试后，应据记忆完成
    (B) 从左到右填写
    (C) 不得跳格
    (D) 正式测试限时 90 秒

151. 关于 WAIS – RC 的图画填充分测验，下列说法正确的是（   ）。
    (A) 由 21 张卡片构成
    (B) 每张卡片上的图画有两处缺笔
    (C) 要求受测者在 20 秒内指出缺笔的部位和名称
    (D) 任何情况下都不告诉受测者缺笔的部位和名称

152. 在下列分测验中，（   ）测验属于 WAIS – RC 的言语分测验。

(A) 相似性 (B) 算术
(C) 数字符号 (D) 数字广度

153. 在下列分测验中，属于 WAIS – RC 操作分测验的是（   ）。
 (A) 数字广度 (B) 图形拼凑
 (C) 图片排列 (D) 数字符号

154. 在 WAIS – RC 的实施中，（   ）测验是以反应的速度和正确性作为评分依据的。
 (A) 算术 (B) 相似性
 (C) 木块图 (D) 词汇

155. 在 WAIS – RC 的实施中，仅按反应的质量给予不同的分数的分测验包括（   ）。
 (A) 知识 (B) 领悟
 (C) 算术 (D) 词汇

156. 在 WAIS – RC 中，适合于分测验量表分及智商结果换算的标准差为（   ）。
 (A) 1.5 (B) 3
 (C) 10 (D) 15

157. 和比内量表相比，韦氏智力量表的主要优点包括（   ）。
 (A) 可同时提供三个智商分数和多个分测验分数
 (B) 用离差智商代替比率智商
 (C) 在临床应用方面积累了大量的资料
 (D) 首先使用测验常模

158. 韦氏智力量表的缺点主要包括（   ）。
 (A) 三个独立本的衔接欠佳 (B) 测验的起点偏难
 (C) 测验程序复杂、费时 (D) 分测验项目的数量不均衡

159. 龚耀先教授发展的简式量表选用的言语分测验包括（   ）。
 (A) 知识 (B) 领悟
 (C) 相似性 (D) 词汇

160. 龚耀先教授发展的简式量表选用的操作分测验包括（   ）。
 (A) 图画填充 (B) 木块图
 (C) 数字符号 (D) 图片排列

161. WAIS – RC 的测量技术主要包括提问技术、鼓励回答技巧和（   ）。
 (A) 书写回答格式 (B) 记分方法
 (C) 对结果的解释 (D) 计算智商的方法

162. 在 WAIS – RC 的施测过程中，主测者应努力地取得受测者的合作，可以使用下列哪些鼓励之词（   ）。
 (A) 好，这不花你许多时间吧 (B) 这里还有另一些不同方式的
 (C) 我想你一定会感兴趣的 (D) 对，不错

163. 关于联合型瑞文测验，下列说法中正确的是（   ）。

(A) 材料分为 5 个单元
(B) 每个单元 12 张图片
(C) 标准型与彩色型的合并本
(D) 前三个单元为彩色图案，后三个单元为黑白图案

164. CRT 既可个别施测，也可团体施测，其中个别施测的适宜人群为(　　)。
    (A) 五岁以下的幼儿　　　　　(B) 智力低下者
    (C) 三年级以上的儿童　　　　(D) 不能自行书写的 75 岁以下的老年人

165. 关于瑞文测验，下列说法中正确的是(　　)。
    (A) 既可团体施测，又可个别施测
    (B) 正常三年级以上至 65 岁以下的受测者可团体施测
    (C) 当受测者完成第一、第二项任务时，应告之正确的选项
    (D) 完成测验时，无严格的时间限制

166. 在施测 CRT 时，对测验指导语的正确描述是(　　)。
    (A) 40 分钟内交卷　　　　　　(B) 能做多少，即做多少
    (C) 提前交卷可以加分　　　　(D) 测验不计时

167. 关于幼儿及弱智者在 CRT 个别施测时的停止标准，下列说法中正确的是(　　)。
    (A) 全部六个单元都必须做完
    (B) A、Ab、B 三单元不管做对多少，都必须做完
    (C) C、D、E 三单元如连续 3 题不通过，则该单元不再往下测
    (D) 各单元如连续 3 题不通过，则该单元不再往下测

168. 幼儿及弱智者在进行联合型瑞文测验 C、D、E 三单元测试时，如果连续三题不通过，则应(　　)。
    (A) 停止该单元　　　　　　　(B) 继续该单元
    (C) 停止整个测验　　　　　　(D) 继续下一单元

169. 在 CRT 的记分系统中，用(　　)表示测验结果。
    (A) IQ 分数　　　　　　　　(B) T 分数
    (C) 百分等级　　　　　　　(D) Z 分数

170. 瑞文测验的分型主要包括(　　)。
    (A) 儿童型　　　　　　　　(B) 彩色型
    (C) 标准型　　　　　　　　(D) 高级型

171. 关于瑞文测验，下列说法中正确的是(　　)。
    (A) 由瑞文设计　　　　　　(B) 可测查智力水平
    (C) 可测查人格特点　　　　(D) 属于非言语测验

172. 瑞文（J. C. Raven）认为笼统地用智力一词不足以描绘人的多种认识能力，指出存在两种既对立又有内在联系的行为，即(　　)。
    (A) 再生性能力　　　　　　(B) 推断性能力
    (C) 流体智力　　　　　　　(D) 晶体智力

173. 关于瑞文测验团体施测时的注意事项，下列说法中正确的是( )。
    (A) 人数≤50 人　　　　　　　　(B) 可单独地重复指导语
    (C) 可根据具体的情况补充指导语　(D) 可以直接将题答在图册上

174. 在中国比内测验的施测中，下列说法中正确的是( )。
    (A) 主测者要熟读各题指导语
    (B) 可以替受测者填简历
    (C) 受测者连续有五题不通过时，可停止测验
    (D) 开始的题目应根据受测者的年龄确定

175. 关于中国比内测验的记分，下列说法中正确的是( )。
    (A) 通过一题记 2 分
    (B) 通过一题记 1 分
    (C) 将受测者答对题目的分数加上"补加分数"
    (D) 将受测者答对题目的分数减去"补加分数"

176. 1908 年版比内—西蒙量表的主要创新点是( )。
    (A) 使测验题目总数增加到 59 个
    (B) 首次使用"智力商数"的概念
    (C) 首次使用智力年龄表示测验成绩
    (D) 建立了常模

177. 关于 1916 年版斯坦福—比内量表，下列说法中正确的是( )。
    (A) 由推孟（L. Terman）教授主持修订
    (B) 首次提出离差智商的概念
    (C) 将 L 型和 M 型合并成 L–M 型
    (D) 首次引入比率智商的概念

178. 关于 1960 年版斯坦福—比内量表，下列说法中正确的是( )。
    (A) 由推孟和梅里尔主持修订
    (B) 采用离差智商代替比率智商
    (C) 由 L 型和 M 型两个等值量表构成
    (D) 在 1937 年版的基础上加以修订

179. 关于斯坦福—比内量表第四版，下列说法正确的是( )。
    (A) 包括 15 个分测验
    (B) 对四个认知区域进行评估
    (C) 每个受测者都要完成全部 15 个分测验
    (D) 由推孟修订

180. 中国比内测验的创新点主要包括( )。
    (A) 将年龄扩大为 2~18 岁　　　　(B) 采用离差智商表示测验结果
    (C) 编制了中国比内测验简编　　　(D) 由 L 型和 M 型两个等值量表构成

181. 人格测验自陈量表的编制方法包括( )。
    (A) 逻辑分析法　　　　　　　　(B) 经验效标法

(C) 因素分析法　　　　　　　　(D) 综合法

182. 人格测验自陈量表的特点包括(　　)。
    (A) 题量较大　　　　　　　　(B) 通常采用纸笔测验
    (C) 计分规则简单而客观　　　　(D) 施测手续比较简便

183. 关于MMPI，下列说法中正确的是(　　)。
    (A) 共包括566个自我报告形式的题目
    (B) 使用时可分卡片式及手册式两种主要形式
    (C) 为了精神病临床诊断使用，可做前399题
    (D) 包括16道重复题

184. 下列关于MMPI适用范围的描述，正确的是(　　)。
    (A) 年满16岁
    (B) 能读懂测验表上每个问题的13～16岁少年
    (C) 中学以上文化程度
    (D) 没有影响测验结果的生理缺陷

185. 纵观MMPI的施测历史，不同的测试方式包括(　　)。
    (A) 卡片式　　　　　　　　　　(B) 手册式
    (C) 人机对话方式　　　　　　　(D) 录音带方式

186. MMPI记分步骤包括(　　)。
    (A) 检查Q量表得分　　　　　　(B) 计算原始分
    (C) 将原始分转换成T分数　　　(D) 解释各分量表的得分

187. 在下列MMPI的各临床量表中，原始分需要加K值的量表为(　　)。
    (A) Hs　　　　　　　　　　　　(B) Si
    (C) Pt　　　　　　　　　　　　(D) Sc

188. MMPI的临床量表包括疑病、抑郁、癔病和(　　)等量表。
    (A) 精神衰弱　　　　　　　　　(B) 轻躁狂
    (C) 社会内向　　　　　　　　　(D) 神经质

189. MMPI效度量表的F得分升高的意义可能是(　　)。
    (A) 受测者不认真或理解错误　　(B) 伪装疾病
    (C) 疾病较重　　　　　　　　　(D) 防御较强

190. 与其他人格量表相比，MMPI的主要优点是(　　)。
    (A) 临床诊断的符合率较高　　　(B) 首次将效度量表纳入个性量表
    (C) 多用于人才选拔　　　　　　(D) 可揭示潜意识层次的动机冲突

191. 在施测MMPI时，如出现受测者轻率从事或不愿意暴露自己，主测者应(　　)。
    (A) 凭经验弄清情况　　　　　　(B) 详细记录测验时受测者的表现
    (C) 取得受测者的合作　　　　　(D) 不予理睬

192. 施测MMPI测验时，如受测者遇到不能回答的问题时，主测者可告之(　　)。
    (A) 可以空下来　　　　　　　　(B) 必须选择

(C) 不要让空题太多 　　　　　(D) 应选择是或否

193. 关于MMPI，下列说法中正确的是( )。
(A) 分为手册式和卡片式两种主要形式
(B) 既可以个别施测，也可以团体施测
(C) 适用于16岁以上受测者
(D) 采用T分数记分

194. 关于16PF，下列描述中正确的是( )。
(A) 采用因素分析法编制 　　(B) 中文版由宋维真修订
(C) 包括187个条目 　　　　(D) 16种因素即卡特尔的根源特质

195. 16PF适用的年龄范围包括( )。
(A) 少年 　　　　　　　　　(B) 青年
(C) 壮年 　　　　　　　　　(D) 老年

196. 有关16PF，下列说法中正确的是( )。
(A) 有三个可供受测者选择的答案
(B) 答卷纸有四个例题
(C) 答案没有好坏之分
(D) 测验有时间限制

197. 在实施16PF测验时，受测者应当记住的是( )。
(A) 每一测题只能选择一个答案
(B) 不可漏掉任何测题
(C) 尽量地不选择中性的答案
(D) 对于不太容易回答的试题，同样地要求做出一种倾向性选择

198. 16PF的低分与高分的范围分别为( )。
(A) 1~2分 　　　　　　　　(B) 1~3分
(C) 8~10分 　　　　　　　(D) 9~10分

199. 16PF的次元人格因素包括( )。
(A) 适应与焦虑性 　　　　　(B) 内向与外向性
(C) 感情用事与安详机警性 　(D) 怯懦与果断性

200. 对受测者施测16PF，主要目的是为了( )。
(A) 了解心理障碍的个性原因 (B) 辅助临床诊断
(C) 治疗心理障碍患者 　　　(D) 用于人才选拔

201. 关于卡特尔16种人格因素测验，下列说法中正确的是( )。
(A) 属于客观化测验 　　　　(B) 测量的是卡特尔的根源特质
(C) 采用经验法编制 　　　　(D) 可用于人才选拔

202. 按照卡特尔的人格理论，可将人的个性结构分为( )。
(A) 个别特质与共同特质 　　(B) 表面特质与根源特质
(C) 素质特质与环境铸模性特质 (D) 动力特质、能力特质与气质特质

203. 16PF测验的基本人格因素包括( )。

(A) 适应与焦虑性 (B) 支配与顺从性
(C) 怯懦与果断性 (D) 激进与保守性

204. 在实施16PF测验时，需要注意的问题是(   )。
(A) 先完成答卷纸上的四个例题 (B) 不得改变任一测题规定的语句
(C) 必须在规定时间内完成测验 (D) 尽量地不选择中性的答案

205. 在下列英文缩写中，属于EPQ分量表的是(   )量表。
(A) E (B) P
(C) D (D) N

206. EPQ的记分步骤包括(   )。
(A) 数出Q量表的原始分数
(B) 获得各量表的粗分
(C) 按年龄和性别常模换算标准T分数
(D) 作EPQ剖面图和E、N关系图

207. 在EPQ测验的剖析图上，T分数的划界范围包括(   )。
(A) 典型型 (B) 倾向型
(C) 其他型 (D) 中间型

208. 艾森克人格结构的基本维度主要包括(   )。
(A) 神经质 (B) 精神质
(C) 内外向 (D) 掩饰性

209. 在下列测验中，采用T分数记分的是(   )。
(A) MMPI (B) 16PF
(C) EPQ (D) EPPS

210. 关于SCL-90，下列说法中正确的是(   )。
(A) 共有90个项目
(B) 包括10个因子
(C) 可以测查人际关系、饮食、睡眠等状况
(D) 由德若伽提斯（L. R. Derogatis）编制

211. SCL-90主要适用于(   )。
(A) 在精神科和心理咨询门诊中了解就诊者或受咨询者的心理卫生问题
(B) 诊断心理疾病
(C) 了解躯体疾病患者的精神症状
(D) 调查不同职业群体的心理卫生问题

212. 按照中国常模结果，SCL-90的(   )就可考虑筛选阳性。
(A) 总分超过160分 (B) 阳性项目数超过43项
(C) 任何一因子分超过2分 (D) 阴性项目数低于47项

213. 在下列量表名称中，属于SCL-90因子的是(   )。
(A) 精神衰弱 (B) 精神病性
(C) 强迫症状 (D) 精神病态

214. 由于SCL-90缺乏"情绪高涨""思维飘忽"等项目,使其在( )中的应用受到了一定限制。
   (A) 躁狂症患者　　　　　　　　(B) 抑郁症患者
   (C) 精神分裂症患者　　　　　　(D) 正常人

215. SDS的每个项目按症状出现的频度分为四级评分,其中包括( )。
   (A) 10个正向评分题　　　　　　(B) 15个正向评分题
   (C) 5个反向评分题　　　　　　 (D) 10个反向评分题

216. 关于SDS,下列描述中正确的是( )。
   (A) 评定抑郁症状的轻重程度
   (B) 评定抑郁症状在治疗中的变化
   (C) 确诊抑郁症
   (D) 发现抑郁症病人

217. 关于SDS的施测步骤,下列说法中正确的是( )。
   (A) 根据您最近一周的实际感觉,在适当的数字上划"√"表示
   (B) 不能理解或看不懂SDS问题的内容的受测者不适用
   (C) 应让自评者理解反向评分的各题
   (D) 应提醒自评者不要漏评某一项目,也不要在相同的一个项目上重复地评定

218. 关于SDS,下列描述中正确的是( )。
   (A) 用于反映病人的焦虑的主观感受
   (B) 用于具有抑郁症状的成年人
   (C) 对心理咨询门诊及精神科门诊或住院精神病人均可使用
   (D) 对严重阻滞症状的抑郁病人,评定有困难

219. 关于抑郁症状的临床分级,下列说法中正确的是( )。
   (A) 除参考量表分值外,主要还应根据临床症状
   (B) 量表总分仅能作为一项参考指标而非绝对标准
   (C) SDS分界值在53分以上即可诊断为抑郁
   (D) 应特别注重要害症状

220. 关于SAS,下列说法中正确的是( )。
   (A) 由Zung编制　　　　　　　　(B) 用于反映焦虑的主观感受
   (C) 属于他评量表　　　　　　　(D) 适用于有焦虑症状的成年人

221. SAS的每个项目按症状出现的频度分为四级评分,其中包括( )。
   (A) 10个正向评分题　　　　　　(B) 15个正向评分题
   (C) 5个反向评分题　　　　　　 (D) 10个反向评分题

222. 关于SAS,下列描述中正确的是( )。
   (A) 评定焦虑症状的轻重程度
   (B) 评定焦虑症状在治疗中的变化
   (C) 确诊焦虑症

(D) 用于疗效评估

223. 关于SAS的施测步骤，下列说法中正确的是( )。
    (A) 根据您最近一周的实际感觉，在适当的数字上划"√"表示
    (B) 不能理解或看不懂SAS问题的内容的受测者不适用
    (C) 应让自评者理解反向评分的各题
    (D) 应提醒自评者不要漏评某一项目，也不要在相同的一个项目上重复地评定

224. 关于焦虑症状的临床分级，下列说法中正确的是( )。
    (A) 除参考量表分值外，主要还应根据临床症状
    (B) 量表总分仅能作为一项参考指标而非绝对标准
    (C) SAS分界值在50分以上即可诊断为焦虑
    (D) 应特别注重要害症状

225. LES共含有48条我国较常见的生活事件，其中包括( )等方面的问题。
    (A) 家庭生活　　　　　　　(B) 应对方式
    (C) 工作学习　　　　　　　(D) 社交及其他

226. LES适用于16岁以上的正常人及( )患者。
    (A) 神经症　　　　　　　　(B) 心身疾病
    (C) 各种躯体疾病　　　　　(D) 自知力恢复的重性精神病

227. 关于LES的适用范围，下列说法中正确的是( )。
    (A) 适用于18岁以上的正常人　(B) 适用于16岁以上的正常人
    (C) 适用于各种精神病患者　　(D) 适用于神经症患者

228. 填写LES时，通常要求自评者根据自身的实际感受去判断那些经历过的事件( )。
    (A) 对本人来说是好事或是坏事　(B) 影响持续的时间有多久
    (C) 哪些是重大的生活事件　　　(D) 影响程度如何

229. 杨德森教授编制的生活事件量表的特色包括( )。
    (A) 对正性生活事件、负性生活事件作了区分
    (B) 将百分制改为十分制
    (C) 按事件的影响程度、持续时间和发生次数记分
    (D) 强调根据受测者的主观感受，对生活事件作定性评定和定量评定

230. 生活事件量表的主要缺陷与不足在于( )。
    (A) 量表内容只适用于一般人群
    (B) 对既往某段时间发生的事件进行回忆和评定会受被评定者当时的认知状态和情绪状态的影响
    (C) 遗忘会导致对事件的严重程度评分过高或过低
    (D) 对于特殊人群的针对性较差

231. 在应用生活事件量表时，需要注意的是( )。
    (A) 只计研究所规定的时限内发生的生活事件

(B) 对每项作肯定回答的事件，要让受检者说明具体的发生时间
(C) 一般应向受检者本人进行调查
(D) 如果从知情者那里获得资料，应说明资料来源、知情者和受检者的关系

232. 肖水源编制的社会支持量表共有十个条目，可分为（　　）三个维度。
(A) 客观支持　　　　　　　　(B) 主观支持
(C) 心理支持　　　　　　　　(D) 对社会支持的利用度

233. 社会支持量表的统计指标主要包括（　　）。
(A) 客观支持分　　　　　　　(B) 主观支持分
(C) 总分　　　　　　　　　　(D) 对支持的利用度

234. 社会支持从性质上可以分为两类，分别是（　　）。
(A) 客观支持　　　　　　　　(B) 主观支持
(C) 朋友支持　　　　　　　　(D) 亲人支持

235. 社会支持从性质上可以分为两类，其中一类为客观的、可见的或实际的支持，包括（　　）
(A) 物质上的直接援助
(B) 个体在社会中受尊重、被支持、被理解的情感体验
(C) 社会网络、团体关系的存在和参与
(D) 对社会支持的利用度

236. 由肖计划等编制的应对方式问卷共分为6个分量表，分别为（　　）等。
(A) 解决问题　　　　　　　　(B) 投射
(C) 幻想　　　　　　　　　　(D) 合理化

237. 由肖计划等编制的应对方式问卷的适用范围包括（　　）。
(A) 14岁以上的青少年　　　　(B) 成年人和老年人
(C) 神经症患者　　　　　　　(D) 重性精神病患者

238. 由肖计划等编制的应对方式问卷适用于（　　）。
(A) 解释个体或群体的应对方式类型和应对行为特点
(B) 比较不同个体或群体的应对行为差异
(C) 提供反映人的心理发展成熟程度的指标
(D) 比较正常人和重性精神病患者应对方式的差异

239. 应用应对方式问卷的价值，主要在于它能（　　）。
(A) 为心理健康保健工作提供依据
(B) 为不同专业领域选拔人才提供帮助
(C) 为心理治疗和康复治疗提供指导
(D) 为提高和改善人的应付水平提供帮助

三、参考答案

单项选择题

1. A	2. A	3. D	4. D	5. A
6. D	7. B	8. A	9. A	10. D
11. D	12. C	13. C	14. C	15. C
16. A	17. B	18. A	19. B	20. C
21. C	22. B	23. C	24. C	25. A
26. B	27. C	28. B	29. A	30. B
31. D	32. A	33. B	34. A	35. D
36. B	37. D	38. A	39. C	40. B
41. B	42. B	43. A	44. D	45. C
46. D	47. D	48. A	49. C	50. B
51. C	52. B	53. D	54. C	55. C
56. B	57. C	58. B	59. A	60. B
61. B	62. B	63. C	64. C	65. A
66. D	67. C	68. C	69. C	70. B
71. A	72. C	73. C	74. B	75. B
76. B	77. A	78. D	79. B	80. C
81. D	82. A	83. C	84. D	85. A
86. A	87. B	88. B	89. D	90. D
91. C	92. D	93. C	94. B	95. D
96. D	97. B	98. D	99. A	100. B
101. C	102. B	103. D	104. D	105. D
106. B	107. D	108. A	109. D	110. C
111. D	112. D	113. B	114. A	115. B
116. A	117. A	118. B	119. D	120. B
121. B	122. C	123. C	124. C	125. C

126. A	127. B	128. B	129. D	130. A
131. C	132. C	133. D	134. B	135. A
136. C	137. D	138. B	139. B	140. C
141. D	142. B	143. D		

多项选择题

144. BC	145. ABC	146. AD	147. ABCD	148. ACD
149. ABCD	150. BCD	151. AC	152. ABD	153. BCD
154. AC	155. ABD	156. BD	157. ABC	158. ABCD
159. ACD	160. ABD	161. ABCD	162. ABC	163. BCD
164. BCD	165. ABC	166. AB	167. BC	168. AD
169. AC	170. BCD	171. ABD	172. AB	173. AB
174. ABCD	175. BC	176. ACD	177. AD	178. ABD
179. AB	180. ABC	181. ABCD	182. ABCD	183. ABCD
184. ABD	185. ABCD	186. ABC	187. ACD	188. ABC
189. ABC	190. AB	191. ABC	192. AC	193. ABCD
194. ACD	195. BCD	196. ABC	197. ABCD	198. BC
199. ABCD	200. ABD	201. ABD	202. ABCD	203. BD
204. ABD	205. ABD	206. BCD	207. ABD	208. ABC
209. AC	210. ABCD	211. ACD	212. ABCD	213. BC
214. AC	215. AD	216. ABD	217. ACD	218. BCD
219. ABD	220. ABD	221. BC	222. ABD	223. ACD
224. ABD	225. ACD	226. ABCD	227. BD	228. ABD
229. ACD	230. ABCD	231. ABCD	232. ABD	233. ABCD
234. AB	235. AC	236. ACD	237. ABC	238. ABC
239. ABCD				

第三部分

国家职业资格培训教程

心理咨询师

（二级）

习题

第一章　心理诊断技能习题

一、单项选择题

1. 心理冲突常形的特点是(　　)。
   (A) 不涉及重要的生活事件　　(B) 不带有明显的道德色彩
   (C) 与现实处境直接联系　　(D) 一般具有神经症性问题
2. 关于心理冲突，正确的说法是(　　)。
   (A) 常形不会是神经症性问题　　(B) 常形与现实处境没有关系
   (C) 变形与现实处境直接相关　　(D) 变形带有明显的道德色彩
3. 神经症的正确评分是(　　)。
   (A) 病程只要超过半年者可评为 3 分
   (B) 精神痛苦而完全无法摆脱者为 2 分
   (C) 尽量地避免某些社交场合者为 2 分
   (D) 总分只有大于 6 者，神经症的诊断才能成立
4. 关于神经症与其他疾病的关系，下列说法中正确的是(　　)。
   (A) 在生理检查阴性时，可以成为神经症诊断的充分依据
   (B) 神经症症状典型且持久时，应该仅考虑神经症的诊断
   (C) 神经症症状典型且存在某生理疾病时，应下两个诊断
   (D) 神经症与躯体疾病同时下诊断时，在治疗上对病人无益
5. 关于神经症与人格障碍的关系，下列说法中正确的是(　　)。
   (A) 极少数的神经症才伴有人格障碍
   (B) 40% 的神经症病人伴有人格障碍
   (C) 神经症的人格障碍的几率普遍较低
   (D) 人格对神经症的预后无重要的影响
6. 神经衰弱的症状特点不包括(　　)。
   (A) 精神容易兴奋　　(B) 精神容易疲劳
   (C) 不同的情绪症状　　(D) 多脏器功能障碍
7. 焦虑性神经症的主要临床特点不包括(　　)。
   (A) 运动性不安　　(B) 紧张性不安

(C) 焦虑性情绪 　　　　　　　　　(D) 抑郁性情绪
8. 恐惧性神经症的主要临床特点是(　　)。
　　(A) 一般植物神经功能正常 　　　(B) 虽然害怕，但是不回避处境
　　(C) 直接地造成社会功能受损 　　(D) 因害怕感到生活无意义
9. 强迫性神经症的主要临床特点是(　　)。
　　(A) 间接地造成了社会功能的严重受损
　　(B) 本人知道是不必要的，但无法摆脱
　　(C) 观念违背他人的意愿，但无法控制
　　(D) 自我强迫和自我反强迫交替地存在
10. 疑病性神经症的主要临床特点是(　　)。
　　(A) 对健康状况存在一些忧虑 　　(B) 对身体状况的注意程度减退
　　(C) 感觉过敏不属于躯体障碍 　　(D) 觉得患病，但无妄想的特点
11. 抑郁性神经症的主要临床特点是(　　)。
　　(A) 对前途悲观，偶有失望 　　　(B) 感到生活还有意义
　　(C) 兴趣减退，但不丧失 　　　　(D) 常常感到精神疲惫
12. 抑郁的最重要特征是(　　)。
　　(A) 对未来感到担忧 　　　　　　(B) 感到烦恼、不耐烦
　　(C) 认为自己毫无用处 　　　　　(D) 对健康过分地关注
13. 神经衰弱症状的具体表现是(　　)。
　　(A) 联想和回忆增多，但不杂乱
　　(B) 一般不会伴有言语运动的增多
　　(C) 只有较为强烈的刺激，才感到难受
　　(D) 只有休息和睡眠，才能消除疲劳
14. 烦恼和焦虑的区别点在于(　　)。
　　(A) 是否有明显的情绪 　　　　　(B) 是否有痛苦的体验
　　(C) 是否有健康的心态 　　　　　(D) 是否有现实的内容
15. 对易激惹的理解正确的是(　　)。
　　(A) 虽然容易生气，但是不易发怒 (B) 人际关系是重要的影响因素
　　(C) 虽然急躁，但是能控制住 　　(D) 不同疾病的内心感受一样
16. 精神病性易激惹的特点是(　　)。
　　(A) 不否认发脾气的行为事实 　　(B) 有难受和痛苦的内心体验
　　(C) 事后并没有感到自己失控 　　(D) 事后常常觉得不对或不好
17. 神经衰弱失眠的特点的是(　　)。
　　(A) 睡眠时间过长 　　　　　　　(B) 睡眠节律紊乱
　　(C) 睡眠时间过短 　　　　　　　(D) 入睡比较困难
18. 神经衰弱的头部不适感主要是(　　)。
　　(A) 兴奋性头痛 　　　　　　　　(B) 抑制性头晕
　　(C) 紧张性头痛 　　　　　　　　(D) 紧张性头晕

19. 双相情感障碍中躁狂的典型症状不包括(　　)。
    (A) 睡眠障碍　　　　　　　　　(B) 言语加快
    (C) 活动增加　　　　　　　　　(D) 心境高涨
20. 双相情感障碍中抑郁的典型症状不包括(　　)。
    (A) 心境低落　　　　　　　　　(B) 兴趣缺失
    (C) 失去控制　　　　　　　　　(D) 幻觉妄想
21. 与恐惧性神经症的典型特点不符合的是(　　)。
    (A) 不明原因的强烈恐惧　　　　(B) 对象是某场所或事件
    (C) 因恐惧而使活动受限　　　　(D) 社会功能未受到损害
22. 与惊恐障碍的典型特点不符合的是(　　)。
    (A) 难以解释的焦虑或恐惧发作　(B) 突然出现，发展迅速，时间长久
    (C) 常会导致对再次发作的恐惧　(D) 常常会回避曾经发作的场所
23. 与广泛性焦虑的特点不符合的是(　　)。
    (A) 感到紧张或不安　　　　　　(B) 肌肉紧张
    (C) 自主神经症状　　　　　　　(D) 运动性不安
24. 个体表现为依赖性强、为吸引他人注意而作出过分做作和夸张的行为，可能存在(　　)人格障碍。
    (A) 反社会　　　　　　　　　　(B) 分裂样
    (C) 依赖型　　　　　　　　　　(D) 表演型
25. 与适应障碍的特点不符合的是(　　)。
    (A) 对长期应激性事件的急性反应
    (B) 常常专注于某事引起极度的痛苦
    (C) 常有焦虑、担忧或感到难以应付
    (D) 急性反应通常持续数天到数周
26. 分离性（转换）障碍的要点不包括(　　)。
    (A) 表现出不同寻常的躯体症状　(B) 症状富有戏剧性且不同寻常
    (C) 起病与困难的个人处境无关　(D) 躯体症状与已知疾病不一致
27. 难以解释的躯体主诉的诊断要点是(　　)。
    (A) 有躯体性解释的躯体症状　　(B) 有的总相信没有躯体疾病
    (C) 不大关心摆脱躯体的症状　　(D) 无视检查结果而经常就诊
28. 与神经衰弱不符合的是(　　)。
    (A) 精神性疲劳　　　　　　　　(B) 休息后可有明显的缓解
    (C) 睡眠紊乱　　　　　　　　　(D) 记忆力和注意力的减退
29. 与进食障碍不符合的是(　　)。
    (A) 采取极端的节食手段　　　　(B) 无端地害怕体重增加
    (C) 过分努力地增加体重　　　　(D) 否认体重是问题所在
30. 与失眠不符合的是(　　)。
    (A) 入睡并不是太困难　　　　　(B) 睡眠不安或者不深

(C) 睡后总觉得不解乏　　　　　　　　(D) 觉醒期频繁或延长

31. 男性常见的性功能障碍不包括(　　)。
   (A) 勃起障碍　　　　　　　　　　　(B) 射精过早
   (C) 射精延迟　　　　　　　　　　　(D) 性欲过强

32. 女性常见的性功能障碍不包括(　　)。
   (A) 性欲低下　　　　　　　　　　　(B) 交流缺乏
   (C) 性交困难　　　　　　　　　　　(D) 性乐缺失

33. 多动（注意缺陷）障碍的诊断要点是(　　)。
   (A) 注意力的维持较为容易　　　　　(B) 经过思考后就采取行动
   (C) 常有异常的躯体性不安　　　　　(D) 该行为存在于特定场合

34. 与品行障碍的诊断要点不符合的是(　　)。
   (A) 必须根据道德规范做出判断　　　(B) 具有某种持续的异常攻击性
   (C) 具有某种持续的异常反抗性　　　(D) 与家庭和学校中的应激相关

35. 与遗尿症的特点不符合的是(　　)。
   (A) 存在排尿控制能力的发育延迟
   (B) 通常是不自主的不会是故意的
   (C) 可出现于一段时间的正常排尿后
   (D) 可能在应激或创伤事件后出现

36. 与反社会人格障碍的特点不符合的是(　　)。
   (A) 高度的攻击性　　　　　　　　　(B) 常具有羞惭感
   (C) 不能吸取教训　　　　　　　　　(D) 社会适应不良

37. 与偏执性人格障碍的特点不符合的是(　　)。
   (A) 尚能够接受他人批评　　　　　　(B) 常存在某些超价观念
   (C) 常把错误归咎于他人　　　　　　(D) 敏感、多疑和心胸狭窄

38. 分裂样人格障碍的特点不包括(　　)。
   (A) 思维反常和固执己见　　　　　　(B) 可见长久的怪异思维
   (C) 不能容忍别人的轻视　　　　　　(D) 常逃避与社会的接触

39. 强迫型人格障碍的特点不包括(　　)。
   (A) 做事按部就班、一丝不苟　　　　(B) 做事反复检验、苛求细节
   (C) 不完美就会焦虑和苦恼　　　　　(D) 与别人交往常感到困难

40. 表演型人格障碍的特点不包括(　　)。
   (A) 暗示性和依赖性特别强　　　　　(B) 有过分做作和夸张的行为
   (C) 自我中心，很少考虑家人　　　　(D) 情绪变化无常，容易激动

41. 与冲动型人格障碍的特点不符合的是(　　)。
   (A) 情绪不稳定，缺乏冲动控制　　　(B) 易激惹，动辄就会以暴力威胁
   (C) 一般在不发作期间也不正常　　　(D) 发作后后悔，但不能防止复发

42. 依赖型人格障碍的特点是(　　)。
   (A) 缺乏自信，不能独立活动　　　　(B) 寻求新异刺激，难耐寂寞

(C) 做事按部就班，一丝不苟　　　　(D) 易激惹，动辄以暴力威胁

43. 个体出现敏感、多疑、心胸狭窄。常处于不安和戒备之中，可能存在(　　)。
 (A) 反社会人格障碍　　　　　　　(B) 分裂样人格障碍
 (C) 冲动型人格障碍　　　　　　　(D) 偏执型人格障碍

44. 寻找生物学原因时，应该考虑(　　)。
 (A) 宗教因素对心理问题形成的影响
 (B) 家庭因素对心理问题形成的影响
 (C) 生理年龄对心理问题形成的影响
 (D) 环境与心理问题是否有因果关系

45. 关于生理功能与心理活动的关系，下列说法中正确的是(　　)。
 (A) 求助者未陈述可能因涉及隐私而有意地回避
 (B) 生理功能的改变肯定引起心理活动的改变
 (C) 求助者未加陈述是由于对咨询师缺乏信任
 (D) 心理活动的改变肯定引起生理功能的改变

46. 求助者被确认感染HIV后的一般心理变化规律是(　　)。
 (A) 否认期—抑郁期—妥协期—怨恨期—接受期
 (B) 否认期—怨恨期—妥协期—抑郁期—接受期
 (C) 否认期—抑郁期—怨恨期—妥协期—接受期
 (D) 否认期—怨恨期—抑郁期—妥协期—接受期

47. 发病前从未接受过检测的AIDS患者的特点不包括(　　)。
 (A) 一般也有病毒感染者的心理体验
 (B) 一经确诊常会受到巨大的心理冲击
 (C) 多数患者会出现心理或情绪的危机
 (D) 在心理危机期后，会逐渐地恢复常态

48. 生理年龄对心理行为活动的影响是(　　)。
 (A) 不同年龄对同一事件的心理反应是相同的
 (B) 儿童的心理障碍少数是以行为障碍为主的
 (C) 儿童的心理问题不容易转化为心理障碍
 (D) 复杂的人际关系对儿童构不成直接的威胁

49. 性别因素对心理行为活动的影响是(　　)。
 (A) 不同性别的心理反应是相同的　　(B) 女性容易遭受较重的心灵创伤
 (C) 女性的更年期心理反应不明显　　(D) 男性的更年期心理反应较严重

50. 寻找社会性原因时，应该确定(　　)。
 (A) 求助者对生活事件和人际关系有无误解
 (B) 求助者的临床表现与错误观念有无关系
 (C) 社会文化因素与心理障碍的发生有无关系
 (D) 求助者对生活事件和人际关系有无偏见

51. 关于心理问题的社会性原因，下列说法中正确的是(　　)。

(A) 正性社会生活事件会起消极的作用
(B) 道德、风俗习惯因素不起重要的作用
(C) 负性社会生活事件会起积极的作用
(D) 生活事件的发生频度不起重要的作用

52. 对心理问题的认知因素分析时，正确的操作是( )。
    (A) 查看他人对求助者有无误解或者错误的评价
    (B) 分析求助者有无反逻辑性思维和不良归因倾向
    (C) 查看求助者的认知能力和成长中有无错误的观念产生
    (D) 寻找求助者是否存在不合理的个人生活方式

53. 认知因素致病的原因不包括( )。
    (A) 对逻辑的推理出现失误   (B) 对事物的理解出现偏差
    (C) 对概念的使用出现失误   (D) 他人的认知出现了偏差

54. 对致病认知因素的临床分类包括( )。
    (A) 环境的定向偏差   (B) 知识性的认知偏差
    (C) 人物的定向偏差   (D) 空间的定向偏差

55. 对持久的负性情绪记忆事例判断正确的是( )。
    (A) 认为在社会生活中黑暗的东西太多
    (B) 生活在不能决定是否离婚的痛苦中
    (C) 长期家庭不和带来的创伤难以愈合
    (D) 认为中学时期对异性的爱慕是可耻的

56. 影响认知评价的因素包括( )。
    (A) 以往生活中的经验   (B) 存在正性自动想法
    (C) 成年期的固定信念   (D) 以往生活中的痛苦

57. 求助者因反复地就医而导致上班经常请假，无法完成工作任务，根据神经症简易评定法，应评定为( )。
    (A) 1分   (B) 2分
    (C) 3分   (D) 4分

58. 求助者反复地思考一些毫无意义的问题，明知道没意义，但就是控制不住已经有半年，根据神经症简易评定法，应评定为( )。
    (A) 1分   (B) 2分
    (C) 3分   (D) 4分

59. 使用神经症简易评定法求助者的得分为7分，应初步诊断求助者为( )。
    (A) 严重心理问题   (B) 可疑神经症
    (C) 神经症   (D) 精神分裂症

60. 心理冲突变形的特点不包括( )。
    (A) 不带有明显的道德色彩   (B) 与现实处境不相符合
    (C) 涉及不重要的生活事件   (D) 涉及较重要的生活事件

61. 神经症简易评定法中病程的正确评分是( )。

(A) 3个月为1分 (B) 6个月为2分
(C) 9个月为3分 (D) 12个月为4分

62. 神经症简易评定法中精神痛苦程度的正确评分是（　　）。
    (A) 求助者自己能够被动地设法摆脱为1分
    (B) 需要借助别人的帮助才能摆脱为2分
    (C) 需要借助处境的改变才能摆脱为3分
    (D) 借助修养也完全无法摆脱为4分

63. 神经症简易评定法中社会功能的评分，下列说法中不正确的是（　　）。
    (A) 能正常工作及人际交往，只有轻微妨碍者为1分
    (B) 工作、学习的效率下降，而不得不减轻工作者为2分
    (C) 对某些必要的社会交往完全采取回避者为2分
    (D) 完全不能工作、学习，而不得不休假或退学者为3分

64. 求助者，近一年多来害怕与人交往，尽量地避免在社交场合露面，万不得已时须在熟人陪同下才勉强参加，为此工作能力下降，不能胜任原有的工作。该求助者的评分为（　　）。
    (A) 4分 (B) 5分
    (C) 6分 (D) 7分

65. 求助者，近半年多来尽量地回避与人交往，无法推辞时，须在熟人陪同下才勉强前往，工作质量也不如从前，不能胜任原有的工作。对该求助者的判断是（　　）。
    (A) 可疑神经症 (B) 可疑精神病
    (C) 可疑抑郁症 (D) 可确诊神经症

二、多项选择题

66. 求助者陷于吃药还是不吃药的痛苦冲突之中：吃药怕肝硬变和上瘾，不吃药怕睡不着。这属于（　　）。
    (A) 心理冲突的常形 (B) 心理冲突的变形
    (C) 与现实处境相符 (D) 与现实处境不符

67. 求助者因夫妻感情不和，长期处于想离婚又不想离婚的冲突中，十分苦恼。这属于（　　）。
    (A) 心理冲突的常形 (B) 心理冲突的变形
    (C) 与现实处境相符 (D) 与现实处境不符

68. 神经症简易评定法包括以下的（　　）指标。
    (A) 病程 (B) 精神痛苦程度
    (C) 生理功能 (D) 社会功能

69. 典型的神经症包括（　　）。
    (A) 焦虑神经症 (B) 抑郁神经症
    (C) 恐惧神经症 (D) 神经衰弱

70. 不典型的神经症包括（　　）。
    (A) 抑郁神经症　　　　　　　　　(B) 人格解体神经症
    (C) 焦虑神经症　　　　　　　　　(D) 强迫神经症

71. 神经衰弱的情绪症状主要表现在（　　）。
    (A) 烦恼　　　　　　　　　　　　(B) 易激惹
    (C) 心情紧张　　　　　　　　　　(D) 抑郁

72. 以下表述中，属于神经衰弱表现的是（　　）。
    (A) 认为想法推陈出新，引人入胜
    (B) 感到注意力不集中，脑子很乱
    (C) 喜欢比较安静的地方，怕吵闹
    (D) 经常苦于心有余而力不足

73. 情绪性疲劳的特点是（　　）。
    (A) 与不愉快的心情相联系　　　　(B) 休息能够缓解疲劳
    (C) 心情舒畅时，疲劳会减轻　　　(D) 看书消遣能够减轻疲劳

74. 有关急性焦虑发作的鉴别诊断，下列说法中正确的是（　　）。
    (A) 应首先排除躯体疾病
    (B) 如发生在特定的场所，应与恐惧神经症进行鉴别
    (C) 如出现心境低落，应与抑郁症进行鉴别
    (D) 如出现过度焦虑，应与焦虑症进行鉴别

75. 抑郁的主要表现为（　　）。
    (A) 对什么都不感兴趣　　　　　　(B) 对事情感到无法挽回
    (C) 对自己的痛苦感到无能为力　　(D) 认为自己一无是处

76. 心理冲突的特点是（　　）。
    (A) 常形带有明显的道德色彩　　　(B) 常形与现实处境直接相关
    (C) 变形与现实处境没有关系　　　(D) 变形带有明显的道德色彩

77. 神经症的正确评分是（　　）。
    (A) 病程只要超过1年者可评为3分
    (B) 尽量地避免某些社交场合者为2分
    (C) 精神痛苦而完全无法摆脱者为3分
    (D) 总分大于等于6者，诊断就能成立

78. 神经衰弱的主要临床特点不包括（　　）。
    (A) 抑郁情绪体验　　　　　　　　(B) 自我评价过低
    (C) 精神容易兴奋　　　　　　　　(D) 焦虑情绪体验

79. 焦虑性神经症的主要临床特点包括（　　）。
    (A) 强迫　　　　　　　　　　　　(B) 焦虑
    (C) 紧张性不安　　　　　　　　　(D) 运动性不安

80. 恐惧性神经症的主要临床特点不包括（　　）。
    (A) 间接地造成社会功能受损　　　(B) 因害怕而感到生活无意义

(C) 植物神经系统功能障碍　　　(D) 害怕与所处的环境不相称

81. 与强迫性神经症的主要临床特点不符合的是( )。
    (A) 间接地造成了社会功能的严重受损
    (B) 本人意识到是异常的，但不想摆脱
    (C) 观念违背他人的意愿，但无法控制
    (D) 自我强迫和自我反强迫交替地存在

82. 疑病性神经症的主要临床特点是( )。
    (A) 常伴有疑病观念　　　(B) 常伴有感觉减退
    (C) 对身体过分的注意　　(D) 对健康过分的忧虑

83. 抑郁性神经症的主要临床特点是( )。
    (A) 兴趣减退，甚至丧失　(B) 常常感到精神疲惫
    (C) 常对前途悲观、失望　(D) 感到生活没有意义

84. 抑郁性神经症与抑郁症的鉴别要点包括( )。
    (A) 缺乏自信、自我评价低
    (B) 其沮丧和无力感是长期心理冲突的结果
    (C) 病程至少持续两年
    (D) 情绪低落在两周以上

85. 神经衰弱症状的具体表现是( )。
    (A) 联想和回忆增多且杂乱无意义　(B) 一般不会伴有言语运动的增多
    (C) 疲劳有弥散性和明显的情绪性　(D) 疲劳并不伴有欲望和动机的减退

86. 烦恼和焦虑的区别点在于( )。
    (A) 是否有明确的对象　(B) 是否有痛苦的体验
    (C) 是否有健康的心态　(D) 是否有现实的内容

87. 对易激惹的理解正确的是( )。
    (A) 容易生气　(B) 容易发怒
    (C) 容易急躁　(D) 按捺不住

88. 精神病性易激惹的特点是( )。
    (A) 有难受和痛苦的内心体验　(B) 事后并没有感到自己失控
    (C) 常否认发脾气的行为事实　(D) 事后并不觉得不对或不好

89. 造成神经衰弱失眠的因素有( )。
    (A) 对失眠虽然过分担心，但不太重视
    (B) 存在着做梦就等于没有睡的误解
    (C) 把白天的各种不适感归咎于失眠
    (D) 失眠的烦恼代替了现实中的烦恼

90. 双相情感障碍中躁狂的典型症状包括( )。
    (A) 精力增加　(B) 自高自大
    (C) 心境高涨　(D) 失去控制

91. 双相情感障碍中抑郁的典型症状包括( )。

(A) 兴趣缺失　　　　　　　　　　(B) 自杀行为
(C) 自我贬低　　　　　　　　　　(D) 自罪妄想

92. 广泛性焦虑的诊断要点是(　　)。
    (A) 经常或持续的焦虑　　　　　(B) 症状可持续数天
    (C) 缺乏具体内容的担心　　　　(D) 有运动性不安

93. 居丧障碍的特点是(　　)。
    (A) 焦虑不安　　　　　　　　　(B) 兴趣缺失
    (C) 睡眠障碍　　　　　　　　　(D) 思考未来

94. 适应障碍的诊断要点是(　　)。
    (A) 对近期创伤性事件的急性反应
    (B) 对近期应激性事件的急性反应
    (C) 常有焦虑、担忧或感到难以应付
    (D) 急性反应通常持续数周到数月

95. 分离性（转换）障碍的诊断要点是(　　)。
    (A) 表现出不同寻常的躯体症状　(B) 症状富有戏剧性且不同寻常
    (C) 起病与困难的个人处境无关　(D) 躯体症状与已知疾病相一致

96. 难以解释的躯体主诉的诊断要点是(　　)。
    (A) 无躯体性解释的躯体症状　　(B) 无视检查结果而经常就诊
    (C) 不大关心摆脱躯体的症状　　(D) 有的总相信没有躯体疾病

97. 神经衰弱的诊断要点是(　　)。
    (A) 精神性疲劳或躯体性疲劳　　(B) 休息后可有明显的缓解
    (C) 记忆力和注意力的减退　　　(D) 睡眠紊乱和性欲减退

98. 进食障碍的特点是(　　)。
    (A) 严格控制饮食和呕吐　　　　(B) 过分努力地控制体重
    (C) 无端地害怕体重增加　　　　(D) 否认体重是问题所在

99. 与失眠不符合的是(　　)。
    (A) 入睡并不是太困难　　　　　(B) 睡后总觉得不解乏
    (C) 睡眠不安或者不深　　　　　(D) 觉醒期频繁或缩短

100. 男性常见的性功能障碍有(　　)。
    (A) 性欲过强　　　　　　　　　(B) 射精延迟
    (C) 射精过早　　　　　　　　　(D) 勃起障碍

101. 女性常见的性功能障碍有(　　)。
    (A) 性欲低下　　　　　　　　　(B) 交流缺乏
    (C) 性乐降低　　　　　　　　　(D) 性交困难

102. 多动（注意缺陷）障碍的诊断要点是(　　)。
    (A) 严重的注意力维持困难　　　(B) 常有异常的躯体性不安
    (C) 未经过思考就采取行动　　　(D) 该行为存在于所有场合

103. 品行障碍的诊断要点是(　　)。

(A) 具有某种间断的异常攻击性 (B) 具有某种持续的异常反抗性
(C) 与家庭和学校中的应激无关 (D) 依相应年龄的正常规范判断

104. 遗尿症的特点是( )。
(A) 可能在应激或创伤事件后出现 (B) 通常是不自主的而非是故意的
(C) 可合并广泛的情绪及行为障碍 (D) 存在排尿控制能力的发育延迟

105. 反社会人格障碍的特点是( )。
(A) 社会适应不良 (B) 不能吸取教训
(C) 高度的攻击性 (D) 行为受长期动机驱使

106. 偏执性人格障碍的特点是( )。
(A) 敏感、多疑和心胸狭窄 (B) 常把错误归咎于他人
(C) 常存在某些超价观念 (D) 对挫折和失败过分敏感

107. 分裂样人格障碍的特点是( )。
(A) 尚能容忍别人的轻视 (B) 常逃避与社会的接触
(C) 可见长久的怪异思维 (D) 思维反常和固执己见

108. 强迫型人格障碍的特点是( )。
(A) 与别人交往常感到困难 (B) 婚姻和工作必受到影响
(C) 常自我克制和谨小慎微 (D) 做事反复检验、苛求细节

109. 表演型人格障碍的特点是( )。
(A) 有过分做作和夸张的行为 (B) 暗示性和依赖性特别强
(C) 自我中心，很少考虑家人 (D) 对人肤浅且难以长久地交往

110. 冲动型人格障碍的特点是( )。
(A) 情绪不稳定，缺乏冲动控制 (B) 易激惹，动辄就会以暴力威胁
(C) 发作后后悔，但不能防止复发 (D) 少量饮酒可引起发作，但不严重

111. 依赖型人格障碍的特点是( )。
(A) 缺乏自信 (B) 听从安排
(C) 感到无助 (D) 指挥他人

112. 人格障碍的三要素是( )。
(A) 童年或少年起病 (B) 自身痛苦或贻害周围
(C) 人格某些方面过于突出 (D) 牢固和持久的适应不良

113. 寻找生物学原因的操作步骤是( )。
(A) 首先应检查求助者是否患有躯体疾病
(B) 躯体疾病与心理问题是否有因果关系
(C) 考虑生理年龄对心理问题形成的影响
(D) 考虑性别因素对心理问题形成的影响

114. 关于生理功能与心理活动的关系，下列说法中正确的是( )。
(A) 生理功能的改变会引起心理活动的改变
(B) 心理活动的改变会引起生理功能的改变
(C) 求助者未加陈述是因对咨询师缺乏信任

(D) 求助者未加陈述的原因可能是无意忽略

115. 对求助者被确认感染 HIV 后的心理变化规律描述正确的是(　　)。
(A) 多遵循否认—怨恨—妥协—抑郁—接受的变化规律
(B) 并不是每个感染者都会按顺序出现上述特征性的改变
(C) 有的感染者在知道自己感染后，可能会立即自杀
(D) 多数感染者一般会接受结果而面对死亡来临的现实

116. 发病前从未接受过检测的 AIDS 患者的特点是(　　)。
(A) 一经确诊常会受到巨大的心理冲击
(B) 少数患者会出现心理或情绪的危机
(C) 病情重者迅速进入抑郁和接受期
(D) 在心理危机期后，会逐渐地恢复常态

117. 关于生物年龄对心理行为活动的影响，下列说法中正确的是(　　)。
(A) 儿童的心理障碍多数是以行为障碍为主的
(B) 复杂的人际关系对儿童构不成直接的威胁
(C) 儿童的心理问题很容易转化为心理障碍
(D) 不同年龄对同一事件的心理反应是不同的

118. 性别因素对心理行为活动的影响是(　　)。
(A) 不同性别的心理反应是不同的　(B) 女性容易遭受较重的心灵创伤
(C) 男性的更年期心理反应较严重　(D) 女性的更年期心理反应不明显

119. 寻找社会性原因时，应该确定(　　)。
(A) 相关生活事件、人际关系及所处的生存环境
(B) 求助者的临床表现与社会生活事件的关系
(C) 社会文化因素与心理障碍的发生有无关系
(D) 求助者的心理障碍与社会支持系统有无关系

120. 对心理问题的社会性原因分析时，应注意的是(　　)。
(A) 负性社会生活事件会成为应激源
(B) 正性社会生活事件不会成为应激源
(C) 生活事件的发生频度起重要的作用
(D) 道德、风俗习惯等因素起重要的作用

121. 对心理问题的认知因素分析时，错误的操作是(　　)。
(A) 查看认知能力和成长中有无错误的观念产生
(B) 查看他人对求助者有无误解或者错误的评价
(C) 寻找求助者记忆中有无持久负性情绪记忆
(D) 分析求助者有无反逻辑性思维和不良归因倾向

122. 认知因素致病的原因包括(　　)。
(A) 对事物的理解出现偏差　　(B) 对概念的使用出现失误
(C) 对逻辑的推理出现失误　　(D) 对自我的认知出现偏差

123. 对致病认知因素的临床分类包括(　　)。

(A) 知识性的认知偏差 (B) 个性的认知偏差
(C) 环境的定向偏差 (D) 人物的定向偏差

124. 对持久的负性情绪记忆事例判断正确的是(　　)。
　　(A) 长期家庭不和带来的创伤难以愈合
　　(B) 中学时期被同学孤立，经常蒙受羞辱
　　(C) 认为在社会生活中黑暗的东西太多
　　(D) 自幼在单亲家庭中生活，缺少重视和疼爱

125. 影响认知评价的因素不包括(　　)。
　　(A) 以往生活中的痛苦 (B) 存在正性自动想法
　　(C) 以往生活中的经验 (D) 成年期的固定信念

126. 恐惧性神经症的主要种类有(　　)。
　　(A) 场所恐惧症 (B) 社交恐惧症
　　(C) 惊恐障碍 (D) 特殊恐惧症

127. 恐惧性神经症的鉴别诊断要点是(　　)。
　　(A) 表现为害怕得病，四处求医
　　(B) 如害怕得病，应与疑病症进行鉴别
　　(C) 如出现强迫观念，应与强迫症进行鉴别
　　(D) 如出现心慌、紧张，应与抑郁症进行鉴别

128. 原发性强迫主要种类包括(　　)。
　　(A) 强迫观念 (B) 强迫表象
　　(C) 强迫恐惧 (D) 强迫意向

129. 强迫症状的表现为(　　)。
　　(A) 感到异常 (B) 希望消除
　　(C) 无法摆脱 (D) 强烈恐惧

130. 抑郁症的诊断要点是(　　)。
　　(A) 心境低落或悲伤 (B) 睡眠需求减少
　　(C) 精力和活动增加 (D) 兴趣或快感丧失

131. 分离性（转换）障碍的急性病例可能存在(　　)。
　　(A) 富有戏剧性且不寻常 (B) 随时间经常地改变
　　(C) 与别人的关注有关 (D) 与分娩或中风有关

132. 神经性厌食症通常表现为(　　)。
　　(A) 因超过标准体重而不断地减肥 (B) 无端地认为自己体重过重
　　(C) 月经停止 (D) 频繁或延长觉醒期

133. 神经性贪食症患者的通常表现包括(　　)。
　　(A) 短时间内暴食 (B) 诱导自己呕吐
　　(C) 服用利尿剂 (D) 难以解释的躯体症状

134. 儿童精神发育迟滞可能存在以下表现(　　)。
　　(A) 学习行走很缓慢 (B) 学习能力较差

(C) 与其他孩子相处困难 (D) 不适当的性行为

135. 对神经症与人格障碍关系的描述正确的是(   )。
　　(A) 只有极少数的神经症才伴有人格障碍
　　(B) 某些神经症很可能并不伴有人格障碍
　　(C) 做神经症诊断都应确定有无人格障碍
　　(D) 人格障碍对神经症的预后无重要的影响

136. 心理冲突常形的特点不包括(   )。
　　(A) 与现实处境相符合　　(B) 与现实处境没有联系
　　(C) 不涉及重要的生活事件　　(D) 不带有明显的道德色彩

137. 心理冲突变形的特点包括(   )。
　　(A) 涉及不重要的生活事件　　(B) 与现实处境直接联系
　　(C) 不带有明显的道德色彩　　(D) 一般具有神经症的性质

138. 神经症简易评定法中病程的正确评分是(   )。
　　(A) 病程2个月为1分　　(B) 病程6个月为2分
　　(C) 病程9个月为2分　　(D) 病程11个月为3分

139. 神经症简易评定法中精神痛苦程度的正确评分是(   )。
　　(A) 求助者自己可以主动地设法摆脱为1分
　　(B) 需要借助处境的改变才能摆脱为2分
　　(C) 需要借助别人的帮助才能摆脱为3分
　　(D) 借助休养也完全无法摆脱为3分

140. 神经症简易评定法中社会功能的评分不正确的是(   )。
　　(A) 由于工作、学习的效率下降而不得不减轻工作者为1分
　　(B) 某社交场合不得不尽量地避免人际交往者为2分
　　(C) 由于工作、效率的下降而不得不改变工作者为3分
　　(D) 完全不能工作、学习而不得不休假或退学者为3分

141. 对神经症与其他疾病关系的描述正确的是(   )。
　　(A) 在生理检查阴性时,可以成为神经症诊断的充分依据
　　(B) 若神经症症状典型且持久时,应该考虑神经症的诊断
　　(C) 神经症症状典型且存在某生理疾病时,应下两个诊断
　　(D) 神经症与躯体疾病同时下诊断,在治疗上对病人有益

三、参考答案

单项选择题

| 1. C | 2. A | 3. C | 4. C | 5. B |
| 6. D | 7. D | 8. C | 9. B | 10. D |

11. D	12. C	13. B	14. D	15. B
16. C	17. B	18. C	19. A	20. C
21. D	22. B	23. C	24. D	25. A
26. C	27. D	28. B	29. C	30. A
31. D	32. B	33. C	34. A	35. B
36. B	37. A	38. B	39. D	40. C
41. C	42. A	43. D	44. C	45. A
46. B	47. A	48. D	49. B	50. C
51. A	52. C	53. D	54. B	55. C
56. D	57. B	58. B	59. C	60. D
61. B	62. B	63. C	64. D	65. D

多项选择题

66. BD	67. AC	68. ABD	69. ACD	70. AB
71. ABC	72. BCD	73. AC	74. ABC	75. ABCD
76. ABC	77. ABCD	78. ABD	79. BCD	80. AB
81. ABCD	82. ACD	83. ABCD	84. BC	85. ABCD
86. AD	87. ABCD	88. BCD	89. BCD	90. ABCD
91. ABCD	92. ACD	93. ABC	94. ABC	95. AB
96. AB	97. ACD	98. ABCD	99. AD	100. BCD
101. ACD	102. ABCD	103. BD	104. ACD	105. ABC
106. ABCD	107. BD	108. CD	109. ABD	110. ABC
111. ABC	112. ABD	113. ABCD	114. ABD	115. ABC
116. ACD	117. ABCD	118. AB	119. ABCD	120. ACD
121. BCD	122. ABCD	123. AB	124. ABD	125. BCD
126. ABD	127. BCD	128. ABCD	129. ABC	130. AD
131. ABC	132. BC	133. ABC	134. ABC	135. BC
136. BCD	137. ACD	138. ABC	139. ABD	140. AC
141. BCD				

第二章 心理咨询技能习题

一、单项选择题

1. 在下面关于系统脱敏法基本原理的前后衔接描述中,错误的是( )。
   (A) 让一个原可引起强烈焦虑的刺激　(B) 在求助者的面前重复地暴露
   (C) 同时求助者以全身放松对抗　(D) 可以使该刺激失去引起焦虑的作用

2. 系统脱敏法起源于( )。
   (A) 系统论　(B) 精神病人的临床实验
   (C) 动物的实验性神经症　(D) 精神病学家的灵感

3. 系统脱敏法的创始人是( )。
   (A) 巴甫洛夫　(B) 沃尔普
   (C) 斯金纳　(D) 华生

4. 系统脱敏法的基本步骤中不包括( )。
   (A) 学习放松技巧　(B) 考查视觉表象能力
   (C) 建构焦虑等级　(D) 逐级地系统脱敏

5. 建构焦虑等级时,应当避免的是( )。
   (A) 求助者说出引起焦虑的事件或情境
   (B) 求助者将引起焦虑的事件或情境排序
   (C) 求助者给引起焦虑的事件或情境打分
   (D) 咨询师给事件或情境指定焦虑分数

6. 建构理想的焦虑等级,应当注意做到的是( )。
   (A) 每一级焦虑,应小到能被全身松弛所拮抗的程度
   (B) 各焦虑等级之间的级差尽量地均匀
   (C) 焦虑等级的设定主要取决于求助者本人
   (D) 以上三点

7. 在逐级地实施系统脱敏训练时,每次放松后的焦虑分数必须低于( )分,才能进行下一级的训练。
   (A) 20　(B) 25

(C) 30 (D) 35

8. 关于系统脱敏训练，以下说法正确的是(　　)。
   (A) 若引发焦虑的情境不止一种，可以一并处理
   (B) 可以综合多种情境，制定一张焦虑等级表
   (C) 当焦虑分数超过50分时，表明焦虑等级设计不合理
   (D) 对每种情境的想象和放松的次数应当限定

9. 冲击疗法的另一名称是(　　)。
   (A) 满灌疗法　　　　　　　　(B) 现实疗法
   (C) 系统疗法　　　　　　　　(D) 想象疗法

10. 现实冲击疗法最主要的特点是(　　)。
    (A) 让求助者置身于想象环境之中
    (B) 让求助者暴露在实际的恐惧刺激中
    (C) 允许求助者用不适应的行为应对
    (D) 求助者可以采取缓解焦虑的行为

11. 想象冲击疗法优于现实冲击疗法之处是(　　)。
    (A) 可以允许求助者自行采取缓解焦虑的行为
    (B) 让求助者暴露在现实的恐惧之中
    (C) 治疗时对产生焦虑情境的性质无限制
    (D) 不必预先学习放松技术

12. 冲击疗法的对象应当是(　　)。
    (A) 只需排除精神病性障碍的患者
    (B) 预先接受体格检查的求助者
    (C) 可以不考虑年龄因素的求助者
    (D) 所有要求消除焦虑、恐惧障碍的求助者

13. 下列可以作为冲击疗法的治疗对象的是(　　)。
    (A) 老人　　　　　　　　　　(B) 健康儿童
    (C) 孕妇　　　　　　　　　　(D) 健康成年男性

14. 冲击疗法准备工作的第一步是(　　)。
    (A) 决定治疗场地　　　　　　(B) 确定刺激物
    (C) 商定实施程序　　　　　　(D) 进行心理测量

15. 实施冲击疗法，每次的极限水平的标志是(　　)。
    (A) 求助者气促、出汗　　　　(B) 求助者受不了
    (C) 家属不忍心看　　　　　　(D) 情绪逆转

16. 冲击疗法与系统脱敏疗法在原理上有所不同，前者的原理是(　　)。
    (A) 经典性条件反射　　　　　(B) 交互抑制
    (C) 消退性抑制　　　　　　　(D) 操作性条件反射

17. 冲击疗法中止治疗的条件包括(　　)。
    (A) 求助者出现回避行为　　　(B) 求助者出现通气过度综合症

(C) 求助者提出中止治疗　　　　　　(D) 以上三点
18. 厌恶疗法的基本原理是(　　)。
(A) 经典条件反射　　　　　　　　(B) 操作条件反射
(C) 模仿学习　　　　　　　　　　(D) 顿悟
19. Cautela 在 1966 年建议使用的改良的厌恶疗法是(　　)。
(A) 渐进式厌恶法　　　　　　　　(B) 内隐致敏法
(C) 外显致敏法　　　　　　　　　(D) 系统致敏法
20. 厌恶疗法的基本程序包括(　　)。
(A) 确定靶症状
(B) 选用药物刺激
(C) 不当行为停止后，施加厌恶刺激
(D) 厌恶刺激后，给予正强化
21. 厌恶疗法的厌恶刺激必须是(　　)。
(A) 意外的　　　　　　　　　　　(B) 柔和的
(C) 强烈的　　　　　　　　　　　(D) 快速的
22. 实施厌恶疗法时，应注意使厌恶体验出现在不良行为(　　)。
(A) 之前　　　　　　　　　　　　(B) 之后
(C) 同时　　　　　　　　　　　　(D) 前后
23. 厌恶疗法对靶症状的要求是(　　)。
(A) 复杂，但具体　　　　　　　　(B) 单一，且具体
(C) 多样，但同类　　　　　　　　(D) 多样，不同类
24. 模仿法又可称作(　　)。
(A) 观察法　　　　　　　　　　　(B) 榜样法
(C) 示范法　　　　　　　　　　　(D) 参与法
25. 模仿法的基本操作程序中最重要的步骤是(　　)。
(A) 选择合适的场地　　　　　　　(B) 设计示范的行为
(C) 示范正确的行为　　　　　　　(D) 及时地强化正确的模仿行为
26. 模仿法的五种具体方式中包括(　　)。
(A) 内隐示范　　　　　　　　　　(B) 角色扮演
(C) 象征性示范　　　　　　　　　(D) 以上三点
27. 模仿法中(　　)。
(A) 示范者与模仿者的共同之处越多越好
(B) 示范者与模仿者的共同之处越少越好
(C) 模仿者的表演越生动越好
(D) 模仿者的感染力越强越好
28. 以下最适合运用模仿法的对象是(　　)。
(A) 妇女　　　　　　　　　　　　(B) 儿童
(C) 老人　　　　　　　　　　　　(D) 青年

29. 生物反馈法源于( )。
    (A) 社会学习理论　　　　　　(B) 动物内脏条件反射
    (C) 生物医学技术　　　　　　(D) 信息论中的反馈原理
30. 动物内脏条件反射的最早发现者是( )。
    (A) 桑代克　　　　　　　　　(B) 华生
    (C) 米勒　　　　　　　　　　(D) 巴甫洛夫
31. 生物反馈技术的最早临床应用者是( )。
    (A) 夏皮诺　　　　　　　　　(B) 巴甫洛夫
    (C) 斯金纳　　　　　　　　　(D) 米勒
32. 目前,临床应用最广泛的生物反馈仪是( )。
    (A) 皮肤电反馈仪　　　　　　(B) 皮肤温度反馈仪
    (C) 肌电反馈仪　　　　　　　(D) 脑电反馈仪
33. 在肌电生物反馈疗法治疗前的准备工作中最重要的是( )。
    (A) 设立专门的治疗室
    (B) 检查、校准反馈仪
    (C) 向求助者介绍生物反馈疗法的原理
    (D) 求助者愿意接受生物反馈疗法
34. 在肌电生物反馈疗法诊室训练的操作步骤中,最重要的是( )。
    (A) 求助者一定要仰卧　　　　(B) 在求助者的额部安放电极
    (C) 测量求助者的肌电值　　　(D) 求助者主动地进行反馈训练
35. 为了巩固肌电生物反馈疗法的疗效,应当( )。
    (A) 增加诊室训练的次数　　　(B) 进行家庭训练
    (C) 增加每次训练的时间　　　(D) 尽量地提高预置值
36. 生物反馈疗法的适应症包括( )。
    (A) 慢性精神分裂症(伴社会功能受损)
    (B) 训练中出现失眠、幻觉的求助者
    (C) 急性期精神疾病患者
    (D) 有自伤、自杀观念的求助者
37. 生物反馈疗法的禁忌症是( )。
    (A) 心因性精神障碍　　　　　(B) 儿童多动症
    (C) 原发性高血压　　　　　　(D) 有自伤、自杀观念的求助者
38. 认知行为疗法包括( )。
    (A) 阿尔伯特·埃利斯的认知疗法
    (B) 阿伦·贝克的合理情绪行为疗法
    (C) 卡尔·罗杰斯的求助者中心疗法
    (D) 唐纳德·梅肯鲍姆的认知行为疗法
39. 认知行为疗法的主要特点是( )。
    (A) 强调人有自我实现的倾向

(B) 认为心理痛苦是认知过程发生机能障碍的结果
(C) 强调应激事件的关键作用
(D) 强调行为主义治疗的原理

40. 贝克和雷米认知疗法的最关键的基本步骤是(　　)。
    (A) 建立咨询关系，确定咨询目标　　(B) 运用提问和自我审查技术确定问题
    (C) 检验表层错误观念　　　　　　　(D) 纠正核心错误观念

41. 贝克和雷米认知疗法的提问技术的主要目的在于(　　)。
    (A) 由咨询师提出特定的问题
    (B) 把求助者的注意力导向与他的情绪和行为密切的方面
    (C) 鼓励求助者说明自己的看法
    (D) 鼓励求助者进入一种现实的或想象的情境

42. 贝克和雷米认知疗法的自我审查技术的核心环节是(　　)。
    (A) 咨询师鼓励求助者说出对自己的看法
    (B) 咨询师用特定的问题让求助者注意过去忽略的经验
    (C) 让求助者对过去忽略的经验重新地加以体验和评价
    (D) 咨询师引导谈话的内容围绕具体可见的事实

43. 贝克和雷米关于表层错误观念的另一名称是(　　)。
    (A) 周边性错误观念　　　　(B) 边缘性错误观念
    (C) 非中心性错误观念　　　(D) 次要错误观念

44. 贝克和雷米纠正表层错误观念的最佳技术是(　　)。
    (A) 建议　　　　　　　　　(B) 演示
    (C) 模仿　　　　　　　　　(D) 三者结合

45. 贝克和雷米提出的深层错误观念是指(　　)。
    (A) 求助者抽象的与自我概念有关的错误命题
    (B) 求助者对自己不适应行为的直接、具体的解释
    (C) 很容易通过具体情境加以检验的观念
    (D) 求助者故意隐藏起来的错误观念

46. 关于贝克和雷米的语义分析技术的正确描述是(　　)。
    (A) 揭示并纠正求助者的表层错误观念
    (B) 促进求助者语言能力的发展
    (C) 针对求助者错误的自我概念
    (D) 主要目的是为了理顺句子的结构

47. 贝克和雷米采用行为技术改变求助者的认知结构的具体做法是(　　)。
    (A) 通过讲解行为疗法的原理，使求助者改变认知
    (B) 通过特定的行为模式，让求助者体验过去忽略的与认知有关的情绪
    (C) 通过行为训练，建立新的条件反射
    (D) 运用奖惩手段，培养新的认知模式

48. 贝克和雷米提出的认知复习的主要目的在于(　　)。

(A) 让求助者认识表层错误观念
(B) 让求助者放弃不适应的行为
(C) 充分地调动求助者的内在潜能并进行自我调节
(D) 避免遗忘学会的新技能

49. 梅肯鲍姆认知行为矫正技术的具体程序中的第一步是(　　)。
    (A) 帮助求助者通过重新评价自我陈述来检查自己的想法
    (B) 要求求助者评价他们的焦虑水平
    (C) 通过角色扮演和想象使求助者面临一种可以引发焦虑的情境
    (D) 教给求助者觉察那些他们在压力情境下产生的引发焦虑的认知

50. 关于梅肯鲍姆压力接种训练的三阶段模型，下列说法中正确的是(　　)。
    (A) 概念阶段的重点是与求助者建立工作关系
    (B) 技能获得和复述阶段的重点是教给求助者各种行为和认知应对技术
    (C) 应用和完成阶段的重点是将治疗情境中的改变迁移到现实生活中
    (D) 以上三种说法

51. 梅肯鲍姆疗法在技能获得和复述阶段中采用的认知应对训练，具体是(　　)。
    (A) 获得和复述一种新的环境信息
    (B) 获得和复述一种新的自我陈述
    (C) 获得和复述一种新的思想体系
    (D) 获得和复述一种新的理论构思

52. 贝克理论的三个重要概念中包括(　　)。
    (A) 共同感受   (B) 规则
    (C) 选择性概括   (D) A和B

53. 贝克认为求助者的"逻辑错误"的实质是(　　)。
    (A) 前后脱节，逻辑混乱   (B) 前提假设与最终结果互不呼应
    (C) 推理过程不合逻辑   (D) 将客观现实向自我贬低的方向歪曲

54. 贝克提出的五种认知治疗技术包括(　　)。
    (A) 去中心化   (B) 兴奋水平监控
    (C) 个性化   (D) 假设性验证

55. 关于雷米的认知治疗观点，下列说法中正确的是(　　)。
    (A) 治疗的目的就是消除边缘的、表层的错误观念
    (B) 治疗的目的就是揭示并改变那些中心、深层的错误观念
    (C) 治疗应从中心的、深层的错误观念入手
    (D) 治疗应逐步地根除边缘的、表层的错误观念

56. 求助者中心疗法的哲学基础是(　　)。
    (A) 结构主义   (B) 人本主义
    (C) 行为主义   (D) 机能主义

57. 罗杰斯最富有特色的理论观点是，他强调(　　)。
    (A) 咨询师技能的重要性   (B) 咨询师理论的重要性

(C) 求助者有自我治愈的能力　　　(D) 求助者的权利与义务

58. 求助者中心疗法的治疗目标可以归纳为(　　)。
   (A) 解决个体的情绪困惑　　　(B) 消除个体的行为障碍
   (C) 帮助个体适应环境　　　(D) 促进个体成长为自我实现的人

59. 罗杰斯认为求助者发生积极的改变的充分必要条件是(　　)。
   (A) 咨询技巧　　　(B) 咨询策略
   (C) 咨询关系　　　(D) 咨询过程

60. 求助者中心疗法的最根本的特点是(　　)。
   (A) 注重咨询技巧　　　(B) 强调咨询过程
   (C) 固定咨询步骤　　　(D) 咨询以关系为导向

61. 求助者中心疗法的三种主要技术包括(　　)。
   (A) 顺其自然　　　(B) 有条件地积极关注
   (C) 设身处地的理解　　　(D) 无防御反应

62. "设身处地的理解"的含义是从(　　)的角度去知觉世界，并表达出来。
   (A) 咨询师　　　(B) 求助者
   (C) 咨询师与求助者　　　(D) 以上全对

63. 艾根提出的帮助技巧系统来源于(　　)。
   (A) 马斯洛的理论　　　(B) 罗杰斯的理论
   (C) 弗洛伊德的理论　　　(D) 华生的理论

64. 艾根将无条件的积极关注称为(　　)。
   (A) 尊重　　　(B) 温暖
   (C) 共情　　　(D) 忘我

65. 艾根认为高水平咨询师的最高价值观应是对求助者的(　　)。
   (A) 共情　　　(B) 接纳
   (C) 尊重　　　(D) 支持

66. 佩特森划分的咨询过程七个阶段中"求助者能够较为流畅地、自由地表达客观的自我"属于(　　)。
   (A) 第一阶段　　　(B) 第三阶段
   (C) 第五阶段　　　(D) 第七阶段

67. 求助者中心疗法对人性的基本看法是(　　)。
   (A) 积极、乐观的　　　(B) 理智、客观的
   (C) 消极、悲观的　　　(D) 中性的

68. 罗杰斯对"经验"的概念来源于现象学中的"现象场"，"现象场"是指(　　)。
   (A) 人的主观世界　　　(B) 外部客观世界
   (C) 人与环境的关系　　　(D) 人所处的环境

69. 求助者中心疗法中的自我概念的含义是(　　)。
   (A) 求助者真实的本体　　　(B) 求助者对自身的总体的知觉和认识

(C) 本我与超我矛盾冲突的调节者　　(D) 对自我的理解和说明
70. 求助者中心疗法认为每个人的价值评价过程可以分为(　　)。
　　(A) 一种　　　　　　　　　　(B) 两种
　　(C) 三种　　　　　　　　　　(D) 多种
71. 求助者中心疗法认为心理失调产生的原因是(　　)。
　　(A) 出现错误的认知　　　　　(B) 心理需求得不到满足
　　(C) 自我概念与经验不协调　　(D) 与客观现实不相适应
72. 求助者中心疗法的实质是(　　)。
　　(A) 一切服从求助者的意愿
　　(B) 根据求助者的意见实施咨询
　　(C) 让求助者坐在咨询室的中心位置
　　(D) 重建个体在自我概念与经验之间的和谐
73. 求助者中心疗法认为决定咨询治疗导向的首要责任者是(　　)。
　　(A) 求助者　　　　　　　　　(B) 咨询师
　　(C) 咨询机构　　　　　　　　(D) 咨询师与求助者
74. 求助者中心疗法的潜在局限性在于(　　)。
　　(A) 咨询师失去作用
　　(B) 求助者不知所措
　　(C) 初学者容易误导求助者
　　(D) 初学者倾向于接受没有挑战性的求助者
75. 求助者的社会接纳程度也可以看作是(　　)。
　　(A) 本人的社会适应程度　　　(B) 本人接纳社会的程度
　　(C) 本人精神症状的改变程度　(D) 本人行为问题的残留程度
76. 团体心理咨询是在(　　)情境中提供心理帮助与指导的一种心理咨询与治疗的形式。
　　(A) 个体　　　　　　　　　　(B) 社会
　　(C) 社区　　　　　　　　　　(D) 团体
77. 团体心理咨询与个别心理咨询均强调助人自助，都在于帮助个人解决问题、减除困扰、缓解症状。这是指(　　)之处。
　　(A) 对象相似　　　　　　　　(B) 目标相似
　　(C) 技术相似　　　　　　　　(D) 原则相似
78. 团体心理咨询相对于个别心理咨询而言，更擅长处理(　　)的问题。
　　(A) 深度情绪困扰　　　　　　(B) 解释心理测验结果
　　(C) 人际关系　　　　　　　　(D) 求职择业
79. 团体心理咨询独有的特点不包括(　　)。
　　(A) 多向沟通　　　　　　　　(B) 提高咨询的效率
　　(C) 反馈不足　　　　　　　　(D) 结果容易迁移到日常生活
80. 团体心理咨询的局限性不包括(　　)。

(A) 个人的深层次问题不易暴露　　(B) 对团体领导者要求高
(C) 个体差异难以照顾周全　　(D) 省时、省力、效率高

81. 团体心理咨询的开创者是(　　)。
(A) 帕森斯　　(B) 普拉特
(C) 勒温　　(D) 莫里诺

82. 团体心理咨询目标的功能不包括(　　)。
(A) 评估作用　　(B) 计划作用
(C) 聚焦作用　　(D) 导向作用

83. 团体心理咨询的长期目标是(　　)。
(A) 以成功的团体经验来改善成员的自我观念
(B) 帮助成员有效地解决日常生活中的问题
(C) 增进成员的表达能力，提高成员的倾听能力
(D) 帮助成员独立自主并不再依赖团体来帮助其解决问题

84. 心理咨询师为青少年组织了一个情绪管理团体咨询，目的是增进成员对自己情绪的觉察，了解非理性想法对情绪的影响，学习修正非理性想法以及了解自己情绪的来源，学习管理自己的情绪。参加者共10人，为期8次、每周一次、每次60分钟。每次的主题分别是：有缘千里、情绪报告、七情六欲、追根溯源、情绪密码、情绪解码、五彩缤纷、心灵驭手。这属于(　　)的服务。
(A) 非结构式团体心理咨询　　(B) 结构式团体心理咨询
(C) 团体心理讲座　　(D) 团体工作坊

85. 开放式团体的特点是(　　)。
(A) 团体中成员会有所变化　　(B) 彼此熟悉
(C) 团体有凝聚力　　(D) 目标容易达成

86. 异质团体一般适用于(　　)团体。
(A) 成长　　(B) 学习
(C) 任务　　(D) 专业人员训练

87. 团体成员在团体心理咨询过程中表现出依恋感、珍惜感等情绪，此时的团体处在(　　)阶段。
(A) 结束　　(B) 过渡
(C) 工作　　(D) 起始

88. 初创阶段常见的团体成员的反应不包括(　　)。
(A) 小心翼翼　　(B) 担心不被人接纳
(C) 恐惧或焦虑　　(D) 接纳和体谅

89. 团体过渡阶段的任务不包括(　　)。
(A) 暂时处理成员的焦虑与期待
(B) 创造一个有利于建立信任感的环境
(C) 了解并指出成员冲突的真实寓意
(D) 减少成员对领导者的依赖

90. 咨询师在团体工作阶段的主要任务不包括（　　）。
    （A）鼓励成员探索个人的感受　　（B）善用团体的资源
    （C）营造信任的团体气氛　　　　（D）鼓励成员尝试新的行为

91. 在团体咨询的工作阶段，团体成员的反应不包括（　　）。
    （A）充满了安全感
    （B）彼此难以谈论自己或别人的心理问题
    （C）积极地开放自我
    （D）愿意探索问题和解决问题

92. 在确定团体目标的准备工作中，团体目标的考虑不包括（　　）。
    （A）团体的任务与功能是什么
    （B）过去的同类方案是否适合运用在本次团体中
    （C）方案设计与实施前是否可预期咨询的成效
    （D）团体目标是否清晰可测

93. 确定团体规模主要应该考虑的因素有（　　）。
    （A）团体咨询的人数　　　　　　（B）团体咨询的领导者
    （C）团体咨询的目标　　　　　　（D）团体咨询的评估方法

94. 团体方案设计应遵循的原则不包括（　　）。
    （A）方案内各项活动的设计要有一致性，前后连贯
    （B）领导者要了解自己的特质、能力、偏好及带领风格
    （C）领导者要了解自己所要带领团体及其对象的特质与目的
    （D）领导者必须选择、设计团体成员熟悉的活动

95. 团体心理咨询独特的互动技巧不包括（　　）。
    （A）聚焦　　　　　　　　　　　（B）引话
    （C）询问　　　　　　　　　　　（D）阻止

96. 常用的团体练习种类不包括（　　）。
    （A）纸笔联系　　　　　　　　　（B）感受表达
    （C）角色扮演　　　　　　　　　（D）绘画运用

97. 不符合选择和安排团体练习的原则的是（　　）。
    （A）浅层自我表露安排在初期，深层自我表露安排在后期
    （B）学习性练习安排在初期，个人问题的解决安排在后期
    （C）练习的安排注意逻辑性、层次性与衔接性，考虑场地条件
    （D）正向反馈放在后期，负向反馈放在初期

98. 团体方案设计的主要内容中不包括（　　）。
    （A）团体性质与团体名称　　　　（B）团体的总目标与阶段目标
    （C）团体设计的理论依据　　　　（D）团体成员的背景与来源

99. 合理的团体方案设计步骤是（　　）。
    （A）了解服务对象需要—确定团体的性质与目标—搜集相关文献资料—完成团体方案设计书—规划团体整体框架及流程

(B) 搜集相关文献资料—确定团体的性质与目标—了解服务对象需要—规划团体整体框架及流程—完成团体方案设计书

(C) 了解服务对象需要—搜集相关文献资料—规划团体整体框架及流程—完成团体方案设计书

(D) 确定团体的性质与目标—了解服务对象需要—完成团体方案设计书—规划团体整体框架及流程

100. 在团体咨询开始时,招募团体成员最常用且最便捷的方法是(　　)。
(A) 通过相关的机构转介而来
(B) 通过张贴海报等宣传品
(C) 通过课堂教室的演讲来宣传和招募
(D) 通过班主任老师的推荐

101. 甄选成员时,使团体领导者与成员能增加了解,建立信任感,缓和成员害怕、担忧的心理。这时增选成员最合适的方法是(　　)。
(A) 面谈法　　　　　　　　(B) 测验法
(C) 书面报告法　　　　　　(D) 自我评估法

102. 甄选成员面谈时,提出的主要问题包括(　　)。
(A) 你期待团体的其他人做哪些贡献
(B) 你为什么想要参加团体
(C) 你想参加团体吗
(D) 你喜欢哪种类型的团体领导

103. 良好沟通的表现包括(　　)。
(A) 不让别人多说　　　　　(B) 说话速度太快或太慢
(C) 流露个人内心的感受　　(D) 回避目光,面无表情

104. 团体凝聚力对团体咨询顺利进展具有的作用包括(　　)。
(A) 团体成员无法感受到充分的安全
(B) 使团体工作流于表面和形式化
(C) 无法直率地讨论在团体中的所感所为
(D) 为团体提供了向前发展的动力

105. 无助于协助成员投入团体的方法是(　　)。
(A) 鼓励成员相互交谈　　　(B) 点名要求成员讲话
(C) 学习聆听他人的心声　　(D) 寻找成员之间的相似性

106. 在团体心理咨询过程中,领导者应避免(　　),
(A) 事事都要亲自过问　　　(B) 适度的自我暴露
(C) 冷静观察,细心体会　　(D) 多听团体成员的看法

107. 团体心理咨询师在团体心理咨询过程中不应扮演(　　)的角色。
(A) 团体内部的调解人　　　(B) 团体成员的知心朋友
(C) 团体发展的控制者　　　(D) 团体的代理人

108. 美国人奥斯本开发的团体讨论技术"脑力激荡法"使用时应遵循的原则

是( )。
- (A) 对团体成员的意见提出判断和分析
- (B) 非常强调想法的数量越多越好
- (C) 不对所有意见进行优先次序的排列
- (D) 鼓励成员自由表达，但想法、意见不能太新奇

109. 领导者行为不符合团体的伦理要求的行为是( )。
- (A) 对可能侵犯成员权利及其自决权的压力有敏锐的辨察力并及时作出干预
- (B) 没有时间让成员发表他们对团体活动的感想和意见
- (C) 定期反省自己的需要和行事的风格，以及知晓这些因素对成员可能产生的影响
- (D) 发现有不适合留在团体中的成员时，适时终止其参与团体

二、多项选择题

110. 关于系统脱敏法的基本原理，下列说法中正确的是( )。
- (A) 可用于治疗求助者的恐惧和焦虑
- (B) 基本方法是让求助者用放松取代焦虑
- (C) 咨询师可以代替求助者建构焦虑等级
- (D) 焦虑等级之间的级差越大越好

111. 系统脱敏法起源于( )。
- (A) 精神分析的临床案例
- (B) 斯金纳的动物实验
- (C) 沃尔普的动物实验
- (D) 猫的实验性神经症

112. 关于系统脱敏法的说法正确的是( )。
- (A) 创始人是华生
- (B) 创始人是沃尔普
- (C) 适用于所有求助者
- (D) 它的原理是交互抑制

113. 系统脱敏法的基本步骤是( )。
- (A) 测量焦虑水平
- (B) 学习放松技巧
- (C) 建构焦虑等级
- (D) 逐级地系统脱敏

114. 建构焦虑等级的方法包括( )。
- (A) 求助者说出引起焦虑的事件或情境
- (B) 求助者将引起焦虑的事件或情境排序
- (C) 求助者按照引起焦虑的程度，从大到小地给事件或情境排序
- (D) 求助者本人给引起焦虑的事件或情境打分

115. 建构理想的焦虑等级的具体要求包括( )。
- (A) 每一级焦虑，应小到能被全身松弛所拮抗的程度
- (B) 各焦虑等级之间的级差尽量地均匀
- (C) 焦虑等级的设定主要取决于求助者本人
- (D) 焦虑等级的设定主要取决于咨询师个人

116. 系统脱敏训练的具体做法是(　　)。
    (A) 按照焦虑等级表，由大到小逐级地脱敏
    (B) 当求助者感到焦虑、紧张时，令其停止想象，全身放松
    (C) 对同一级焦虑水平，可以反复想象和放松多次
    (D) 求助者的焦虑分数低于25分，方可进行下一级的训练

117. 针对多种敏感情境的系统脱敏处理方法包括(　　)。
    (A) 多种情境一并处理   (B) 每种情境单独处理
    (C) 制定一张综合的焦虑等级表 (D) 每种情境制定一张焦虑等级表

118. 冲击疗法的基本特征包括(　　)。
    (A) 让求助者持续一段时间暴露在唤起焦虑的情境之中
    (B) 是暴露疗法之一
    (C) 可以分为现实冲击疗法和想象冲击疗法
    (D) 适用于所有的焦虑症求助者

119. 现实冲击疗法的特点包括(　　)。
    (A) 其原理与系统脱敏法完全相同
    (B) 让求助者暴露在实际的恐惧刺激中
    (C) 不允许求助者用不适应的行为应对
    (D) 适用于所有的焦虑、恐惧患者

120. 想象冲击疗法的特点包括(　　)。
    (A) 与现实冲击疗法基于不同的原理
    (B) 让求助者暴露在想象的恐惧之中
    (C) 可以再造创伤情境
    (D) 不必筛选治疗对象

121. 冲击疗法的禁忌对象是(　　)。
    (A) 老人   (B) 儿童
    (C) 孕妇   (D) 高血压患者

122. 冲击疗法治疗协议的基本内容必须包含(　　)。
    (A) 咨询师要讲解冲击疗法的原理
    (B) 必要时咨询师可以强制执行治疗计划
    (C) 治疗的场地安排和情境设置
    (D) 求助者及家属执意要求停止时，应立即终止治疗

123. 冲击疗法实施之前的具体准备工作包括(　　)。
    (A) 进行心理测量   (B) 确定刺激物
    (C) 选择治疗场地   (D) 给求助者准备躲避之处

124. 冲击疗法的实施方法包括(　　)。
    (A) 求助者禁食   (B) 求助者穿戴简单、宽松
    (C) 监测血压、心电指标   (D) 每次尽量做到极限水平

125. 冲击疗法与系统脱敏疗法的主要区别体现在(　　)上。

(A) 治疗程序　　　　　　　　(B) 原理
(C) 收费标准　　　　　　　　(D) 咨询关系

126. 冲击疗法中止治疗的条件包括(　　)。
 (A) 求助者晕厥
 (B) 求助者或家属坚决要求取消治疗而劝说无效
 (C) 求助者休克
 (D) 求助者出现通气过度综合征

127. 厌恶疗法的基本原理是(　　)。
 (A) 经典性条件反射
 (B) 操作性条件反射
 (C) 使厌恶刺激与痛苦情绪建立条件反射
 (D) 使不适行为与厌恶反应建立条件联系

128. 内隐致敏法与经典的厌恶疗法相比，其主要特点包括(　　)。
 (A) 运用了想象技术
 (B) 用可怕或令人厌恶的形象作为厌恶刺激
 (C) 可以不考虑施加厌恶刺激的时机
 (D) 基本原理是操作性条件反射

129. 厌恶疗法的基本程序包括(　　)。
 (A) 确定靶症状　　　　　　(B) 分析靶症状成因
 (C) 选用厌恶刺激　　　　　(D) 把握时机实施厌恶刺激

130. 厌恶疗法常用的厌恶刺激包括(　　)。
 (A) 电刺激　　　　　　　　(B) 药物刺激
 (C) 想象刺激　　　　　　　(D) 其他令人不快的刺激

131. 厌恶疗法中施加厌恶刺激时，应注意(　　)。
 (A) 必须将厌恶体验与不良行为紧密相连
 (B) 厌恶体验应在不良行为出现之前
 (C) 厌恶体验应在不良行为出现之后
 (D) 厌恶体验应与不良行为同步

132. 厌恶疗法对靶症状的要求包括(　　)。
 (A) 症状单一　　　　　　　(B) 症状具体
 (C) 动作单一　　　　　　　(D) 动作具体

133. 模仿法的理论基础包括(　　)。
 (A) 精神分析理论　　　　　(B) 行为主义理论
 (C) 社会学习理论　　　　　(D) 人本主义理论

134. 模仿法的基本操作程序包括(　　)。
 (A) 选择合适的治疗对象　　(B) 设计示范的行为
 (C) 强化正确的模仿行为　　(D) 惩罚不正确的行为

135. 模仿法的五种具体方式中包括(　　)。

(A) 生活示范 (B) 学习示范
(C) 内隐示范 (D) 象征性示范

136. 模仿法对示范者的要求是( )。
    (A) 女性比男性好 (B) 年轻的比年老的好
    (C) 感染力越强越好 (D) 与模仿者的共同之处越多越好

137. 模仿法的适用对象包括( )。
    (A) 年轻的求助者 (B) 年老的求助者
    (C) 模仿力强的求助者 (D) 批判力强的求助者

138. 生物反馈法( )。
    (A) 借助于电子仪器
    (B) 将个体未意识到的生理功能外化为声、光信号
    (C) 让求助者根据声、光信号，学会调节内脏功能
    (D) 适用于急性期精神疾病患者

139. 对生物反馈技术有重要贡献的人物有( )。
    (A) 沃尔普 (B) 夏皮诺
    (C) 班杜拉 (D) 米勒

140. 目前，临床常用的生物反馈仪有( )。
    (A) 肌电反馈仪 (B) 脑电反馈仪
    (C) 皮肤电反馈仪 (D) 皮肤温度反馈仪

141. 肌电生物反馈疗法治疗前的准备工作包括( )。
    (A) 清理房间
    (B) 咨询师熟练地掌握生物反馈仪的使用方法
    (C) 向求助者讲解生物反馈疗法的原理与特点
    (D) 设立专门治疗室

142. 肌电生物反馈疗法诊室训练的基本操作步骤包括( )。
    (A) 求助者取仰卧位，自然地呼吸
    (B) 在选定的部位安放电极
    (C) 测量肌电水平的基线值
    (D) 设定预置值，开始反馈训练

143. 肌电生物反馈疗法的家庭训练，应当( )。
    (A) 重复在诊室训练中学到的放松体验
    (B) 坚持记录自我训练日记
    (C) 开始时每天2~3次，每次20分钟
    (D) 在熟练后，每天减少练习次数、延长练习时间

144. 生物反馈疗法的适应症包括( )。
    (A) 各种睡眠障碍
    (B) 各类伴有紧张、焦虑、恐惧的神经症
    (C) 出现幻觉、妄想的求助者

(D) 急性期精神疾病患者

145. 生物反馈疗法的禁忌症包括(　　)。
    (A) 紧张性头痛
    (B) 训练中出现头晕、恶心的求助者
    (C) 训练中出现血压升高、失眠的求助者
    (D) 经前期紧张症

146. 认知行为疗法的主要流派包括(　　)。
    (A) 埃利斯的合理情绪疗法　　(B) 贝克的认知疗法
    (C) 梅肯鲍姆的认知行为矫正技术　(D) 雷米的认知疗法

147. 认知行为疗法的主要特点包括(　　)。
    (A) 求助者和咨询师是合作关系
    (B) 认为心理痛苦是认知过程发生机能障碍的结果
    (C) 认为行为改变可以导致认知改变
    (D) 让求助者在治疗中承担主动角色

148. 贝克和雷米认知疗法的基本步骤包括(　　)。
    (A) 运用提问和自我审查技术确定问题
    (B) 检验表层错误观念
    (C) 运用语义分析技术纠正核心错误观念
    (D) 运用行为矫正技术进一步改变认知

149. 运用贝克和雷米认知疗法的提问技术时，对于某些较为重要的问题，咨询师可以(　　)。
    (A) 多变换几种方式提问　　(B) 多次重复一个问题
    (C) 使问题突出　　　　　　(D) 用沉默等待回答

150. 贝克和雷米认知疗法的自我审查技术是指(　　)。
    (A) 咨询师鼓励求助者说出对自己的看法
    (B) 让求助者对自己的看法进行细致的体验和反省
    (C) 咨询师用特定的问题让求助者注意过去忽略的经验
    (D) 让求助者在对过去忽略的经验的重新评价中发现不合逻辑之处

151. 贝克和雷米提出的表层错误观念是指(　　)。
    (A) 边缘性错误观念
    (B) 在表面上出现的错误观念
    (C) 求助者对自己不适应行为的直接而具体的解释
    (D) 咨询师一眼就可以发现的错误观念

152. 贝克和雷米纠正表层错误观念的技术包括(　　)。
    (A) 点评　　　　　　　　　　(B) 建议
    (C) 演示　　　　　　　　　　(D) 模仿

153. 在解决深层错误观念方面，贝克和雷米采用的逻辑分析技术主要包括(　　)。

(A) 灾变祛除　　　　　　　　(B) 现实检验
(C) 重新归因　　　　　　　　(D) 认知重建

154. 运用贝克和雷米的语义分析技术时，要把主语位置上的"我"换成（　　）。
 (A) 我们　　　　　　　　　(B) 自我
 (C) 与我有关的具体行为　　(D) 与我有关的具体事件

155. 贝克和雷米采用行为技术改变求助者的认知结构的具体做法包括（　　）。
 (A) 咨询师为求助者设计特殊的行为模式
 (B) 咨询师帮助求助者产生通常被他忽略的情绪体验
 (C) 新产生的体验对改变求助者的认知有重要的作用
 (D) 咨询师在操作过程中不采用强化手段

156. 贝克和雷米关于认知复习的具体做法包括（　　）。
 (A) 在全身放松的情况下回忆咨询师的指导
 (B) 布置专门设计的家庭作业
 (C) 让求助者阅读有关认知疗法的资料
 (D) 让求助者继续应用演示或模仿技术

157. 梅肯鲍姆认知行为矫正技术的具体程序包括（　　）。
 (A) 设置现实情境引发求助者的焦虑反应
 (B) 要求求助者评价他们的焦虑水平
 (C) 教给求助者觉察那些他们在压力情境下产生的引发焦虑的认知
 (D) 帮助求助者通过重新评价自我陈述来检查自己的想法

158. 梅肯鲍姆压力接种训练模型的几个阶段是（　　）。
 (A) 准备阶段　　　　　　　　(B) 概念阶段
 (C) 技能获得和复述阶段　　　(D) 应用和完成阶段

159. 梅肯鲍姆疗法在技能获得和复述阶段中采用的认知应对训练，关注的是（　　）。
 (A) 内部对话　　　　　　　　(B) 自我陈述
 (C) 自我形象　　　　　　　　(D) 自我意识

160. 梅肯鲍姆压力管理程序中可以采用的行为干预措施是（　　）。
 (A) 放松训练　　　　　　　　(B) 社会技能训练
 (C) 时间管理指导　　　　　　(D) 自我指导训练

161. 压力管理训练可以用于（　　）。
 (A) 愤怒控制　　　　　　　　(B) 焦虑管理
 (C) 自信心训练　　　　　　　(D) 创造性思维训练

162. 贝克理论的几个重要概念是（　　）。
 (A) 规则　　　　　　　　　　(B) 程序
 (C) 共同感受　　　　　　　　(D) 自动化思维

163. 贝克归纳的常见的七种"逻辑错误"包括（　　）。
 (A) 主观推断　　　　　　　　(B) 选择性概括

(C) 夸大和缩小　　　　　　　　(D) 去中心化

164. 贝克提出的五种认知治疗技术包含(　　)。
    (A) 识别自动性思维　　　　　(B) 识别认知性错误
    (C) 虚假性识别　　　　　　　(D) 真实性检验

165. 雷米的"中心—边缘"模型主张(　　)。
    (A) 每组群集中各错误观念的重要性不同
    (B) 主要的观念支配着次要的观念
    (C) 主要的错误观念不能根除，就不能改变情绪与行为
    (D) 治疗时要从根除主要的错误观念入手

166. 求助者中心疗法创始人罗杰斯的基本假设是(　　)。
    (A) 人是完全可以信赖的
    (B) 人有很大的潜能理解并解决自己的问题
    (C) 人的成长需要咨询师进行直接干预
    (D) 咨询关系对于求助者的成长有重要的作用

167. 罗杰斯强调的影响咨询结果的首要决定因素包括(　　)。
    (A) 求助者的个性　　　　　　(B) 咨询师的个性
    (C) 咨询师的态度　　　　　　(D) 咨询关系的质量

168. 国内学者归纳的求助者中心疗法的治疗目标包括(　　)。
    (A) 使求助者的自我变得较为开放
    (B) 使求助者的自我变得较为协调
    (C) 使求助者更加信任自己
    (D) 使求助者愿意将其生命过程成为变化的过程

169. 罗杰斯对咨询关系的表述包括(　　)。
    (A) 两个人以独立的个体参与
    (B) 两个人有心理意义上的接触
    (C) 咨询师无条件地接受和关注求助者
    (D) 咨询师与求助者共情

170. 求助者中心疗法的主要特点包括(　　)。
    (A) 关系是咨询过程的开始　　(B) 关系是咨询中的主要事件
    (C) 关系是咨询的结果　　　　(D) 咨询以关系为导向

171. 求助者中心疗法的主要技术包括(　　)。
    (A) 近距离接触　　　　　　　(B) 设身处地理解
    (C) 坦诚地交流　　　　　　　(D) 无条件接受

172. 设身处地地理解的具体技术是(　　)。
    (A) 关注　　　　　　　　　　(B) 言语交流
    (C) 非言语交流　　　　　　　(D) 沉默

173. 艾根提出的坦诚交流技术包括(　　)。
    (A) 不固定角色　　　　　　　(B) 自发性

(C) 主动性 (D) 无防御反应

174. 艾根主张的表达尊重的五种态度包括(   )。
(A) 相信求助者有自我导向的潜力
(B) 承诺与求助者共同努力
(C) 不支持求助者的独特性
(D) 相信求助者能够做出改变

175. 咨询师表达无条件关注的四种行为包括(   )。
(A) 无条件地放弃自我
(B) 对求助者的问题和情感表示关注
(C) 培养求助者的潜力
(D) 根据求助者的意见调整咨询进程

176. 佩特森划分的咨询过程七个阶段的特点包括(   )。
(A) 每一阶段都渗透着下一阶段的发展变化
(B) 七个阶段是渐进的、灵活的过程
(C) 七个阶段并非相互割裂
(D) 七个阶段的区分十分严格

177. 求助者中心疗法对人性的基本看法包括(   )。
(A) 人具有生物的本能
(B) 人有自我实现的倾向
(C) 人有"机体智慧"
(D) 人是可以信任的

178. 求助者中心疗法所使用的"经验"的概念的含义是(   )。
(A) 生活中的积累
(B) 现象场
(C) 人的主观世界
(D) 外部客观世界

179. 求助者中心疗法中的自我概念的含义包括(   )。
(A) 求助者真实的本体
(B) 求助者对自身的总体的知觉和认识
(C) 求助者自我知觉和自我评价的统一体
(D) 求助者大量自我经验和体验的集合物

180. 求助者中心疗法中"价值条件化"的含义是(   )。
(A) 求助者的价值评价建立在他人评价的基础上
(B) 求助者的行为受内化的他人的价值规范的指导
(C) 求助者的行为不再受有机体评价过程的指导
(D) 求助者的行为仍然受有机体评价过程的指导

181. 求助者中心疗法认为个体经验与自我概念之间的关系包括(   )。
(A) 个体经验符合个体需要，被纳入自我概念
(B) 个体经验与自我概念不一致而被忽略
(C) 经验和体验被歪曲或被否定，以解决自我概念与个体经验的矛盾
(D) 自我概念成为个体经验的一部分

182. 求助者中心疗法的实质包括(   )。
(A) 让求助者回到生活的中心位置
(B) 咨询过程中充分尊重求助者的意见

(C) 达到个体人格的重建
(D) 重建个体在自我概念与经验之间的和谐

183. 求助者中心疗法又称作(　　)。
    (A) 非指导性疗法　　　　　　(B) 咨客中心疗法
    (C) 以人为中心疗法　　　　　(D) 人本主义哲学思想疗法

184. 求助者中心疗法的初学者易犯的错误是(　　)。
    (A) 倾向于接受没有挑战性的求助者
    (B) 只把精力放在倾听上
    (C) 忽视了咨询师的主导地位
    (D) 过分强调咨询师的指导作用

185. 评估求助者的社会接纳程度时，主要评估(　　)。
    (A) 求助者的行为表现　　　　(B) 求助者的自我评价
    (C) 求助者的临床表现　　　　(D) 求助者与周围环境的适应情况

186. 社会接纳程度的评估内容包括(　　)。
    (A) 跟人的来往　　　　　　　(B) 学习或工作的表现
    (C) 跟家人的相处　　　　　　(D) 对问题的处理方式与能力

187. 社会接纳程度的评估方法主要有(　　)。
    (A) 社会机构的评估　　　　　(B) 家属或周围人的观察
    (C) 咨询师本身的审查　　　　(D) 完全根据求助者的主诉

188. 自我接纳程度的评估内容主要包括(　　)。
    (A) 自述症状与问题减轻或消除的程度
    (B) 性格方面的成熟情况
    (C) 自知力的评估
    (D) 自我价值的评估

189. 自我接纳程度的评估方法主要有(　　)。
    (A) 社会调查　　　　　　　　(B) 求助者口头报告
    (C) 咨询师书面鉴定　　　　　(D) 量表评估

190. 远期疗效评估中常用的回访方式包括(　　)。
    (A) 追踪卡　　　　　　　　　(B) 通信
    (C) 面谈　　　　　　　　　　(D) 电话

191. 团体心理咨询具有的特殊功能包括(　　)。
    (A) 成员在接受其他参加者的帮助的同时也给予其他人帮助
    (B) 团体提供考验实际行为和尝试新行为的机会
    (C) 与咨询师建立特殊的治疗关系
    (D) 满足成员归属感的需要

192. 美国团体工作专业协会（ASGW）为(　　)类型的团体设定了培训标准。
    (A) 心理教育团体　　　　　　(B) 人格重建团体
    (C) 人际问题解决团体　　　　(D) 支持与自助团体

193. 在团体初创阶段，咨询师的主要任务包括(　　)。
    (A) 协助成员相互间尽快地熟悉　　(B) 让成员坦诚地开放自己
    (C) 澄清团体目标　　(D) 订立团体规范

194. 团体初期确定团体规范应该包括(　　)。
    (A) 保密承诺　　(B) 坦率、真诚
    (C) 与外界接触　　(D) 对他人的表露提供反馈

195. 在团体过渡阶段，团体成员常见的反应有(　　)。
    (A) 尊重和信任领导者　　(B) 焦虑程度和自我防卫较低
    (C) 想冒险说出自己心中的话　　(D) 出现各种不同形态的抗拒心理

196. 在团体结束阶段，咨询师主要面临的任务有(　　)。
    (A) 给予成员更多的关心和信任
    (B) 协助成员整理、归纳在团体中学到的东西
    (C) 鼓励成员将团体中所学的东西应用于日常生活
    (D) 给予成员心理支持

197. 在团体结束阶段，由于分离在即，成员心中一般会(　　)。
    (A) 离愁别绪　　(B) 害怕、孤独
    (C) 耿耿于怀　　(D) 珍惜、依恋

198. 团体方案设计必须符合(　　)的要求。
    (A) 计划的合理性　　(B) 操作的可行性
    (C) 过程的严密性　　(D) 效果的可评价性

199. 与个别心理咨询相似的团体心理咨询技巧包括(　　)
    (A) 倾听与同理心　　(B) 澄清与面质
    (C) 自我表露　　(D) 催化与联结

200. 团体咨询过程中运用团体练习可以达到(　　)的目的。
    (A) 使成员互相帮助
    (B) 增加团体的趣味性和吸引力
    (C) 活跃团体气氛，减低成员焦虑，促进成员投入团体
    (D) 有助于团体领导者有效地介入与工作

201. 团体初始阶段设计的重点包括(　　)。
    (A) 多运用同理、反应、支持、倾听、澄清、增强等技巧
    (B) 设计深入的、秘密"自我"的表露
    (C) 营造温馨气氛
    (D) 拟订团体契约与规范

202. 团体过渡阶段设计的重点包括(　　)。
    (A) 设计无压力状态下的互相认识活动
    (B) 领导者以更开放、包容、尊重、温暖等特质与成员互动
    (C) 选择增加团体信任感与凝聚力的活动来催化团体动力
    (D) 运用摘要、解释、联结、设限、保护等技巧

203. 团体工作阶段设计的重点包括(　　)。
    (A) 运用面质、高层次同理心、自我表露、反馈、联结、折中、建议等技巧
    (B) 多给予成员自由地互动与成长的空间
    (C) 设计引发深层次的自我表露及成员向正向或负向的反馈
    (D) 以温暖、真诚、关怀、尊重、包容、开放的态度参与

204. 团体结束阶段设计的重点包括(　　)。
    (A) 运用反应、反馈、评估、整合等技巧
    (B) 让成员有机会回顾团体经验
    (C) 活动设计上应有深层次的自我表露
    (D) 处理离开团体的情绪与未完成的事项

205. 每次团体活动应该包括的内容有(　　)。
    (A) 主要活动　　　　　　　(B) 评估活动
    (C) 结束活动　　　　　　　(D) 热身活动

206. 团体的成员应具备的条件包括(　　)。
    (A) 自愿地报名参加，并怀有改变自我和发展自我的强烈愿望
    (B) 被家长或老师要求不得已而来
    (C) 能坚持参加团体活动的全过程，并愿意遵守团体的各项规则
    (D) 愿意与他人交流，并具有与他人交流的能力

207. 在团体咨询开始前，引导有参加团体意愿者以积极的态度准备参加团体咨询的方法有(　　)。
    (A) 为已确定参加团体咨询的成员准备一些与团体咨询有关的文书、资料
    (B) 要求那些担忧会被其他团体成员歧视或排斥的人放松
    (C) 在团体咨询开始前，组织成员观看与团体活动有关的录像、电影
    (D) 通过协约使团体成员知道以后在团体内的具体行动

208. 不适合参加团体心理咨询的人是(　　)。
    (A) 有改变自我和发展自我的强烈愿望的人
    (B) 具有与他人交流能力的人
    (C) 性格极端内向、羞怯、孤僻、自我封闭的人
    (D) 被家长或老师强制要求参加团体的人

209. 有高凝聚力的团体所具有的特征包括(　　)。
    (A) 团体成员的注意力集中于此时此地
    (B) 团体成员尚未准备好确定自己的目标和关心的问题
    (C) 团体成员充分感受到被接纳、被尊重
    (D) 团体成员难以把生活中遇到的困难带到团体中讨论

210. 团体起始技术的作用包括(　　)。
    (A) 及时地给予忠告和建议　　　(B) 使团体成员拉近距离
    (C) 增进团体成员彼此了解　　　(D) 减轻焦虑和不安感

211. 有效处理防卫或抗拒的技术包括(　　)。

(A) 团体领导者带头示范自己的感受
(B) 将重点放在他人而少谈自己
(C) 责备成员不投入团体
(D) 直接而温婉地面质成员

212. 在团体心理咨询过程中，领导者承担的职责有(　　)。
(A) 营造成员彼此接纳的团体气氛
(B) 激发成员大胆地表达自己的意见
(C) 根据成员谈话的中心及方向适当地加以引导
(D) 创造快乐的团体氛围

213. 融洽的团体气氛表现为(　　)。
(A) 成员之间互相尊重、互相关心
(B) 成员可以毫无顾忌地评价他人
(C) 成员可以真实地、坦率地开放自己
(D) 成员感到温暖、理解、同情、安全

214. 一个成功的团体领导者应具备的特点有(　　)。
(A) 真诚、坦率、友善
(B) 充分的想象力和判断力
(C) 建立良好的人际关系的能力
(D) 有个别心理咨询的经验且知道团体咨询

215. 团体咨询过程中应用自我探索练习可能发挥的作用有(　　)。
(A) 提升团体成员自我觉察和觉察他人需要的能力
(B) 强调团体成员彼此之间反馈和反应的重要性
(C) 协助团体成员更清楚地认识别人发展的可能性
(D) 协助团体成员发掘自身内在的潜能

216. 使得团体心理咨询产生效能的治疗因素包括(　　)。
(A) 团体成员没有可能模仿和学习别人的适应行为
(B) 团体成员有机会将内心隐抑的消极情绪发泄出来
(C) 团体成员有机会从其他成员的身上发现与自己类似的经历和遭遇
(D) 团体成员产生强烈的归属感和认同感

217. 领导者应该考虑的影响团体治疗效果的因素有(　　)。
(A) 团体的规模是否适宜
(B) 团体的目的与成员的相关程度
(C) 团体成员合作、信任和承诺的水平
(D) 团体领导者的学历与受教育水平

218. 进行团体评估的原因有(　　)。
(A) 了解领导者受团体成员喜欢的程度
(B) 检验咨询目标达成的状况
(C) 了解和改进领导者的技能和水平

(D) 有效监控咨询方案的执行状况

219. 下列关于过程性评估说法正确的是(　　)。
(A) 团体心理咨询进行过程中所作的评估
(B) 团体心理咨询结束时进行的评估
(C) 团体心理咨询进行过程中决定团体应该终结还是应该延续的评估
(D) 团体心理咨询进行过程中了解成员在团体内的表现和团体特征的评估

220. 下列关于过程性评估说法正确的是(　　)。
(A) 团体心理咨询结束时的一项必须做的工作
(B) 了解团体成员对团体的满意度
(C) 目的是了解团体效果能否持续
(D) 在团体结束时，让团体成员填写评估表，然后进行分析

221. 追踪性评估常用的方法包括(　　)。
(A) 会谈法　　　　　　　(B) 测验法
(C) 观察法　　　　　　　(D) 实验法

222. 团体评估的执行者包括(　　)。
(A) 团体成员
(B) 团体领导者
(C) 团体成员相关者（如父母、老师、同学等）
(D) 团体督导者

223. 采用行为计量法作为团体效果评估方法具有的长处包括(　　)。
(A) 具体且可操作　　　　(B) 花费时间
(C) 便于成员自我监督　　(D) 把握准确度有难度

224. 选择标准化心理测验的根据是(　　)。
(A) 具有良好的信度和效度的量表
(B) 考虑到团体成员文化背景的因素
(C) 符合团体咨询的目标
(D) 团体领导者多次采用过的量表

三、参考答案

单项选择题

1. A	2. C	3. B	4. B	5. D
6. D	7. B	8. C	9. A	10. B
11. C	12. B	13. D	14. B	15. D
16. C	17. B	18. A	19. B	20. A
21. C	22. C	23. B	24. C	25. D

26. D	27. A	28. B	29. B	30. D
31. A	32. C	33. D	34. D	35. B
36. A	37. D	38. D	39. B	40. D
41. B	42. C	43. B	44. D	45. A
46. C	47. B	48. C	49. C	50. D
51. B	52. D	53. D	54. A	55. B
56. B	57. C	58. D	59. C	60. D
61. C	62. B	63. B	64. A	65. C
66. B	67. A	68. A	69. B	70. B
71. C	72. D	73. A	74. D	75. A
76. D	77. B	78. C	79. C	80. D
81. B	82. B	83. D	84. B	85. A
86. C	87. A	88. D	89. A	90. C
91. B	92. B	93. C	94. D	95. C
96. B	97. D	98. D	99. A	100. B
101. A	102. B	103. C	104. D	105. B
106. A	107. C	108. B	109. B	

多项选择题

110. AB	111. CD	112. BD	113. BCD	114. ABD
115. ABC	116. BCD	117. BD	118. ABC	119. BC
120. BC	121. ABCD	122. ABD	123. BC	124. BCD
125. AB	126. ABCD	127. AD	128. AB	129. ACD
130. ABCD	131. AD	132. ABCD	133. BC	134. ABC
135. ACD	136. CD	137. AC	138. ABC	139. BD
140. ABCD	141. BCD	142. ABCD	143. ABC	144. AB
145. BC	146. ABCD	147. ABD	148. ABCD	149. AC
150. ABCD	151. AC	152. BCD	153. ACD	154. CD

155. ABC	156. BCD	157. BCD	158. BCD	159. AB
160. ABCD	161. ABCD	162. ACD	163. ABC	164. ABD
165. ABC	166. ABD	167. BCD	168. ABCD	169. BCD
170. ABCD	171. BCD	172. ABCD	173. ABD	174. ABD
175. BC	176. ABC	177. BCD	178. BC	179. BCD
180. ABC	181. ABC	182. CD	183. ABC	184. AB
185. AD	186. ABCD	187. BC	188. AB	189. BD
190. ABCD	191. ABD	192. ABC	193. ACD	194. ABD
195. CD	196. BCD	197. ABD	198. ABD	199. ABC
200. BCD	201. ACD	202. BCD	203. ABC	204. ABD
205. ACD	206. ACD	207. ACD	208. CD	209. AC
210. BCD	211. AD	212. ABC	213. ACD	214. ABC
215. ABD	216. BCD	217. ABC	218. BCD	219. ACD
220. ABD	221. ABC	222. ABCD	223. AC	224. ABC

第三章 心理测验技能习题

一、单项选择题

1. 汉密尔顿抑郁量表的英文缩写为(　　)。
   (A) HAMD　　　　　　　　　　(B) HAMA
   (C) SDS　　　　　　　　　　　(D) SAS

2. HAMD共包括三种版本,《心理咨询师培训教程》中介绍的版本有(　　)个项目。
   (A) 17　　　　　　　　　　　(B) 21
   (C) 24　　　　　　　　　　　(D) 30

3. HAMD主要适用于有抑郁症状的成年人,但不能很好地对抑郁症和(　　)进行鉴别。
   (A) 疑病症　　　　　　　　　(B) 焦虑症
   (C) 恐怖症　　　　　　　　　(D) 强迫症

4. HAMD可用于抑郁症、双相障碍、神经症等多种疾病的抑郁症状之评定,尤其适用于(　　)患者。
   (A) 恐怖症　　　　　　　　　(B) 疑病症
   (C) 强迫症　　　　　　　　　(D) 抑郁症

5. HAMD的大部分项目采用的是(　　)级评分法。
   (A) 0~2的3　　　　　　　　　(B) 0~3的4
   (C) 0~4的5　　　　　　　　　(D) 0~5的6

6. HAMD的大部分项目采用的是0~4的5级评分法,少数项目为(　　)级评分法。
   (A) 0~2的3　　　　　　　　　(B) 0~3的4
   (C) 0~4的5　　　　　　　　　(D) 0~5的6

7. HAMD17项版本总分达到或超过(　　)分,就可能是严重抑郁。
   (A) 35　　　　　　　　　　　(B) 24
   (C) 20　　　　　　　　　　　(D) 17

8. HAMD24项版本总分达到或超过( )分,就可能是轻度抑郁或中度抑郁。
   (A) 24　　　　　　　　　　　(B) 20
   (C) 17　　　　　　　　　　　(D) 8

9. 经过培训的施测者作一次HAMD的评定,一般需要( )分钟。
   (A) 15~20　　　　　　　　　(B) 20~25
   (C) 25~30　　　　　　　　　(D) 30~35

10. 汉密尔顿焦虑量表的英文缩写为( )。
    (A) HAMD　　　　　　　　　(B) MMPI
    (C) HAMA　　　　　　　　　(D) SAS

11. HAMA主要适用于评定( )。
    (A) 神经症性焦虑　　　　　　(B) 精神病性焦虑
    (C) 神经症性抑郁　　　　　　(D) 精神病性抑郁

12. HAMA与HAMD有些重复的项目,故对抑郁症和( )也不能很好地进行鉴别。
    (A) 恐怖症　　　　　　　　　(B) 疑病症
    (C) 强迫症　　　　　　　　　(D) 焦虑症

13. HAMA的所有项目均采用的是( )级评分法。
    (A) 0~2的3　　　　　　　　(B) 0~3的4
    (C) 0~4的5　　　　　　　　(D) 0~5的6

14. 某一受测者在HAMA焦虑心境条目上的得分为3分,说明此症状的严重程度为( )。
    (A) 轻　　　　　　　　　　　(B) 中等
    (C) 重　　　　　　　　　　　(D) 极重

15. 按照我国量表协作组提供的资料,HAMA总分达到或超过29分,可能为( )。
    (A) 严重焦虑　　　　　　　　(B) 明显焦虑
    (C) 肯定焦虑　　　　　　　　(D) 没有焦虑

16. 按照我国量表协作组提供的资料,HAMA总分达到或超过14分,一般为( )。
    (A) 严重焦虑　　　　　　　　(B) 明显焦虑
    (C) 肯定焦虑　　　　　　　　(D) 没有焦虑

17. 一般来说,HAMA总分达到或超过( )分,提示被评估者具有临床意义的焦虑症状。
    (A) 29　　　　　　　　　　　(B) 21
    (C) 14　　　　　　　　　　　(D) 7

18. 除第14项需结合观察评分外,HAMA测评时主要依据( )打分。
    (A) 评定员的主观感受　　　　(B) 来访者的主观感受
    (C) 家属的诉说　　　　　　　(D) 来访者的行为表现

19. 在我国选用的 BPRS 一般是 18 项版本，并按照(　　)类因子进行记分。
    (A) 2
    (B) 3
    (C) 4
    (D) 5

20. BPRS 适用于具有精神病性症状的大多数重性精神病患者，尤其适宜于(　　)。
    (A) 躁郁症
    (B) 精神分裂症
    (C) 神经症
    (D) 抑郁症

21. BPRS 一般评定患者近(　　)周内的症状情况。
    (A) 4
    (B) 3
    (C) 2
    (D) 1

22. BPRS 采用的是(　　)级评分法。
    (A) 1~7 的 7
    (B) 0~6 的 7
    (C) 1~5 的 5
    (D) 0~4 的 5

23. 某患者在 BPRS 某项目上的得分为 4 分，说明其症状的严重程度为(　　)。
    (A) 轻度
    (B) 中度
    (C) 偏重
    (D) 重度

24. 患者对自己以往的言行过分关心、内疚和悔恨，就表明其在 BPRS 评定中存在(　　)。
    (A) 情感交流障碍
    (B) 紧张
    (C) 罪恶观念
    (D) 心境抑郁

25. 患者在 BPRS 情感平淡项目上的分数增高，其主要表现应该是(　　)。
    (A) 情感基调低
    (B) 激动
    (C) 悲观
    (D) 心境不佳

26. 在临床研究中，确定病人入组标准为 BPRS 总分大于(　　)分。
    (A) 17
    (B) 18
    (C) 25
    (D) 35

27. BRMS 的所有项目均采用(　　)级评分法。
    (A) 0~6 的 7
    (B) 0~4 的 5
    (C) 1~5 的 5
    (D) 1~7 的 7

28. 某患者在 BRMS 某一项上的得分是 4 分，表明其(　　)。
    (A) 症状轻微
    (B) 症状中度
    (C) 症状明显
    (D) 症状严重

29. 若患者表现为言语增多且无法打断，则在 BRMS "言语" 一项应给的分数是(　　)分。
    (A) 5
    (B) 4
    (C) 3
    (D) 2

30. 某患者在 BRMS "敌意/破坏行为" 项目上得分是 2 分，其表现是(　　)。
    (A) 稍急躁
    (B) 明显急躁、易激惹

(C) 有威胁性行为 (D) 有破坏性行为

31. 患者有不合实际的夸大观念，则在 BRMS（　　）项目上的分数增高。
(A) 情绪 (B) 接触
(C) 自我评价 (D) 工作

32. BRMS 总分在 6~10 分，则患者应归类为（　　）。
(A) 无明显躁狂症状 (B) 肯定躁狂症状
(C) 严重躁狂症状 (D) 重度躁狂发作

33. 患者表现出幻觉、妄想或紧张综合征症状的躁狂发作，称之为（　　）。
(A) 轻躁狂 (B) 神经症性症状躁狂
(C) 无精神病性症状躁狂 (D) 有精神病性症状躁狂

34. 用 BRMS 量表对患者再次评定的时间间隔应为（　　）。
(A) 2 周以内 (B) 2~6 周
(C) 6~8 周 (D) 6 周以上

35. BRMS 一次评定需 20 分钟左右，评定的是近（　　）天的情况。
(A) 3 (B) 5
(C) 7 (D) 14

36. 评定等级的划分通常都在 3~7 级之间，而以采用（　　）个等级最为常见。
(A) 3 (B) 4
(C) 5 (D) 6

37. 两个或两个以上的评定者，评定结果的符合率达到 75% 即可，达到（　　）就比较理想。
(A) 80% (B) 85%
(C) 95% (D) 90%

38. 采用相关分析法检验多名评定者评定的一致性时，组内相关系数达到（　　）以上，即可接受。
(A) 0.70 (B) 0.65
(C) 0.85 (D) 0.90

39. 韦氏儿童智力量表的编制者为美国心理学家（　　）。
(A) 卡特尔 (B) 艾森克
(C) 韦克斯勒 (D) 高尔顿

40. 在心理测验的分类中，韦氏儿童智力量表属于（　　）。
(A) 团体测验 (B) 个别测验
(C) 文字测验 (D) 操作测验

41. WISC-CR 适用于（　　）年龄段的人群。
(A) 2~18 岁 (B) 6~16 岁
(C) 2~16 岁 (D) 18 岁以上

42. 在施测韦氏儿童智力量表时，正确的操作顺序是（　　）。
(A) 先做操作测验，后做言语测验 (B) 先做言语测验，后做操作测验

(C) 言语测验与操作测验交叉进行　　(D) 随意进行

43. 下列分测验中，(　　)分测验是 WAIS-RC 中所没有的。
    (A) 迷津　　　　　　　　　　　(B) 理解
    (C) 词汇　　　　　　　　　　　(D) 拼图

44. 测验日期是 2003 年 5 月 30 日，生日是 1994 年 7 月 28 日，此儿童的实足年龄应是(　　)。
    (A) 9 岁 3 月 22 天　　　　　　(B) 8 岁 10 月 2 天
    (C) 8 岁　　　　　　　　　　　(D) 8 岁 10 月

45. 对于 WISC-CR 中有时间限制的项目，是以反应的(　　)作为评分依据的。
    (A) 速度　　　　　　　　　　　(B) 正确性
    (C) 质量　　　　　　　　　　　(D) 速度和正确性

46. WISC-CR 采用以 10 为平均数，以(　　)为标准差的分测验量表分。
    (A) 15　　　　　　　　　　　　(B) 10
    (C) 5　　　　　　　　　　　　 (D) 3

47. WISC-CR 采用以 100 为平均数，以(　　)为标准差的离差智商。
    (A) 15　　　　　　　　　　　　(B) 10
    (C) 5　　　　　　　　　　　　 (D) 3

48. 某一儿童的 WISC-CR 的 IQ 得分为 120~129，其智力水平(　　)。
    (A) 极超常　　　　　　　　　　(B) 超常
    (C) 高于平常　　　　　　　　　(D) 平常

49. 在智商分级标准中，WISC-CR 的边界等级是 IQ 在(　　)的范围内。
    (A) 80~89　　　　　　　　　　(B) 70~79
    (C) 60~69　　　　　　　　　　(D) 69 以下

50. WISC-CR 的 IQ 值在 50~69 之间者，约占智力缺陷总数的(　　)。
    (A) 50%　　　　　　　　　　　(B) 40%
    (C) 30%　　　　　　　　　　　(D) 85%

51. 重度智力缺陷的儿童的 IQ 得分范围在(　　)。
    (A) 69 以下　　　　　　　　　 (B) 50~69
    (C) 35~49　　　　　　　　　　(D) 20~34

52. WISC-CR 共有(　　)项分测验。
    (A) 9　　　　　　　　　　　　 (B) 10
    (C) 11　　　　　　　　　　　　(D) 12

53. 评量个人在一般社会机会中所习得的一些知识的测验为 WISC-CR 中的(　　)分测验。
    (A) 常识　　　　　　　　　　　(B) 类同
    (C) 词汇　　　　　　　　　　　(D) 理解

54. 在 WISC-CR 中，主要评量注意力与短时记忆的能力的分测验为(　　)。
    (A) 常识　　　　　　　　　　　(B) 类同

(C) 译码 (D) 背数

55. 主要测量视觉组织能力、视觉动作的协调能力以及知觉部分与整体关系的能力的测验为 WISC – CR 中的( )分测验。
    (A) 填图 (B) 排列
    (C) 拼图 (D) 迷津

56. 在 WISC – CR 中,主要测量视觉动作的协调和组织能力、空间想象能力的分测验为( )。
    (A) 积木 (B) 排列
    (C) 拼图 (D) 迷津

57. 在智力迟滞的分级标准中,"能教育"者相当于( )。
    (A) 轻度智力迟滞 (B) 中度智力迟滞
    (C) 重度智力迟滞 (D) 极重智力迟滞

58. 在智力迟滞的分级标准中,"能训练"者相当于( )。
    (A) 轻度智力迟滞 (B) 中度智力迟滞
    (C) 重度智力迟滞 (D) 极重智力迟滞

59. Achenbach 儿童行为量表,也称儿童行为清单,其英文缩写为( )。
    (A) WPPSI (B) CRT
    (C) CBCL (D) WCST

60. 我国修订的 Achenbach 儿童行为量表,是适合于( )儿童的家长用表。
    (A) 2～3 岁 (B) 4～18 岁
    (C) 4～16 岁 (D) 5～18 岁

61. CBCL 一般通过对儿童的观察和了解,填写其最近( )内的情况。
    (A) 一年 (B) 半年
    (C) 三个月 (D) 一个月

62. CBCL 第三部分的得分为 1 分,就说明该儿童的此项行为问题( )。
    (A) 无 (B) 轻度或有时有
    (C) 严重或持续有 (D) 明显或经常有

63. CBCL 第三部分的行为问题在每个年龄组都有一个正常上限分界值,其中按国外常模,4～5 岁女孩的正常上限分界值是( )。
    (A) 37～40 分 (B) 37～41 分
    (C) 40～42 分 (D) 42～45 分

64. 原作者把 CBCL 因子分的正常范围定在 69 至 98 百分位之间,即 T 分在( )之间,超过此值时,即认为可能异常。
    (A) 50～60 分 (B) 55～65 分
    (C) 55～70 分 (D) 60～70 分

65. MMPI – 2 包括( )个自我报告形式的题目。
    (A) 566 (B) 567
    (C) 550 (D) 168

66. MMPI-2 包括 10 个临床量表和 7 个效度量表，它们均属于（　　）的内容。
    （A）内容量表　　　　　　　　　（B）附加量表
    （C）基础量表　　　　　　　　　（D）关键量表

67. 如果只是为了精神病临床诊断使用，一般可做 MMPI-2 的前（　　）个题。
    （A）200　　　　　　　　　　　（B）370
    （C）388　　　　　　　　　　　（D）399

68. MMPI-2 采用的是一致性 T 分记分法，但量表 Mf 和（　　）仍采用线性 T 分。
    （A）D　　　　　　　　　　　　（B）Hy
    （C）Pa　　　　　　　　　　　（D）Si

69. 根据中国常模，MMPI-2 的临床分界值是 T 分为（　　）分。
    （A）70　　　　　　　　　　　（B）60
    （C）50　　　　　　　　　　　（D）65

70. MMPI-2 的美国常模的分界点是 T 分为（　　）。
    （A）70T　　　　　　　　　　（B）65
    （C）60T　　　　　　　　　　（D）50T

71. 总 IQ 值加减 5 是 IQ 总分（　　）可信限水平的波动范围。
    （A）75%～80%　　　　　　　（B）85%～90%
    （C）85%～95%　　　　　　　（D）95%～99%

72. 当总 IQ 值为 110 时，则该受测者的 IQ 值 85%～90% 可信限水平便在（　　）的范围内变化。
    （A）100～120　　　　　　　（B）102～118
    （C）105～115　　　　　　　（D）104～116

73. 在大脑半球损害的情况下，最有可能的是（　　）。
    （A）优势半球有损害，则 VIQ 明显低于 PIQ
    （B）两半球弥漫性损害，则 VIQ 明显低于 PIQ
    （C）非优势半球有损害，则 VIQ 明显低于 PIQ
    （D）两半球弥漫性损害，则 VIQ 等于 PIQ

74. 对于各年龄组来说，只要 VIQ/PIQ 之间相差（　　）IQ，就达到 0.05 的显著水平。
    （A）10　　　　　　　　　　　（B）12
    （C）15　　　　　　　　　　　（D）15 以上

75. 对于 45 岁以上年龄组来说，只要 VIQ/PIQ 之间的差异为 12IQ，就达到（　　）的显著水平。
    （A）0.10　　　　　　　　　　（B）0.05
    （C）0.01　　　　　　　　　　（D）0.001

76. 如果 VIQ 明显大于 PIQ，最有可能性的是（　　）。
    （A）操作技能发展较言语技能好　　（B）操作技能发展较言语技能差
    （C）听觉性概念形成技能缺陷　　　（D）阅读障碍

77. 听觉加工模式发展明显较视觉加工模式好,提示受测者具有( )达显著水平的可能。
    (A) 言语智商 > 操作智商 (B) 操作智商 > 言语智商
    (C) 言语智商 < 操作智商 (D) 言语智商 = 操作智商

78. 如果操作技能发展较言语技能好,下列描述中最可能出现的是( )。
    (A) VIQ > PIQ (B) PIQ > VIQ
    (C) PIQ < VIQ (D) VIQ = PIQ

79. 根据考夫曼强弱点的标准,韦氏量表各分测验的得分只要高于平均分( )分及以上,即可认为该测验是强点。
    (A) 5 (B) 4
    (C) 3 (D) 2

80. 只要分测验高于平均分3分及以上即认为该测验是强点,这是韦氏量表比较剖析图的( )。
    (A) 考夫曼标准 (B) 韦克斯勒标准
    (C) 比奈标准   (D) 卡特尔标准

81. 在WAIS-RC测验中,如果知识12分、领悟6分、算术16分、相似性7分、数字广度11分、词汇18分,那么这些言语分测验中有( )个测验是强点。
    (A) 1 (B) 2
    (C) 3 (D) 4

82. 在WAIS-RC测验中,如果知识9分、领悟7分、算术14分、相似性12分、数字广度11分、词汇10分,那么这些言语分测验中有( )个测验是弱点。
    (A) 1 (B) 2
    (C) 3 (D) 4

83. 在WAIS-RC测验中,如果操作分测验均分12分、图片排列14分、图画填充10分,物体拼凑12分,那么操作测验中最多只能有( )个测验是强点。
    (A) 1 (B) 2
    (C) 3 (D) 4

84. 韦氏智力量表V-P差异没有实际意义可见于言语能力对操作能力缺陷的补偿,因为( )是两个常常受言语能力影响的操作测验。
    (A) 物体拼凑和图片排列 (B) 图画填充和图片排列
    (C) 图画填充和数字符号 (D) 图画填充和物体拼凑

85. 在韦氏智力量表中,再测效应表现为( )。
    (A) 一个月之内的第二次测验的总智商会比第一次低
    (B) 再测效应的增分量言语量表比操作量表高
    (C) 一个月之内的第二次测验的总智商不会比第一次高
    (D) 再测效应的增分量操作量表比言语量表高

86. 一个月之内两次施测韦氏测验,第二次测验的总智商会比第一次高出( )分左右。

(A) 7 　　　　　　　　　　　　(B) 8
(C) 9 　　　　　　　　　　　　(D) 10

87. 一个月之内的再测效应在言语量表和操作量表上的增分量不同，言语智商的增加量通常为3.5分，而操作量表的增加量通常为(　　)分。
(A) 6.5 　　　　　　　　　　　(B) 7.5
(C) 8.5 　　　　　　　　　　　(D) 9.5

88. 韦氏智力量表 VIQ 与 PIQ 的差异的意义是相对的，因为(　　)。
(A) 正常人也可相差9～10分，其 IQ 高，VIQ > PIQ
(B) 正常人的 VIQ 与 PIQ 分数没有明显的差异
(C) 正常人可有明显的差异，其 IQ 低，VIQ > PIQ
(D) 大脑半球损害时，VIQ 与 PIQ 分数没有明显的差异

89. IQ 在80分以下时，韦氏智力量表 VIQ < PIQ 的差异可达(　　)分以上。
(A) 9 　　　　　　　　　　　　(B) 10
(C) 11 　　　　　　　　　　　(D) 12

90. 某受测者在 WAIS-RC 分测验的成绩如果与他人的成绩相比较，应该以(　　)分为平均分。
(A) 9 　　　　　　　　　　　　(B) 10
(C) 11 　　　　　　　　　　　(D) 12

91. 在 MMPI 及 MMPI-2 一般的解释过程中，应该首先分析的是(　　)。
(A) 效度量表 　　　　　　　　(B) 临床量表
(C) 内容量表 　　　　　　　　(D) 附加量表

92. 在 MMPI-2 新增的量表中，VRIN 是(　　)的英文缩写。
(A) 反向答题矛盾量表 　　　　(B) 后 F 量表
(C) 同向答题矛盾量表 　　　　(D) 粗心量表

93. Fb 量表之所以称为后 F 量表，是因为组成该量表的项目大多出现于(　　)题之后。
(A) 300 　　　　　　　　　　　(B) 350
(C) 370 　　　　　　　　　　　(D) 399

94. 在 MMPI-2 新增的量表中，TRIN 是(　　)的英文缩写。
(A) 反向答题矛盾量表 　　　　(B) 后 F 量表
(C) 同向答题矛盾量表 　　　　(D) 粗心量表

95. 在 MMPI-2 中的 VRIN 及 TRIN 与效度量表 L、F、K 不同，它们没有任何具体的项目内容含义，有些类似于 MMPI 中的(　　)。
(A) 说谎量表 　　　　　　　　(B) 低频量表
(C) 诈病量表 　　　　　　　　(D) 粗心量表

96. 在 MMPI-2 中，TRIN 高分表明受测者不加区别地对测验项目给予(　　)。
(A) 一致回答 　　　　　　　　(B) 矛盾回答
(C) 肯定回答 　　　　　　　　(D) 否定回答

97. MMPI 及 MMPI-2 两点编码就是(　　)。
    (A) 出现低峰的两个量表的数字号码联合，分数高的在后面
    (B) 出现低峰的两个量表的数字号码联合，分数高的在前面
    (C) 出现高峰的两个量表的数字号码联合，分数高的在前面
    (D) 出现高峰的两个量表的数字号码联合，分数高的在后面

98. MMPI 及 MMPI-2 突出编码类型中分数最低的量表，要比没有进入编码的其他临床量表中分数最高者至少高出(　　)个 T 分，否则为非突出编码。
    (A) 3　　　　　　　　　　　(B) 4
    (C) 5　　　　　　　　　　　(D) 6

99. 在 MMPI 或 MMPI-2 中，如果剖面图的整体模式呈现"左高右低"的模式，这种模式就被称为(　　)模式。
    (A) 精神病性　　　　　　　　(B) 神经症性
    (C) 装好　　　　　　　　　　(D) 症状夸大

100. 在 MMPI 或 MMPI-2 中，如果剖面图的整体模式呈现"右高左低"的模式，这种模式就被称为(　　)模式。
    (A) 精神病性　　　　　　　　(B) 神经症性
    (C) 装好　　　　　　　　　　(D) 症状夸大

101. 在对 MMPI 各因子分解释时，如果 T 分在 30 分以下或 70 分以上就属于(　　)。
    (A) 正常　　　　　　　　　　(B) 轻度异常
    (C) 中度异常　　　　　　　　(D) 显著异常

102. MMPI-2 的内容量表可归为四大类，其中消极自我认识类只包括(　　)一个内容量表。
    (A) 焦虑紧张（ANX）　　　　(B) 抑郁空虚（DEP）
    (C) 自我低估（LSE）　　　　(D) 关注健康（HEA）

103. 在 MMPI-2 中，除了临床量表外，还从 MMPI 的项目中挖掘潜在的测量能力，这些针对性很强的特殊量表就是(　　)。
    (A) 效度量表　　　　　　　　(B) 内容量表
    (C) 因子量表　　　　　　　　(D) 附加量表

104. 在 MMPI 及 MMPI-2 剖面图中，如果 F 量表十分高，L 及 K 量表十分低，临床量表 Pa、Pt、Sc、Ma 的分数也相当高，则有可能为(　　)模式。
    (A) 全答"否定"　　　　　　　(B) 全答"肯定"
    (C) "是否"交替　　　　　　　(D) "装好"

105. 在 MMPI 及 MMPI-2 全答"否定"模式中，L、F、K 三个效度量表的分数均相当高，临床量表 Hs 及 Hy 也十分高，呈(　　)模式。
    (A) "精神病"　　　　　　　　(B) "神经症"
    (C) "装好"　　　　　　　　　(D) "装坏"

106. 在 MMPI 及 MMPI-2 剖面图中，如果 L、F、K 三个效度量表的分数均相当

高，临床量表 Hs 及 Hy 也十分高，则有可能为(　　)模式。
(A) 全答"否定"　　　　　　　(B) 全答"肯定"
(C) "是否"交替　　　　　　　(D) "装好"

107. 在 MMPI 及 MMPI-2 剖面图中，如果 L 和 K 量表很高，F 量表相当低，则为(　　)模式。
(A) "精神病"　　　　　　　　(B) "神经症"
(C) "装好"　　　　　　　　　(D) "装坏"

108. 在 MMPI 及 MMPI-2 剖面图中，如果 K 量表相当高，而 L 及 F 量表均不高，则为(　　)模式。
(A) 症状夸大　　　　　　　　(B) 自我防御
(C) 精神病　　　　　　　　　(D) 神经症

109. 在 MMPI 及 MMPI-2 剖面图中，如果 F 量表相当高，而 L 及 K 量表相当低，则有可能为(　　)模式。
(A) 症状夸大　　　　　　　　(B) 自我防御
(C) 装好　　　　　　　　　　(D) 神经症

110. 如果受测者常有躯体不适，并伴有抑郁情绪，则其 MMPI 或 MMPI-2 剖面图可能出现(　　)的两点编码。
(A) 12/21　　　　　　　　　　(B) 13/31
(C) 28/82　　　　　　　　　　(D) 68/86

111. MMPI 及 MMPI-2 剖面图中，两点编码为 13/31 的受测者可能被诊断为(　　)患者。
(A) 疑病症或癔症　　　　　　(B) 精神病或病态人格
(C) 躁狂症或抑郁症　　　　　(D) 精神分裂症

112. 在 MMPI 及 MMPI-2 剖面图中，两点编码为 28/82 的受测者可能被诊断为(　　)患者。
(A) 癔症　　　　　　　　　　(B) 精神病
(C) 疑病症　　　　　　　　　(D) 强迫症

113. 如果受测者主要表现出敏感、多疑、缺乏信任、思维混乱等症状，并有偏执妄想，其 MMPI 或 MMPI-2 剖面图可能出现(　　)的两点编码。
(A) 23/32　　　　　　　　　　(B) 13/31
(C) 28/82　　　　　　　　　　(D) 68/86

114. 在 MMPI 及 MMPI-2 剖面图中，如果 6、8 量表 T 分均升高，F 量表 T 分也超过 70，可以说是一个精神分裂症(　　)剖面图。
(A) 单纯型　　　　　　　　　(B) 偏执型
(C) 青春型　　　　　　　　　(D) 未分型

115. 在 MMPI 及 MMPI-2 剖面图中，两点编码为 49/94 的受测者可能被诊断为(　　)。
(A) 癔症　　　　　　　　　　(B) 反社会人格

(C) 疑病症 (D) 强迫症

116. 重性精神病一般会出现精神功能损害、现实认识能力下降，这往往属于 MMPI 因子分析中( )得分高的受测者。
　　(A) N 因子　　　　　　　　　　(B) P 因子
　　(C) M 因子　　　　　　　　　　(D) A 因子

117. 神经症患者一般表现为心身不适感和消极情绪，这往往属于 MMPI 因子分析中( )得分高的受测者。
　　(A) N 因子　　　　　　　　　　(B) P 因子
　　(C) M 因子　　　　　　　　　　(D) A 因子

118. 在 MMPI 测试中 I 因子得分低的受测者，往往有( )的特点。
　　(A) 性格内向　　　　　　　　　(B) 性格外向
　　(C) 心身不适　　　　　　　　　(D) 癔病倾向

119. 性格趋于内向，常伴有情绪忧郁和强迫倾向常见于 MMPI 因子分析结果中( )得分高的受测者。
　　(A) N 因子　　　　　　　　　　(B) P 因子
　　(C) I 因子　　　　　　　　　　(D) M 因子

120. 在 MMPI 测试中，F 因子得分高的受测者，往往有( )的特点。
　　(A) 夸大可能存在的情绪问题　　(B) 自我保护能力下降
　　(C) 否认可能存在的精神症状　　(D) 躯体不适、抑郁情绪

121. 在 MMPI 测试中，A 因子得分高的受测者，往往具有( )的性格特点。
　　(A) 强迫倾向　　　　　　　　　(B) 病态人格
　　(C) 心身不适　　　　　　　　　(D) 癔病倾向

122. 在 MMPI 测试中，M 因子得分高的受测者，往往具有( )的特点。
　　(A) 女子倾向　　　　　　　　　(B) 男子倾向
　　(C) 性格内向　　　　　　　　　(D) 性格外向

123. MMPI 因子，M 得分的解释与原量表( )的解释是一致的。
　　(A) F　　　　　　　　　　　　 (B) K
　　(C) Pd　　　　　　　　　　　　(D) Mf

124. A 类神经症剖面图的特点是量表 1、2、3 的 T 分均高于 60 分，并且( )。
　　(A) 量表 1、2、3 呈现依次上升式的倾向
　　(B) 量表 1、2、3 呈现依次下降式的倾向
　　(C) 量表 2、1、3 呈现依次下降式的倾向
　　(D) 量表 1 和量表 3 的分数为最高分和次高分，且比量表 2 高出至少 5 个 T 分

125. 具有 A 类神经症剖面图的患者在临床上所表现的症状特点是( )。
　　(A) 多见于女性，因此称之为"癔病性剖面图"
　　(B) 有长期的、过分的躯体关注，多疑且敏感
　　(C) 容易把心理问题转化为许多躯体不适

(D) 对治疗缺乏动机，长期处于低效率的状态

126. B类神经症剖面图的特点是量表1、2、3的T分均高于60分，并且(　　)。
    (A) 量表1、2、3呈现依次上升式的倾向
    (B) 量表1、2、3呈现依次下降式的倾向
    (C) 量表2、1、3呈现依次下降式的倾向
    (D) 量表1和量表3的分数为最高分和次高分，且比量表2高出至少5个T分

127. 具有B类神经症剖面图的患者在临床上所表现的症状特点是(　　)。
    (A) 对治疗缺乏动机，长期处于低效率的状态
    (B) 多见于女性，因此称之为"癔病性剖面图"
    (C) 容易把心理问题转化为许多躯体不适
    (D) 有长期的、过分的躯体关注，多疑且敏感

128. C类神经症剖面图的特点是量表1、2、3的T分均高于60分，并且(　　)。
    (A) 量表1、2、3呈现依次上升式的倾向
    (B) 量表1、2、3呈现依次下降式的倾向
    (C) 量表2、1、3呈现依次下降式的倾向
    (D) 量表1和量表3的分数为最高分和次高分，且比量表2高出至少5个T分

129. 具有C类神经症剖面图的患者在临床上所表现的症状特点是(　　)。
    (A) 有长期的、过分的躯体关注，多疑且敏感
    (B) 对治疗缺乏动机，长期处于低效率的状态
    (C) 容易把心理问题转化为许多躯体不适
    (D) 多见于女性，因此称之为"癔病性剖面图"

130. D类神经症剖面图的特点是量表1、2、3的T分均高于60分，并且(　　)。
    (A) 量表1、2、3呈现依次上升式的倾向
    (B) 量表1、2、3呈现依次下降式的倾向
    (C) 量表2、1、3呈现依次下降式的倾向
    (D) 量表1和量表3的分数为最高分和次高分，且比量表2高出至少5个T分

131. 具有D类神经症剖面图的患者在临床上所表现的症状特点是(　　)。
    (A) 对治疗缺乏动机，长期处于低效率的状态
    (B) 多见于女性，因此称之为"癔病性剖面图"
    (C) 容易把心理问题转化为许多躯体不适
    (D) 有长期的、过分的躯体关注，多疑且敏感

132. 在MMPI及MMPI-2的剖面图模式中，精神病性双峰剖面图由量表(　　)组合而成。
    (A) 1-2-3　　　　　　　　　(B) 4-6-8
    (C) 1-2-3-7　　　　　　　　(D) 6-7-8

133. MMPI 及 MMPI-2 边缘性剖面图的特点是,所有的或绝大多数量表(从1~9)的分数等于或超过65,并常常伴有( )量表的极度升高。
    (A) Q (B) L
    (C) F (D) K

134. 个体难以做出决定,反复地纠缠某些无意义的问题,害怕他人厌烦自己,有强迫行为,很可能是 MMPI-2 内容量表中( )的高分特征。
    (A) 焦虑紧张量表 (B) 强迫固执量表
    (C) A型行为量表 (D) 自我力量量表

135. SCL-90 总分分析的主要用途是以总分反映精神障碍的严重程度和( )。
    (A) 发现靶症状 (B) 疾病性质
    (C) 病情演变 (D) 疗效状况

136. 以治疗前后量表 SCL-90 总分的改变来反映疗效,其评估标准是减分率≥25%为有效,减分率≥( )为显效。
    (A) 70% (B) 75%
    (C) 35% (D) 50%

137. 以治疗前后量表 SCL-90 总分的改变来反映疗效,其减分率的计算公式为( )。
    (A) (治疗后总分-治疗前总分)/治疗后总分
    (B) (治疗前总分-治疗后总分)/治疗前总分
    (C) (治疗前总分-治疗后总分)/治疗后总分
    (D) (治疗后总分-治疗前总分)/治疗前总分

138. 如果某受测者的 SCL-90 总分在治疗前为180分,在治疗后为120分,那么该被试者的 SCL-90 总分减分率为( )。
    (A) 33.3% (B) 50%
    (C) 75% (D) 25%

139. SCL-90 因子分析的两个主要用途是以因子分反映精神障碍的( )。
    (A) 严重程度和病情演变 (B) 严重程度和症状群特点
    (C) 症状群特点和靶症状群疗效 (D) 病情演变和靶症状群疗效

140. 如果某受测者的 SCL-90 测试结果是:躯体化2.8分、强迫0.9分、焦虑2.1分、人际关系0.4分、抑郁3.2分、敌对1.6分、惊恐0.4分、偏执0.3分、精神病性0.6分,那么该受测者的症状群特点的主要症状是( )。
    (A) 躯体化和强迫,有轻度的敌对倾向
    (B) 抑郁和躯体化,有轻度的人际关系问题
    (C) 抑郁和躯体化,有轻度的焦虑倾向
    (D) 躯体化和焦虑,有轻度的抑郁倾向

141. 如果采用0~4的5级评分,SCL-90 总分超过( )分,就可考虑筛选阳性。
    (A) 70 (B) 160

(C) 100 (D) 120

142. SCL-90 总分超过 70 分,就可考虑筛选阳性,这里采用的是( )级评分法。
(A) 1~5 的 5 (B) 0~4 的 5
(C) 0~3 的 4 (D) 1~4 的 4

二、多项选择题

143. 关于 HAMD,下列描述中正确的是( )。
(A) 由 Hamilton 编制 (B) 共包括 17、21 和 24 项三种版本
(C) 可归纳为 7 类因子结构 (D) 多用于评定病人的焦虑情绪

144. 属于 HAMD 因子的是( )。
(A) 认知障碍 (B) 日夜变化
(C) 睡眠障碍 (D) 躯体性焦虑

145. 判断病理性抑郁与非病理性抑郁的标准包括( )。
(A) 症状标准 (B) 严重程度标准
(C) 病程标准 (D) 自杀观念

146. 病理性抑郁具有的核心症状包括( )。
(A) 心境低落 (B) 兴趣与愉快感丧失
(C) 注意力不集中 (D) 精力减退或疲乏感

147. 在 HAMD 评分过程中,依据观察进行评分的项目包括项目( )。
(A) 16 (B) 11
(C) 9 (D) 8

148. 关于 HAMA,下列描述中正确的是( )。
(A) 由 Hamilton 编制 (B) 共包括 17、21 和 24 项三种版本
(C) 包括两大因子结构 (D) 多用于评定病人的抑郁情绪

149. 汉密尔顿焦虑量表主要涉及( )因子。
(A) 躯体性焦虑 (B) 精神性焦虑
(C) 抑郁心境 (D) 入睡困难

150. HAMA 躯体性焦虑因子包括( )项目。
(A) 肌肉系统症状 (B) 感觉系统症状
(C) 呼吸系统症状 (D) 认知功能

151. HAMA 精神性焦虑因子包括( )项目。
(A) 疑病 (B) 焦虑心境
(C) 认知功能 (D) 害怕

152. 我国 BPRS 新增的项目是( )。
(A) 定向障碍 (B) 自知力障碍
(C) 工作不能 (D) 情感平淡

153. BPRS一般归纳为5类因子，其中包括( )。
    (A) 思维障碍　　　　　　　　　(B) 焦虑忧郁
    (C) 罪恶观念　　　　　　　　　(D) 敌对猜疑

154. 精神病往往以脱离现实为特征，并具有( )的精神障碍。
    (A) 幻觉　　　　　　　　　　　(B) 妄想
    (C) 抑郁　　　　　　　　　　　(D) 自知力受损

155. 精神病性症状的主要表现包括( )。
    (A) 自知力部分或全部丧失　　　(B) 幻觉
    (C) 妄想　　　　　　　　　　　(D) 广泛的兴奋和活动过多

156. 在临床上，精神病性症状可见于( )。
    (A) 精神分裂症　　　　　　　　(B) 分裂情感障碍
    (C) 妄想障碍　　　　　　　　　(D) 严重的心境障碍

157. 在临床上，BPRS主要适用于( )的评定。
    (A) 中度精神病性症状　　　　　(B) 重度精神病性症状
    (C) 轻度精神病性症状　　　　　(D) 所有的精神病性症状

158. BRMS量表是由( )于1978年编制的，是目前应用较广的躁狂量表。
    (A) 倍克（Bech）　　　　　　　(B) 阿亨巴赫（Achenbach）
    (C) 拉范森（Rafaelsen）　　　(D) 汉密尔顿（Hamilton）

159. BRMS主要用于( )精神病躁狂状态的评定。
    (A) 情感性　　　　　　　　　　(B) 分裂情感性
    (C) 神经性抑郁　　　　　　　　(D) 酒精中毒性

160. 如果某患者在BRMS意念飘忽一项的分数增高，他的临床表现可能有( )。
    (A) 谈话音联、意联　　　　　　(B) 思维破裂
    (C) 思维散漫无序　　　　　　　(D) 思维不连贯

161. 在精神科临床诊断中，躁狂发作包括( )。
    (A) 轻躁狂　　　　　　　　　　(B) 神经症性症状躁狂
    (C) 无精神病性症状躁狂　　　　(D) 有精神病性症状躁狂

162. 缩小分数的分布范围而使评定的信度和效度降低的误差包括( )。
    (A) 严格误差　　　　　　　　　(B) 趋中误差
    (C) 宽容误差　　　　　　　　　(D) 逻辑误差

163. 在量表的评定中，常见的误差主要包括有( )。
    (A) 宽容误差　　　　　　　　　(B) 趋中误差
    (C) "光环"效应　　　　　　　　(D) 逻辑误差

164. 下列方法中可减少评定误差的是( )。
    (A) 选择合适的量表　　　　　　(B) 评定等级的划分越细越好
    (C) 提高评定者的动机　　　　　(D) 制订工作用标准

165. 与韦氏成人智力量表不同，韦氏儿童智力量表的主要特点是( )。

(A) 言语测验与操作测验交叉进行
(B) 有替代分测验
(C) 粗分换算量表分各年龄组相同
(D) 粗分换算量表分各年龄组不同

166. 施测 WICS – CR 时，可以对受测者说的话包括（   ）。
(A) 今天要你做一些练习，回答一些问题，做一些很有意思的作业
(B) 有的题目容易，有的题目比较难，你尽量做就行
(C) 这个测验可以看出你聪明不聪明
(D) 你现在年纪还小，长大以后就都会做了

167. 下列分测验中，属于 WISC – CR 替代测验的是（   ）。
(A) 背数   (B) 译码
(C) 迷津   (D) 积木

168. 在下列 WISC – CR 的分测验中，有时间限制的分测验是（   ）。
(A) 填图   (B) 排列
(C) 词汇   (D) 算术

169. 在下列分测验中，（   ）测验属于 WICS – CR 的言语分测验。
(A) 常识   (B) 算术
(C) 译码   (D) 背数

170. 在下列分测验中，属于 WICS – CR 操作分测验的是（   ）。
(A) 背数   (B) 拼图
(C) 排列   (D) 译码

171. 在 WISC – CR 中，常识分测验可以反映受测者的（   ）。
(A) 天资   (B) 早期的文化环境与经验
(C) 学校教育的理论及文化的偏好   (D) 良好的记忆能力

172. 在 WISC – CR 中，拼图分测验主要测量受测者的（   ）。
(A) 视觉组织能力   (B) 视觉动作的协调能力
(C) 知觉部分与整体关系的能力   (D) 学习能力

173. 智力迟滞又称精神发育迟滞或精神发育不全，是以（   ）为主要特征的一组疾病。
(A) 适应能力欠缺   (B) 可伴发精神障碍
(C) 对话困难   (D) 智力低下

174. 施测 WICS – CR 时，下列做法中正确的是（   ）。
(A) 可说"做得很好"等   (B) 主测者与受测者隔桌对坐
(C) 测验必须一次完成   (D) 不得有第三者在场

175. Achenbach 儿童行为量表共有 4 种表格，包括（   ）。
(A) 家长用表   (B) 老师用表
(C) 同学用表   (D) 年长儿童自评量表

176. CBCL 主要用于筛查儿童的社会能力和行为问题，其中包括（   ）。

(A) 评价和识别认知问题高危儿童
(B) 评价和识别情绪问题高危儿童
(C) 评价和识别行为问题高危儿童
(D) 给出心理障碍的诊断

177. 针对4~16岁儿童的家长用CBCL,可由熟悉儿童的(   )进行评定。
  (A) 老师 (B) 同学
  (C) 父母 (D) 照料者

178. 关于CBCL的评分标准,下列说法中正确的是(   )。
  (A) 第一部分不需记分 (B) 第二部分除个别条目外,均需记分
  (C) 第三部分评分为0~3 (D) 第三部分评分为0~2

179. CBCL第二部分的社会能力归纳成3个因子,包括(   )。
  (A) 活动情况 (B) 社交情况
  (C) 学习情况 (D) 情绪反应情况

180. 特发于童年的情绪障碍包括(   )。
  (A) 离别焦虑 (B) 恐惧焦虑
  (C) 社交焦虑 (D) 状态焦虑

181. 关于CBCL实施的注意事项中,下列说法中正确的是(   )。
  (A) CBCL的每种形式具有不同的施测对象和使用方法,在选择使用时要十分注意
  (B) CBCL家长用版本,必须由熟悉儿童情况的家长或老师填写
  (C) CBCL家长用版本对儿童孤独症的敏感性不足
  (D) CBCL是行为与情绪问题的筛查工具,而非诊断工具

182. MMPI-2的量表类型包括(   )。
  (A) 基础量表 (B) 内容量表
  (C) 附加量表 (D) 焦虑量表

183. 关于MMPI-2的适用范围,下列说法中正确的是(   )。
  (A) 农村受测者的适用性较差
  (B) 文化程度在初中毕业以上
  (C) 文化程度在高中毕业以上
  (D) 适用于18岁~70岁的受测者

184. MMPI-2的施测形式主要包括(   )。
  (A) 卡片式 (B) 手册式
  (C) 人机对话方式 (D) 录音带方式

185. 有关MMPI-2记分方法,下列说法中正确的是(   )。
  (A) 多数量表采用一致性T分
  (B) 多数量表采用线性T分
  (C) 采用内插、外插法综合量表原始分数
  (D) 与MMPI记分方法完全一致

186. MMPI-2中，10个临床量表中有7个量表可按照项目内容分为若干亚量表，其中包括（   ）。
    (A) 量表3（Hy） (B) 量表6（Pa）
    (C) 量表7（Pt） (D) 量表0（Si）

187. 下列量表中属于MMPI-2临床亚量表的是（   ）。
    (A) D3   (B) Hs1
    (C) Pt2 (D) Pd1

188. 下列量表中，（   ）是MMPI-2新增的效度量表。
    (A) F   (B) TRIN
    (C) VRIN (D) L

189. 在使用MMPI-2的临床量表时最好用（   ），以避免导致误解、误判、误读。
    (A) 中文全译 (B) 英文缩写
    (C) 数字符号 (D) 英文全称

190. 关于VIQ与PIQ，下列描述中正确的是（   ）。
    (A) 优势半球有损害，则VIQ明显低于PIQ
    (B) 非优势半球有损害，则PIQ明显低于VIQ
    (C) 弥漫性损害，则PIQ明显低于VIQ
    (D) 弥漫性损害，则VIQ明显低于PIQ

191. 如果PIQ明显低于VIQ，可能会出现（   ）。
    (A) 言语技能发展较操作技能好
    (B) 听觉加工模式发展较视觉加工模式好
    (C) 运动性非言语技能缺陷
    (D) 操作能力差

192. 如果VIQ明显低于PIQ，可能会出现（   ）。
    (A) 操作技能发展较言语技能好   (B) 操作技能发展较言语技能差
    (C) 听觉性概念形成技能缺陷   (D) 阅读障碍

193. 下列陈述中，（   ）属于韦氏智力量表V-P差异没有实际意义的情况。
    (A) 智商不与言语因素相对应   (B) 言语能力对操作能力缺陷的补偿
    (C) 分测验分数非常分散   (D) 近期重复施测的再测效应

194. 智商不与因素分数相对应使韦氏智力量表V-P差异没有实际意义，是因为（   ）。
    (A) 算术不属于言语理解因素   (B) 数字符号不属于知觉组织因素
    (C) 数字广度不属于言语理解因素 (D) 图画填充不属于知觉组织因素

195. 韦氏智力量表V-P差异没有实际意义，有时是因为言语能力对（   ）有补偿作用。
    (A) 图画填充 (B) 物体拼凑
    (C) 数字符号 (D) 图片排列

196. 对韦氏智力量表的第二次测验进行结果解释时，下列说法中正确的是（　　）。
 (A) 几乎显著的 VIQ > PIQ 的差异，可能反映着有实际意义的差异
 (B) 刚刚显著的 PIQ > VIQ 的差异应被忽略
 (C) 几乎显著的 PIQ > VIQ 的差异，可能反映着有实际意义的差异
 (D) 刚刚显著的 VIQ > PIQ 的差异应被忽略

197. 某受测者在 WAIS–RC 分测验的成绩如果与他人的成绩相比较，其强项和弱项应该是（　　）。
 (A) 12 分及以上
 (B) 8 分及以下
 (C) 13 分及以上
 (D) 7 分及以下

198. MMPI 及 MMPI–2 一般的解释过程应该包括分析（　　）。
 (A) 效度量表
 (B) 临床量表
 (C) 内容量表
 (D) 附加量表

199. 在 MMPI–2 中，新增的效度量表包括（　　）。
 (A) PK 量表
 (B) Fb 量表
 (C) VRIN 量表
 (D) TRIN 量表

200. 在 MMPI–2 中，Fb 量表对新增加的（　　）的检查特别有用。
 (A) 附加量表
 (B) 内容量表
 (C) 临床量表
 (D) 效度量表

201. MMPI 及 MMPI–2 编码类型通常只考虑 8 个临床量表，而量表（　　）一般不做编码分析。
 (A) Hs
 (B) Hy
 (C) Mf
 (D) Si

202. MMPI 及 MMPI–2 编码类型分为（　　）。
 (A) 明显编码
 (B) 非明显编码
 (C) 突出编码
 (D) 非突出编码

203. 下列因子中，属于 MMPI 因子结构的是（　　）。
 (A) 精神质因子（P）
 (B) 神经质因子（N）
 (C) 内外向因子（I）
 (D) 说谎因子（L）

204. 在对 MMPI 各因子分解释时，轻度异常的得分范围是 T 分在（　　）。
 (A) 40~60 分之间
 (B) 30~40 分之间
 (C) 60~70 分之间
 (D) 30 分以下或 70 分以上

205. MMPI–2 的内容量表可归为如下几类，分别为（　　）。
 (A) 内部症状类
 (B) 外显侵犯行为类
 (C) 消极自我认识类
 (D) 一般问题类

206. 在 MMPI–2 中，已经建立了中国常模，并在临床上使用频率较高的附加量表包括（　　）。
 (A) 焦虑量表（A）
 (B) 压抑量表（R）

(C) 抑郁量表 (D) 　　　　　　　　(D) 自我力量量表（Es）

207. 在MMPI及MMPI-2全答"肯定"模式中，F量表十分高，（　　）量表则十分低，而且临床量表Pa、Pt、Sc、Ma的分数也相当高。
 (A) Q (B) Si
 (C) L (D) K

208. 在MMPI及MMPI-2自我防御模式中，K量表相当高，而（　　）量表均不高。
 (A) F (B) L
 (C) Q (D) D

209. 在MMPI及MMPI-2症状夸大模式中，F量表相当高，（　　）量表则相当低。
 (A) K (B) L
 (C) Q (D) D

210. 在MMPI及MMPI-2剖面图中，两点编码为12/21的受测者可能被诊断为（　　）患者。
 (A) 神经症性抑郁 (B) 焦虑症
 (C) 躁狂症 (D) 精神分裂症

211. 在MMPI及MMPI-2剖面图中，两点编码为18/81的受测者可能被诊断为（　　）患者。
 (A) 神经症 (B) 焦虑症
 (C) 分裂样病态人格 (D) 精神分裂症

212. 在MMPI测试中，P因子得分高的受测者，往往具有（　　）的特点。
 (A) 精神功能损害 (B) 现实认识能力下降
 (C) 常见于神经症性障碍 (D) 常见于重性精神病

213. 在MMPI测试中，N因子得分高的受测者，往往具有（　　）的特点。
 (A) 心身不适感 (B) 消极情绪
 (C) 精神病性障碍 (D) 癔症倾向

214. 在MMPI测试中，F因子得分高的受测者，一般具备（　　）的特点。
 (A) 过分的自我控制 (B) 躯体不适、抑郁情绪
 (C) 否认可能存在的精神症状 (D) 过分的自我保护

215. 在MMPI测试中，A因子得分高的受测者可见于（　　）。
 (A) 病态人格患者 (B) 重性精神病患者
 (C) 部分正常人 (D) 神经病患者

216. MMPI及MMPI-2的神经症剖面图即量表（　　）明显升高达到60分以上时，精神病性量表的分数相对较低。
 (A) Hs (B) D
 (C) Hy (D) Pd

217. MMPI及MMPI-2的精神病剖面图即量表（　　）依次逐渐升高达到60以上

时，神经症性量表的分数相对较低。
(A) Pa   (B) Ma
(C) Hy   (D) Sc

218. 在MMPI及MMPI-2的剖面图模式中，如果受测者呈现精神病性双峰剖面图，则可能属于(   )。
(A) 无效剖面图   (B) 抑郁症
(C) 躁狂发作精神病   (D) 精神分裂症

219. 关于MMPI及MMPI-2边缘性剖面图，下列说法中正确的是(   )。
(A) 常伴有F量表的极度升高
(B) 提示受测者很可能是边缘性人格障碍者
(C) 在司法鉴定中并不少见
(D) 所有的或绝大多数量表（从1~9）的分数等于或超过65分

220. 所谓MMPI及MMPI-2的假阴性剖面图，一般具有的特征包括(   )。
(A) 所有临床量表的分数在60分以下
(B) 有6个或更多的量表的分数低于或等于56分
(C) 剖面图中的量表L和K高于量表F
(D) 在司法鉴定中非常多见

221. 在MMPI-2测验中，焦虑紧张量表的高分特征包括(   )。
(A) T分为60以上
(B) 常有焦虑、担心及紧张情绪
(C) 反复地纠缠某些无意义的问题
(D) 愿意寻求治疗

222. 在MMPI-2测验中，古怪思念量表的高分特征包括(   )。
(A) 可能有幻听、幻视和幻嗅
(B) 思维内容古怪离奇
(C) 有偏执意念
(D) 不能正确地分辨现实是非

223. 在MMPI-2测验中，A型行为量表的高分特征包括(   )。
(A) 有高度努力工作的动机
(B) 在人际关系上喜欢直接和更多地承担责任
(C) 经常感到没有足够的时间来完成自己的任务
(D) 常常缺乏耐心

224. 在MMPI-2测验中，社会不适量表的高分特征包括(   )。
(A) 十分内向
(B) 与人保持距离
(C) 很容易被他人左右
(D) 宁愿自己一个人待着而不愿意参加集体活动

225. 在MMPI-2测验中，负面治疗量表的高分特征包括(   )。

(A) 对治疗抱消极的态度
(B) 感到自己不可能得到理解和帮助
(C) 不想改变生活中的一切,并且认为这些也不能得到改变
(D) 面对困难和问题宁愿放弃而不是抓住机遇去寻求解决

226. 对MMPI-2麦氏酗酒量表高分的解释中正确的是(　　)。
(A) 具有酗酒、吸毒等不良行为的易感性
(B) 在人际关系上喜欢直接和更多地承担责任
(C) 并非指示被试者目前就有这样的问题
(D) 不仅与酗酒有关,而且与滥用药物及病态赌博行为有关

227. 在MMPI-2测验中,过分自控量表高分者多是(　　)的人。
(A) 平时被动服从
(B) 感到自己不可能得到理解和帮助
(C) 极力地避免公开表达自己的不满和敌意
(D) 在极端的情况下,有暴力冲动行为

228. 在MMPI-2的附加量表中,自我力量量表的低分特征包括(　　)。
(A) 能够应对各种生活事件和压力
(B) 治疗预后好
(C) 自我心理整合性差
(D) 往往处于慢性应激状态

229. 在MMPI-2测验中,支配性量表高分解释中正确的是(　　)。
(A) 能够对生活中的事件应对自如
(B) 有良好的应对能力和组织能力
(C) 依赖性强
(D) 缺乏自信

230. 在MMPI-2测验中,关于性别角色量表,下列说法中正确的是(　　)。
(A) 分为男性角色量表和女性角色量表
(B) 由自我描述性别角色的项目构成
(C) 与Mf量表有一定的相关
(D) 与Mf量表没有相关

231. 在对MMPI及MMPI-2剖面图进行综合分析的过程中,需要注意的是(　　)。
(A) 必须能够假定受测者愿意与主测者进行充分的合作
(B) 要注重考察图形的整体模式
(C) 要重视对关键项目的分析
(D) 诊断时应结合病史及其他的有关信息

232. SCL-90的结果分析主要包括(　　)的分析。
(A) 总分　　　　　　　　　　(B) 因子分
(C) 阴性项目数　　　　　　　(D) 廓图

233. SCL-90总分分析的主要用途是以总分反映精神障碍的(　　)。
    (A) 病情严重程度　　　　(B) 病情演变状况
    (C) 疾病类型　　　　　　(D) 靶症状

234. 以治疗前后量表SCL-90总分的改变来反映疗效,其评估标准包括减分率(　　)。
    (A) ≥75%为显效　　　　(B) ≥25%为有效
    (C) ≥50%为显效　　　　(D) ≥35%为有效

235. 如果采用0~4的5级评分,SCL-90的(　　),就可考虑筛选阳性。
    (A) 总分超过70分　　　　(B) 阳性项目数超过43项
    (C) 任何一因子分超过1分　(D) 阴性项目数低于47项

三、参考答案

一、单项选择题

1. A	2. C	3. B	4. D	5. C
6. A	7. B	8. B	9. A	10. C
11. A	12. D	13. C	14. C	15. A
16. C	17. C	18. B	19. D	20. B
21. D	22. A	23. B	24. C	25. A
26. D	27. B	28. D	29. B	30. B
31. C	32. B	33. D	34. B	35. C
36. C	37. D	38. A	39. C	40. B
41. B	42. C	43. A	44. B	45. D
46. D	47. A	48. B	49. B	50. D
51. D	52. D	53. A	54. D	55. C
56. A	57. A	58. B	59. C	60. C
61. B	62. C	63. D	64. C	65. B
66. C	67. B	68. D	69. B	70. B
71. B	72. C	73. A	74. A	75. C
76. B	77. A	78. B	79. C	80. A
81. B	82. A	83. A	84. B	85. D

86. A	87. D	88. A	89. C	90. B
91. A	92. A	93. C	94. C	95. D
96. C	97. C	98. C	99. B	100. A
101. D	102. C	103. D	104. B	105. B
106. A	107. C	108. B	109. A	110. A
111. A	112. B	113. D	114. B	115. B
116. B	117. A	118. B	119. C	120. C
121. B	122. A	123. D	124. D	125. C
126. B	127. D	128. C	129. B	130. A
131. B	132. D	133. C	134. B	135. C
136. D	137. B	138. A	139. C	140. C
141. A	142. B			

多项选择题

143. ABC	144. ABC	145. ABC	146. ABD	147. BCD
148. AC	149. AB	150. ABC	151. BCD	152. BC
153. ABD	154. ABD	155. BCD	156. ABCD	157. AB
158. AC	159. AB	160. ACD	161. ACD	162. ABC
163. ABCD	164. ACD	165. ABD	166. ABD	167. AC
168. ABD	169. ABD	170. BCD	171. ABCD	172. ABC
173. AD	174. ABD	175. ABD	176. BC	177. CD
178. ABD	179. ABC	180. ABC	181. ACD	182. ABC
183. AD	184. BC	185. AC	186. ABD	187. AD
188. BC	189. BC	190. ABC	191. ABCD	192. ACD
193. BCD	194. ABC	195. AD	196. AB	197. CD
198. ABCD	199. BCD	200. AB	201. CD	202. CD
203. ABC	204. BC	205. ABCD	206. ABD	207. CD
208. AB	209. AB	210. ABD	211. BCD	212. ABD

213. ABD	214. ACD	215. ABC	216. ABC	217. ABD
218. ACD	219. ABCD	220. ABC	221. ABD	222. ABCD
223. ABCD	224. ABCD	225. ABCD	226. ACD	227. ACD
228. CD	229. AB	230. ABC	231. ABCD	232. ABD
233. AB	234. BC	235. ABCD		

第四部分

案例问答题

一、三级案例问答题

案例一：

求助者，男性，汉族，22岁，大学毕业生。

主诉：焦虑、烦躁、入睡困难，经常做噩梦等一个多月。

求助者自述：马上就要毕业了，去了几家大企业、大公司，均未被录用。我每天晚上总在想：为什么找不着好工作？是不是因为我的学校不起眼，不是名牌大学？这时父母亲的话就又会在我耳边响起：只有名牌大学的毕业生才能找到好的工作。越想越觉得自己找不着好工作就是这个原因。现在真后悔，悔当初没有考上名牌大学。心情也烦躁、焦虑，看书没有以前专心，有时走神，食欲也下降了，我总是担心今后找不着好工作。找工作也是竞争，也不好意思问其他同学，有时上网聊天，心情稍好点。

咨询师观察、了解到的情况：求助者诉说时，眉头紧锁，来回搓手。出生在中等城市，从小性格内向，不爱交朋友，父母亲在学习方面的要求特别高，小学、初中的学习成绩一直在班里排第一名。高中时偶有一次排在第二名，在下一次的考试中非争取第一名不可。平常父母总是教育他一定要考上名牌大学，因为只有名牌大学的毕业生才能找到好的工作。高考时由于太紧张发挥失常，只考上一所普通大学。本来想重新再考，却因当年父亲生病去世了，家里的经济状况一下很紧张，只好上了这所普通大学。在大学期间与同学交往少，业余时间大部分用在学习上。历年体验正常。

心理测验的结果：SDS：40；SAS：60；EPQ：N：65、E：30、P：40、L：30。

根据求助者的测验结果，考虑求助者为内向不稳定型人格特征，有焦虑情绪。

依据以上案例，回答以下问题：
1. 该求助者的主要症状是什么？
2. 对该求助者的初步诊断及依据是什么？
3. 对该求助者需做哪些鉴别诊断？
4. 该求助者出现上述问题的原因是什么？

案例二：

求助者，女性，26岁，离异，国家机关公务员。

主诉：心情紧张，烦躁，爱发脾气，睡眠差等三个月。

咨询师观察、了解到的情况：求助者是独生女，相貌一般，衣着整洁，神情紧张，身体不放松，咨询过程合作。父母均是国家干部，母亲要求很严。自幼性格活泼、外向，身体健康，无重大疾病史。大学期间与同班同学确立恋爱关系，大学毕业后结婚，婚后一年离异，无生育史，现与父母同住。求助者平时对自己要求严格，自尊心很强，人际关系良好，能胜任工作，业绩优秀。

三个月前，一位男士向求助者示爱，她不知道如何对待，一想起此事就紧张，听别人谈婚姻问题也心烦，对婚姻担心、畏惧，不想吃东西，工作中也出差错，被领导批评。求助者感到痛苦，曾和家人及朋友诉说自己的苦闷，但仍然无法解决问题，希望咨询师能给予帮助。

求助者家族无精神病史及遗传病史。体检正常。

依据以上案例，回答以下问题：
1. 该求助者在心理、躯体方面的主要症状是什么？
2. 对该求助者做出诊断的程序是什么？
3. 对该求助者需选用什么心理测验并说明理由？
4. 怎样评估咨询效果？

案例三：

求助者，女性，32岁，大学毕业，已婚，公司会计。

主诉：心情不好，烦躁，内心苦闷，爱发脾气等三个多月。

求助者自述：三个多月前，偶然发现丈夫有外遇。我想这婚姻是完了，想离婚。但离异的姐姐极力地劝阻，说为了孩子，也为了不让父母受太大的刺激，就凑合过吧，再说就算离婚也一样找不到真正可依靠的男人。虽然丈夫发誓痛改前非，但是我觉得狗还能改得了吃屎？男人真不是好东西，都是吃着碗里的，看着锅里的！

我一天到晚就想这事，白天吃不下饭，晚上睡不好觉，每天都打不起精神。最近工作上又出错，受到领导的批评，心里很着急，晚上就更睡不着觉了。我怕长此以往，生活和工作会越来越糟糕，所以来看心理医生，希望您能帮我摆脱现在的苦恼。

咨询师观察、了解到的情况：求助者进入咨询室时，衣着整齐，举止得体。愁眉苦脸，烦躁不安，思路清晰，说到伤心处，情绪激动，多次哭泣，求助愿望迫切。

出生在干部家庭，生活条件优越，是父母最小的孩子。母亲脾气大，父亲很和气。家教非常严，母亲对孩子们交朋友、出门和回家的时间都严格的控制，但在吃、穿、用上很溺爱。性格外向、活泼，但好朋友不多。身体健康，近期未患躯体疾病。与丈夫经同事介绍相识、结婚，两年前生一子。三个多月前，发现丈夫有外遇。想离婚，被家人劝止。

依据以上案例，回答以下问题：
1. 该求助者在心理方面的主要症状是什么？
2. 对该求助者应做哪些鉴别诊断？
3. 还应收集该求助者哪些方面的资料？
4. 在摄入性谈话中要注意什么？

案例四：

求助者，男性，汉族，28岁，未婚，外企公司职员。

求助者自述：于一个月前开始出现烦躁不安，总感觉焦虑、紧张，晚上翻来覆去地总是不能入眠，即使睡着了，梦也很多，容易醒，但尚能入睡，早晨醒后感觉头痛、疲劳，全身酸痛。自己是做销售工作的，与客户见面谈生意时，感觉心慌意乱，注意力不能集中，虽然能够控制自己的情绪，但是总觉得心里不踏实。日常工作能够正常地应付，但效率有所下降，内心感到烦恼、痛苦，曾到医院看医生，未发现躯体疾病，被给予口服安定类药物，情况未见明显地改善。

咨询师观察、了解到的情况：自幼身体健康，未患过严重的疾病，家庭中未发生过重大的变故。家中经济条件较为优越，由于是独子，很受父母宠爱，同时管教也很严厉，养成了做事情追求完美的习惯。性格比较内向，不善言谈，喜欢安静，很少与同伴玩耍、做游戏，从小学到大学，学习成绩很好，一直名列前茅。

参加工作后，由于比较认真、勤奋，业绩突出，颇受领导赏识，是同事公认的业务尖子。一个月前，在与客户签订一份合同时，自行决定了某些合同内容，受到领导的严厉批评，感到后悔、自责。自此开始变得很敏感，在与客户进行业务洽谈时，精神总是感到紧张不安，怕出问题。虽然如此，但是工作、生活的其他方面未受太多的影响。

依据以上案例，回答以下问题：
1. 请对该求助者目前的状态进行资料整理。
2. 对该案例初步诊断和依据是什么？
3. 在对该求助者进行心理咨询时，如何确定谈话的内容和范围？
4. 在心理咨询的过程中，求助者的权利有哪些？

案例五：

求助者，女性，汉族，35岁，大专文化，中学教师，已婚。

求助者自述：近三个月来一直处于情绪低落的状态，经常感到委屈，有时独自落泪，认为现实是冷酷无情的，觉得对许多事情都提不起精神来，工作、生活没有意思，对未来的婚姻生活悲观、失望，认为夫妻感情已经走到了尽头，终日生活在悔恨和痛苦之中。吃不下饭，睡眠很差，白天注意力不集中，记忆力下降，容易急躁，遇到一点小事就爱发脾气，多次想来咨询，但又鼓不起勇气，在朋友的再三鼓励下，前来就诊。

咨询师观察、了解到的情况： 自幼身体健康，未患过严重的疾病。从小性格较内向，听话，在大人眼中是个乖孩子。但父母要求较严格，从小到大学习和生活一帆风顺。24岁时与现在的丈夫自由恋爱结婚，婚后夫妻感情一直很融洽，感觉很幸福。

三个多月前，她突然发现丈夫与一位年轻女子有不正当的关系，当时就觉得天要塌下来了，非常气愤，悔恨交加，与丈夫大吵了一场。虽然丈夫一直表示悔改，但是自己就是不能原谅他。曾想到离婚，但顾虑重重。离婚吧，自己今后的日子怎么过，别人会怎么看自己；不离吧，自己又不愿再这样生活下去。

在这种矛盾中，日渐憔悴，情绪低落，脾气变得暴躁。遇到别人谈论婚姻话题时，就特别敏感、脆弱，后来甚至看到年轻人谈恋爱，都感到受不了。虽然还能坚持工作，但是主动性较前降低，生活的兴趣也大不如从前了。自己也想通过一些途径改变现状，如向朋友倾诉，寻求帮助等，但始终难以解脱，故前来进行心理咨询。

依据以上案例，回答以下问题：
1. 该求助者的主导症状是什么？请说明依据。
2. 与该求助者进行谈话时，对谈话内容的选择应把握什么原则？
3. 与该求助者进行摄入性谈话时，应注意哪些内容？
4. 结合该案例，谈谈如何把握咨询效果评估的时间和方法？

案例六：

求助者，女性，汉族，28岁，大学学历，公司职员，未婚。

求助者自述： 近两个月来，总是反复地思考一些毫无意义的问题，如"洗水果时是多用一点水好，还是少用一点水好"，"削带皮的蔬菜如黄瓜时，是去皮厚一点好还是薄一点好"等等，虽然认为想这些事情没有必要，但就是控制不住。继而出现洗衣服时总担心洗不干净而反复洗涤，为此耽误了许多时间，正常的工作、生活受到了一定程度的影响。逐渐地脾气变得急躁，遇到一点小事就爱发火，经常感到疲惫，做事情的兴趣也不如从前，还出现了睡眠困难，经常要到凌晨一两点才能入睡。感到很苦恼，迫切希望能够得到咨询师的帮助。

咨询师观察、了解到的情况： 求助者自幼身体健康，未患过严重的疾病。两个多月前，求助者在报纸上偶然看到一篇报道说现在的许多蔬菜和水果都含有大量的农药，对人体有很大的损害，食用前最好多洗几遍或去皮食用。自此，求助者在洗菜和水果时，就变得很紧张，总是担心农药去不干净而反复洗，情况逐渐地加重而不能自控，甚至只要是洗的东西都要反复洗。后来又出现了一种奇怪的想法，走过街天桥时，总想着跳下去,为此感到害怕,尽量避免走过街天桥。由于这些问题的困扰,求助者的工作、生活受到了影响,但尚能正常坚持,只是感觉苦恼,希望尽快解决。

依据以上案例,回答以下问题:
1. 该求助者的主要症状是什么?
2. 对该案例的诊断和诊断依据是什么?
3. 如何对该求助者的心理活动进行定性分析?
4. 在与该求助者商定咨询目标时,如何判定咨询目标是有效的?

附：三级案例问答题参考答案

案例一：

1. 该求助者的主要症状是焦虑、烦躁、后悔，注意力不集中，入睡困难，噩梦多，食欲下降。

2. 对该求助者的初步诊断是：一般心理问题。

依据如下：

（1）该求助者历年体检正常，其心理问题没有器质性病变的基础。

（2）根据区分心理正常和心理异常的原则，该求助者主客观统一、心理活动协调、一致，人格相对稳定，自知力完整，没有幻觉、妄想等精神性症状，可以排除精神病性问题。

（3）该求助者心理问题与找工作有关，由现实性刺激引发，与其处境符合，没有变形的内心冲突，可以排除神经症性问题。

（4）该求助者心理问题仅局限在找工作上，没有出现泛化，且仅持续一个多月，可以排除严重心理问题。

（5）该求助者心理问题的特点是：由现实刺激引发，持续时间一个多月，痛苦程度和社会功能受损程度轻微，符合一般心理问题的诊断要点。

据此，初步诊断为一般心理问题。但是，引发该求助者心理问题的刺激比较强烈，应该引起注意，避免快速泛化，演变成严重心理问题。

3. 对该求助者需要做的鉴别诊断如下：

（1）与躯体疾病相鉴别：该求助者有睡眠问题和食欲下降等躯体症状，但历年体检正常，可以排除器质性病变基础。

（2）与精神病性问题相鉴别：根据区分心理正常和心理异常的原则，该求助者主客观世界统一，心理活动协调一致，人格相对稳定，自知力完整，没有幻觉、妄想等精神病性症状，可以排除精神病性问题。

（3）与神经症性问题相鉴别：该求助者心理问题与找工作有关，由现实性刺激引发，与其处境相符，没有变形的内心冲突，可以排除神经症性问题。

（4）与严重心理问题相鉴别：该求助者心理问题仅局限在找工作上，没有出现泛化，且仅持续一个多月，可以排除严重心理问题。

4. 该求助者出现上述问题的原因如下：

（1）生理因素：该求助者为23岁，男性，工作问题是该年龄段的主要问题。

（2）社会因素：

①存在负性生活事件：找工作失败，没有被大企业、大公司录用。

②家庭教育中，父母对他的要求高，对他的教育也不准确、客观，如名牌大学的毕业生才能分配好工作。

③该求助者缺乏社会支持系统的帮助。

（3）心理因素：

①存在明显的认知错误："不是名牌大学毕业，就找不着好工作"，认为只有到大公司才算是好工作。

②缺乏有效地解决问题的行为模式，自己没被录用，就不知道怎样去解决。

③被焦虑情绪所困扰，不能自己解决。

④人际关系方面与同学交往少，缺乏沟通与交流。

⑤人格特征：较内向，追求完美，争强好胜。

案例二：

1. 该求助者在心理方面的主要症状是：有内心的冲突、焦虑、紧张、烦躁、痛苦、情绪不稳定。

在躯体方面的主要症状是：睡眠差、食欲下降。

2. 对该求助者做出诊断的程序如下：

（1）分析求助者问题是否有器质性病变基础。

（2）根据区分正常与异常的心理学原则和精神病性症状，与精神病性问题相鉴别。

（3）分析求助者的内心冲突类型，与神经症性问题相鉴别。

（4）分析求助者的情绪是否泛化。

（5）确定求助者心理问题的持续时间、心理、生理及社会功能影响程度。

（6）形成初步诊断。

3. 对该求助者需选用的心理测验如下：

（1）可选用 MMPI 测验，用来探寻求助者的病理人格以及做精神病的鉴别诊断。

（2）可选用 SAS 测验，以评估求助者在焦虑方面的状态及程度。

（3）可选用 SCL-90 测验，以了解求助者对自身症状的评估程度。

4. 可以从五个维度评估咨询效果：

（1）该求助者的主观体验：其对焦虑、烦躁等症状改变方面的主观体验是评估咨询效果的一项重要而有效的指标。

（2）该求助者适应社会的情况：能否恢复到以前正常的社会功能状态也是一项重要而有效的指标。

（3）该求助者周围人士的评价：其家人、亲朋好友及同事对该求助者改变情况的评估也是一项重要而有效的指标。

（4）心理测验的结果：根据咨询前后心理测验结果的对比，可了解该求助者在症状及程度方面的改变，这是评估咨询效果的一项重要指标。

（5）咨询师的观察：咨询师可根据观察，评估该求助者的内心痛苦、社会功能恢复情况以及症状改变等情况，这是评估咨询效果的一项重要指标。

案例三：

1. 该求助者在心理方面的主要症状是：情绪低落、情绪不稳、焦虑、紧张。
2. 应该做如下鉴别诊断：

（1）与躯体疾病相鉴别：该求助者有睡眠问题和食欲下降等躯体症状，但近期未患躯体疾病，可以排除器质性病变基础。

（2）与精神病性问题相鉴别：根据区分心理正常和心理异常的原则，该求助者主客观世界统一，心理活动协调一致，人格相对稳定，自知力完整，没有幻觉、妄想等精神病性症状，可以排除精神病性问题。

（3）与神经症性问题相鉴别：该求助者心理问题与婚姻有关，由现实性刺激引发，与其处境相符，没有变形的内心冲突，可以排除神经症性问题。

（4）与抑郁发作相鉴别：抑郁发作的诊断要点是每天大多数时间都情绪低落或兴趣减少，并且持续两个月以上。该求助者的情绪问题中包括心情不好的症状，但是，没有快感缺失、兴趣下降、自我评价低等症状，程度较轻，可以排除抑郁发作。

3. 还应收集的该求助者的如下资料：

（1）是否做过心理测验、施测的项目及测验结果。
（2）婚姻、家庭中的其他重要事件与原因，家庭的现状与过去的比较等。
（3）以往解决问题的行为模式。
（4）社会支持系统的作用。
（5）对未来的希望。
（6）早年回忆，有无负性情绪记忆。

4. 在摄入性谈话中需要注意：

（1）态度必须保持中立。
（2）提问中避免失误。
（3）不能讲题外话。
（4）不能用指责、批判性的语言阻止或转移该求助者的谈话内容。
（5）在摄入性谈话后，不应给出绝对性结论。
（6）结束语要诚恳、客气。

案例四：

1. 该求助者目前的状态如下：

（1）精神状态：注意力不集中，紧张不安，焦虑，后悔，自责。
（2）生理功能状态：头痛，疲劳，全身酸痛，睡眠障碍。
（3）社会功能状态：工作效率下降。

2. 对该求助者的初步诊断是：严重心理问题。

依据如下：

（1）该求助者针对躯体症状有求医行为，未发现躯体疾病，故其心理问题没有器质性病变的基础。

（2）根据区分心理正常和心理异常的原则，该求助者主客观世界统一，精神活动协调一致，人格相对稳定，自知力完整，没有幻觉、妄想等精神病性症状，可以排除精神病性问题。

（3）该求助者心理问题与工作失误有关，由现实刺激引发，与其处境相符，没有变形的内心冲突，可以排除神经症性问题。

（4）该求助者心理问题虽局限在工作问题上，但已经出现泛化，具体表现为：不仅对前次签合同的失误感到自责和后悔，而且现在只要与客户见面谈生意就心慌意乱、疲惫、全身酸痛。因此，无法排除严重心理问题。

（5）该求助者心理问题的特点是：由现实刺激引发，持续时间一个多月，有一定程度的痛苦，社会功能轻度受损，但是负性情绪的反应对象已经泛化。

据此，初步诊断为严重心理问题。

3. 确定谈话内容和范围应依据以下参照点：

（1）该求助者主动提出的求助内容。

（2）心理咨询师在初诊接待中观察到的疑点。

（3）心理咨询师可以依据心理测评结果的初步分析发现问题，进行谈话。

（4）上级心理咨询师为进一步诊断而下达的谈话目标。

（5）谈话目标中若有一个以上的内容，应分别处理。

4. 求助者的权利：

（1）有权利了解咨询师的受训背景和执业资格。

（2）有权利了解咨询的具体方法、过程和原理。

（3）有权利选择或更换合适的咨询师。

（4）有权利提出转介或中止咨询。

（5）对咨询方案的内容有知情权、协商权和选择权。

案例五：

1. 该求助者的主导症状是抑郁，初步印象是严重心理问题。

依据如下：

（1）该求助者终日悔恨和痛苦，对许多事情都提不起精神，觉得工作、生活没有意思，对未来悲观、失望，这说明存在明显的情绪低落。

（2）该求助者主动性下降，生活兴趣不大如前，这说明存在明显的兴趣减少。

（3）该求助者有易激惹、注意狭窄等情绪症状以及睡眠障碍、食欲下降等躯体症状。

（4）该求助者迫切地希望改变上述状态。

综合分析，确定该求助者的主导症状是抑郁，而且程度比较严重（上述症状每天持续存在，并且已经三个多月），抑郁已经充分泛化（表现在遇到别人谈论婚姻问题时，就特别敏感、脆弱）。
 2. 选择谈话内容的原则包括：
（1）适合求助者的接受能力，符合求助者的兴趣。
（2）积极。
（3）有效。
 3. 与该求助者进行摄入性谈话时的注意事项包括：
（1）态度必须保持中性。
（2）提问中避免失误。
（3）咨询师在摄入性谈话中，除提问和引导性语言之外，不能讲任何题外话。
（4）不能用指责、批判性的语言阻止或扭转求助者的谈话内容。
（5）在摄入性谈话后，不应给出绝对性的结论。
（6）结束语要诚恳、客气，不能用生硬的话做结束语，以免引起求助者的误解。
 4. 咨询效果的评估时间和评估方法如下：
（1）咨询效果的评估时间：
①在开始1次或几次咨询后进行评估。
②在咨询结束前评估。
③在咨询后追踪复查时评估。
（2）咨询效果的评估方法：
①对照咨询前后的心理测验结果进行评估。
②根据该求助者的自我报告进行评估。
③根据该求助者家人、朋友、同事的报告进行评估。
④根据该求助者社会生活适应状况的改变程度进行评估。
⑤根据咨询师对该求助者各方面的观察进行评估。

案例六：

1. 该求助者的主要症状是：
强迫洗涤，强迫意向，回避行为，易激惹，兴趣减退，睡眠障碍。
2. 对该案例的诊断是：神经症性心理问题。
依据如下：
（1）心理冲突与现实处境没有什么关系，涉及生活中不太重要的事情，且不带有明显的道德色彩。
（2）痛苦的情绪体验持续时间为两个月，未超过三个月。
（3）精神痛苦程度较大且难以解脱，对工作和生活有一定程度的影响。
（4）心理冲突的内容泛化。
（5）本案例虽有强迫症状，但持续时间较短，社会功能受损程度不重，未达到神经症的诊断标准，故考虑神经症性心理问题。
 3. 对该求助者的心理活动可以从以下几个方面进行定性分析：

（1）通过判断正常心理活动与异常心理活动的原则分析。该求助者的心理活动在形式和内容上与客观环境保持一致，符合统一性原则，各种心理过程之间协调、一致，其个性相对地稳定，故求助者的心理活动在正常的范围。

（2）从该求助者的"求医行为"来判断，本案例的求助者表现为强烈的求治愿望而主动地求医。

（3）从求助者对"症状"的"自知"程度来分析，本案例的求助者能认识到自己的心理行为异常，也能分析其产生的原因，希望通过一定的方法来解决。

4. 判定咨询目标是否有效，应该具有以下要素：

（1）具体。目标不具体，就难以操作和判断，目标越具体，就越容易见到效果。具体目标是应该受终极目标指引的具体目标，而不是孤立的具体目标。

（2）可行。目标没有可行性，超出了求助者可能的水平，或超出了咨询师所能提供的条件，则目标就很难达到。此外，经济条件等因素也会成为影响可行性的因素。

（3）积极。目标的有效性，在于目标是积极的，符合人们发展的需要。

（4）双方可以接受。咨询目标应该由双方共同商定。若双方的目标有差异，则应通过双方的交流来修正。若无法协调，应以求助者的要求为主。若咨询师无法认可，也可中止咨询关系或转介给别的咨询师。

（5）属于心理学性质。对于不牵涉心理问题的来访，一般不属于心理咨询范围。

（6）可以评估。目标无法评估，则不称其为目标。及时评估，有助于看到进步，鼓舞双方信心，可发现不足，及时地调整目标或措施。

（7）多层次统一。咨询目标是多层次的，既有眼前目标，又有长远目标；既有特殊目标，又有一般目标；既有局部目标，又有整体目标。有效的目标应该是多层次目标的协调、统一。

二、二级案例问答题

案例一：

求助者，女性，汉族，22岁，未婚，大学三年级学生。

求助者自述：考入大学后，起初学习生活还比较适应，只是朋友较少，与人交往不多。一年半前与同寝室的一位同学因小事发生争吵，虽然事情已经过去，但却总想着这件事，感觉那位同学总跟自己过不去。为此，爱胡思乱想，尽量避免与人接触，逐渐失眠多梦，白天感到疲劳，头晕，没有精神，食欲较差，注意力不集中，记忆力减退，学习成绩明显下降。想尽快地摆脱这种现状，但就是摆脱不了，很痛苦，曾向父母和个别朋友诉说，并去校医院看医生，未见明显地改变。情绪变得急躁，精神总是感到紧张，常常因很小的事情就发脾气。后到心理门诊寻求帮助，迫切地要求能够解决问题。

咨询师观察、了解到的情况：求助者自幼身体健康，未患过严重的疾病，家庭中未发生过重大的变故。家中经济条件较为优越。由于是独女，很受父母宠爱，同时管教也很严厉，养成了做事情追求完美的习惯。性格比较内向，不善言谈，喜欢安静，很少与同伴玩耍。从小学到中学，学习成绩一直名列前茅。

依据以上案例，回答以下问题：
1. 请对该求助者目前的状态进行整理。
2. 该求助者的主要症状是什么？
3. 对该案例如何进行初步诊断和鉴别诊断？
4. 对该案例应该选择何种心理测验？
5. 心理咨询师的责任包括哪些？
6. 请对该求助者的临床表现进行量化评定。
7. 请确定该案例的咨询目标。
8. 请对确定的咨询目标的有效性进行评价。

案例二：

求助者，女性，31岁，汉族，大学文化，国家机关公务员，未婚。

求助者自述：大约从上初中开始，看见男孩子就脸红，紧张，不知说什么好。上高中时，暗恋年轻的男语文老师，见到该老师，尤其紧张，害怕与该老师的眼神接触，后来语文成绩也下降了许多。上中学和大学时，都有男同学明确地表示喜欢自己，但都因为紧张、害怕而不敢交往。工作后这种情况更为严重，见了年轻的异性就紧张、害怕，很少参加单位集体活动。近几年来，不断有人为我介绍男朋友，一般情况是不见，实在推托不了，勉强见了也往往是弄得别人很尴尬。近半年来甚至见了人都觉得害怕，很少与人交往，下班后就是自己在家中看书、看电视。吃不好，睡不香，注意力不集中，记忆力下降，容易急躁，遇到一点小事就爱发脾气。自己也对这种状况不满，多次想来咨询，但又害怕见咨询师，在父母的再三鼓励下，自己前来就诊。

咨询师观察、了解到的情况：求助者从小性格较内向，听话，在大人眼中是个乖孩子。但父母要求较严格，除了对学习要求很严，还很在意她与男孩子的交往，偶尔有男同学打电话来，总是盘问半天，事实上她与男孩子的交往并不多。上小学前有个夏天，父母带她回老家，一次在与堂哥、堂弟的玩耍中，堂弟要求看看她与男孩子有什么不同，她不知为什么就同意了，结果她让堂哥、堂弟看了自己的下身，自己也看了他们的外生殖器，甚至还好奇地互相摸了摸。当天晚上母亲知道了，责备她怎么那么坏，还狠狠地打了她的屁股。这件事后来她就忘了。初中有一次上生理卫生课，不知为什么突然想起此事，觉得自己不纯洁、下流、很坏。从此经常想此事，害怕别人知道。工作后，上述症状没有减轻，反而越来越重，以至于最后连同性都害怕了。这种担心与害怕严重地影响了工作和生活，经常出差错，工作岗位调整了多次，领导很有意见，多次批评过她。本意上也愿意与他人交往，可就是害怕他人知道小时候那件事，所以就特别害怕与他人的目光接触，害怕与他人交往。

依据以上案例，回答以下问题：
1. 请对该求助者目前的身心和社会功能状态进行整理。
2. 该求助者的主要症状是什么？
3. 咨询师还需要了解哪些资料？
4. 对该案例最可能的初步诊断和依据是什么？
5. 引起该求助者心理问题的原因是什么？
6. 可以拟订的咨询目标是什么？
7. 结合该案例，请对拟订的咨询目标的有效性进行评价。
8. 结合该案例，对咨询效果评估的时间和方法如何把握？

案例三：

求助者，男性，30岁，汉族，大学学历，公务员，未婚。

求助者自述： 高中毕业后，以优异的成绩考入某名牌大学。前两年学习、生活如常，在大三时开始出现反复洗手，有时甚至连续洗十几遍，自己知道没有必要，却控制不住，只有做了才感到轻松。学生宿舍在15层，有一个阳台，每当走到阳台时，就有一种想跳下去的冲动，感到焦虑、害怕，为此尽量避免去阳台。这种情况一直持续到现在，不仅没有减轻，反而越来越重，耽误了许多时间，工作和生活受到很大的影响，性格变得孤僻，做事优柔寡断，不愿与人交往，没有要好的朋友，内心非常痛苦。来到心理门诊，迫切地希望能够消除这些问题，改善交往的状况。

咨询师观察、了解到的情况： 求助者从小性格较内向，不爱说话，生活在很传统的家庭。父母是小学教师，感情融洽，但对他管教很严厉，从小要求他做一个懂事、规矩的人，做任何事情都要做得最好。慢慢地养成了做事情按部就班、追求完美的习惯，遇到做不好的事情，都要重新去做，直到做好为止。兴趣爱好较少，很少与同伴玩耍，只是一心学习。从小学到大学，学习成绩一直名列前茅，偶然一次考试不好，就非常难过，觉得对不起父母。在别人的眼中，他是一个非常优秀的孩子，几乎挑不出什么缺点。

自幼身体健康，未患过严重的疾病。少年时曾经有一次因为没有洗手就拿东西吃，被母亲严厉地训斥。母亲告诫他手上有成千上万的病菌，不洗手就会得病，最后在母亲的监督下，把手洗干净，才让吃东西。从那以后，养成了爱干净的习惯，认为若不卫生就会染病。

求助者上大学三年级的时候，同寝室的一位同学突然查出患了肝炎，因为这件事就联想起母亲的话，感到很紧张，担心自己会被传染。自此以后就开始反复洗手，有时要连续洗十几遍。自己也明白没有必要，但就是控制不了。为此，耽误了很多时间，即使这样，成绩仍然不错，顺利地毕业。

毕业后到一家大型私营公司任职，由于表现很好，两年后被提拔为部门经理，至今已一年。近一年来，除前述症状加重外，还出现反复检查门窗是否关好，担心事情没有做好而反复检查等现象，因怕别人知道而尽量地减少与人接触，严重地影响了工作和生活。睡眠很差，做梦多，注意力不集中，记忆力下降，急躁，爱发脾气，工作经常出差错，为此感到焦虑、不安，内心非常苦恼。

依据以上案例，回答以下问题：
1. 请对该求助者的个人成长资料进行整理。
2. 请对该求助者目前的身心和社会功能状态进行整理。
3. 该求助者的主要症状是什么？
4. 对该案例最可能的初步诊断和依据是什么？
5. 请对该案例进行病因分析。
6. 请对该求助者的临床表现进行量化评定。
7. 结合该案例，你认为制定咨询目标应把握什么原则？
8. 结合该案例，你计划采用的咨询方法及原理是什么？

案例四：

求助者：男性，21岁，汉族，高校四年级学生。

主诉：觉得生活没意义，对什么事情都不感兴趣，情绪低落，失眠，烦躁近三年。

咨询师观察、了解到的情况：求助者由于家庭教育的原因，非常注重学习成绩，总是不断地追求第一。从小性格内向，胆小怕事。中小学阶段非常顺利，学习成绩优异。读大学后由于成绩下降很自卑，认为自己成绩差，一切都完了，别人看不起自己。一直打不起精神，总想大哭一场。不能正常地学习，注意力不集中，对任何事情都没有兴趣，极度地痛苦，觉得活着没有一点价值，感到自己的生物钟错乱。平素不太愿意参与集体活动，很少与人交流，独来独往，我行我素。学习很勤奋，但学习成绩一般，家长、邻里认为其不活泼，但很听话。几次去校医院就诊，未发现器质性病变，医生考虑其可能有"神经衰弱""神经官能症"，建议看心理门诊。自己也认为有心理问题而主动地前来求助。求助者无家族精神病史及遗传病史。

心理测验的结果：

（1）症状自评量表（SCL-90）测验结果：抑郁为4分，焦虑为3.8分，人际关系为2.6分，躯体症状为2.8分。

（2）抑郁自评量表SDS测验结果：标准分为73分。

（3）焦虑自评量表SAS测验结果：标准分为65分。

依据以上案例，回答以下问题：

1. 该求助者的主要症状是什么？
2. 对该求助者的初步诊断和依据是什么？
3. 对该求助者需做哪些鉴别诊断？
4. 该求助者出现心理问题的原因是什么？
5. 对该求助者还可选用什么心理测验并说明理由？
6. 还应收集该求助者哪些方面的资料？
7. 怎样选择摄入性谈话的切入点？
8. 怎样和该求助者商定咨询方案？

案例五：

求助者，女性，18岁，高中三年级学生。

主诉：紧张，害怕，注意力不集中，伴睡眠障碍四个月。

求助者自述：我是一名高中生，还有几个月就要高考了，可是我越来越害怕考试。我平时学习很刻苦，学习成绩在班里一直名列前茅，老师对我抱有很大的希望，说只要发挥正常，考上重点大学是没有问题的。我家邻居都知道我学习不错，都以我为榜样教育自己的孩子。可是我越来越害怕考试，即使考试名列前茅，我也认为是别人没发挥好，担心自己是否真正学好了。最苦恼的、最着急的是现在不能集中精力上课，有时会觉得脑子里一片空白。别人都能集中精力上课，而我却不能，这样下去，成绩就会很快地滑落下去，将来也许连普通大学都考不上了。一想到这些我心里就难受。

咨询师观察、了解到的情况：求助者由母亲陪伴而来，很紧张，一直低着头，说着说着哭了起来。从其母亲处了解到：求助者自幼就观察到奶奶总和母亲吵架，二叔家比自己家有钱，认为奶奶嫌自家里穷而偏向二叔家。父母亲都是高中毕业，没什么本事，父亲是普通工人，母亲下岗在家，因为没钱送礼，再就业的机会被别人抢去了，家里确实挺困难的。父母从小就教育她今后一定要争气，将来必须上大学。求助者很懂事、很要强，常说一定要考上大学，学金融专业，将来多挣钱孝敬父母。最近发现她回家后，脾气特别大，有时还偷偷地哭。求助者从小性格内向，很少和别的同学来往，学习很用功，因此学习成绩特别好。历年体检正常。

心理测验的结果：焦虑自评量表（SAS）标准分为80分。

依据以上案例，回答以下问题：
1. 对该求助者进行初步诊断的程序是什么？
2. 对该案例初步诊断及其依据是什么？
3. 该求助者出现心理问题的原因是什么？
4. 该案例应选择什么方面的心理测验？
5. 还应收集该求助者哪些方面的资料？
6. 在摄入性谈话中，要避免什么样的提问失误？
7. 怎样和该求助者商定咨询目标？
8. 在咨询过程中，应用面质技术的目的是什么？

案例六：

求助者，男性，45岁，已婚，大学文化，某部委公务员。

主诉：因右腹部不适觉得患了肝癌，但无人能诊治而痛苦两年。

求助者自述：出生于干部家庭，大学毕业，在某国家机关担任领导职务。两年前，我发现一个下属总是捶右腹部，就建议他到医院去检查，结果发现竟是肝癌，不到半年就去世了，我很震惊。

我有时候右腹部也不舒服，也愿意捶打右腹部，联想到下属，我很害怕，我应酬较多，喝酒也多，喝酒伤肝我知道，可避免不了。我的下属不喝酒还得了肝癌，我喝酒，肝能好得了吗？我觉得自己也得了肝癌，就到医院去检查，他们查来查去，都说没什么问题。北京的大医院我基本上都去过了，可就是没人能查出我的病来。我是领导也不好和别人讲，和朋友一说起这事，他们就说我是杞人忧天。我也承认是有些杞人忧天，但还是想想就烦，这两年弄得我心情很不好。

原来我很有希望争一下副部长的职位，现在什么都不想了，有时连班都懒得上，晚上经常失眠，要靠安眠药才能勉强睡会儿。并且经常感到头、胸、肩等部位疼痛，医生给开了好多药物，无效。别人建议做心理咨询，就来了。

咨询师观察、了解到的情况：求助者双眉紧锁，面部表情及眼神表露出烦躁、疲倦。不爱讲话，但讲到自己的不适症状时，绘声绘色、滔滔不绝，具体而形象。求助者出身于干部家庭，家教严格。由于是家中唯一的男孩，父母对其身体健康很重视。求助者从小就事事争第一，但性格偏内向，有些胆小怕事，人际关系尚可。工作勤勤恳恳、任劳任怨。两年前，下属死于肝癌，感到自己也得了肝癌，因此到处看病，但没有一家医院诊断为肝癌，因此烦躁、易怒，有时为一点儿小事与家人或下属争吵。每日忧心忡忡，感到全身乏力，休息后也不能缓解，经常借故不参加集体活动。

依据以上案例，回答以下问题：
1. 谈求助者主要症状是什么？
2. 对该求助者的初步诊断及依据是什么？
3. 对该求助者应做哪些鉴别诊断？
4. 该求助者出现心理问题的原因是什么？
5. 对该求助者需选用什么心理测验并说明理由？
6. 怎样选择摄入性谈话的切入点？
7. 在咨询过程中，阻抗产生的原因是什么？
8. 咨询中应如何选择咨询方法？

附：二级案例问答题参考答案

案例一：

1. 该求助者目前的状态整理如下：
（1）精神状态：注意力不集中，记忆力下降，自控能力差，易激惹，焦虑。
（2）生理状态，即躯体异常感觉：头痛，头晕，疲劳，全身酸痛，睡眠障碍。
（3）社会功能状态：学习的效率降低，社会交往很少。

2. 该求助者的主要症状如下：
（1）易兴奋、易疲劳。
（2）烦恼。
（3）易激惹。
（4）紧张，焦虑。
（5）注意力不集中。
（6）记忆力减退。
（7）回避行为。
（8）睡眠障碍。
（9）头部有不适感。
（10）食欲差。

3. 对该案例进行初步诊断和鉴别诊断的程序如下：
（1）根据既往病史或体检结果，判断求助者的心理问题是否存在器质性病变基础。
（2）根据区分心理正常和心理异常的原则，自知力程度，是否存在幻觉、妄想等精神病性症状，判断求助者是否存在精神病性问题。
（3）根据求助者内心冲突的性质，判断是否存在神经症性问题。
（4）如果求助者内心冲突的是变形的，根据神经症简易评定法，判断求助者是否可以确诊为神经症。
（5）根据求助者的主导症状以及不同种类神经症的诊断要点，确定神经症的类型，形成初步诊断。
（6）与具有类似症状的其他类型神经症相鉴别。

按照上述程序，对该案例形成以下初步诊断和鉴别诊断结果：
（1）该求助者的心理问题无器质性病变基础。
（2）该求助者无精神病性问题。
（3）该求助者存在变形冲突，表现为：因与同学因一件小事争吵后，就总觉得人家跟自己过不去，尽量避免与他人接触。

（4）根据神经症简易评定法，该求助者病程一年以上，3分；精神痛苦无法自行摆脱，2分；学习成绩明显下降，避免与他人接触，有回避行为，但仍能坚持上学，社会功能受损程度2分。总分7分，可以确诊为神经症。

（5）该求助者的主导症状是与精神易兴奋相联系的精神易疲劳，并伴有烦恼、易激惹等情绪症状和头部不适、睡眠障碍等躯体症状。与神经衰弱的诊断要点相符合，据此初步诊断为神经衰弱。

（6）与其他类型神经症相鉴别：

①该求助者虽然心情不好，但是没有出现全天大部分时间的情绪低落或兴趣减少，可以排除抑郁发作和抑郁神经症。

②该求助者虽然有焦虑情绪，但是有具体内容，不是无名焦虑，可以排除广泛焦虑。

③该求助者虽然有回避他人的行为，但是其内心感受来源于总想着与同学以前的矛盾，而不是与处境不相符的担心和害怕，可以排除恐怖神经症。

④该求助者虽然有想摆脱但摆脱不了的内心冲突，但是这种冲突继发于当前的痛苦状态，痛苦不是由于这种冲突引发的，可以排除强迫性神经症。

4. 对该案例应该选择EPQ、SCL-90、SDS、SAS四种测验进行检查。

5. 咨询师的责任：

（1）遵守职业道德，遵守国家有关的法律法规。

（2）帮助求助者解决心理问题。

（3）严格遵守保密原则，并说明保密例外。

6. 按照神经症临床评定方法对该求助者的临床表现进行的量化评定：

（1）病程：1年以上，评为3分。

（2）精神痛苦程度：自己摆脱不了，需借助别人的帮助才能摆脱，评为2分。

（3）社会功能：学习效率显著地下降，回避社交场合，评为2分。

总分为7分，神经症的诊断成立，精神痛苦程度和社会功能改变超过3个月。

7. 该案例的咨询目标如下：

（1）近期目标：

①改变求助者认为那位同学总跟自己过不去的错误认知。

②缓解情绪症状。

③改变社会交往状况。

（2）远期目标：促进求助者心理健康发展，达到人格完善。

8. 对确定的咨询目标的有效性的评价如下：

（1）改善认知、行为和情绪属于心理学性质。

（2）减轻求助者的痛苦，最终达到心理健康是积极的。

（3）拟定的咨询目标，从求助者自身的能力和经济条件以及咨询师所能提供的条件都是可行的。

（4）改变求助者的错误认知、行为和情绪是具体的，可以操作的。

（5）本案例拟订的咨询目标能够量化，可以通过问题的改善程度来体现，因此是可以评估的。

（6）本案例拟订的咨询目标是双方商定的，符合求助者的愿望，咨询师能够解决，对双方来说是可以接受的。当双方意见不一致时，能够以求助者为主；当咨询师无法认可求助者的目标时，应终止咨询或转介。

（7）拟订的咨询目标中，改变认知、行为和情绪是具体的目标，促进求助者心理健康发展，达到人格完善是长远目标，符合多层次统一的要求。

案例二：

1. 该求助者目前的身心和社会功能状态整理如下：

（1）精神状态：注意力不集中，记忆力下降，自控能力差，易激惹，焦虑，恐怖。

（2）生理状态：睡眠不好，食欲下降。

（3）社会功能状态：工作中经常出差错，社会交往很少，与外界接触困难，恋爱失败。

2. 该求助者的主要症状如下：

（1）恐怖。

（2）焦虑。

（3）易激惹。

（4）回避行为。

（5）注意力不集中。

（6）记忆力减退。

（7）睡眠障碍，食欲下降。

3. 咨询师还需了解的资料如下：

（1）家族史。

（2）疾病史。

（3）既往心理咨询史。

（4）心理测验情况。

（5）家庭成员的关系。

（6）娱乐活动情况。

（7）价值观、信念或理想。

4. 对该案例最可能的初步诊断：

社交恐怖症。

依据如下：

（1）恐怖的症状。

（2）内心冲突变形。

（3）有自知力，能够主动地求医，按照区分心理正常与心理异常的原则，排除精神病性问题。

（4）病程持续的时间较长。
（5）社会功能已经受损，有回避行为。
（6）精神负担重，内心痛苦。
（7）无器质性病变基础。

5. 引起该求助者心理问题的原因如下：
（1）生理原因：女性，31岁面临婚姻问题和工作问题。
（2）社会原因：
①童年受母亲训斥，中学上生理卫生课时，因回忆童年的经历而感到下流、羞耻。
②人际交往少，缺少有效的社会支持系统。
③家庭教养严厉。
④文化因素对心理障碍的形成有一定的影响。
（3）心理原因：
①错误观念：认为童年期的经历是下流、无耻的；暗恋男老师，觉得自己不纯洁。
②对现实问题的误解或错误的评价：害怕他人从自己的目光中看出自己不纯洁，看出自己很坏。
③持久的负性情绪记忆：童年事件一直困扰着自己，与人接触就紧张、害怕。
④性格内向。

6. 拟定的咨询目标如下：
（1）近期目标：
①改变求助者认为童年经历是下流、无耻的及暗恋男老师，觉得自己不纯洁的错误观念。
②改变求助者认为他人从自己的目光中看出自己不纯洁，看出自己很坏的错误的评价。
③缓解与人接触就紧张、害怕的行为，增加人际交往的次数。
（2）远期目标：促进求助者心理健康发展，达到人格完善。

7. 对拟定的咨询目标的有效性的评价：
（1）改善认知、行为和情绪属于心理学性质。
（2）消除或减轻求助者的痛苦，最终达到心理健康是积极的。
（3）拟定的咨询目标，从求助者自身的能力和经济条件以及咨询师所能提供的条件都是可行的。
（4）改变求助者的错误观念、错误评价、行为和情绪是具体的，可以操作的。
（5）本案例拟定的咨询目标能够量化，可通过问题的改善程度来体现，因此是可以评估的。
（6）本案例拟定的咨询目标是双方商定的，符合求助者的愿望，咨询师能够解决，对双方来说是可以接受的。当双方意见不一致时，能够以求助者为主；当咨询师无法认可求助者的目标时，应终止咨询或转介。
（7）拟定的咨询目标中，改变认知、行为和情绪是具体的目标，促进求助者心理健康发展，达到人格完善是长远目标，符合多层次统一的要求。

8. 咨询效果的评估时间和评估方法如下：
（1）咨询效果的评估时间：
①在一次或几次咨询后进行评估。
②在咨询结束前评估。
③咨询结束后追踪复查时评估。
（2）咨询效果的评估方法：
①对照咨询前后心理测验结果进行评估。
②根据求助者自我报告进行评估。
③根据求助者家人、朋友、同事的报告进行评估。
④根据求助者社会生活适应状况的改变程度进行评估。
⑤根据咨询师对求助者各方面的观察进行评估。

案例三：

1. 该求助者的个人成长资料整理如下：
（1）童年生活经历：吃东西未洗手遭到母亲训斥，身体健康，未患过严重的疾病，父母感情融洽，父母管教严厉，做事追求完美。
（2）青少年期情况：兴趣爱好较少，很少与同伴玩耍，大学时同学患肝炎而担心被传染，学习、就业很顺利。
2. 该求助者目前的身心和社会功能状态：
（1）精神状态：注意力不集中，记忆力下降，情绪急躁，爱发脾气，优柔寡断，孤僻，追求完美。
（2）生理状态：睡眠障碍。
（3）社会功能状态：工作中经常出差错，社会交往很少、困难。
3. 该求助者的主要症状如下：
强迫洗手，强迫检查，强迫意向，回避行为，焦虑，睡眠障碍，注意力不集中，记忆力减退，优柔寡断。
4. 对该案例最可能的初步诊断：
强迫性神经症。
依据如下：
（1）强迫症状。
（2）内心冲突变形。
（3）有自知力，能够主动地求医，按照区分心理正常和心理异常的原则，排除精神病性问题。
（4）病程持续的时间较长。
（5）社会功能已经受损。
（6）精神负担重，内心痛苦。
5. 该案例的病因分析：

（1）生理原因：女性，23 岁。
（2）社会原因：
①童年因未洗手受母亲训斥。
②家庭教养严厉。
③大学时因同学患肝炎而担心被传染。
④自幼卫生习惯对心理障碍的形成有一定的影响。
（3）心理原因：
①错误观念：因童年和青年期的经历而形成了不干净就会染上疾病的观念。
②对现实问题的误解或错误的评价：害怕被传染上肝炎，性格内向，凡事追求完美。

6. 按照神经症临床评定方法对该求助者的临床表现进行量化评定：
（1）病程：1 年以上，评为 3 分。
（2）精神痛苦程度：自己摆脱不了，需借助别人的帮助才能摆脱，评为 2 分。
（3）社会功能：工作效率显著地下降，回避社交场合，评为 2 分。
总分为 7 分，神经症的诊断成立，精神痛苦程度和社会功能改变超过 3 个月。

7. 制定咨询目标应把握的原则如下：
（1）与求助者共同商定咨询目标。
（2）正确地判定求助者的期望与咨询目标的关系。求助者希望能改变反复洗手、反复检查的毛病，改善睡眠状况，能正常地与人交往，这与通过咨询改变求助者错误认知、行为和情绪的目标是密切相关的。
（3）向求助者说明不能把他的快乐、满足作为咨询目标。
（4）向求助者说明，咨询中如果发现更深层的问题，需要对原有的目标做出调整，重新确立新的目标。

8. 计划采用的咨询方法：认知疗法。
（1）引导求助者作自我探索，使之能够认识成长中存在的错误观念及个性方面的不足，体验到从前自我认识的问题，增加自觉性与活力，从而开发潜能，达到自我实现，为排除障碍创造条件。
（2）帮助求助者学习建设性的行为，以改变、消除适应不良的行为，如消除或减轻强迫症状或焦虑情绪。

认知疗法的原理如下：
人的情绪和行为变化与他对现实世界事物的认识、态度和看法有关，对同一事物的认识不同，其引发的情绪和行为变化也不同。因此，通过改变对现实世界事物的认识、态度和看法，就可以改变不良的情绪和行为，以此学会正确地面对生活中的其他问题，进一步促进身心的全面健康和发展。

案例四：

1. 该求助者的主要症状是：情绪低落，兴趣下降，意向下降，焦虑，自我评价低，绝望，有自杀倾向，失眠等。

2. 对该求助者的初步诊断是：抑郁性神经症。

依据如下：

（1）根据区分心理正常和心理异常的原则，求助者主客观世界统一，心理活动协调、一致，人格相对稳定，对自己的心理问题有自知力，有主动求医的行为，无幻觉、妄想等精神病性症状，可以排除精神病性问题。

（2）由于其初始反应强烈，持续时间长达3年，内心冲突变形，心理痛苦无法自行摆脱，已严重地影响了社会功能，有泛化，有回避出现，根据许又新教授的神经症评分标准，该求助者在严重程度、痛苦程度及病程上的得分为7分，可以诊断为神经症。

（3）该求助者的症状主要为情绪低落，兴趣下降，自我评价低，病程两年以上，根据这些症状初步诊断为抑郁性神经症。

（4）无器质性病变基础。

3. 对该求助者需做的鉴别诊断：

（1）与抑郁症相鉴别：该求助者虽然表现出情绪低落，兴趣下降，自我评价低等症状，但在病程上已持续近三年的时间，且伴有变形的内心冲突，因此可排除抑郁症。

（2）与焦虑性神经症相鉴别：该求助者表现出焦虑的症状，但与其抑郁症状相比，焦虑症状不是主要的，而是抑郁的伴发症状，且非无名焦虑，因此可以排除焦虑性神经症。

4. 该求助者出现心理问题的原因是：

（1）生理原因：未见明显的生理原因。

（2）社会原因：

①家庭教育因素，家庭教育严格，父母非常看重他的学习成绩。

②有负性生活事件的影响，上大学后学习成绩下降。

③求助者人际关系不良，很少与人交流，独来独往。

④缺乏社会支持系统的帮助。

（3）心理原因：

①存在错误的认知：因为学习成绩下降，就认为自己一切都完了，别人都看不起自己。

②有情绪方面的因素，受情绪低落、焦虑等情绪的困扰而不能自己解决。

③在行为模式上缺乏解决问题的策略与技巧，面对学习成绩下降，不知所措。

④追求完美，争强好胜。

5. 对该求助者可选用的心理测验如下：

（1）MMPI测验，用来了解该求助者的病理人格特征。

（2）可选用EPQ测验，用来了解该求助者的人格特征。

6. 还应收集该求助者的如下资料：

（1）婚恋情况。

（2）以往解决问题的行为模式。

（3）早年回忆，有无负性情绪记忆。
（4）对未来的希望。
（5）性欲的发展及性生活的相关情况。
（6）生活状况。
（7）社会交往情况。
（8）娱乐活动。
（9）个人内心世界的重要特点。
7. 选择摄入性谈话的切入点应该注意：
（1）根据求助者主动提出的求助内容，来深入了解相关的资料。
（2）根据在咨询中观察到的疑点，来深入了解相关的资料。
（3）根据心理测验结果初步分析中发现的问题，来深入了解相关的资料。
（4）根据上级咨询师下达的谈话目标，来深入了解相关的资料。
8. 通过如下程序和该求助者商定咨询方案：
（1）首先向该求助者介绍咨询方案的内容及制定的原则。
（2）按照咨询目标、原理与方法、评估、双方的责权利、时间次数的安排、费用的估计及其他等项内容逐一地商定。
（3）咨询方案是双方商定的，不能由咨询师或求助者单方制定。
（4）最终制定的咨询方案以文字形式或口头形式固定下来。
（5）咨询方案制定后，经双方认可，可以修改。

案例五：

1. 对该求助者进行初步诊断的程序如下：
（1）分析求助者问题是否有器质性病变作基础。
（2）根据区分正常与异常的心理学原则和精神病性症状，与精神病性问题相鉴别。
（3）分析求助者的内心冲突性质，与神经症性问题相鉴别。
（4）分析求助者的情绪是否泛化。
（5）确定求助者心理问题持续的时间、心理、生理及社会功能影响的程度。
（6）形成初步诊断。
2. 对该案例的初步诊断是：严重心理问题。
依据如下：
（1）该求助者历年体检正常，故其心理问题没有器质性病变的基础。
（2）根据区分心理正常和心理异常的原则，该求助者主客观世界统一，心理活动协调、一致，人格相对稳定，自知力相对完整，没有幻觉、妄想等精神病性症状，可以排除精神病性问题。
（3）该求助者的心理问题与高考压力有关，由现实因素引发，与处境相符，没有变形的内心冲突，可以排除神经症性问题。
（4）情绪反应已经泛化。

（5）该求助者心理问题的特点是：由现实刺激引发，持续时间四个月，有一定程度的痛苦，学习效率有所下降，社会功能轻度受损，负性情绪已经泛化。

据此，初步诊断为严重心理问题。

3. 该求助者出现心理问题的原因如下：

（1）生理原因：女性，18岁。

（2）社会原因：家庭经济状况较差。家庭内部的人际关系紧张，奶奶与妈妈总是吵架。很少和别的同学来往，缺乏社会支持系统的帮助。

（3）心理原因：

①存在错误的认知：即使考试成绩好，也认为是别人没考好，不是自己真正学好了。自己紧张、害怕将来考不上大学，无颜面对父老。

②有情绪方面的因素，受紧张、害怕等情绪的困扰而不能自己解决。

③在行为模式上缺乏解决问题的策略与技巧，面对高考前的焦虑，不知所措。

④人格特点很内向，追求完美，争强好胜。

4. 可以选择如下类型的心理测验：

（1）选择直接与临床表现有关的心理测验，将问题的严重程度量化。

（2）选择与临床表现有密切关系的心理测验。

（3）选择进行病因性探索的心理测验。

（4）选择为排除其他诊断而使用的心理测验。

5. 还应收集的该求助者的如下资料：

（1）婚恋情况。

（2）以往解决问题的行为模式。

（3）对未来的希望。

（4）性欲的发展情况。

（5）生活状况。

（6）社会交往情况。

（7）娱乐活动。

（8）个人内心世界的重要特点。

6. 在摄入性谈话中，要注意避免提问失误，主要包括：

（1）避免"为什么……"的问题。

（2）避免多重选择性问题。

（3）避免多重问题。

（4）避免修饰性反问。

（5）避免责备性问题。

（6）避免解释性问题。

7. 通过如下程序和该求助者商定咨询目标：

（1）首先向该求助者介绍咨询目标的内容及制定的原则。

（2）根据咨询目标的有效特征，按照属于心理学范畴的，积极的，具体（量化）的，可行的，可评估的，双方接受的及多层次统一的等项内容逐一地商定。

（3）咨询目标是双方商定的，不能由咨询师或求助者单方制定。
（4）当求助者与咨询师的意见不一致时，以求助者的意见为主。
（5）咨询师应对咨询目标进行整合。
（6）最终制定的咨询方案以文字形式或口头形式固定下来。
（7）咨询目标制定后，经双方认可，可以进行修改。

8. 面质技术是咨询师指出求助者身上存在的矛盾，促进求助者思考的一种技术。在咨询过程中，应用面质技术的目的在于：
（1）促进求助者对自己的感受、信念、行为等的深入了解。
（2）激励求助者解除防卫、掩饰心理，面对现实，并由此产生建设性的活动。
（3）促进求助者理想自我与现实自我、言语与行动的统一。
（4）促进求助者明确自己的资源，并善加利用。
（5）给求助者树立学习、模仿面质的榜样，将来有能力对他人或自己做面质。

案例六：

1. 该求助者的主要症状如下：
（1）心理方面的主要症状是：痛苦，焦虑，恐惧，情绪低落，意向下降。
（2）躯体方面的主要症状是：右上腹部不适，睡眠障碍，食欲下降，全身乏力，伴头、胸、肩等部位疼痛。

2. 对该求助者的初步诊断是：疑病性神经症。
依据如下：
（1）根据既往病史，该求助者没有明确的器质性病变基础。
（2）根据区分心理正常和心理异常的原则，该求助者主客观世界统一，心理活动协调一致，人格相对稳定，自知力相对完整，没有幻觉、妄想等精神病性症状，可以排除精神病性问题。
（3）该求助者存在变形的内心冲突，表现为对患肝癌的过分怀疑和担心。
（4）根据神经症简易评定法，该求助者病程一年以上，3分；精神痛苦无法自行缓解，2分；工作中出现放弃和回避，但仍能工作，社会功能受损程度，2分。总分7分，可以确诊为神经症。
（5）该求助者的主导症状是疑病观念，对身体过于敏感，对健康过虑，反复求医，不相信诊断结果。符合疑病神经症的诊断要点，初步诊断为疑病性神经症。

3. 对该求助者还需要进行如下鉴别诊断：
（1）与疑病妄想相鉴别：该求助者认为自己患肝癌，但主要是怀疑和担心而不是坚信不移，可排除疑病妄想。
（2）与广泛性焦虑相鉴别：该求助者虽然出现焦虑情绪，但是焦虑有具体内容，不是无名焦虑，可排除广泛性焦虑。
（3）与恐怖性神经症相鉴别：该求助者虽对肝癌存在担心和害怕，但这种担心和害怕是指向未来的，不是已经患了肝癌，所以这种担心和害怕是焦虑而不具备恐怖的特点，可以排除恐性神经症。

（4）与抑郁性神经症相鉴别：该求助者虽然有情绪低落的症状，但是继发于疑病观念，并非主导症状，可以排除抑郁性神经症。

4. 该求助者出现心理问题的原因如下：

（1）生理原因：男性，45岁。

（2）社会原因：

①有负性生活事件的影响，两年前自己的下属死于肝癌，这是该求助者出现心理问题的诱因。

②家庭教育因素，父母非常重视求助者的身体健康，该求助者受父母影响，对自己的身体健康很关心。

③求助者是有一定职位的领导，与人交流较少。

④缺乏社会支持系统的帮助，未得到理解和关注，缺乏正确的指导。

（3）心理原因：

①存在明显的错误认知：将下属患肝癌去世与自己联系起来，认为自己也患了肝癌，这是错误的联想。认为自己喝酒，右腹部不适，就一定患肝癌，这是错误的观念。

②有情绪方面的因素，对死亡的恐惧和焦虑，这些负性情绪的困扰不能自己解决。

③有反复就医的行为，缺乏解决问题的策略与技巧。

④追求完美，争强好胜，性格内向。

5. 对该求助者可选用的心理测验如下：

（1）MMPI，用来了解该求助者的病理人格特征，也可以作为鉴别精神病的依据。

（2）EPQ，用来了解该求助者的人格特征。

（3）SCL-90，用来了解该求助者在躯体方面的自我评价以及程度。

（4）SAS，用来了解该求助者的焦虑情绪及程度。

（5）SDS，用来了解该求助者的抑郁情绪及程度。

6. 选择摄入性谈话的切入点如下：

（1）根据求助者主动的提出的求助内容，来深入了解相关的资料。

（2）根据在咨询中观察到的疑点，来深入了解相关的资料。

（3）根据心理测验结果初步分析中发现的问题，来深入了解相关的资料。

（4）根据上级咨询师下达的谈话目标，来深入了解相关的资料。

7. 阻抗本质上是求助者对于心理咨询过程中自我暴露与自我变化的抵抗。阻抗产生的原因是：

（1）阻抗来自于成长的痛苦，旧行为的结束，新行为的开始，都将使求助者产生痛苦，进而产生防御与抵抗，形成阻抗。

（2）阻抗来自于功能性的行为失调，阻抗的产生源于失调的行为弥补了某些心理需求的空白，该求助者从中获益。阻抗也来源于求助者企图以失调的行为掩盖更深层次的心理矛盾与冲突。

（3）阻抗来自于对抗咨询或咨询师的心理动机，其一，求助者只是想得到咨询师的某种赞同意见的动机。其二，求助者想证实自己与众不同或咨询师对自己也无能为力的动机。其三，求助者并无发自内心的求治动机。

8. 在咨询中，选择咨询方法的一般原则是：

（1）不同的问题应选择不同的方法。

（2）不同的阶段可选择不同的方法。

（3）根据不同的对象选择不同的方法。

（4）不同的专长和经验会影响方法的选择。

附录一

模拟试卷

一、三级理论知识模拟试卷

第一部分：职业道德（第 1～25 题，略）
第二部分：理论知识（第 26～125 题）

（一）单项选择题

（第 26～85 题，共 60 道题，每题 1 分，共 60 分，每道题只有一个最恰当的答案。）

26. 猴子能认识事物的外部联系，说明它们的心理发展到了（　　）阶段。
    (A) 知觉　　　　　　　　　　(B) 思维萌芽
    (C) 思维　　　　　　　　　　(D) 意识
27. 对弱光敏感的视觉神经细胞是（　　）。
    (A) 锥体细胞　　　　　　　　(B) 双极细胞
    (C) 杆体细胞　　　　　　　　(D) 水平细胞
28. F. 奥尔波特认为社会心理学是研究（　　）和社会意识的学科。
    (A) 社会认知　　　　　　　　(B) 社会心理
    (C) 社会行为　　　　　　　　(D) 社会影响
29. 最严重的角色失调是（　　）。
    (A) 角色不清　　　　　　　　(B) 角色失败
    (C) 角色中断　　　　　　　　(D) 角色冲突
30. 皮亚杰把儿童的心理发展划分为（　　）个阶段。
    (A) 3　　　　　　　　　　　　(B) 5
    (C) 4　　　　　　　　　　　　(D) 6
31. 幼儿提问类型的变化模式是（　　）。
    (A) 从"是什么"转向"为什么"　　(B) 从"为什么"转向"是什么"
    (C) 从"是什么"转向"怎么样"　　(D) 从"为什么"转向"怎么样"
32. 变态心理学与精神病学共同的研究对象是（　　）。
    (A) 心理与行为的联系　　　　(B) 心理与行为的异常

(C) 各种不良的行为模式 　　　　(D) 各种脑器质性病变

33. 思维奔逸是一种( )障碍。
    (A) 思维内容 　　　　(B) 思维逻辑
    (C) 思维联想 　　　　(D) 思维定势

34. 发展常模就是( )。
    (A) 团体的分数 　　　　(B) 百分位数
    (C) 个人的分数 　　　　(D) 年龄量表

35. 在心理测验中，对于非典型群体需要制定( )。
    (A) 普通常模 　　　　(B) 特殊常模
    (C) 一般常模 　　　　(D) 发展常模

36. 心理咨询的总体任务，就是达到( )的目的。
    (A) 提高个人心理素质，使人健康、无障碍地生活下去
    (B) 提高个人道德素质，使人健康、无障碍地生活下去
    (C) 提高个人心理素质，使人健康、愉快、有意义地生活下去
    (D) 提高个人道德素质，使人健康、愉快、有意义地生活下去

37. 中年人心理问题的特点是( )。
    (A) 在社会、家庭和自我需求的重压下产生心理问题
    (B) 由于人格重建带来问题
    (C) 因工作满意度下降而烦恼
    (D) 容易陷入对过去的回忆

38. 对确立咨询关系起关键作用的因素是( )。
    (A) 第一印象 　　　　(B) 声明权利
    (C) 绝对保密 　　　　(D) 心理测验

39. 使用多重问题可能使求助者( )。
    (A) 不知所措 　　　　(B) 遗漏细节
    (C) 过度关注 　　　　(D) 思路清晰

40. 心理咨询师和求助者之间的人际距离应属于( )。
    (A) 公众距离 　　　　(B) 社交距离
    (C) 个人距离 　　　　(D) 亲密距离

41. 阻抗的本质是( )。
    (A) 增强焦虑情绪 　　　　(B) 对自我暴露的服从
    (C) 展示焦虑情绪 　　　　(D) 对自我暴露的抵抗

42. 用合理情绪疗法指导求助者的一个关键步骤是( )。
    (A) 培养主动性 　　　　(B) 消除被动
    (C) 促进自主成长 　　　　(D) 促进领悟

43. WAIS-RC 的数字符号分测验的正式测验时限是( )。
    (A) 80 秒 　　　　(B) 90 秒
    (C) 100 秒 　　　　(D) 120 秒

44. 根据 MMPI 中国常模,病理性异常表现的区分标准是量表 T 分大于( )分。
    (A) 40	(B) 50
    (C) 60	(D) 70

45. SDS 特别适用于( )。
    (A) 发现抑郁状态	(B) 焦虑症状评定
    (C) 确诊抑郁状态	(D) 恐怖症状评定

46. 属于意志行动的是( )。
    (A) 残疾人登山	(B) 单位会餐
    (C) 小孩玩游戏	(D) 上床睡觉

47. 布洛卡中枢受到严重损伤后,会出现( )。
    (A) 表达性失语症	(B) 失读症
    (C) 接受性失语症	(D) 失写症

48. 对语词概括的各种有组织的知识的记忆叫( )。
    (A) 语言记忆	(B) 意义记忆
    (C) 语义记忆	(D) 内隐记忆

49. 社会心理学的启蒙期是( )。
    (A) 哲学思辨阶段	(B) 学派阶段
    (C) 实证分析阶段	(D) 经验描述阶段

50. "性别"表示( )。
    (A) 男女在人格特征方面的差异
    (B) 社会对男女在态度、角色和行为方式方面的期待
    (C) 男女在生物学方面的差异
    (D) 男女在社会学方面的差异

51. 第一印象作用的机制是( )。
    (A) 近因效应	(B) 首因效应
    (C) 光环效应	(D) 刻板印象

52. 人类心理发展进程表现为( )。
    (A) 只有连续性,没有阶段性	(B) 只有阶段性,没有连续性
    (C) 既无连续性,又无阶段性	(D) 既有连续性,又有阶段性

53. 班杜拉的社会学习理论是( )的代表性理论。
    (A) 新行为主义	(B) 认知心理学
    (C) 发生认识论	(D) 精神分析论

54. 人类的生物本能是心理活动的动力,这是( )。
    (A) 完形主义疗法的核心	(B) 行为主义的观点
    (C) 经典精神分析理论的推断	(D) 认知理论的核心

55. 在智商正常的范围内,智商水平与心理健康水平的关系是( )。
    (A) 算术级数关系	(B) 有显著相关
    (C) 几何级数关系	(D) 无显著相关

56. 具有某种共同特征的人所组成的一个群体或者是该群体的一个样本,叫做(   )。
    (A) 团体   (B) 常模团体
    (C) 样本   (D) 受测人群

57. 以 50 为平均数,以 10 为标准差来表示的分数,通常叫(   )。
    (A) Z 分数   (B) 标准九分数
    (C) T 分数   (D) 离差智商

58. 初诊接待中的语言表达应注意(   )。
    (A) 语速适中   (B) 不用术语
    (C) 语速缓慢   (D) 不可重复

59. 提出心理评估报告时,需要对临床资料进行核实,一般使用的方法是(   )。
    (A) 个案法   (B) 测验法
    (C) 实验法   (D) 调查法

60. 对真诚不等于说实话的正确理解是(   )。
    (A) 实话实说有利于表达真诚   (B) 表达真诚不能通过言语
    (C) 表达真诚应有助于求助者成长 (D) 真诚与说实话之间没有联系

61. 具体化技术的作用在于(   )。
    (A) 让求助者掌握具体的解决问题的方法
    (B) 让求助者学会具体的行为技术
    (C) 让求助者从具体小事入手来完善自己
    (D) 通过讨论引起求助者情绪的具体事件,让求助者明白真相

62. 移情的两种不同类型是(   )。
    (A) 正移情和反移情   (B) 真移情和假移情
    (C) 负移情和正移情   (D) 明移情和暗移情

63. 不属于 WAIS-RC 言语测验的分测验是(   )。
    (A) 算术   (B) 数学符号
    (C) 相似性   (D) 数字广度

64. MMPI 是采用(   )编制的客观化测验。
    (A) 因素分析法   (B) 总加评定法
    (C) 经验效标法   (D) 理论推演法

65. SCL-90 的每个项目采用的都是(   )级评分法。
    (A) 2   (B) 3
    (C) 4   (D) 5

66. 一对青年夫妇,想生孩子,但又怕麻烦,这种矛盾心理属于(   )。
    (A) 双趋式冲突   (B) 双避式冲突
    (C) 趋避式冲突   (D) 双重趋避式冲突

67. 睡眠属于(   )状态。
    (A) 潜意识   (B) 无意识

(C) 前意识 (D) 特殊的意识

68. 由于反复操作而形成的,从事某种活动前的心理准备状态叫( )。
    (A) 思想准备 (B) 定势
    (C) 知觉准备 (D) 策略

69. 良好的人际关系的原则不包括( )。
    (A) 交换原则 (B) 平等原则
    (C) 强化原则 (D) 相互原则

70. 信息出现的顺序对印象形成有重要的影响,反映在( )中。
    (A) 光环效应 (B) 刻板印象
    (C) 近因效应 (D) 期待效应

71. 罗特关于个体归因倾向的理论叫( )理论。
    (A) 控制点 (B) 三维
    (C) 可控性 (D) 平衡

72. 处于自律道德判断阶段的儿童的特征主要是( )。
    (A) 尚不能进行道德判断
    (B) 进行道德判断时,主要依据行为的物质后果
    (C) 道德判断受儿童自身以外的价值标准所支配
    (D) 道德判断受儿童自己的主观价值标准所支配

73. 婴儿期思维的典型特征是( )。
    (A) 直觉行动思维 (B) 表象思维
    (C) 具体形象思维 (D) 逻辑形象思维

74. 临床上最常见的幻觉是( )。
    (A) 幻味 (B) 幻触
    (C) 幻视 (D) 幻听

75. 生物调节系统的功能状态好,可以减轻压力后果的( )。
    (A) 行为反应程度 (B) 情绪化症状
    (C) 错误认知程度 (D) 躯体化症状

76. 解释心理测验分数的比较基础是( )。
    (A) 常模分数 (B) 常模
    (C) 导出分数 (D) 分数

77. 同质性信度主要反映测验内部( )间的一致性。
    (A) 两半测验 (B) 题目与分测验
    (C) 所有题目 (D) 分测验与分测验

78. 不论从哪个方面入手归纳和解释资料,都应具备的先决条件是( )。
    (A) 保证资料可靠 (B) 遵守保密原则
    (C) 注意第一印象 (D) 慎选谈话方式

79. 精神活动内在一致的重要作用是( )。
    (A) 使得人格稳定

(B) 使自知力完整
(C) 保证对客观世界的反映准确和有效
(D) 保证心理活动与客观世界的一致性

80. 正确的咨询态度包括的五种要素是尊重、热情、真诚、共情和(　　)。
(A) 主动
(B) 充满爱心
(C) 乐观
(D) 积极关注

81. 心理咨询终极目标的含义是(　　)。
(A) 统一的多层次目标
(B) 建立积极、有效的目标
(C) 完善求助者的人格
(D) 整合近期目标与远期目标

82. 面质技术的含义是(　　)。
(A) 当面质问求助者
(B) 求助者对咨询师质疑
(C) 咨询双方当面对质
(D) 指出求助者身上存在的矛盾

83. 韦氏智力量表的分量表主要包括(　　)。
(A) 城市量表和农村量表
(B) 言语量表和操作量表
(C) 成人量表和儿童量表
(D) 个体量表和团体量表

84. 在各类标准分数中，标准十分的平均数为5.5，标准差为(　　)。
(A) 3
(B) 1.5
(C) 10
(D) 15

85. SCL-90不适用于(　　)。
(A) 诊断求助者的各类心理疾病
(B) 了解求助者的心理症状情况
(C) 了解躯体疾病患者的精神症状
(D) 调查不同群体的心理卫生问题

(二) 多项选择题

(第86~125题，共40道题，每题1分，共40分。每题有多个正确答案，错选、少选、多选均不得分。)

86. 一般来说，心理过程包括(　　)。
(A) 意志
(B) 情感
(C) 能力
(D) 注意

87. 记忆是(　　)。
(A) 改变信息和知识经验的存储方式的过程
(B) 人脑对输入的信息进行编码、储存和提取的过程
(C) 过去的经验在头脑中的反映
(D) 人脑对客观事物间接的、概括的反映

88. 侵犯的构成要素包括(　　)。
(A) 伤害行为
(B) 侵犯动机
(C) 社会评价
(D) 社会规范

89. 游戏对儿童心理发展的意义在于(　　)。

(A) 促进认知 　　　　　　　　　　　(B) 实现自我价值
(C) 培养健全人格 　　　　　　　　　(D) 增强体质

90. 强制性思维的主要特点是(　　)。
(A) 思潮大量地涌现并不受意愿支配
(B) 某种观念反复地出现并无法摆脱
(C) 思维内容与环境保持联系
(D) 思潮的内容往往杂乱多变

91. 严重心理问题的特点包括(　　)。
(A) 内容充分泛化 　　　　　　　　　(B) 可具有较剧烈的初始情绪反应
(C) 没有人格缺陷 　　　　　　　　　(D) 由相对强烈的现实因素激发

92. 抽样的方法一般包括(　　)。
(A) 分层抽样 　　　　　　　　　　　(B) 系统抽样
(C) 分组抽样 　　　　　　　　　　　(D) 简单随机抽样

93. 心理咨询中搜集资料的主要途径包括(　　)。
(A) 摄入性谈话与记录 　　　　　　　(B) 观察与记录
(C) 实验室记录 　　　　　　　　　　(D) 心理测量、问卷调查记录

94. 在心理咨询工作中，(　　)。
(A) 应该向求助者说明保密原则 　　　(B) 在任何情况下都要做到保密
(C) 应该对求助者的全部资料保密 　　(D) 如果泄密，将会承担法律责任

95. 在心理诊断中应该(　　)。
(A) 注意避免"贴标签" 　　　　　　　(B) 注重现实的临床表现
(C) 选择恰当的干预性措施 　　　　　(D) 通过会诊来解决疑难问题

96. 倾听时容易出现的错误包括(　　)。
(A) 做结论过于谨慎 　　　　　　　　(B) 不作道德判断
(C) 轻视求助者的问题 　　　　　　　(D) 转移求助者的话题

97. 心理咨询师可以利用移情(　　)。
(A) 宣泄求助者的情绪 　　　　　　　(B) 强化求助者的阻抗
(C) 减弱求助者的依赖 　　　　　　　(D) 引导求助者的领悟

98. 16PF 中国修订版制订的常模包括(　　)常模。
(A) 小学生 　　　　　　　　　　　　(B) 中学生
(C) 大学生 　　　　　　　　　　　　(D) 研究生

99. SAS 可以用来(　　)。
(A) 自评焦虑症状 　　　　　　　　　(B) 反映焦虑者的主观感受
(C) 鉴别各种神经症 　　　　　　　　(D) 临床确诊焦虑症

100. 按照马斯洛的理论，交友的需要属于(　　)。
(A) 安全的需要 　　　　　　　　　　(B) 生长性需要
(C) 爱和归属的需要 　　　　　　　　(D) 缺失性需要

101. 通用的问题解决策略包括(　　)。

(A) 算法策略 (B) 元认知策略
(C) 复述策略 (D) 启发式策略

102. 人类社会化的基本条件包括( )。
    (A) 较长的生活依附期 (B) 人脑复杂的神经网络
    (C) 良好的社会规范 (D) 社会角色的引导

103. 影响自尊的因素包括( )。
    (A) 家庭教养的方式 (B) 行为表现的反馈
    (C) 活动的性质 (D) 参照群体

104. 婴儿动作发展遵循的原则包括( )。
    (A) 上下原则 (B) 头尾原则
    (C) 近远原则 (D) 大小原则

105. 适应障碍在发病时间上的特点是( )。
    (A) 通常在遭受生活事件后的1个月内起病
    (B) 通常在遭受生活事件后的数小时内起病
    (C) 病程一般不超过3个月
    (D) 病程一般不超过6个月

106. 面临压力时，人的认知系统对局面的控制类型包括( )控制。
    (A) 人格的 (B) 认知的
    (C) 环境的 (D) 适应力

107. 效度具有相对性，因此在评价测验的效度时，必须考虑测验的( )。
    (A) 信度 (B) 目的
    (C) 功能 (D) 长度

108. 彩色的特性包括( )。
    (A) 饱和度 (B) 明度
    (C) 照度 (D) 色调

109. 对求助者形成初步印象的工作程序包括( )。
    (A) 对求助者的心理健康水平进行衡量
    (B) 对求助者的心理问题的原因作出解释
    (C) 对求助者的问题进行量化的评估
    (D) 对某些含混的临床表现作出鉴别

110. 解释是一种影响性技术，其含义是( )。
    (A) 不厌其烦地说明情况
    (B) 解答求助者提出的问题
    (C) 运用理论说明求助者行为背后的原因
    (D) 运用理论揭示求助者情感反应的实质

111. 各种心理咨询方法都有效的共同因素包括( )。
    (A) 使求助者摆脱孤独，燃起希望
    (B) 为求助者提供新的信息并作为学习的基础

(C) 使求助者产生成功的体验，应用所学的东西
(D) 有扎实的理论基础和具体的方法技术

112. 第三次修订的中国比内测验的创新点主要包括（　　）。
(A) 将适用年龄扩大为 2 至 18 岁
(B) 采用离差智商表示测验结果
(C) 编制了中国比内测验简编
(D) 分为 L 型和 M 型两个等值量表

113. 肖水源编制的社会支持评定量表共有 10 个条目，其维度可分为（　　）。
(A) 客观支持　　　　　　　　(B) 主观支持
(C) 心理支持　　　　　　　　(D) 对支持的利用度

114. 关于需要，正确的说法包括（　　）。
(A) 需要都有具体的对象
(B) 动物也有社会需要
(C) 人的自然需要和动物的自然需要没有本质的区别
(D) 物质需要和精神需要之间有密切的联系

115. 正常人的错觉的性质包括（　　）。
(A) 错觉是对客观事物的歪曲的知觉
(B) 错觉所产生的歪曲带有固定的倾向
(C) 错觉是比较容易纠正的
(D) 只要具备产生错觉的条件，就一定会发生错觉

116. 影响社会知觉的主观因素包括（　　）。
(A) 情绪　　　　　　　　　　(B) 兴趣
(C) 动机　　　　　　　　　　(D) 经验

117. 态度的特点包括（　　）。
(A) 完整性　　　　　　　　　(B) 内在性
(C) 稳定性　　　　　　　　　(D) 对象性

118. 处于前运算阶段的儿童具有（　　）的特征。
(A) 泛灵论　　　　　　　　　(B) 自我中心
(C) 思维的可逆性　　　　　　(D) 掌握守恒

119. 与心理不健康有关的人口学因素包括（　　）。
(A) 文化程度　　　　　　　　(B) 性格特点
(C) 动机水平　　　　　　　　(D) 生活方式

120. 变态心理学的研究对象包括（　　）。
(A) 变态心理的定义　　　　　(B) 变态心理的种类
(C) 异常心理的特点　　　　　(D) 异常心理的转归

121. 常模的构成要素包括（　　）。
(A) 抽样分数　　　　　　　　(B) 原始分数
(C) 导出分数　　　　　　　　(D) 对常模团体的具体描述

122. 初诊接待时，心理咨询师应该(　　)。
    (A) 态度平和、诚恳　　　　　(B) 表现谦逊、随和
    (C) 使用礼貌语言　　　　　　(D) 尽量地有求必应
123. 一般临床资料的整理与评估工作的程序包括(　　)。
    (A) 分析资料来源的可靠性　　(B) 分析资料的可靠性
    (C) 对资料按性质分类整理　　(D) 归纳一般性资料
124. 关于不同咨询流派的咨询目标，下列说法中正确的是(　　)。
    (A) 人本主义学派强调求助者自我实现
    (B) 行为主义学派帮助求助者消除适应不良的行为
    (C) 合理情绪疗法发展求助者成功的统整感
    (D) 完形学派帮助求助者消除不合理的信念
125. 阳性强化法的基本原理是(　　)。
    (A) 漠视或淡化异常行为
    (B) 以奖励为手段建立或保持某种行为
    (C) 以正面强化为主，及时地奖励正常行为
    (D) 以严厉惩罚为手段消除某种行为

（三）参考答案

单项选择题

26. B	27. C	28. C	29. B	30. C
31. A	32. B	33. C	34. D	35. B
36. C	37. A	38. A	39. A	40. B
41. D	42. D	43. B	44. C	45. A
46. A	47. A	48. C	49. A	50. A
51. B	52. D	53. A	54. C	55. D
56. B	57. C	58. A	59. D	60. C
61. D	62. C	63. B	64. C	65. D
66. C	67. D	68. B	69. C	70. C
71. A	72. D	73. A	74. D	75. D
76. B	77. C	78. A	79. C	80. D
81. C	82. D	83. B	84. B	85. A

多项选择题

86. AB	87. BC	88. ABC	89. ABCD	90. AD
91. ABD	92. ABCD	93. ABD	94. ACD	95. ABD
96. CD	97. AD	98. BC	99. AB	100. BC
101. AD	102. AB	103. ABD	104. BCD	105. AD
106. BC	107. BC	108. ABD	109. ACD	110. CD
111. ABC	112. ABC	113. ABD	114. AD	115. ABD
116. ABC	117. BCD	118. AB	119. AD	120. ABC
121. BCD	122. AC	123. AC	124. AB	125. ABC

二、三级专业能力模拟试卷

（一）技能选择题

（1~100题，共100道题，本部分由十三个案例组成。请分别根据案例回答1~100题，每题1分，满分100分。每小题有一个或多个正确答案，错选、少选、多选均不得分。）

案例一：

求助者：女性，18岁，大专学生。

下面是心理咨询师与求助者的一段咨询谈话：

心理咨询师：你好，请坐。你有什么问题，咱们谈谈吧！

求助者：我心情不好，烦躁，老感到有什么事情要发生，你能帮帮我吗？

心理咨询师：你能谈谈心情怎么了吗？什么让你烦躁？

求助者：我原先学习一直很好，一年前因为头痛，期末考试没考好，以后一到考试前就紧张、心慌。近一个月来，不愿去教室，在教室里总感到心慌，看书也不能集中注意力。现在人多时，就感到浑身不舒服，呼吸都感到不顺畅，当众写字，手会发抖。睡眠也不好。你说我该怎么办？我不学习就没办法毕业，前途就毁了。

心理咨询师：哦，听你说的情况，我也很为你着急，本来应该在学校上课，却为此缺课这么多，这让你感到心烦是吗？

求助者：是的，所以就来求你告诉我该怎么办。

心理咨询师：我想告诉你，我年轻时也曾考试紧张，所以，我很理解你现在的心情。

求助者：你能告诉我怎么办吗？

心理咨询师：我还需要进一步了解你的情况，然后我们共同讨论下一步怎么办，好吗？

单选：1. 该求助者当众写字，手会发抖，最可能是一种（　　）。
　　（A）情绪症状　　　　　　　（B）躯体疾病

　　　　　　(C) 行为症状　　　　　　　　(D) 精神疾病
单选：2. 该求助者的情绪症状不包括(　　)。
　　　　　　(A) 痛苦　　　　　　　　　　(B) 烦恼
　　　　　　(C) 焦虑　　　　　　　　　　(D) 气愤
单选：3. 该求助者的行为症状中最突出的是(　　)。
　　　　　　(A) 生活退缩　　　　　　　　(B) 冲动、失控
　　　　　　(C) 学习困难　　　　　　　　(D) 社交困难
单选：4. 该求助者的求助行为表现为(　　)。
　　　　　　(A) 主动求助　　　　　　　　(B) 被动求助
　　　　　　(C) 家人强迫　　　　　　　　(D) 医生转介
单选：5. 该求助者的自知力表现在对(　　)。
　　　　　　(A) 躯体疾病的了解　　　　　(B) 心理问题的解释
　　　　　　(C) 内心感受的觉察　　　　　(D) 生活现实的分析
单选：6. 引发该求助者的心理问题的最主要原因是(　　)。
　　　　　　(A) 严重的躯体疾病　　　　　(B) 缺乏社交
　　　　　　(C) 缺乏社会理解　　　　　　(D) 认知偏差
多选：7. 该求助者的心理冲突的性质包括(　　)。
　　　　　　(A) 道德性　　　　　　　　　(B) 变形
　　　　　　(C) 非道德性　　　　　　　　(D) 常形
多选：8. 心理咨询师在这段咨询中使用的提问方式包括(　　)。
　　　　　　(A) 间接询问　　　　　　　　(B) 直接逼问
　　　　　　(C) 开放提问　　　　　　　　(D) 封闭提问
单选：9. 心理咨询师在这段咨询中使用的不恰当的提问方式是(　　)。
　　　　　　(A) 间接询问　　　　　　　　(B) 直接逼问
　　　　　　(C) 开放提问　　　　　　　　(D) 封闭提问
多选：10. 心理咨询师在这段咨询中使用的技术包括(　　)。
　　　　　　(A) 情感表达　　　　　　　　(B) 情感反应
　　　　　　(C) 内容反应　　　　　　　　(D) 内容表达
单选：11. 心理咨询师说："我年轻时也曾考试紧张"时，使用的技术是(　　)。
　　　　　　(A) 自我开放　　　　　　　　(B) 解释技术
　　　　　　(C) 面质技术　　　　　　　　(D) 指导技术
多选：12. 心理咨询师在这段咨询中表现出(　　)。
　　　　　　(A) 接纳　　　　　　　　　　(B) 同理心
　　　　　　(C) 共情　　　　　　　　　　(D) 责任心
单选：13. 心理咨询师在这段咨询中没有表达(　　)。
　　　　　　(A) 完整接纳　　　　　　　　(B) 热情
　　　　　　(C) 积极关注　　　　　　　　(D) 真诚
多选：14. 心理咨询师在初诊接待中应该(　　)。

(A) 明确地表明态度　　　　(B) 介绍求助者的权利
(C) 介绍保密原则　　　　　(D) 给出具体的指导

多选：15. 心理咨询师在下段咨询中最可能进行的工作包括(　　)。
(A) 商定咨询目标　　　　　(B) 商定咨询方案
(C) 评估咨询效果　　　　　(D) 修正错误认知

案例二：

求助者：女性，47岁，本科学历，外资企业高级职员。

案例介绍：求助者在三个月前，偶然得知17岁的女儿谈恋爱了，男友是外来打工者。老师反映，其女儿经常无故缺课，成绩逐渐下降。求助者曾经严厉地批评女儿，并去找女儿的男友，让他与女儿断绝来往。此后，常为生活琐事和女儿吵架，沟通困难。求助者近期经常失眠，爱忘事。为女儿的事影响了工作，不想去上班，甚至想辞职，专门管女儿。在朋友的劝说下来咨询。

心理咨询师观察、了解到的情况：求助者好强，办事干练。同事反映，最近她的工作效率明显降低，经常一个人发呆，注意力不集中，记忆力减退，经常对下属发脾气，经常缺席公司的例会。

多选：16. 该求助者与认知有关的症状包括(　　)。
(A) 注意力不集中　　　　　(B) 兴趣下降
(C) 记忆力减退　　　　　　(D) 烦恼、失眠

单选：17. 该求助者的心理状态主要是(　　)。
(A) 强迫　　　　　　　　　(B) 抑郁
(C) 焦虑　　　　　　　　　(D) 恐惧

多选：18. 该求助者的社会功能受损的标志不包括(　　)。
(A) 记忆力减退　　　　　　(B) 工作效率下降
(C) 经常发脾气　　　　　　(D) 经常一人发呆

多选：19. 引发该求助者心理问题的可能原因包括(　　)。
(A) 女儿恋爱　　　　　　　(B) 要强
(C) 工作环境　　　　　　　(D) 年龄

单选：20. 对该求助者最可能的初步诊断是(　　)。
(A) 一般心理问题　　　　　(B) 器质性疾病
(C) 严重心理问题　　　　　(D) 精神类疾病

多选：21. 本案例最恰当的咨询目标包括(　　)。
(A) 重新认识女儿的问题　　(B) 促使女儿加紧学习
(C) 改善求助者的情绪状态　(D) 促使女儿停止恋爱

多选：22. 该求助者存在(　　)。
(A) 情绪问题　　　　　　　(B) 明显的人格障碍
(C) 错误观念　　　　　　　(D) 社会功能受损

单选：23. 对于倾听技术，错误的理解是，倾听时应该(　　)。
　　（A）做适当的反应　　　　（B）关注地听
　　（C）积极地参与　　　　　（D）认真地听

多选：24. 在摄入性会谈中，心理咨询师易出现的错误包括(　　)。
　　（A）询问过多　　　　　　（B）不适当的尝试面质
　　（C）概述过多　　　　　　（D）不适当的情感反应

单选：25. 根据心理咨询的性质，心理咨询师在解决该求助者的心理问题时所起的作用是(　　)。
　　（A）教育　　　　　　　　（B）协助
　　（C）诱导　　　　　　　　（D）训练

案例三：

求助者：男性，18岁，某部新兵。

案例介绍：求助者入伍一个多月来，每日的训练很紧张，很辛苦，有些手忙脚乱，感到疲惫。求助者不适应部队驻地的饮食习惯，常常听不懂战友们的方言，也不知道该和战友们讲些什么。在部队很难听到自己家乡的口音，感觉自己是个外乡人，感到孤独，想家。新兵连规定每人每周只能与家里通一次电话。为此，心情不好，苦闷，有时因想家睡不着。训练时出现走神，效率不高，无心参加连里的集体活动，就盼着早点回家。经指导员做工作后，没有明显的好转，自己来心理咨询。

心理咨询师观察、了解到的情况：求助者是独生子，自幼没有单独离开过家，生活上娇生惯养，入伍前生活上的琐事基本都由父母料理，自己连衣服、鞋袜都不用洗，认为只有家里才是最幸福的。

多选：26. 该求助者出现的情绪症状包括(　　)。
　　（A）抑郁　　　　　　　　（B）失眠
　　（C）疲惫　　　　　　　　（D）苦闷

单选：27. 该求助者最主要的心理问题是(　　)。
　　（A）错误观念　　　　　　（B）适应问题
　　（C）想家失眠　　　　　　（D）躯体问题

多选：28. 该求助者遇到的生活事件包括(　　)。
　　（A）异地当兵　　　　　　（B）盼望早回家
　　（C）内心孤独　　　　　　（D）不适应饮食

多选：29. 引发该求助者心理问题的可能原因包括(　　)。
　　（A）思乡想家　　　　　　（B）人格因素
　　（C）身体瘦弱　　　　　　（D）异地当兵

单选：30. 对该求助者的初步诊断最可能的是(　　)。
　　（A）神经症性问题　　　　（B）适应障碍
　　（C）精神病性问题　　　　（D）躯体疾病

多选：31. 心理咨询中不恰当的提问方式包括(　　)。
 (A) 开放式提问　　　　　　(B) 责备性提问
 (C) 封闭式提问　　　　　　(D) 多重性提问

多选：32. 对该求助者的隐私问题，心理咨询中恰当的做法包括(　　)。
 (A) 无需保密　　　　　　　(B) 绝对保密
 (C) 酌情保密　　　　　　　(D) 考虑例外

多选：33. 心理咨询会谈的种类包括(　　)。
 (A) 摄入性会谈　　　　　　(B) 指导性会谈
 (C) 咨询性会谈　　　　　　(D) 启发性会谈

多选：34. 在影响咨询关系的因素中，该求助者方面的因素包括(　　)。
 (A) 咨询动机　　　　　　　(B) 年龄、性别
 (C) 合作态度　　　　　　　(D) 文化职业

多选：35. 在本案例中，咨询方案应包括(　　)。
 (A) 咨询目标　　　　　　　(B) 咨询地点
 (C) 咨询方法　　　　　　　(D) 咨询时间

案例四：

求助者：女性，67岁，农民。

案例介绍：求助者当过会计，十年前遇车祸，腿部受轻伤，当时意识清楚，经检查，无明显的创伤。从此变得谨小慎微。半年后，因为害怕出错，不再从事会计工作。从过去比较张扬、活跃，变为沉默寡言、不愿出门。八个月前，孙子要来家住，需要整理房间，自己又无能为力，着急上火。后来女儿、女婿回来解决了问题。但从那以后觉得自己什么都不行了，儿子们都在外地指望不上。她想重修旧屋，但儿子们与她的意见不一致。为此郁闷，食欲下降，入睡困难，兴趣下降，感到生活无意义，但无自杀的倾向。有时胃部不适，在当地医院诊断为慢性胃炎，经治疗稍有好转。情绪始终无法改善，寻求心理帮助。

单选：36. 该求助者的病程是(　　)。
 (A) 10年　　　　　　　　　(B) 6个月
 (C) 9年　　　　　　　　　 (D) 8个月

单选：37. 该求助者最主要的情绪症状是(　　)。
 (A) 失眠　　　　　　　　　(B) 抑郁
 (C) 胃痛　　　　　　　　　(D) 焦虑

单选：38. 该求助者的社会功能受损的表现是(　　)。
 (A) 不愿出门　　　　　　　(B) 兴趣下降
 (C) 能力下降　　　　　　　(D) 入睡困难

多选：39. 十年前的车祸对该求助者的主要影响表现在(　　)。
 (A) 意识障碍　　　　　　　(B) 性格改变

　　　　　（C）害怕出错　　　　　　（D）抑郁情绪
单选：40. 该求助者的主要心理问题是（　　）。
　　　　　（A）情绪问题　　　　　　（B）儿子在外地
　　　　　（C）生活矛盾　　　　　　（D）性格有变化
单选：41. 为确定咨询目标，应围绕（　　）个问题来收集该求助者的资料。
　　　　　（A）6　　　　　　　　　　（B）7
　　　　　（C）8　　　　　　　　　　（D）9
多选：42. 对收集到的资料进行可靠性验证时，采用的方法包括（　　）。
　　　　　（A）补充提问　　　　　　（B）比较不同的来源
　　　　　（C）心理测验　　　　　　（D）多个咨询师会诊
多选：43. 心理咨询师对该求助者的恰当的干预措施包括（　　）。
　　　　　（A）不必处理　　　　　　（B）转介治疗
　　　　　（C）宣泄情绪　　　　　　（D）改变认知

案例五：

求助者：男性，28岁，职员。

案例介绍：求助者的家庭条件优越，从小父母宠爱有加，学习成绩优秀，一直都很顺利。半年前回国工作，明显地不适应国内的环境。工作条件与设想的落差很大，生活上也处处不尽如人意，感到很失落，压力也很大。觉得单位人际关系复杂，与同事之间交往很少，不愿参加单位活动。经常闷闷不乐、没精打采。为工作上的事经常对家人发脾气。与女朋友为小事发生争执，后来发展到几乎天天吵架，女友不堪忍受，便向他提出分手。而后他更加消沉，晚上失眠，白天头晕、头痛，饮酒明显增加，常在酒吧泡到半夜。他觉得自己怀才不遇，回国后一事无成，梦想无法实现，这样下去，这辈子就完了。家人不忍心看他就此沉沦，送他来求助。

心理咨询师观察、了解到的情况：求助者的父母均为大学教授，很忙，与求助者的交流很少。求助者是独生子，内向，不善言谈。

多选：44. 心理咨询师可以掌握的资料包括（　　）。
　　　　　（A）求助者的成长史　　　（B）求助者的症状
　　　　　（C）求助者的婚恋观　　　（D）求助者的人格特点
单选：45. 该求助者的生理症状不包括（　　）。
　　　　　（A）失眠　　　　　　　　（B）头晕
　　　　　（C）心慌　　　　　　　　（D）头痛
多选：46. 该求助者的情绪症状包括（　　）。
　　　　　（A）情绪低落　　　　　　（B）头痛、头晕
　　　　　（C）易发脾气　　　　　　（D）担心、害怕
多选：47. 该求助者的行为症状包括（　　）。
　　　　　（A）生活消沉　　　　　　（B）工作消极、被动

(C) 饮酒增多　　　　　　　　(D) 回避社交活动

多选：48. 该求助者面对的压力事件包括(　　)。
(A) 恋爱　　　　　　　　　　(B) 同时性叠加压力
(C) 工作　　　　　　　　　　(D) 继时性叠加压力

单选：49. 该求助者面对的压力源是(　　)。
(A) 生物性压力源　　　　　　(B) 叠加性压力源
(C) 社会性压力源　　　　　　(D) 破坏性压力源

单选：50. 该求助者目前的心理状态是(　　)。
(A) 正常的心理状态　　　　　(B) 神经症性心理问题
(C) 健康的心理状态　　　　　(D) 精神病性精神障碍

单选：51. 对该求助者最可能的初步诊断是(　　)。
(A) 一般心理问题　　　　　　(B) 神经症性问题
(C) 严重心理问题　　　　　　(D) 精神病性问题

单选：52. 针对该求助者的问题，心理咨询师不必帮助求助者的是(　　)。
(A) 分析、寻找原因　　　　　(B) 积极地调节情绪
(C) 寻找其他工作　　　　　　(D) 发掘自身资源

多选：53. 若要结束本案例的咨询，可参考的依据包括(　　)。
(A) 咨询师的经验　　　　　　(B) 咨询方案规定的时间
(C) 求助者的感觉　　　　　　(D) 双方都认为可以结束

案例六：

求助者：女性，39岁，公司主管。

案例介绍：求助者在半年前购得一处二手房，她对房子的地段、质量、价位等都很满意。装修后搬进去不久，偶然听说原房主的妻子因抑郁症在这房子里自杀了，所以房主才以低价卖房。求助者很气愤，多次找到原房主，要求退房，但因早已办理完房屋买卖手续，原房主坚称与自己没有关系了。求助者把原房主告上了法庭，但法院判决该房屋的买卖合法。求助者非常气愤，但也没有办法，只好卖房。但别人一听说这房子里死过人，就都不买了。求助者知道死人的事后，就从房子里搬出来了。看着自己装修好的房子不能住，卖又卖不掉，非常烦，吃不下，睡不着，无心思干其他事，总觉得胸口堵得慌。求助者就像变了一个人，郁郁寡欢，不爱出门，不愿与他人来往，明显地消瘦，工作也受到了影响，还被总经理批评了几次。

心理咨询师观察、了解到的情况：求助者办事认真、仔细，夫妻关系及人际关系良好，工作勤奋，家庭条件较好。问题发生后，丈夫、朋友都劝他，但没什么效果。

多选：54. 对该求助者还需深入了解的资料包括(　　)。
(A) 身体症状　　　　　　　　(B) 对该房的具体看法
(C) 情感症状　　　　　　　　(D) 过去的行为模式

多选：55. 求助者心理问题的特点包括(　　)。

　　　　　　(A) 抑郁　　　　　　　　　(B) 影响了社会功能
　　　　　　(C) 强迫　　　　　　　　　(D) 未影响社会功能
多选：56. 心理咨询师在进行本案例咨询时，恰当的思路包括(　　)。
　　　　　　(A) 帮助接纳现实　　　　　(B) 改变错误的认知
　　　　　　(C) 改善情绪状态　　　　　(D) 讨论如何卖房
单选：57. 与求助者商定咨询目标时，可不考虑的是(　　)。
　　　　　　(A) 简单、易行　　　　　　(B) 积极、可评估
　　　　　　(C) 具体、量化　　　　　　(D) 多层次统一
多选：58. 对咨询效果进行评估的维度包括(　　)。
　　　　　　(A) 求助者的主观体验　　　(B) 心理测验
　　　　　　(C) 咨询师的客观观察　　　(D) 他人评价
多选：59. 心理咨询师在咨询中的非言语行为的作用包括(　　)。
　　　　　　(A) 加强言语　　　　　　　(B) 传达情感
　　　　　　(C) 配合言语　　　　　　　(D) 实现反馈
多选：60. 若该求助者对心理咨询师出现了移情，而心理咨询师难以应对时，不恰当的处理包括(　　)。
　　　　　　(A) 欣然地接受　　　　　　(B) 转介
　　　　　　(C) 断然地拒绝　　　　　　(D) 漠视
多选：61. 不能作为心理咨询师结束咨询关系的条件包括(　　)。
　　　　　　(A) 是否做完规定的次数　　(B) 求助者卖掉房子
　　　　　　(C) 是否达到规定的时间　　(D) 双方商定的时间

案例七：
求助者：男性，13岁，初中一年级学生。
案例介绍：求助者从小生活在农村的奶奶家，九岁被父母接到城里上学。由于讲方言，经常被同学们笑话。求助者觉得自己是从乡下来的，很自卑，一直努力地学习，并考上一所重点中学。上初中后非常害羞，一说话就脸红，不敢注视对方的眼睛，平时几乎不与别人来往，不愿参加集体活动。父母觉得男孩子不应该这样，求助者自己也希望能像其他同学那样有良好的人际关系，所以来心理咨询。
下面是心理咨询师与求助者的一段咨询谈话：
求助者：我一跟别人说话就紧张，您说怎么办？
心理咨询师：能说说你都紧张什么吗？或者说担心、害怕什么？
求助者：(沉默)……我觉得是害怕别人说我笨。
心理咨询师：那你觉得自己笨吗？
求助者：我从小生活在农村，很多方面都不如别人，比如，很多同学都会用笔记本电脑上网，可我以前都没上过网，同学们都笑话我。我总觉得自己比别人笨，不愿意与别人交往。
心理咨询师：你说你在许多方面都不如别人，可怎么解释你考上重点中学的事？

求助者：那说明我还不笨？对吗？

心理咨询师：是啊，很多人都没考上重点中学，而你考上了，这说明你不比别人笨。而且通过自己的努力还成为了佼佼者，说明你的努力也是有效的。由于原来生活环境的差异，你与其他同学相比，在某些方面有差异也是正常的，这会在以后的生活中慢慢地弥补。我当时也是从农村出来的，上大学时还没见过手机，后来也是通过自己的努力，取得了一些成绩。我相信，你只要主动地与别人交流，渐渐地克服紧张情绪，就会收获到更多的友谊，对吗？

求助者：你说得对。

心理咨询师：今天你先回去思考一下，怎么与人更好地交往，我们下次再谈好吗？

求助者：好的，谢谢您！

多选：62. 在本案例中，心理咨询师使用的提问方式包括(　　)。
（A）间接询问　　　　　（B）封闭式提问
（C）直接逼问　　　　　（D）开放式提问

单选：63. 咨询中，该求助者的沉默最可能的是(　　)。
（A）情绪型　　　　　　（B）怀疑型
（C）思考型　　　　　　（D）内向型

单选：64. 与该求助者的心理问题有关的刺激事件是(　　)。
（A）歪曲的认知　　　　（B）个性因素
（C）与同学存在差距　　（D）不合理的信念

多选：65. 在咨询过程中，心理咨询师使用的参与性技术包括(　　)。
（A）内容表达　　　　　（B）倾听
（C）内容反应　　　　　（D）提问

多选：66. 在咨询过程中，心理咨询师使用的影响性技术包括(　　)。
（A）内容表达　　　　　（B）面质
（C）内容反应　　　　　（D）指导

多选：67. "能说说你都紧张什么吗？或者说担心、害怕什么？"这里心理咨询师所使用的提问方式与技术包括(　　)。
（A）封闭式提问　　　　（B）具体化技术
（C）开放式提问　　　　（D）摄入性谈话

多选：68. 该求助者在心理方面的主要问题包括(　　)。
（A）自卑　　　　　　　（B）在农村长大
（C）烦躁　　　　　　　（D）认知偏差

单选：69. 该求助者不敢与人交流的最主要原因是(　　)。
（A）觉得自己笨　　　　（B）人格特点
（C）害怕说错话　　　　（D）情绪问题

单选：70. "我当时也是从农村出来的……"这里心理咨询师使用的技术是(　　)。

　　　　　　（A）自我表扬　　　　　　（B）自我开放
　　　　　　（C）自我解释　　　　　　（D）自我指导
多选：71. 本案例的咨询目标的特征包括(　　)。
　　　　　　（A）完美的　　　　　　　（B）积极的
　　　　　　（C）可行的　　　　　　　（D）持续的
单选：72. 在本案例中，咨询方案确定以后(　　)。
　　　　　　（A）须由求助者本人决定是否修改
　　　　　　（B）不可改变
　　　　　　（C）须由上级咨询师决定是否修改
　　　　　　（D）可以改变
多选：73. 对该求助者可以使用的咨询方法包括(　　)。
　　　　　　（A）合理情绪疗法　　　　（B）厌恶疗法
　　　　　　（C）阳性强化法　　　　　（D）放松训练

案例八：

　　求助者：女性，29岁，工人。

　　案例介绍：求助者结婚两年，但因工作关系，一直两地分居。最近，经常因小事与丈夫发生争执。目前处于"冷战"的状态，非常苦恼。

　　下面是心理咨询师与求助者的一段咨询谈话：

　　求助者：我们俩总是吵架，我都快烦死了，现在失眠、健忘，还爱发脾气，经常注意力不集中，很影响工作，您说我该怎么办？

　　心理咨询师：请你说说吵架的具体原因，行吗？

　　求助者：我们本来见面机会就少，只能电话联系，总是我打给他。最可气的是，他的电话还经常占线。后来发现他那是在跟别人聊天。为这事我跟他吵了好多次，可他就是不听，说是跟同事有事。我现在一听占线，气就不打一处来，恨不得把电话都摔了。我跟他说，再这样没法跟你过了。可他还是老样子，我现在已经快一个多月没理他了，您说我该怎么办？

　　心理咨询师：你觉得你因为什么生气？

　　求助者：我对他这么好，可他为什么会对我这样？

　　心理咨询师：我似乎明白你的意思了，你是说你希望他像你一样经常主动地给你打电话，时时刻刻地关心你，是吗？

　　求助者：是的，最起码能够随时找到他。

　　心理咨询师：你对他的关心是经常给他打电话，他就一定要像你对他那样的对你吗？

　　求助者：……（沉默）好像也不一定……是我对他的要求太高了？

　　心理咨询师：你觉得你对他的要求是否合理？他对你其他方面都不好吗？

　　求助者：好像也不是，他对我的父母和我都挺好，每月都按时往家里寄钱。

　　心理咨询师：是啊，其实夫妻之间的关心除了打电话外，还有很多表达方式，打电话并不代表全部，是吗？

求助者：我好像明白点了，可我一打不通他的电话，就特别生气，什么坏的想法都来了。你说我该怎么办？

心理咨询师：你先回去好好想一想，下次咱们再接着谈，好吗？

求助者：好的，谢谢您。

多选：74. 心理咨询师在这段咨询对话开始时使用的提问方式是（　　）。
　　（A）开放式提问　　　　　　（B）直接逼问
　　（C）封闭式提问　　　　　　（D）间接询问

多选：75. 从该求助者的表述中可以判定，其非理性观念的主要特征是（　　）。
　　（A）绝对化要求　　　　　　（B）以偏概全
　　（C）错误评价　　　　　　　（D）糟糕至极

单选：76. 该求助者关于夫妻关系的说法（　　）。
　　（A）违反黄金规则　　　　　（B）违反平等规则
　　（C）符合黄金规则　　　　　（D）符合平等规则

单选：77. 该求助者的沉默最不可能是（　　）。
　　（A）情绪型　　　　　　　　（B）怀疑型
　　（C）思考型　　　　　　　　（D）内向型

单选：78. 根据对话可以看出，心理咨询师认为该求助者的心理问题的原因不是（　　）。
　　（A）妻子对丈夫的评价　　　（B）人格因素
　　（C）丈夫不主动打电话　　　（D）不合理的信念

多选：79. 在咨询过程中，心理咨询师使用的参与性技术包括（　　）。
　　（A）内容表达　　　　　　　（B）开放式提问
　　（C）具体化　　　　　　　　（D）封闭式提问

多选：80. 在咨询过程中，心理咨询师使用的影响性技术包括（　　）。
　　（A）内容表达　　　　　　　（B）面质
　　（C）情感表达　　　　　　　（D）指导

单选：81. 合理情绪疗法认为人（　　）。
　　（A）是理性的　　　　　　　（B）既是理性的，也是非理性的
　　（C）是非理性　　　　　　　（D）是理性占主导的

单选：82. 合理情绪疗法适用于（　　）的求助者。
　　（A）年轻、文化水平较高　　（B）偏执
　　（C）年老、文化水平较低　　（D）自闭

多选：83. 心理咨询师在这段咨询中的主要目的是帮助求助者（　　）。
　　（A）寻找不合理的信念　　　（B）改变不合理的信念
　　（C）对抗不合理的信念　　　（D）建立合理的信念

案例九：

求助者：马某，女性，23岁，个体商贩。

案例介绍：马某在三天前因不明原因突然情绪激动，不停地说话，哭泣不止，被家属送来求助。

家属反映的情况：马某家在农村，初中未毕业就开始务农。20岁结婚，近一年多在城里经营报刊亭。曾有癫痫病史，前天下午症状开始严重。

下面是心理咨询师与求助者的一段咨询谈话：

心理咨询师：你今天来需要我向你提供什么帮助？

马某：我来的路上看到车里有鱼，鱼拿着棒子打人。

心理咨询师：谁打谁？

马某：鱼拿着棒子打我，我害怕不敢还手。

心理咨询师：你还害怕什么？

马某：我两个男朋友都喜欢我，不让我上学，我不能为谈恋爱就不上学。

心理咨询师：你怎么知道有人喜欢你？

马某：他们知道我要来城里，就不去别的地方了，早早地就来等我了。

心理咨询师：你家是哪里的？

马某：市委大院的，一家门口都有一个报刊亭。

心理咨询师：今天是几号？

马某：今天是星期六。

心理咨询师：让家属带你到精神病院做做检查好吗？

马某：我才不去呢，我又没病。

单选：84. 马某说："看到车里有鱼……"最可能的是（ ）。
(A) 被害妄想 (B) 幻听
(C) 夸大妄想 (D) 幻视

单选：85. 马某说："鱼拿着棒子打我"最可能的是（ ）。
(A) 钟情妄想 (B) 被害妄想
(C) 夸大妄想 (D) 嫉妒妄想

单选：86. 马某说"他们知道我要来城里，就不去别的地方了，早早地就来等我了"，最可能的是（ ）。
(A) 钟情妄想 (B) 被害妄想
(C) 夸大妄想 (D) 自罪妄想

单选：87. 马某说家是"市委大院的"，最可能的是（ ）。
(A) 钟情妄想 (B) 物理影响妄想
(C) 夸大妄想 (D) 特殊意义妄想

单选：88. 心理咨询师提问"今天是几号"，是想了解马某的（ ）。
(A) 空间知觉 (B) 常识
(C) 时间知觉 (D) 智商

多选：89. 心理咨询师在结束谈话后，不宜将初步的诊断结果透露给(　　)。
　　（A）马某本人　　　　　　　　（B）马某的邻居
　　（C）马某的家属　　　　　　　（D）马某的同行

单选：90. 对马某的初步诊断可能是(　　)。
　　（A）恐惧神经症　　　　　　　（B）严重心理问题
　　（C）神经症性问题　　　　　　（D）精神病性问题

案例十：

下面是某求助者的WAIS-RC的测验结果：

	言语测验	操作测验		言操总 语作分
	知领算相数词合 识悟术似广汇计	数填积图拼合 符图木排图计		
原始分	16 17 9 17 8 55	66 13 40 24 32	量表分	55 62 117
量表分	10 10 7 11 6 11 55	15 10 13 11 13 62	智　商	91 115 102

单选：91. WAIS-RC的各项分测验采用的标准分数常模是(　　)。
　　（A）T分数　　　　　　　　　（B）标准9分
　　（C）标准10分　　　　　　　　（D）标准20分

多选：92. 该求助者的分测验的成绩处于常模平均数水平的分测验包括(　　)。
　　（A）知识　　　　　　　　　　（B）词汇
　　（C）填图　　　　　　　　　　（D）拼图

单选：93. 在该求助者的智商指标中，百分等级为84的是(　　)。
　　（A）VIQ　　　　　　　　　　（B）PIQ
　　（C）FIQ　　　　　　　　　　（D）HIQ

案例十一：

下面是某求助者的MMPI的测验结果：

量表	Q	L	F	K	Hs	D	Hy	Pd	Mf	Pa	Pt	Sc	Ma	Si
原始分	7	4	22	10	15	35	26	25	35	15	30	31	16	45
K校正分					20		29				40	41	18	
T分	45	47	61	43	59	68	57	61	41	57	64	58	48	61

多选：94. 该求助者在效度量表上的得分表明其(　　)。
　　（A）有7道无法回答的题目　　（B）有说谎倾向，结果不可信
　　（C）有明显的装病倾向　　　　（D）临床症状比较明显

单选：95. 精神衰弱量表的英文缩写是(　　)。

(A) Pd　　　　　　　　　　　　(B) Pa
(C) Pt　　　　　　　　　　　　(D) Sc

多选：96. 从临床量表得分来看，可以判断该求助者主要表现出(　　)。
(A) 紧张、焦虑、反复思考、强迫思维
(B) 忧郁、淡漠、悲观、思维和行动缓慢
(C) 妄想、幻觉、行为怪异、退缩
(D) 内向、胆小、退缩、不善交际

案例十二：

下面是某求助者的 EPQ 的测验结果：

	粗分	T分
P	6	60
E	14	60
N	19	65
L	4	40

多选：97. 该求助者属于(　　)。
(A) 典型外向性格　　　　　　　(B) 倾向外向性格
(C) 情绪比较稳定　　　　　　　(D) 胆汁质的气质类型

案例十三：

下面是某求助者的 SCL-90 的测验结果：

总分	233									
阳性项目数	67									
因子名称	躯体化	强迫症状	人际关系敏感	抑郁	焦虑	敌对	恐怖	偏执	精神病性	其他
因子分	1.4	3.5	3.8	3.4	2.5	2.0	1.9	2.5	1.9	2.7

多选：98. 从测验结果来看，该求助者(　　)。
(A) 可以考虑筛选阳性　　　　　(B) 人际关系相处不好
(C) 有中度以上的强迫症状　　　(D) 可以确诊为强迫症

多选：99. 对 SCL-90 结果的解释，考虑筛选阳性的指标包括(　　)。
(A) 总分 >160　　　　　　　　(B) 任一因子分 >2
(C) 阳性项目数 >43　　　　　　(D) 6 个方面的因子分异常

单选：100. SCL-90 评定的时间范围是(　　)。
(A) 一周内　　　　　　　　　　(B) 两周内

(C) 一月内　　　　　　　　(D) 两月内

（二）案例问答题

求助者：男性，32岁，博士，已婚，公司职员。

求助者自述：快半年了，我为工作的事烦，心情不好。我博士毕业后，选了一家军队单位。进了部队的门，我才发现自己选错了。我坚决地要求转业，经过三年不懈地努力，我终于到了一家和我专业非常对口的地方公司。没有了部队纪律的约束，我觉得真自由，但新的问题又来了。公司虽然挣钱多，但是远没有我想象的那样好，我有些后悔从部队转业了。一次吃饭，一位朋友说他先在军队工作，后来转业了，博士毕业后又回到了部队。我心里一亮，别人可以二次入伍，我也可以啊。我找到原部队的领导提出想回去的要求。可领导却解释说没有这种规定，我特别生气，明明人家都这样办了，他们却还说不可能，什么原因啊？还不是我当初坚决地要走，没给他们面子，他们趁机找我麻烦。我就去上级机关讨说法，可他们的解释也一样。我很后悔，自己当初一步走错，现在步步错，觉得特别难受，心烦。我生他们的气，更生自己的气，苦恼。工作打不起精神，吃饭没胃口，有时折腾到夜里三四点才睡，经常头昏脑涨的，爱发脾气，体重下降，经体检，无明显的器质性病变，经常推掉一些不必要的应酬。我希望您能帮帮我。

心理咨询师观察、了解到的情况：求助者较内向、柔弱，从小就要求把事情做好，从小到大的学习和生活都比较顺利。

依据以上案例，回答以下问题：
1. 对该求助者做出初步诊断并说明诊断的依据。（30分）
2. 心理咨询师应怎样与求助者商定咨询方案，咨询方案的主要内容包括什么？（30分）
3. 心理咨询师应该怎样与求助者建立良好的咨询关系？（20分）
4. 针对本案例，心理咨询师使用了合理情绪疗法，请简述修通阶段的常用技术。（20分）

（三）参考答案

技能选择题

1. C　　2. D　　3. C　　4. A　　5. C
6. D　　7. BC　　8. ABCD　　9. B　　10. ABCD
11. A　　12. ABC　　13. C　　14. ABC　　15. AB
16. AC　　17. C　　18. ACD　　19. ABD　　20. C

21. AC	22. ACD	23. C	24. ACD	25. B
26. AD	27. B	28. AD	29. ABD	30. B
31. BD	32. CD	33. AC	34. AC	35. ACD
36. D	37. B	38. A	39. BC	40. A
41. B	42. ABC	43. CD	44. ABD	45. C
46. AC	47. ACD	48. AC	49. C	50. A
51. C	52. C	53. ABCD	54. BD	55. AB
56. ABC	57. A	58. ABCD	59. ABCD	60. ACD
61. ABC	62. ABD	63. C	64. C	65. BCD
66. ABD	67. BCD	68. AD	69. B	70. B
71. BC	72. D	73. ACD	74. AB	75. ABD
76. A	77. A	78. C	79. BCD	80. ABD
81. B	82. A	83. ABD	84. D	85. B
86. A	87. C	88. C	89. ABD	90. D
91. D	92. AC	93. B	94. AD	95. C
96. ABD	97. BD	98. ABC	99. ABC	100. A

案例问答题

1. 对该求助者的初步诊断是：严重心理问题。

诊断的依据：

（1）排除器质性病变基础：虽然有生理症状，但是体检中未发现器质性病变。

（2）排除精神病性问题：按区分心理正常与心理异常的心理学原则，该求助者主客观世界统一，精神活动内在协调、一致，人格相对稳定，自知力完整，无精神病性症状，因此可以排除精神病性问题。

（3）排除神经症性问题：求助者心理冲突的性质是常形，因此可以排除神经症性问题。

（4）符合严重心理问题的诊断标准：症状由工作调动不顺心引起，属于较强的现实刺激，病程近半年，虽然工作对口，但是也因工作调动的问题而效率下降，出现了泛化，出现回避不必要社交的行为，社会功能受损。

2. 心理咨询师应与求助者在相互尊重、平等的气氛中共同商定咨询方案，商定的心理咨询方案经双方商议后，可以有所调整。

咨询方案的主要内容如下：

（1）咨询目标。
（2）双方各自的特性责任、权利与义务。
（3）咨询的次数与时间的安排。
（4）咨询的具体方法、过程和原理。
（5）咨询的效果及评价手段。
（6）咨询的费用。
（7）其他问题及有关说明。

3. 心理咨询师与求助者建立良好的咨询关系的途径与方法是恰当地表达尊重、热情、真诚、共情、积极关注。

4. 修通阶段的常用技术包括：
（1）认知技术：与不合理的信念辩论，"产婆术式的辩论术"。
（2）合理情绪想象技术。
（3）家庭作业：RET 自助表，合理自我分析报告（RSA）等。
（4）行为技术。

三、二级理论知识模拟试卷

第一部分：职业道德（第1~25题，略）
第二部分：理论知识（第26~125题）

（一）单项选择题

（第26~85题，共60道题，每题1分，共60分，每道题只有一个最恰当的答案。）

26. 脑对物质现象的延续性和顺序性的反映是（　　）。
　　（A）距离知觉　　　　　　　　（B）运动知觉
　　（C）时间知觉　　　　　　　　（D）方位知觉

27. 下列说法中正确的是（　　）。
　　（A）色觉有缺陷的人一般不能说出物体的颜色
　　（B）色觉有缺陷的人是靠饱和度的差别来辨认颜色的
　　（C）色觉异常绝大多数是遗传原因造成的
　　（D）红绿色盲的人看不见光谱上的黄和蓝

28. 关于羞耻，正确的说法是（　　）。
　　（A）是一种负罪的情绪体验　　（B）在公共场所会易化羞耻感
　　（C）是一种消极的情绪体验　　（D）羞耻者往往有良心上的自我谴责

29. 根据美国学者安德森的研究，个体最令人喜欢的品质是（　　）。
　　（A）善良　　　　　　　　　　（B）热情
　　（C）真诚　　　　　　　　　　（D）聪明

30. 处于自律道德判断阶段的儿童的特征主要是（　　）。
　　（A）尚不能进行道德判断
　　（B）进行道德判断时主要依据行为的物质后果
　　（C）道德判断受儿童自身以外的价值标准所支配
　　（D）道德判断受儿童自己的主观价值标准所支配

31. 小学阶段的儿童的概括水平发展阶段不包括（　　）。

(A) 直观形象水平 (B) 初步本质抽象水平
(C) 形象抽象水平 (D) 初步语言概括水平

32. 常用的态度测量方法不包括( )。
    (A) 量表法 (B) 投射法
    (C) 实验法 (D) 行为反应测量法

33. 焦虑性人格障碍的主要表现是( )。
    (A) 过分地要求严格与完美 (B) 过分地感情用事或夸张
    (C) 不能独立地解决问题 (D) 习惯性地夸大潜在危险

34. 其数值可以进行加、减、乘、除运算的量表是( )。
    (A) 命名量表 (B) 顺序量表
    (C) 等距量表 (D) 等比量表

35. 样本团体的特征比如职业等会影响测验的结果，使得测验对于不同的团体具有不同的预测能力，测量学上称这些特征为( )。
    (A) 主观影响变量 (B) 测验变量
    (C) 客观影响变量 (D) 干涉变量卷

36. 弗洛伊德认为，正常心理活动的基础是( )。
    (A) 自我的力量足够强大
    (B) 本我、自我和超我三者达到力量平衡
    (C) 意识活动成为心理活动的主要成分
    (D) 潜意识活动成为心理活动的主要成分

37. 儿童心理障碍的主要形式不包括( )。
    (A) 攻击 (B) 语言宣泄
    (C) 退缩 (D) 多余动作

38. 对求助者心理问题的严重程度的评估应该( )。
    (A) 是心理干预中的重要环节 (B) 在初步印象形成之前进行
    (C) 在心理诊断完成之后进行 (D) 建立在初步印象的基础上

39. 个人化是认知曲解的一种形式，其表现是求助者( )。
    (A) 主动为别人的过失或不幸负责 (B) 非常自我中心
    (C) 主动为自己的过失或不幸负责 (D) 自控能力过强

40. 正移情是求助者对心理咨询师的一种( )。
    (A) 好感 (B) 依赖
    (C) 帮助 (D) 反感

41. 内隐致敏法( )。
    (A) 通过场景想象体验焦虑 (B) 是一种系统脱敏法
    (C) 利用想象产生厌恶刺激 (D) 基于操作条件反射

42. 心理咨询师激发求助者自身的潜力和行为能力，表明其使用了( )。
    (A) 行为矫正技术 (B) 设身处地地理解的技术
    (C) 语义分析技术 (D) 无条件积极关注技术

43. 临床研究表明，WAIS-RC 的数字广度测验对智力较高者实际测量的是（　　）。
    (A) 短时记忆能力　　　　　　　　(B) 注意力
    (C) 瞬时记忆能力　　　　　　　　(D) 稳定性

44. HAMD 用于老年人时，在躯体症状的评分上可能（　　）。
    (A) 出现遗漏　　　　　　　　　　(B) 非常片面
    (C) 过度评价　　　　　　　　　　(D) 非常准确

45. 在使用评定量表时，为保证评定者的评定结果的一致性，一般要求 Kappa 系数（　　）。
    (A) 与 Spearman 系数一致　　　　(B) 大于 0.5
    (C) 与 Pearson 系数一致　　　　　(D) 大于 0.7

46. 强烈而短暂的情绪状态一般属于（　　）。
    (A) 心境　　　　　　　　　　　　(B) 激情
    (C) 应激　　　　　　　　　　　　(D) 情感

47. 注意的起伏实际上是注意的（　　）。
    (A) 转移　　　　　　　　　　　　(B) 动摇
    (C) 循环　　　　　　　　　　　　(D) 分配

48. 短时记忆中的信息是（　　）。
    (A) 不能被意识到的　　　　　　　(B) 一种内隐信息
    (C) 能被意识到的　　　　　　　　(D) 一种主观臆造

49. 自我概念的形成与发展大致经历三个阶段，即（　　）。
    (A) 从生理自我到社会自我，最后到心理自我
    (B) 从生理自我到心理自我，最后到社会自我
    (C) 从社会自我到生理自我，最后到心理自我
    (D) 从心理自我到社会自我，最后到生理自我

50. 自我概念比真实自我对个体的行为及人格有更为重要的作用，这是（　　）的观点。
    (A) 马斯洛　　　　　　　　　　　(B) 詹姆士
    (C) 罗杰斯　　　　　　　　　　　(D) 米德

51. 社交情绪是人际交往中个体的一种（　　）.
    (A) 主观体验　　　　　　　　　　(B) 社会意识
    (C) 客观需要　　　　　　　　　　(D) 社会动机

52. 根据柯尔伯格的理论，处于服从和惩罚的道德定向阶段的个体的特征是（　　）。
    (A) 对规则采取服从的态度
    (B) 认为每个人都有自己的意图和需要
    (C) 认识到必须尊重他人的看法和想法
    (D) 强调惩罚的作用

53. 精神分析理论认为性别角色是(　　)。
　　(A) 观察学习的结果　　　　　　(B) 激素变化的结果
　　(C) 自我发展的结果　　　　　　(D) 对同性别父母认同的结果

54. 思维贫乏和思维迟缓的一个重要鉴别点是(　　)。
　　(A) 语速是否减慢　　　　　　　(B) 话语是否中断
　　(C) 语句是否通顺　　　　　　　(D) 话语是否流畅

55. 根据印度学者古普塔的研究，由爱情结合的夫妻，一般是在婚后(　　)年开始爱的情感减退。
　　(A) 3　　　　　　　　　　　　(B) 5
　　(C) 7　　　　　　　　　　　　(D) 9

56. 某受测者在韦氏成人智力测验中的言语智商为102，操作智商为110，已知两个分数都是以100为平均数、15为标准差的标准分数，假设言语测验和操作测验的分半信度分别为0.87和0.88，则该受测者的操作智商(　　)于言语智商。
　　(A) 低　　　　　　　　　　　　(B) 不显著高
　　(C) 等　　　　　　　　　　　　(D) 显著高

57. 受被测者动机影响不显著的是(　　)测验。
　　(A) 成就　　　　　　　　　　　(B) 能力倾向
　　(C) 智力　　　　　　　　　　　(D) 投射

58. 心理咨询师在提出心理评估报告时，必须做原因诊断，原因诊断就是判定(　　)。
　　(A) 引发求助行为的原因　　　　(B) 求助者临床症状的类别
　　(C) 引发心理问题的原因　　　　(D) 求助者临床症状的性质

59. 心理冲突的变形是(　　)。
　　(A) 道德性的　　　　　　　　　(B) 精神病性的
　　(C) 现实性的　　　　　　　　　(D) 神经症性的

60. 尊重求助者，其意义在于(　　)。
　　(A) 使咨询师最大限度地表达自己
　　(B) 使求助者获得自我价值感
　　(C) 使求助者充分地显示自尊与自信
　　(D) 以上三点

61. 使用系统脱敏法时，建构理想的焦虑等级，应当注意做到的是(　　)。
　　(A) 每一级焦虑应小到能被全身松弛所拮抗的程度
　　(B) 焦虑等级的设定主要取决于求助者本人
　　(C) 各焦虑等级之间的级差尽量地均匀
　　(D) 以上三点

62. 生物反馈法源于(　　)。
　　(A) 社会学习理论　　　　　　　(B) 动物内脏条件反射实验

(C) 生物医学技术   (D) 信息论中的反馈原理

63. CRT 的测试结果在转换为 IQ 分数之前，是先将受测者的原始分数转化成（　　）。
    (A) Z 分数   (B) 百分位数
    (C) 标准分   (D) 百分等级

64. 汉密尔顿抑郁量表的英文缩写为（　　）。
    (A) HAMA   (B) SDS
    (C) HAMD   (D) SAS

65. 某儿童的 IQ 得分为 125，其智力等级属于（　　）。
    (A) 极超常   (B) 超常
    (C) 高于平常   (D) 平常

66. 在遇到危险时出现的高度紧张的情绪状态，称为（　　）。
    (A) 激情   (B) 心境
    (C) 应激   (D) 情感

67. 巴甫洛夫所说的动力定型是指（　　）。
    (A) 兴奋和抑制相互诱导的过程
    (B) 一种神经过程引起另一种神经过程的现象
    (C) 在强烈的刺激作用下出现的条件反射抑制现象
    (D) 大脑皮层对刺激的定型系统所形成的反应定型系统

68. 老年人听觉感受性降低的特点是首先丧失对（　　）声音的听觉。
    (A) 低频   (B) 中频
    (C) 高频   (D) 低频和高频

69. 个体记住的往往是对他有意义的或者是以前知道的东西，这说明社会认知受（　　）影响。
    (A) 动机   (B) 态度
    (C) 图式   (D) 自我

70. 对不可控因素的归因，使人们较可能对未来的行为做出（　　）的预测。
    (A) 较准确   (B) 不变
    (C) 不准确   (D) 变化

71. 个体害怕孤独，希望与他人在一起建立协作和友好联系的心理倾向是（　　）。
    (A) 亲合动机   (B) 成就动机
    (C) 归属动机   (D) 利他动机

72. 在发展心理学中，客体永久性是指（　　）。
    (A) 客体是永久存在的
    (B) 前运算阶段的儿童具有的思维特征
    (C) 客体的耐用性
    (D) 当某一客体从儿童的视野中消失时，儿童知道该客体并非不存在了

73. 一般来说，中年人的工作满意度（　　）。

(A) 达到一生的最低谷 　　　　　　(B) 和青年期相比，没有什么特点
(C) 达到一生的最高峰 　　　　　　(D) 起伏变化较大

74. 意识清楚时出现的谈话内容缺乏逻辑性，可能是(　　)。
(A) 思维松弛 　　　　　　(B) 思维不连贯
(C) 思维中断 　　　　　　(D) 破裂性思维

75. 根据许又新的发展标准，评估心理健康水平时，应该对个体的心理发展状况进行(　　)分析。
(A) 项目 　　　　　　(B) 横向考察
(C) 背景 　　　　　　(D) 纵向考察

76. 将不是常态分布的原始分数常态化，这一转换过程是(　　)。
(A) 线性的 　　　　　　(B) 非线性的
(C) 直接的 　　　　　　(D) 间接的

77. 如果其他条件相同，样本团体越同质，分数分布的范围越小，测验效度就越(　　)。
(A) 高 　　　　　　(B) 低
(C) 好 　　　　　　(D) 接近

78. 心理咨询师进行诊断评估时，应该注意(　　)。
(A) 精神分裂症患者也会自知力完整
(B) 神经症性求助者也会出现某些思维障碍
(C) 精神分裂症患者不会有人格变化
(D) 神经症性求助者一般不具备人格基础

79. 在生活事件的刺激下，快速地进入一个人头脑中的似乎有效或真实的想法属于(　　)。
(A) 正确的价值观 　　　　　　(B) 自动想法
(C) 正性生活经验 　　　　　　(D) 认知偏差

80. 心理咨询师将与求助者谈话的实质性内容用自己的话表达出来，称之为(　　)。
(A) 概括 　　　　　　(B) 总结
(C) 归纳 　　　　　　(D) 释义

81. 系统脱敏法起源于(　　)。
(A) 系统论的基本观点 　　　　　　(B) 精神病人的临床实验
(C) 动物的实验性神经症研究 　　　　　　(D) 精神病学家的灵感

82. 模仿法又可称作(　　)。
(A) 观察法 　　　　　　(B) 暗示法
(C) 示范法 　　　　　　(D) 参与法

83. 在 WAIS – RC 中，仅按反应的质量记分的分测验是(　　)。
(A) 数字符号 　　　　　　(B) 图片排列
(C) 图形拼凑 　　　　　　(D) 数字广度

84. 在 BPRS 的 5 类因子中，不包括( )。
    (A) 思维障碍 (B) 焦虑忧郁
    (C) 罪恶观念 (D) 敌对猜疑
85. MMPI-2 包括 10 个临床量表和 7 个效度量表，它们均属于( )。
    (A) 内容量表 (B) 附加量表
    (C) 基础量表 (D) 特殊量表

（二）多项选择题

（第 86～125 题，共 40 道题，每题 1 分，共 40 分。每题有多个正确答案，错选、少选、多选均不得分。）

86. 声音的性质包括( )。
    (A) 饱和度 (B) 音调
    (C) 音色   (D) 频率
87. 表象的作用包括( )。
    (A) 积累理性知识   (B) 从感知向思维过渡的桥梁
    (C) 为想象提供素材   (D) 创造新形象
88. 有利于增加利他行为的因素包括( )。
    (A) 有吸引力的外貌   (B) 内疚体验
    (C) 利他行为的榜样   (D) 利他的技能
89. 小学生学习兴趣的特点包括( )。
    (A) 最初对学习的内容更感兴趣，以后逐步对学习的外部活动更感兴趣
    (B) 最初的学习兴趣是不分化的，以后才逐渐对不同学科的内容产生不同的兴趣
    (C) 游戏因素在学习兴趣上的作用逐渐地降低
    (D) 游戏因素在学习兴趣上的作用逐渐地加强
90. 协调性精神运动性兴奋的表现包括( )。
    (A) 行为增多   (B) 意志减退
    (C) 行为可理解 (D) 动作有目的
91. 在压力作用后，出现滞后型临床症状，是由于潜在的模糊观念( )。
    (A) 因类似情境出现而被还原
    (B) 因被赋予新意义而明朗化
    (C) 再次发生效用并重新隐藏了起来
    (D) 再次发生效用并表现在临床相上
92. 如果两个复本的施测相隔一段时间，则称( )。
    (A) 重测复本信度 (B) 重测信度
    (C) 复本信度   (D) 稳定与等值系数
93. 心理咨询师应该让求助者意识到( )，才能帮助构建合理的行为模式。

(A) 控制自己的思想和欲望　　　　　(B) 将合理的思想和欲望付诸行动
(C) 发展新的有效行为　　　　　　　(D) 把握建立合理模式的最佳时机

94. 心理咨询师在向求助者介绍心理咨询的性质时,应该说明(　　)。
(A) 求助者主动地参与非常重要　　　(B) 求助者的隐私会得到保护
(C) 求助者有权终止咨询过程　　　　(D) 求助者的某些问题难以解决

95. 根据 ICD-10,抑郁发作的诊断要点包括(　　)。
(A) 睡眠紊乱　　　　　　　　　　　(B) 自杀观念
(C) 情绪低落　　　　　　　　　　　(D) 快感缺失

96. 价值条件化是(　　)。
(A) 建立在他人评价的基础上的　　　(B) 建立在自我评价的基础上的
(C) 接受他人价值观的过程　　　　　(D) 对抗他人价值观的过程

97. 使用冲击疗法时,如果出现以下情况应该立即停止治疗(　　)。
(A) 出现通气过度综合症　　　　　　(B) 发生晕厥或休克
(C) 求助者试图协商退出治疗　　　　(D) 求助者坚决地要求退出治疗

98. 使用 BRMS 时,应注意其(　　)。
(A) 内在效度比较差　　　　　　　　(B) 平行效度比较差
(C) 评定的是近一周的情况　　　　　(D) 仅能反映症状的严重程度

99. 受测者的 WAIS-RC 分测验的成绩与其他同龄人比较时,(　　)。
(A) 8 分及以下为弱项　　　　　　　 (B) 13 分及以上为强项
(C) 以 10 分为比较基础　　　　　　 (D) 以 12 分为比较基础

100. 按照马斯洛的理论,休息属于(　　)。
(A) 生理需要　　　　　　　　　　　(B) 生长性需要
(C) 社会需要　　　　　　　　　　　(D) 缺失性需要

101. 关于梦,正确的说法包括(　　)。
(A) 梦是一种特殊的意识状态
(B) 一般人在睡眠中都做梦
(C) 心情平静的时候,睡觉不做梦
(D) 梦剥夺会对个体的身体产生不良影响

102. 个体归因时遵循的主要原则包括(　　)。
(A) 不变性原则　　　　　　　　　　(B) 折扣原则
(C) 情感一致性原则　　　　　　　　(D) 协变原则

103. 下列说法中正确的包括(　　)。
(A) 分心会削弱说服效果
(B) 预警会促进态度转变
(C) 已成为既定事实的态度不易转变
(D) 自尊水平高的接受者的态度不易转变

104. 婴儿手的抓握动作发展的重点包括(　　)。
(A) 拇指的运用　　　　　　　　　　(B) 五指分化

(C) 手眼协调　　　　　　　　　(D) 抓握力量的增加

105. 研究发现，人的健康状况与生活中小困扰的(　　)有关。
　　(A) 出现频率　　　　　　　　(B) 变化
　　(C) 出现顺序　　　　　　　　(D) 强度

106. 根据区分心理活动正常与心理活动异常的社会适应标准，正常人的行为一般应该(　　)。
　　(A) 符合社会准则　　　　　　(B) 按照社会认可的方式行事
　　(C) 遵守道德规范　　　　　　(D) 能完成社会要求的各种活动

107. 系统抽样要求(　　)。
　　(A) 目标总体有序可排　　　　(B) 存在等级结构
　　(C) 目标总体无序可排　　　　(D) 无等级结构存在

108. 心理咨询师在摄入性会谈中，可以使用的话语方式包括(　　)。
　　(A) 提问　　　　　　　　　　(B) 引导
　　(C) 评论　　　　　　　　　　(D) 阻止

109. 儿童心理障碍的主要特点包括(　　)。
　　(A) 蒙受刺激后容易泛化　　　(B) 通常会有精神疲惫感
　　(C) 更多地以行为障碍为主　　(D) 大多数自我评价低

110. 使用厌恶疗法时，应注意(　　)。
　　(A) 使用较低强度的刺激　　　(B) 靶症状应该单一而具体
　　(C) 一定要签订知情同意书　　(D) 刺激强度应该达到极限

111. 贝克提出的认知治疗技术包括(　　)。
　　(A) 虚假性识别　　　　　　　(B) 识别认知性错误
　　(C) 真实性检验　　　　　　　(D) 识别自动化思维

112. HAMA 量表所包含的因子是(　　)。
　　(A) 抑郁心境　　　　　　　　(B) 精神性焦虑
　　(C) 入睡困难　　　　　　　　(D) 躯体性焦虑

113. MMPI 两点编码类型通常只考虑 8 个临床量表，一般不做编码分析的量表是(　　)
　　(A) Hs　　　　　　　　　　　(B) Hy
　　(C) Mf　　　　　　　　　　　(D) Si

114. 沙赫特认为情绪的产生是几种因素相互作用的结果，这些因素包括(　　)。
　　(A) 生理变化　　　　　　　　(B) 环境刺激
　　(C) 动机作用　　　　　　　　(D) 认知过程

115. 梦的特点包括(　　)。
　　(A) 不连续性　　　　　　　　(B) 不协调性
　　(C) 概括性　　　　　　　　　(D) 认知的不确定性

116. 关于社交焦虑，下列说法中正确的包括(　　)。
　　(A) 是一种与人交往的时候，觉得不自然、紧张、甚至恐惧的情绪体验

(B) 社交焦虑的个体与他人交往的时候一般没有生理上的症状
(C) 是一种消极的情绪体验
(D) 人们为了回避导致社交焦虑的情境，通常会减少社会交往

117. 婚姻的动机包括(　　)动机。
(A) 经济　　　　　　　　　　(B) 繁衍
(C) 承诺　　　　　　　　　　(D) 爱情

118. 不安全依恋包括(　　)依恋。
(A) 亲子　　　　　　　　　　(B) 环境
(C) 回避型　　　　　　　　　(D) 反抗型

119. 巴甫洛夫解释人的异常心理的基本概念包括(　　)。
(A) 消退　　　　　　　　　　(B) 兴奋
(C) 分化　　　　　　　　　　(D) 抑制

120. 各种神经症的共同特征是(　　)。
(A) 都属于心因性障碍　　　　(B) 具有躯体机能障碍且是器质性的
(C) 都不是应激性障碍　　　　(D) 具有人格特质基础而非人格障碍

121. 分析构思效度时，可以采用的测验间比较方法有(　　)。
(A) 内容效度　　　　　　　　(B) 相容效度
(C) 区分效度　　　　　　　　(D) 因素分析法

122. 获取临床资料的途径包括(　　)。
(A) 家属报告　　　　　　　　(B) 摄入性会谈
(C) 临床观察　　　　　　　　(D) 治疗性会谈

123. 根据ICD-10，人格障碍的要素包括(　　)。
(A) 快感缺失　　　　　　　　(B) 牢固、持久的适应不良
(C) 起自童年　　　　　　　　(D) 长期的变形心理冲突

124. 模仿法的理论基础包括(　　)理论。
(A) 人本主义　　　　　　　　(B) 行为主义
(C) 社会学习　　　　　　　　(D) 精神分析

125. 求助者中心疗法认为个体经验与自我概念之间的关系包括(　　)。
(A) 个体经验符合个体需要，被纳入自我概念
(B) 个体经验与自我概念不一致而被忽略
(C) 经验和体验被歪曲或被否定，以解决自我概念与个体经验的矛盾
(D) 自我概念成为个体经验的一部分

（三）参考答案

单项选择题

26. C　　　27. C　　　28. B　　　29. C　　　30. D

31. D	32. C	33. D	34. D	35. D
36. B	37. B	38. B	39. A	40. A
41. C	42. D	43. B	44. C	45. B
46. B	47. B	48. C	49. A	50. C
51. A	52. A	53. D	54. A	55. B
56. B	57. D	58. C	59. D	60. B
61. D	62. B	63. D	64. C	65. B
66. C	67. D	68. C	69. C	70. A
71. A	72. D	73. C	74. D	75. D
76. B	77. B	78. B	79. B	80. D
81. C	82. C	83. D	84. C	85. C

多项选择题

86. BC	87. BC	88. ABCD	89. BC	90. ACD
91. ABD	92. AD	93. BC	94. AD	95. CD
96. AC	97. ABD	98. CD	99. BC	100. AD
101. ABD	102. ABD	103. CD	104. BC	105. AD
106. ABC	107. CD	108. AB	109. AC	110. BC
111. BCD	112. BD	113. CD	114. ABD	115. ABD
116. ACD	117. ABD	118. CD	119. BD	120. ACD
121. BC	122. ABC	123. BC	124. BC	125. ABC

四、二级专业能力模拟试卷

（一）技能选择题

（1～100题，共100道题。本部分由十一个案例组成。请分别根据案例回答1～100题，每题1分，满分100分。每小题有一个或多个正确答案，错选、少选、多选均不得分。）

案例一：

求助者：男性，25岁，未婚，饭店服务员。

求助者自述：因感情问题而苦恼，伴有失眠，一月余。

案例介绍：求助者在高中时曾经与班里的一位女同学关系很好，毕业后成为恋人。因离开家乡到城市打工，彼此不常见面。半年前，在老乡聚会时认识了一个长得很漂亮的女孩，开始只是作为一般的朋友相处。有一次他发烧，女孩来看他，给他做饭、洗衣服，他很感动，对女孩产生感情并开始约会。一个多月前，家乡的女朋友突然来了，提出要在这里找工作，还讨论准备结婚的事。求助者很矛盾，两个女朋友自己都喜欢，舍去谁都觉得为难，现在不知该怎么办，有时很内疚，觉得对不起她们。有时觉得自己不道德，为此苦恼、烦躁。最近半个多月，经常失眠，不想吃饭，偶尔心慌、出汗、做噩梦。虽然能每天工作，但是效率下降，觉得活着真难。有时会出现离奇的想法，比如，自己要是能分身就好了。还曾经把两个女朋友认错，担心自己会得精神病，因此来寻求帮助。

心理咨询师观察、了解到的情况：求助者的相貌较好，高中毕业后，没有考上大学，来城市打工。希望心理咨询师能指导他该怎么办，选择哪个女朋友好。

单选：1. 该求助者目前的主要情绪状态是（　　）。
　　（A）强迫　　　　　　　　（B）抑郁
　　（C）焦虑　　　　　　　　（D）恐惧

多选：2. 在本案例中，该求助者出现了（　　）。
　　（A）幻觉　　　　　　　　（B）知觉错误

　　　　（C）幻想　　　　　　　　　（D）记忆错误
单选：3. 对该求助者最可能的初步诊断是（　　）。
　　　　（A）神经症　　　　　　　　（B）一般心理问题
　　　　（C）神经症性心理问题　　　（D）严重心理问题
单选：4. 该求助者对自己有两个女朋友的看法是（　　）。
　　　　（A）内疚　　　　　　　　　（B）不道德
　　　　（C）苦恼　　　　　　　　　（D）很矛盾
单选：5. 引发该求助者心理问题的最根本原因是（　　）。
　　　　（A）女友催婚　　　　　　　（B）现实冲突
　　　　（C）父母压力　　　　　　　（D）道德规范
单选：6. 针对该求助者的心理问题，心理咨询师的恰当做法是帮助其（　　）。
　　　　（A）选择哪个女友　　　　　（B）如何应对女友
　　　　（C）分析、解决冲突　　　　（D）端正恋爱观念
多选：7. 对该求助者的交友行为，心理咨询师的恰当做法包括（　　）。
　　　　（A）帮助其改变恋爱观　　　（B）缓解冲突
　　　　（C）帮助其消除内疚感　　　（D）保护隐私
多选：8. 该求助者的咨询动机包括请求心理咨询师（　　）。
　　　　（A）替他选择女友　　　　　（B）给予恋爱指导
　　　　（C）帮助判断病情　　　　　（D）协助自己成长
多选：9. 该求助者的心理问题的特点包括（　　）。
　　　　（A）存在动机冲突　　　　　（B）一定有人格障碍
　　　　（C）病程相对较短　　　　　（D）社会功能损害重
单选：10. 制定咨询目标时，心理咨询师应该（　　）。
　　　　（A）满足求助者的要求　　　（B）消除其所有的焦虑
　　　　（C）帮助其接纳自我　　　　（D）指导其批判自我
多选：11. 针对求助者的失眠问题，心理咨询师可以（　　）。
　　　　（A）评估严重程度　　　　　（B）进行放松训练
　　　　（C）对其进行教育　　　　　（D）给予药物治疗
多选：12. 在本案例中，应该关注求助者的积极方面包括（　　）。
　　　　（A）主动来咨询　　　　　　（B）仍坚持工作
　　　　（C）有自我觉察　　　　　　（D）具有道德感

案例二：
　　求助者：男性，18岁，职业高中学生。
　　案例介绍：求助者在初中时就常有自杀的想法，但没采取过行动。上职高后，曾有一次走在桥上，想往河里跳，被同伴拉住。半年前，求助者结识了一个女网友，后来放弃上学，跟女网友一起到城里打工。家人辗转找到他，带他前来咨询。
　　家属反映：求助者在大部分时间情绪低落，喜欢独处，生活懒散，有时几天不洗

脸、不刷牙。时而沉默寡言，时而口若悬河，经常因为小事对他人发脾气，曾与同学发生口角和身体冲突。经常因小事摔手机、书本等。

心理咨询师观察、了解到的情况：求助者偏执、内向，父母做生意，很少有时间照顾他。与父母交流极少，不愿回家见父母，甚至母亲做手术都未曾回家看望。自幼身体健康，无重大的躯体疾病。

多选：13. 该求助者的情绪症状包括（　　）。
　　（A）沉默　　　　　　　　（B）情绪低落
　　（C）懒散　　　　　　　　（D）常发脾气

多选：14. 该求助者的行为症状包括（　　）。
　　（A）强迫行为　　　　　　（B）回避行为
　　（C）自杀行为　　　　　　（D）冲动行为

单选：15. 该求助者不洗脸、不刷牙表明其（　　）。
　　（A）意志消沉　　　　　　（B）意志增强
　　（C）意志缺乏　　　　　　（D）意志减退

多选：16. 该求助者的人格特点包括（　　）。
　　（A）偏执、内向　　　　　（B）孤独、不合群
　　（C）追求完美　　　　　　（D）要强、好争斗

单选：17. 该求助者的求医行为属于（　　）。
　　（A）被动求医　　　　　　（B）主动求医
　　（C）家人强迫　　　　　　（D）转介而来

多选：18. 判断该求助者正常心理活动与异常心理活动的原则包括（　　）。
　　（A）主观、客观的统一性　（B）心理活动有无周期性
　　（C）人格的相对稳定性　　（D）精神活动的内在一致性

单选：19. 该求助者经常因为小事对他人发脾气，这可能是（　　）。
　　（A）意志增强　　　　　　（B）感知障碍
　　（C）易激惹　　　　　　　（D）记忆障碍

多选：20. 对该求助者的初步印象包括（　　）。
　　（A）心理健康　　　　　　（B）有情感障碍的症状
　　（C）变形冲突　　　　　　（D）出现了心理异常

案例三：

求助者：男性，38岁，私营企业总经理。

案例介绍：一次，求助者到他儿子的学校开家长会，被老师当众批评，心烦、燥热，突然觉得透不过气来。胸闷、心慌，非常难受，认为自己得了心脏病，因此非常紧张、害怕，手脚发麻，浑身颤抖。求助者迅速地离开学校，乘出租车到医院看急诊，症状缓解，未发现明显的异常。专门到心内科住院检查，但未查出器质性病变。后来这种情况经常出现，每次可持续数十分钟，时间、场合均无规律可循，头脑清楚，能

自行缓解。曾多次到医院就诊,服用过药物,但无法缓解。平时生活、工作均正常。目前,求助者害怕一个人呆在家里,不敢一个人到外地出差,怕自己突发心脏病死了,不敢到人多拥挤的地方。曾对家人表示活着真是受罪,不如死了算了。

心理咨询师观察、了解到的情况:求助者的性格较内向,做事认真、谨慎,非常孝敬父母。对自己的要求很严格,不吸烟,很少喝酒。十年前曾患过胃溃疡,经治疗后缓解。

多选:21. 该求助者主要的情绪症状包括( )。
    (A) 焦虑   (B) 恐惧
    (C) 强迫   (D) 抑郁

多选:22. 该求助者的躯体症状包括( )。
    (A) 浑身颤抖   (B) 恐惧、紧张
    (C) 手脚发麻   (D) 胸闷、心慌

单选:23. 该求助者后来产生症状的诱因是( )。
    (A) 开家长会   (B) 参加社交活动
    (C) 患胃溃疡   (D) 没有明确的诱因

多选:24. 对于该求助者作初步诊断的主要依据包括( )。
    (A) 治疗经历   (B) 情绪体验
    (C) 临床检查   (D) 躯体症状

单选:25. 对该求助者最可能的初步诊断是( )。
    (A) 恐惧神经症   (B) 惊恐障碍
    (C) 广泛性焦虑   (D) 应激障碍

多选:26. 心理咨询师作鉴别诊断时,需要考虑排除( )。
    (A) 胃溃疡   (B) 疑病性神经症
    (C) 躯体形式障碍   (D) 恐惧性神经症

多选:27. 对该求助者可选用的心理测验包括( )。
    (A) EPQ   (B) SCL-90
    (C) SAS   (D) BPRS

多选:28. 该求助者"曾对家人表示活着真是受罪,不如死了算了",说明其( )。
    (A) 出现自杀的倾向   (B) 内心痛苦
    (C) 生存意向下降   (D) 出现严重的强迫

单选:29. 对该求助者还需了解的资料是( )。
    (A) 病程长短   (B) 躯体症状
    (C) 认知倾向   (D) 人格特征

案例四:
求助者:王某,男性,20岁,某职业技术学院二年级学生,因担心别人害自己而

多次从学校逃跑，由家长送到心理咨询中心。

案例介绍：王某近几个月来经常缺课，成绩下降明显，一个多月来不明原因地多次从学校逃跑，常说有人要害他。一天晚上，他惊叫着冲出学校，说学校领导要枪杀他。老师要求家长带他看病。

下面是心理咨询师与王某的一段对话：

心理咨询师：我能为你提供哪些帮助？

王某：我害怕，晚上不敢睡觉，天天听见他们议论我，说我偷东西，还偷老师的钱。

心理咨询师：谁在议论你呀？

王某：我们学校的同学和老师。

心理咨询师：你怎么知道别人在议论你啊？

王某：我都听见多少回了，我们学校没一个好人。

心理咨询师：你听到他们议论你什么？

王某：他们都说我是小偷，到处瞎说，还在广播里说，现在学校里那些人都在监视我，他们的秘密行动快开始了。

心理咨询师：你害怕什么呢？

王某：我班长当得好好的，让我当学生会主席我才不干呢。

心理咨询师：你怎么知道要让你当学生会主席？

王某：他们知道我要来检阅，早早地就都赶到教室等我了。

心理咨询师：你是哪个学校的？

王某：北京大学的，我们造的车可漂亮了。

心理咨询师：你知道你现在在哪里吗？

王某：不是学生会吗？

心理咨询师：如果家长带你去医院做检查，你愿意去吗？

王某：我才不去呢，我没病。

单选：30. 王某听见别人议论自己，最可能的是（　　）。
　　(A) 被害妄想　　　　　　(B) 真性幻听
　　(C) 关系妄想　　　　　　(D) 假性幻听

多选：31. 王某说："现在学校那些人都在监视我"，最可能的是（　　）。
　　(A) 被害妄想　　　　　　(B) 物理影响妄想
　　(C) 关系妄想　　　　　　(D) 特殊意义妄想

单选：32. 王某说："我班长当得好好的，让我当学生会主席我才不干呢"，最可能的是（　　）。
　　(A) 强迫观念　　　　　　(B) 超价观念
　　(C) 思维散漫　　　　　　(D) 钟情妄想

单选：33. 王某说："他们知道我要来检阅，早早地就都赶到教室等我了"，最可能的是（　　）。

(A) 被害妄想 　　　　　　　(B) 病理性象征性思维
(C) 夸大妄想 　　　　　　　(D) 逻辑倒错性思维

单选：34. 王某说："北京大学的，我们造的车可漂亮了"，可能属于（　　）。
(A) 钟情妄想 　　　　　　　(B) 幻想
(C) 夸大妄想 　　　　　　　(D) 错觉

单选：35. 心理咨询师问"你知道你现在在哪里吗？"这表明其想了解王某的（　　）。
(A) 空间知觉 　　　　　　　(B) 常识
(C) 时间知觉 　　　　　　　(D) 智商

单选：36. 对王某的初步诊断可能是（　　）。
(A) 恐怖性神经症 　　　　　(B) 人格障碍
(C) 严重心理问题 　　　　　(D) 精神病问题

单选：37. 王某没有出现的症状是（　　）。
(A) 感知觉障碍 　　　　　　(B) 强制性思维
(C) 情绪高涨 　　　　　　　(D) 情绪低落

多选：38. 王某的症状主要包括（　　）。
(A) 感觉障碍 　　　　　　　(B) 思维障碍
(C) 知觉障碍 　　　　　　　(D) 自知力障碍

单选：39. 根据心理咨询师与王某的谈话，可对其症状进行直接验证的是（　　）。
(A) 同学议论他是小偷 　　　(B) 学校通过广播说他是小偷
(C) 多次逃课并逃离学校 　　(D) 本学期学习成绩下降明显

案例五：

求助者：男性，17岁，高中二年级学生。

案例介绍：求助者有一次上课迟到，着急地跑向自己的座位，不小心被绊倒并摔到一位女同学的身上，顿时引起同学哄堂大笑，事后还有人取笑他。此后，每次到教室时，就会紧张害怕，觉得同学会取笑他。此后，认为学校像监狱，让人感到窒息，想学习，但一点也学不进去，注意力不集中，记忆力下降，睡眠不好，心慌，只好休学一年。今年开学，其父母带他去学校复课，但一进教室就非常害怕，迅速逃走。而在家里就没有类似的情况。求助者认为不应该害怕，但就是难以控制，内心十分痛苦，由其父母带来寻求帮助。

心理咨询师观察、了解到的情况：求助者从小被娇惯，家长对其期望值很高，特别关心他的学业，自尊心较强，特爱面子。进入高中后，由于学习环境、学习方法发生了很大的变化，求助者觉得明显吃力，虽然老师同学也帮助其进行调整，但是效果不明显，压力大，精神紧张。

多选：40. 该求助者的躯体症状主要包括（　　）。
(A) 心慌 　　　　　　　　　(B) 失眠

(C) 憋气 (D) 头痛

多选：41. 该求助者最主要的情绪症状包括（　　）。
(A) 抑郁 (B) 恐怖
(C) 焦虑 (D) 强迫

单选：42. 对该求助者的初步诊断是（　　）。
(A) 恐怖性神经症 (B) 疑病性神经症
(C) 焦虑性神经症 (D) 强迫性神经症

多选：43. 引发该求助者的心理、行为问题的原因包括（　　）。
(A) 男性高中学生 (B) 认为学校像监狱
(C) 父母要求严格 (D) 记忆力明显地下降

多选：44. 引发该求助者心理问题的社会性原因主要包括（　　）。
(A) 自尊心较强 (B) 曾被同学取笑
(C) 学习任务重 (D) 家长的期望高

多选：45. 对于该求助者，可以使用的咨询方法包括（　　）。
(A) 认知行为疗法 (B) 阳性强化法
(C) 系统脱敏疗法 (D) 厌恶疗法

多选：46. 本案例恰当的近期咨询目标包括（　　）。
(A) 改善社会功能 (B) 不被同学取笑
(C) 减轻教室恐怖 (D) 上课遵守纪律

多选：47. 在本案例中，如果测量结果与临床观察、会谈法的结论不一致时，心理咨询师应（　　）。
(A) 不可轻信任何一方 (B) 以临床观察为准
(C) 重新进行会谈测评 (D) 以测量结果为准

多选：48. 在咨询时，求助者表现出功能失调性态度，其特点一般包括（　　）。
(A) 脆弱性 (B) 强制性
(C) 依赖性 (D) 客观性

案例六：

求助者：女性，27岁，公司职员。

案例介绍：求助者经常和父母、同事、客户发生矛盾，不合群，人际关系紧张。最近又因琐事与同事发生矛盾，很生气，也为此痛苦，主动来心理咨询。

下面是心理咨询师与该求助者的一段对话：

心理咨询师：你认为你生气的原因是什么？

求助者：主要是和同事搞不好关系，有些人总爱挑我的毛病，我比较能干，在公司的业绩不错，别人嫉妒我，就常常因为一些小事和我过不去。

心理咨询师：是别人挑你的毛病，造成你生气吗？

求助者：那当然是，如果别人不挑我的毛病，我怎么会生气？

心理咨询师：我们来看一个例子，假若某一天，你在咖啡店里喝咖啡，这时走过来一个人把你的咖啡碰洒了，你会怎样想？

求助者：我会很生气，这个人怎么这样不小心。

心理咨询师：但如果你知道他是个盲人，你又会怎样呢？

求助者：盲人啊……盲人是看不见的，我想我会原谅他。

心理咨询师：你看，咖啡洒了，同一个事件，但由于不同的认知结果，你就会产生不同的情绪。所以，对事物的认知，才是引起情绪的真正原因。

求助者：是这样吗？（沉默）你说的好像有道理。

心理咨询师：人对生活中发生的事件都会有些看法，有的是合理的，有的是不合理的，不同的认知会导致不同的情绪状态。如果你认识到自己现在的情绪状态是一些不合理的认知所造成的，通过改变它，你就能控制自己的情绪。

求助者：真会这样吗？

心理咨询师：你遇到的那些事，别人也可能遇到，但别人不一定都像你现在这样子，你说这是怎么回事？

求助者：你是说我和他们的认识不一样吗？可我还没看出我对别人挑我毛病的认识有哪些不合理的地方。

心理咨询师：这正是下一步要讨论的问题。你冷静地想一下，你和同事关系很紧张的原因是什么？

求助者：那些人总爱挑我的毛病。

心理咨询师：你不许人家挑你毛病的理由是什么呢？

求助者：我工作做得好，客户多，他们凭什么挑我的毛病？

心理咨询师：你可以希望别人不挑你的毛病，但你不能不许别人挑你的毛病。

求助者：对别人不能提出要求吗？

心理咨询师：可以对别人提出要求。但是你若要求你对别人怎样，别人就应该对你怎样，这就是一种不合理的信念、一种绝对化的要求，因为我们无法要求别人必须为我们做什么。如果我们把对别人的"要求"变成"希望"，当我们不希望的事发生时，最多是一种失望，不会过分地怨恨别人，自己也就不会生气了。

求助者：您讲的很对，但我担心自己做不到这点。您说这毛病能改吗？

心理咨询师：你的问题是长期形成的，要想很快地改变是困难的。但是只要在实践中不断地改变，从一点一滴做起，出现反复时，不要灰心，贵在坚持，一定会达到理想的效果。

多选：49. 该求助者的心理问题包括（　　）。
（A）情绪问题　　　　　（B）认知问题
（C）行为问题　　　　　（D）能力问题

多选：50. "你认为你生气的原因是什么？"这里心理咨询师使用了（　　）。
（A）开放式提问　　　　（B）具体化技术
（C）封闭式提问　　　　（D）责备性问题

单选：51. "是别人挑你的毛病，造成你生气吗？"这里心理咨询师使用了（　　）。

413

(A) 开放式提问 　　　　(B) 具体化技术
(C) 封闭式提问 　　　　(D) 修饰性反问

单选：52. 针对该求助者的情况，咨询师使用的是（　　）。
(A) 认识领悟疗法 　　　(B) 合理情绪疗法
(C) 行为主义疗法 　　　(D) 精神分析疗法

单选：53. 合理情绪疗法最主要的治疗目标是（　　）。
(A) 改变求助者的思维模式 　(B) 帮助求助者认识现实
(C) 消除求助者的行为障碍 　(D) 揭示求助者的内在情结

单选：54. 合理情绪疗法强调了（　　）的重要性。
(A) 早期经验 　　　　　(B) 求助者认知
(C) 刺激形式 　　　　　(D) 求助者情绪

单选：55. 按照埃利斯的 ABC 理论，案例中的 B 指的是（　　）。
(A) 经常和别人发生矛盾 　(B) 和同事关系紧张
(C) 同事不能挑我的毛病 　(D) 同事惹我发脾气

多选：56. "人对生活中发生……通过改变它，你就能控制自己的情绪。"这里心理咨询师使用的技术包括（　　）。
(A) 内容表达 　　　　　(B) 指导
(C) 内容反应 　　　　　(D) 释义

多选：57. 在本案例中，心理咨询师以（　　）的角色对求助者提供帮助。
(A) 辩论者 　　　　　　(B) 监督者
(C) 说服者 　　　　　　(D) 分析者

多选：58. 在本案例中，心理咨询师所做的工作包括（　　）。
(A) 鼓励情绪宣泄 　　　(B) 改变非理性观念
(C) 建立理性信念 　　　(D) 矫正求助者的行为

多选：59. 这段对话最可能出现在心理咨询的（　　）阶段。
(A) 诊断 　　　　　　　(B) 咨询
(C) 强化 　　　　　　　(D) 巩固

案例七：

求助者：女性，16 岁，高中一年级学生。

案例介绍：求助者在三个多月前睡觉时做梦，梦见一个穿白衣的女鬼缠着自己，非常害怕，当时被吓醒，一直哭到天亮。同宿舍的有些同学也说梦见过鬼，说鬼魂会附体。求助者很害怕，就开始走读，回家睡觉。尽管有妈妈陪着，但是一想到梦里的鬼，就觉得浑身不舒服，很害怕睡着了，再梦见鬼，看着墙上的一些裂纹就像看到狰狞的鬼脸。求助者明明知道世界上没有鬼，觉得不应该害怕，但就是难以控制。为睡觉的问题痛苦，为控制不住的想法苦恼。由于睡眠差，上课无精打采，学习成绩下降，心情烦躁，内心痛苦，父母、老师都来开导她，但没什么效果。一个月来已无法上课，自己主动来咨询。

心理咨询师观察、了解到的情况：求助者为独生女，自幼生长在农村，当地迷信色彩较浓，小时候奶奶经常讲鬼的故事。求助者内向，胆小，敏感，缺乏独立能力，人际关系较好，目前学习困难。

单选：60. 该求助者主要的情绪症状是（　　）。
（A）恐怖　　　　　　　　（B）强迫
（C）抑郁　　　　　　　　（D）疑虑

单选：61. 该求助者因害怕而走读，表明其出现（　　）。
（A）退缩行为　　　　　　（B）社会功能丧失
（C）回避行为　　　　　　（D）躯体障碍

单选：62. "看着墙上的一些裂纹就像看到狰狞的鬼脸"，表明其出现了（　　）。
（A）幻觉　　　　　　　　（B）妄想
（C）错觉　　　　　　　　（D）幻想

单选：63. "求助者明明知道世界上没有鬼……但就是难以控制"，表明求助者存在（　　）。
（A）现实冲突　　　　　　（B）常形冲突
（C）道德冲突　　　　　　（D）变形冲突

单选：64. 该求助者的社会功能（　　）。
（A）没有受损　　　　　　（B）轻中度受损
（C）轻度受损　　　　　　（D）中重度受损

单选：65. 对该求助者的初步诊断是（　　）。
（A）严重心理问题　　　　（B）急性焦虑发作
（C）恐惧性神经症　　　　（D）精神病性问题

多选：66. 引发该求助者心理问题的原因包括（　　）。
（A）缺乏独立性　　　　　（B）梦见鬼
（C）当地讲迷信　　　　　（D）胆子小

多选：67. 对于该求助者，恰当的疗法包括（　　）。
（A）暴露疗法　　　　　　（B）想象冲击疗法
（C）阳性强化法　　　　　（D）认知行为疗法

单选：68. 本案例恰当的远期咨询目标是帮助该求助者（　　）。
（A）克服恐惧　　　　　　（B）增强独立性
（C）心理成长　　　　　　（D）性格变外向

多选：69. 从本案例中可以判断该求助者的心理问题（　　）。
（A）得到社会支持系统的帮助
（B）有环境文化因素的影响
（C）得到了帮助，但效果不明显
（D）有身体素质因素的影响

案例八：

求助者：女性，19岁，大学一年级学生。

案例介绍：求助者在外地上学，有次给家里打电话时，听见母亲的咳嗽声，知道母亲感冒了。从此开始担心，如果自己不在父母身边，父母得心脏病死了，就再也见不到了。平时，看见男同学抽烟，就会提心吊胆，害怕房子着火，自己会被烧死。天天想着不好的事情会发生，无心上学，失眠，心慌，非常痛苦，想休学。主动来咨询。

心理咨询师观察、了解到的情况：求助者为独生女，内向，父母老来得女，从小娇惯，所有的事都由父母包办代替，上大学前一直未离开过父母。

下面是心理咨询师和求助者的咨询谈话：

心理咨询师：你觉得你在外地上学，担心父母会得心脏病，难道你父母得不得心脏病是由你在不在身边决定的吗？

求助者：可我就是担心呀。

心理咨询师：即使你父母得了心脏病，自己也可以叫急救车，也不是得了心脏病就一定会死人对吧？现在医学发达，我们医院就有换过心脏的人，不也活得好好的吗？

求助者：可我不想和父母分开怎么办？

心理咨询师：那你见过有一家三口每天一起上下学的吗？

求助者：（笑笑）好像没有。

单选：70. 该求助者的情绪特点是(　　)。
（A）兴趣减少　　　　　　（B）绝对化要求
（C）飘浮、焦虑　　　　　（D）夸大与缩小

单选：71. 上述对话过程说明，心理咨询师正在进行(　　)。
（A）面质　　　　　　　　（B）摄入性会谈
（C）解释　　　　　　　　（D）咨询性会谈

多选：72. 在本案例中，心理咨询师可收集到的资料包括求助者的(　　)。
（A）父母的病情　　　　　（B）家教方式
（C）同学关系　　　　　　（D）人格特征

单选：73. 按许又新教授的评分标准，对该求助者社会功能受损程度的评分是(　　)。
（A）1～2分　　　　　　　（B）2～3分
（C）3～4分　　　　　　　（D）4～5分

单选：74. 对该求助者的初步诊断是(　　)。
（A）焦虑性神经症　　　　（B）抑郁性神经症
（C）恐惧性神经症　　　　（D）强迫性神经症

多选：75. 该求助者无心上学，说明其存在(　　)。
（A）社会功能受损　　　　（B）变形冲突
（C）人际关系紧张　　　　（D）常形冲突

多选：76. 心理咨询师问："那你见过有一家三口每天一起上下学的吗？"其目的包

括( )。
　　　　(A) 帮助求助者面对现实　　(B) 帮助求助者改变不合理的信念
　　　　(C) 帮助求助者宣泄情绪　　(D) 帮助求助者建立合理的信念
多选:77. 心理咨询师进行上述对话的前提包括( )。
　　　　(A) 良好的咨询关系　　(B) 扎实的理论基础
　　　　(C) 对求助者无伤害　　(D) 丰富的咨询经验
多选:78. 与该求助者商定咨询方案时,内容应包括( )。
　　　　(A) 咨询地点　　(B) 时间、次数
　　　　(C) 咨询方法　　(D) 评估手段
单选:79. 与该求助者商定咨询目标时,可不必考虑是否( )。
　　　　(A) 具体、量化　　(B) 积极、可评估
　　　　(C) 简单、易行　　(D) 多层次统一
多选:80. 心理咨询师在本案例中出现的提问失误包括( )。
　　　　(A) 责备性提问　　(B) 多重选择
　　　　(C) 修饰性反问　　(D) 多重问题
多选:81. 引发该求助者心理问题的主要社会原因包括( )。
　　　　(A) 家庭教养的方式　　(B) 男同学抽烟
　　　　(C) 远离父母求学　　(D) 母亲患感冒

案例九:

求助者:一对夫妇,均是公务员,为儿子前来咨询。

案例介绍:儿子15岁,初中三年级学生,从小比较听话,遵守纪律,聪明,平时的学习成绩优秀。但上初三后迷上网络游戏,经常偷偷地到网吧玩游戏。孩子也明明知道面临中考,应该好好地学习,曾多次发誓再不玩游戏了,但仍抵挡不住游戏的诱惑。为此心情不好,烦躁,爱发脾气,晚上多梦,看不进去书,自称记不住,学习成绩明显地下降。夫妇两人对此非常着急,采用了各种手段无效,感到力不从心,疲惫不堪,常常失眠。听从他人建议,夫妇两人从单位请假来向咨询师求助,解决儿子的问题。

心理咨询师观察、了解到的情况:该夫妇在自己的工作岗位上都有所成就,是单位的顶梁柱。对儿子的期望很高,要求很严。他们与孩子的老师有很好的沟通,希望能共同把孩子培养成才。

多选:82. 在本案例中,儿子的主要情绪症状有( )。
　　　　(A) 晚上多梦　　(B) 烦躁
　　　　(C) 心情不好　　(D) 疲惫
单选:83. 在本案例中,心理咨询的近期目标应该针对( )。
　　　　(A) 儿子的情绪问题　　(B) 父母的人格问题
　　　　(C) 儿子的游戏问题　　(D) 父母的情绪问题

多选：84. 在本案例中，与儿子问题有关的生活事件包括（　　）。
　　（A）曾经学习成绩优秀　　　（B）父母的要求
　　（C）目前学习成绩下降　　　（D）经常玩游戏
多选：85. 对于儿子的心理问题，心理咨询师的妥当的做法包括（　　）。
　　（A）与父母探讨解决方案　　（B）指导父母降低要求
　　（C）介绍行为矫正的方法　　（D）指导父母接受现实
多选：86. 对于该案例中的父母，心理咨询师的妥当做法包括（　　）。
　　（A）将其作为当前的求助者　（B）帮助其促成儿子前来咨询
　　（C）引导其对儿子客观地评价（D）通过咨询解决儿子的问题
多选：87. 该案例中，儿子所面临的问题包括（　　）。
　　（A）学习问题　　　　　　　（B）行为问题
　　（C）智力问题　　　　　　　（D）品质问题
单选：88. 对于此次咨询，较适宜的心理治疗方法是（　　）。
　　（A）合理情绪疗法　　　　　（B）冲击疗法
　　（C）系统脱敏疗法　　　　　（D）行为疗法
单选：89. 在本案例中，若儿子前来咨询，心理咨询师的恰当做法是（　　）。
　　（A）批评其行为　　　　　　（B）赞同其观点
　　（C）接纳其行为　　　　　　（D）满足其需求
单选：90. 若这对夫妇恳求心理咨询师到家中对儿子进行帮助，心理咨询师的恰当做法是（　　）。
　　（A）请示上级咨询师　　　　（B）应邀前往
　　（C）与咨询师同行讨论　　　（D）婉言谢绝

案例十：

下面是某求助者的 WAIS-RC 的测验结果：

	言语测验	操作测验		言操总 语作分
	知领算相数词合 识悟术似广汇计	数填积图拼合 符图木排图计		
原始分 量表分	22 15 17 10 16 65 13 9 15 7 13 13 70	73 8 33 16 34 16 6 10 8 13 53	量表分 智　商	70 53 123 110 100 107

单选：91. 根据该求助者的 FIQ 结果，其智力等级是（　　）。
　　（A）高于平常　　　　　　　（B）平常
　　（C）低于平常　　　　　　　（D）边界
多选：92. 从分测验的结果可以看出，与一般人相比，该求助者的弱项包括（　　）。
　　（A）领悟　　　　　　　　　（B）填图

(C) 相似性　　　　　　　　　(D) 图片排列

单选：93. 根据该求助者的智商结果，正确的解释是(　　)。
(A) 听觉加工模式发展较视觉加工模式好
(B) 视觉加工模式发展较听觉加工模式好
(C) 操作技能发展较言语技能好
(D) 言语能力和操作能力并无显著的差异

多选：94. 关于儿童行为量表，正确的说法包括(　　)。
(A) 该量表的英文名称是 CBCL
(B) 该量表是供家长用的自评量表
(C) 用于识别儿童行为和情绪问题
(D) 该量表被证明是有效的诊断工具

案例十一：

下面是某求助者的 MMPI-2 的测验结果：

量表	Q	L	F	K	Fb	TRIN	VRIN	ICH	Hs	D	Hy	Pd	Mf	Pa	Pt	Sc	Ma	Si
原始分	7	4	22	10	6	6	4	5	21	34	33	28	16	26	33	16	36	
K校正分					26			25			36	43	18					
T分	45	47	66	43	52	54	47	52	71	78	65	56	50	57	59	58	48	52

多选：95. 关于该求助者的测验结果，正确的说法包括(　　)。
(A) Pd 量表的原始分为 21
(B) 370 题以后的回答有效
(C) 求助者不加区别地回答项目
(D) 两点编码类型属于突出编码

多选：96. 该求助者的临床表现可能包括(　　)。
(A) 对自己的身体功能过分地关心
(B) 依赖、外露、幼稚及自我陶醉
(C) 忧郁、悲观、思想与行动缓慢
(D) 内向、退缩、过分自我控制

单选：97. 该案例的临床量表剖面图模式属于(　　)。
(A) A 类神经症　　　　　　(B) B 类神经症
(C) C 类神经症　　　　　　(D) D 类神经症

多选：98. 关于简明精神病评定量表，正确的说法包括(　　)。
(A) 该量表的英文名称是 BRMS
(B) 评定需通过交谈与观察
(C) 用于评定受测者一周内的症状
(D) 所有的项目采用 5 级评分法

单选：99. 24 项版本的 HAMD 量表，其因子数量为（　　）。
  (A) 2　　　　　　　　　　(B) 3
  (C) 5　　　　　　　　　　(D) 7

单选：100. 对于采用 0~4 评分的 SCL-90 量表，因子分的分界值是大于或等于（　　）。
  (A) 1　　　　　　　　　　(B) 2
  (C) 3　　　　　　　　　　(D) 4

（二）案例问答题

求助者：女性，56 岁，本科学历，中学退休教师。

求助者自述：我原来是中学老师，白天上课。晚上批作业，每天总要忙到十一二点才能休息。对身体健康有些忽视，但总体说身体还可以。四十岁时曾发现子宫肌瘤，经过手术早已痊愈，重要的器官都没什么毛病。去年我丈夫突发心脏病去世了，对我打击很大，他平时身体那么好，怎么说没就没了呢？我丈夫也是中学老师，还带着毕业班，比我更忙、更累，难道他的心脏病是累出来的？半年前，我去参加一位朋友的葬礼，这朋友五十多岁，也是突发心脏病死的。我很伤感，回来时在车上突然胸闷，憋得出不来气，心慌，出汗，浑身无力，有一种快要死了的感觉。我很害怕，让车上的朋友直接把我送到医院急诊室。医生给做了心电图等检查，说没什么事，建议我详查。为此我专门住院，做了各种检查，医生说心脏没什么大事，主要是太敏感、紧张了。出院后又有几次犯病，还是心慌，胸闷，出不来气，又到其他医院做了检查，但都报告说没有明显的问题。我觉得很怪，明明我很难受，医生却总说没问题，按说医生也很负责，但怎么就查不出我的病呢？也许是医生的水平比较低，为此我又去了更多的医院，但是还是没人能查出我的病。城里的大医院我都去过了，能做的检查差不多都做过了，就是检查不出问题来，我都快烦死了。现在我明显地感觉比以前迟钝了，经常丢三落四，不敢出门。一天到晚总想着这件事，白天不舒服，注意力不集中，食欲也差。每晚也就能睡四五个小时，还做噩梦，自己非常着急，心情不好，烦，没有心思干其他的事，怎么也摆脱不了内心的痛苦，所以我就来了，您一定要帮帮我。

心理咨询师观察、了解到的情况：求助者在退休前为中学高级教师，性格较内向、敏感，工作勤奋，人际关系良好。家庭经济状况较好，平常身体健康，丈夫因心脏病去世，有一子一女，都已成家。

依据以上案例，回答以下问题：
1. 请对该求助者做出初步诊断，并说明依据。（20 分）
2. 针对该求助者的摄入性谈话，需注意哪些内容？（10 分）
3. 该求助者产生心理问题的原因是什么？（10 分）
4. 心理咨询师与求助者商定的咨询目标应包括哪些特征？（10 分）
5. 针对本案例，心理咨询师使用了贝克和雷米的认知疗法帮助求助者改变了认知，

该疗法的工作程序是什么？（10分）

6. 针对本案例，心理咨询师使用了面质技术，请说出面质技术使用时的注意事项。（15分）

7. 心理咨询师在本案例中可使用求助者中心疗法，简述求助者中心疗法的人性观。（15分）

8. 咨询结束一年后，应该对该求助者进行效果评估，请说出远期疗效评估时，自我接纳程度评估的内容和方法。（10分）

（三）参考答案

技能选择题

1. C	2. BC	3. B	4. B	5. B
6. C	7. BD	8. AB	9. AC	10. C
11. AB	12. ABCD	13. BD	14. BCD	15. C
16. AB	17. A	18. ACD	19. C	20. BD
21. ABD	22. ACD	23. D	24. ABCD	25. B
26. ABCD	27. ABC	28. ABC	29. A	30. B
31. A	32. C	33. D	34. BC	35. A
36. D	37. B	38. BCD	39. B	40. AB
41. BC	42. A	43. ABC	44. BCD	45. ABC
46. AC	47. AC	48. ABC	49. ABC	50. ABD
51. C	52. B	53. A	54. B	55. C
56. AB	57. ACD	58. BC	59. AB	60. A
61. C	62. C	63. D	64. D	65. C
66. BCD	67. BD	68. C	69. ABC	70. C
71. A	72. BD	73. B	74. A	75. AB
76. AB	77. AC	78. BCD	79. C	80. CD
81. AC	82. BC	83. D	84. ABCD	85. AD
86. ABC	87. AB	88. A	89. C	90. D
91. B	92. BC	93. A	94. AC	95. ABD
96. ABC	97. C	98. BC	99. D	100. A

案例问答题

1. 对该求助者的初步诊断是：疑病神经症。

诊断依据：

（1）排除精神病性问题，按区分心理正常与心理异常的心理学原则，该求助者的主客观世界统一，精神活动内在协调、一致，人格相对稳定，且自知力完整，没有幻觉和妄想等精神病性症状，因此可以排除精神病性问题。

（2）心理冲突的性质：该求助者在自己的健康问题上存在变形冲突，属于神经症性问题。

（3）根据许又新教授神经症的评分标准

①病程：症状持续的时间长，已超过三个月，但不到一年。

②痛苦程度：痛苦无法自行地解决，需要求助他人。

③社会功能：社会功能受损，不敢出门，不愿做事，出现回避行为。

④据此，神经症的诊断成立。

（4）该求助者的主导症状是：对身体和健康的过分注意和忧虑，具备疑病神经症的特征。

据此，对该求助者的初步诊断是疑病神经症。

2. 针对该求助者的摄入性谈话，需注意的内容如下：

（1）态度必须保持中性。

（2）提问中避免失误。

（3）除提问和引导语言外，不能讲题外话。

（4）不能用指责、批判性的语言阻止或扭转求助者的会谈内容。

（5）摄入性谈话后，不应给出绝对性的结论。

（6）结束语要诚恳、客气，以免引起求助者的误解。

3. 该求助者产生心理问题的原因如下：

（1）生理原因：女性，年龄56岁。

（2）社会原因：

①退休在家，独自生活。

②丈夫和朋友突发心脏病去世。

③缺乏有效的社会支持系统。

（3）心理原因：

①认知：没有根据地认为自己有病，持久的负性情绪记忆。

②行为：缺乏积极、合理、有效地解决自己问题的行为模式。

③人格特点：内向。

4. 心理咨询师与求助者商定的咨询目标应包括的特征如下：

（1）具体。

（2）可行。

（3）积极。

(4) 双方可以接受。
(5) 属于心理学性质。
(6) 可以评估。
(7) 多层次统一。

5. 贝克和雷米的认知疗法的工作程序是：
(1) 建立咨询关系。
(2) 确定咨询目标。
(3) 确定问题：提问和自我审查的技术。
(4) 检验表层错误观念：建议、演示和模仿。
(5) 纠正核心错误观念：语义分析技术。
(6) 进一步改变认知：行为矫正技术。
(7) 巩固新观念：认知复习。

6. 使用面质技术时，要注意以下几点：
(1) 要有事实的根据。
(2) 避免个人发泄。
(3) 避免无情地攻击。
(4) 要以良好的咨询关系为基础。
(5) 可用尝试性面质。

7. 求助者中心疗法的人性观如下：
(1) 人有自我实现的倾向。
(2) 人拥有有机体的评价过程。
(3) 人是可以信任的。

8. 远期疗效评估时，自我接纳程度评估的内容如下：
(1) 自述症状与问题的减轻或消除。
(2) 人格方面的成熟情况。

评估的方法如下：
(1) 求助者的口头报告。
(2) 量表评估。

附录二

案例报告

一例严重心理问题的咨询案例报告

摘要：对一例出现严重心理问题的求助者，应用系统脱敏法来对抗焦虑情绪，从而达到消除焦虑的目的。经过4个月14次的咨询治疗，取得了较好的效果。半年后随访，求助者的焦虑症状缓解，能正常地工作和人际交往。

关键词：严重心理问题　系统脱敏法　放松疗法　心理咨询案例报告

一、一般资料

求助者，女性，36岁，汉族，初中文化程度，离异，公司职员。

二、主诉及个人自述

害怕领导，只要有这些人在场就会出现出汗、发抖等植物神经功能失调症状，并伴有抑郁、焦虑情绪和失眠现象。前述现象持续约半年。

我从小家庭较困难，全家靠父亲一个人的工资生活。16岁那年，父亲因病去世，后母亲又生病，家庭经济变得非常困难，妹妹还需读书，我只好辍学担负起这个家。

26岁时经人介绍和一位工人结了婚，当时心里很高兴，毕竟有了自己的家。可是婆婆特别厉害，总是找各种借口和我吵架，而每次争吵，丈夫总帮母亲，我感到很委屈和无助。31岁时，丈夫提出离婚。

离婚后，孩子跟了丈夫，我一个人生活。为了维持生计，找了份保管员的工作，那时非常珍惜自己的工作，即使领导给了很多额外任务，也不敢说"不"，尽管心里不平衡，但是因为怕失去工作，也只能忍气吞声。半年前，一个同岗位的同事，因为开错了发货单而被领导开除。从这事后，我就心里一直很担心，怕自己也会像这位同事一样被开除，所以做事更加小心翼翼。

一次，在开票时，字写得不是太清楚，同事开玩笑说："写仔细点，不然，老板也要炒你了。"从此以后，只要自己的部门主管在场，就会出现心悸、手抖、出汗、胸闷的现象，特别是写字，手抖得根本无法落笔。想到这样下去会被辞退，就特别害怕。而且是越想克制，害怕越厉害，症状越严重，如此形成恶性循环，只能找各种借口避免和这位主管接触。

慢慢地，其他部门主管在场也会出现心跳、气急、出汗、发抖的现象，为此焦虑、痛苦。

曾去过专科医院诊治，没有发现器质性疾病，服用过抗焦虑药、补脑安神类药物，效果不明显，还经常失眠。怕长此下去会失去理智，毁了自己，这次是在查看了大量的心理学书籍后，并在妹妹的劝说下前来就诊的，希望自己的疾病能有一个转机。

三、咨询师观察、了解到的情况

1. 咨询师观察到的情况：

在妹妹的陪同下求助。求助者中等个子，衣着整洁、朴素，年貌相符，身材较纤瘦。进入咨询室时步态稳，但神情有点紧张、焦虑，在咨询师的热情接待下，稍有缓解。就座后不敢看咨询师，坐在椅子上双腿并拢，双手放在腿上，有点僵硬。咨询过程合作，对答切题，语速慢，语音低，能叙述自己的问题，自知力完好，有求治的愿望，未见明显的精神病性症状。

2. 咨询师了解到的情况：

（1）既往史：既往身体健康，无重大的器质性疾病史，无手术史、无传染病史、无输血过敏史、无高热抽搐及外伤昏迷史。来访前曾在综合性医院做过CT、神经功能测定、心电图、X线检查及一系列生化等检查，未发现躯体疾病。

（2）个人史：姐妹两人，家中排行老大，母孕期营养一般，身体健康，足月顺产，第一胎，母乳喂养，幼时生长发育好，8岁上学，从小学到初中，读书成绩好，初中毕业参加工作，工作能胜任，无烟酒嗜好。平时性格较内向、胆小、敏感，做事追求完美，朋友不多。26岁结婚，31岁离异，育有一个女儿，女儿目前与前夫生活，体健。

四、心理测验的结果

1. EPQ：E35；P45；N65；L40。
2. SCL-90：总分为195，其中焦虑为2.6分、抑郁为2.0分、人际关系为2.4分。
3. SAS：标准分为58。
4. 对该求助者的资料进行整理，得出该求助者产生问题的原因是：

（1）生理原因：女性，36岁。

（2）社会原因：

①存在负性生活事件，同事因开错票而被开除。

②同事以"老板炒你"为内容开玩笑。

③离异，朋友少，缺乏社会支持系统的帮助。

（3）心理原因：

①存在明显的认知错误：对自己的否定和对权威的屈从。

②缺乏有效地解决问题的行为模式，只是忍气吞声，却不知如何表达与沟通。

③缺乏情绪调节方法。

④性格内向、敏感，自卑，追求完美。

五、评估与诊断

1. 综合临床资料，对求助者的初步诊断是：严重心理问题。

2. 诊断依据如下：

（1）根据区分心理正常与心理异常的原则，该求助者的主客观世界统一，精神活动内在协调一致，人格相对稳定，对自己的心理问题有自知力，能主动地求医，无逻辑思维的混乱，无幻觉、妄想等精神病性症状，因此，可以排除精神病性问题。

（2）该求助者的主导症状是焦虑，其程度与其个人经历和处境相符合，内心冲突为常形，可排除神经症性问题。

（3）该求助者的焦虑情绪已经泛化，并且情绪反应较强，对工作造成一定影响，症状持续近半年。

据此，初步诊断为严重心理问题。

3. 鉴别诊断如下：

（1）与抑郁性神经症相鉴别：抑郁性神经症在症状上主要是抑郁，病程在两年以上。而该求助者以焦虑为主要症状，抑郁只是伴发症状且持续约半年，因此可以排除抑郁性神经症。

（2）与焦虑性神经症相鉴别：该求助者虽以焦虑为主导症状，但内心冲突为常形，可以排除焦虑性神经症。

六、咨询目标的制定

根据以上的评估与诊断，经过与求助者协商，确定如下的咨询目标：

1. 近期目标：

（1）学习放松技术，掌握情绪调节方法。

（2）降低求助者的焦虑情绪。

（3）缓解求助者的抑郁情绪。

2. 远期目标：在达到上述具体目标的基础上，最终达到促进求助者心理健康、人格完善的目标。

七、咨询方案的制定

1. 针对本案例，计划采用的咨询方法及咨询原理如下：

（1）咨询方法：采用系统脱敏疗法进行治疗，具体有三个步骤：

①建立焦虑的等级层次。这一步包括如下两项内容：

A. 找出所有使求助者感到焦虑的情景和人群。

B. 将来访者报告出的焦虑事件或焦虑事件按等级程度由小到大的顺序排列。

②放松训练。一般需要6次到10次练习，每次历时半小时，每天1至2次，以达到全身肌肉能够迅速地进入松弛的状态为合格。

③通过系统脱敏练习提高求助者应对生活事件的能力，掌握情绪调节方法。包括如下三项内容：

A. 放松。

B. 想象脱敏训练。

C. 实地适应训练。

（2）咨询原理：系统脱敏疗法又称交互抑制法，是由沃尔普创立和发展起来的。这种方法主要是引导求助者缓慢地暴露出导致焦虑的情境，并通过心身的放松状态来对抗这种情绪，从而达到消除焦虑的目的。当某个刺激不会再引起求助者的焦虑反应时，便可向处于放松状态的求助者呈现另一个比前一刺激略强一点的刺激。如果一个刺激所引起的恐惧在求助者所能忍受的范围之内，经过多次反复的呈现，她便不再会对该刺激感到焦虑，治疗目标也就达到了。

2. 向该求助者明确双方的责任、权利和义务如下：

（1）求助者的责任：向咨询师提供与心理问题有关的真实材料；积极、主动地与咨询师一起探讨解决问题的方法；完成双方商定的作业。

（2）求助者的权利：有权利了解咨询师的受训背景和执业资格；有权利了解咨询的具体方法、过程和原理；有权利选择或更换合适的咨询师；有权利提出转介或终止咨询；对咨询方案的内容有知情权、协商权和选择权。

（3）求助者的义务：遵循咨询机构的相关规定；遵守和执行商定好的咨询方案各方面的内容；尊重咨询师，遵守预约时间，如有特殊情况提前告知咨询师。

（4）咨询师的责任：遵守职业道德，遵守国家有关的法律法规；帮助求助者解决心理问题；严格地遵守保密原则，并说明保密例外。

（5）咨询师的权利：有权利了解与求助者心理问题有关的个人资料；有权利选择合适的求助者；本着对求助者负责的态度，有权利提出转介或终止咨询。

（6）咨询师的义务：向求助者说明自己的受训背景，出示营业执照和执业资格等相关证件；遵守咨询机构的相关规定；遵守和执行商定好的咨询方案各方面的内容；尊重来访者，遵守预约时间，如有特殊情况提前告知求助者。

3. 咨询时间：每周一次，每次 60 分钟左右。

4. 咨询收费：每次 100 元人民币。

5. 测量收费：EPQ 为 50 元，SAS 为 15 元，SCL-90 为 50 元。

八、咨询过程

1. 咨询阶段大致分为：

（1）诊断评估与咨询关系建立阶段。

（2）心理帮助阶段。

（3）结束与巩固阶段。

2. 具体的咨询过程：

（1）第一阶段：诊断评估与咨询关系建立阶段（第 1~3 次）。

①目的：

A. 了解求助者的基本情况。

B. 建立良好的咨询关系。

C. 确定主要的问题，做心理测验。

D. 探寻解决问题的办法。

②方法：会谈、心理测验。

③过程：

A. 填写咨询登记表，介绍咨询中的有关事项与规则。

B. 对求助者进行 EPQ、SDS、SCL-90 测量，向求助者了解其成长过程及生活现状。

C. 反馈测验结果。

D. 通过与求助者交谈，收集信息，准备实施系统脱敏。

（2）第二阶段：心理帮助阶段（第 4~12 次）。

①目的：

A. 进一步加强咨询关系。

B. 使用系统脱敏疗法和放松技术，实施治疗。

②过程：

A. 建立等级层次。这一步包括如下两项内容：

a. 找出所有使求助者感到焦虑的人群。

b. 将求助者报告出的焦虑的情况按等级程度由小到大的顺序排列。怕见自己的部门主管是 100 分，怕见其他部门主管是 80 分，怕见同事是 60 分；怕见陌生人是 40 分，怕见熟人是 20 分。

B. 放松训练。一般需要 6 次到 10 次练习，每次历时半小时，每天 1 至 2 次，以达到全身肌肉能够迅速地进入松弛状态为合格。

C. 系统脱敏练习。包括如下三项内容：

a. 放松训练。

b. 想象脱敏训练。

c. 实地适应训练。

（3）第三阶段：结束与巩固阶段（第 13~14 次）。

每两周一次，每次一小时。咨询师在这个阶段的主要工作是强化求助者的积极行为，继续巩固已有的疗效，并做好结束前的准备工作。

①目的：

A. 巩固咨询效果。

B. 结束咨询。

②方法：会谈。

③过程：

A. 反馈咨询作业，并与求助者讨论。

B. 鼓励把咨询的结果在实际中练习。

C. 结束咨询：鼓励求助者平时多进行正强化，用积极的方式应对，提高适应环境的各种能力。

九、咨询效果的评估

1. 求助者自己的评估：通过咨询，焦虑和抑郁情绪得到了很大的改善；现在敢去面对领导和单位比自己优秀的同事，对咨询效果满意。

2. 求助者适应社会的情况：情绪稳定，能正常的工作和生活。

3. 求助者周围朋友的评估：通过咨询，开始能和他们主动地交往，和他们交流时也没有紧张的表现了。

4. 咨询师的评估：求助者经过14次咨询后，情绪明显比刚来咨询时好，更能理性地看待人际关系和工作。半年后电话随访，称已换到了业务部门，和人相处较融洽，能正常地生活、学习，求助者的自我评价明显的提高。

5. 心理测量结果与咨询前相比，趋于正常。具体是：SCL-90总分为120分，焦虑为1.3分，抑郁为1.2分，人际关系为1.5分；SAS标准分为44分。

参考文献

1. 姚芳传，王克威主编. 精神科查房手册. 南京：江苏科学技术出版社，2003.

2. 张明园主编. 精神科评定量表手册（第2版）. 长沙：湖南科学技术出版社，1998.

3. 中华医学会精神科分会编. CCMD-3 中国精神障碍分类与诊断标准（第3版）. 济南：山东科学技术出版社，2001.

4. 汪向东等编. 心理卫生评定量表手册（增订版）. 北京：中国心理卫生杂志社，1999.

5. 龚耀先. 艾森克个性问卷（中国修订版）. 1986.

6. 许又新. 心理治疗基础. 贵阳：贵州教育出版社，1999.

7. 郭念锋主编. 心理咨询师（基础知识）、心理咨询师（三级）、心理咨询师（二级）. 北京：民族出版社，2005.

一例一般心理问题的咨询案例报告

摘要：应用暴露与仪式行为阻止法，帮助求助者缓解焦虑和恐惧症状。经过三周15次的密集治疗，取得了较好的效果，三个月后随访，求助者情绪症状明显缓解，恢复正常的生活和社会功能。

关键词：一般心理问题　暴露与仪式行为阻止法　密集治疗　心理咨询案例报告

一、一般资料

求助者，女性，26岁，汉族，大学毕业，未婚。

二、主诉及个人自述

一个月前，我乘坐公交车时遇到性变态者，下车后发现自己的外衣上往下滴落白色精液，回家后反复清洗。自此开始产生焦虑、紧张和一系列的生理反应，认为自己太倒霉，并回避乘坐该线路的公交车。每次外出归来都要检查一下外衣，害怕再出现类似情况。由于不乘坐该线路的公交车，就要绕远，上班路途浪费很多时间。为此苦恼，希望摆脱困境。

三、咨询师观察、了解到的情况

1. 观察到的情况：求助者衣着整洁、朴素，年貌相符，身材较胖，进入咨询室时步态稳，但神情有点紧张、焦虑。咨询过程合作，对答流利，语速较快，能叙述自己的问题。自知力存在，有求治愿望，未见有明显的精神病性症状。

2. 了解到的情况：

（1）既往史：既往身体健康，无重大器质性疾病史，无手术史，无传染病史、无输血过敏史、无高热抽搐及外伤昏迷史。

（2）个人史：独生子女，母孕期营养良好，身体健康，足月顺产，幼时生长发育好，6岁上学，从小学到大学，读书成绩好，一直是家中的掌上明珠。性格内向敏感，做事追求完美，朋友较少，道德观念保守，对于性、恋爱等持排斥态度。

四、心理测验的结果

SCL-90：焦虑为2.7分、恐惧为3.1分。

五、评估与诊断

1. 综合临床资料，对求助者的初步诊断是：一般心理问题。
2. 诊断依据如下：

（1）根据区分心理正常与心理异常的心理学原则，该求助者主客观世界统一，精神活动内在协调、一致，人格相对稳定，对自己的心理问题有自知力，能主动求医，无逻辑思维的混乱，无幻觉、妄想等精神病性症状，因此，可以排除精神病性问题。

（2）该求助者对乘公交车出现的焦虑和恐惧情绪，与某处境相符，为常形冲突，可排除神经症性问题。

（3）该求助者的主导症状是焦虑和恐惧情绪，且仅局限于某公交线路，尚未泛化，可排除严重心理问题。

（4）该求助者的情绪症状由现实因素引发，尚未泛化，持续时间两个月以内，对社会功能稍有影响。

据此，初步诊断为一般心理问题。

3. 对该求助者的资料进行整理，得出该求助者产生问题的原因是：

（1）生理原因：没有明显的生理原因。

（2）社会原因：

①存在负性生活事件，遇到过性变态者并遭受骚扰。

②家庭中父母对其教育严格，性教育缺失，观念趋于保守。

③同龄朋友较少，该求助者缺乏社会支持系统的帮助。

（3）心理原因：

①缺乏有效地解决问题的行为模式，需要通过检查衣服来缓解焦虑。

②被焦虑和恐惧情绪所困扰，不能自己缓解。

③人格特征：内向、敏感，追求完美。

六、咨询目标的制定

根据以上的评估与诊断，经过与求助者协商，确定如下咨询目标：

1. 学习情绪调节方法。
2. 降低求助者的焦虑情绪。
3. 降低求助者的恐惧情绪。
4. 在达到上述具体目标的基础上，最终达到促进求助者心理健康、人格完善的目标。

七、咨询方案的制定

1. 针对本案例，计划采用的咨询方法及咨询原理如下：

（1）咨询方法：采用暴露与仪式行为阻止法进行治疗。具体有三个步骤：

①建立引发焦虑或恐惧的等级层次。这一步包含两项内容：

A. 找出所有使求助者感到恐惧的情景和人群。

B. 将求助者报告出的恐惧或焦虑事件按等级程度由小到大的顺序排列。

②想象暴露。想象暴露的内容是从中级（等级值为 40）开始逐渐到高级（等级值为 100），并在想象暴露的过程中引导求助者讨论导致焦虑和恐惧的机制，充分理解暴露的原则。

③现实暴露和仪式行为阻止法。提高求助者应对生活事件的能力，培养自信。这一步包括如下三项内容：

A. 现实暴露。

B. 全面禁止仪式行为和替代行为。

C. 适应训练。

（2）咨询原理：暴露与仪式行为阻止法（Exposure and ritual prevention）由 Soloman 等人在实验室中发现，此法可消除狗的焦虑症状，并逐渐将相似的治疗范式应用于人类。治疗的机制是：反复长时间的暴露于恐惧的情境/想法中，病人原先害怕的结果并没有出现，他们的焦虑会自然降低，这就会提供给病人新的信息，打破原有的错误联结，并最终促进病人对先前恐惧的刺激形成习惯化，并形成新的行为习惯。其中仪式行为阻止是治疗中非常关键的要素。这是因为仪式行为会降低焦虑，并打断暴露或抹杀病人已经习得的信息——恐惧的情境并不是真的危险；即使没有仪式行为焦虑也会自发降低。成功的仪式行为阻止法要求病人暴露在恐惧情境中直至焦虑降低，而不允许通过回避、放松、仪式行为或其他任何中性策略来降低焦虑。这也是一种习惯化的过程。

2. 向该求助者明确双方的责任、权利和义务：

（1）求助者的责任：向咨询师提供与心理问题有关的真实材料；积极主动地与咨询师一起探讨解决问题的方法；完成双方商定的作业。

（2）求助者的权利：有权利了解咨询师的受训背景和执业资格；有权利了解咨询的具体方法、过程和原理；有权利选择或更换合适的咨询师；有权利提出转介或终止咨询；对咨询方案的内容有知情权、协商权和选择权。

（3）求助者的义务：遵循咨询机构的相关规定；遵守和执行商定好的咨询方案各方面的内容；尊重咨询师，遵守预约时间，如有特殊情况提前告知咨询师。

（4）咨询师的责任：遵守职业道德，遵守国家有关的法律法规；帮助求助者解决心理问题；严格遵守保密原则，并说明保密例外。

（5）咨询师的权利：有权利了解与求助者心理问题有关的个人资料；有权利选择合适的求助者；本着对求助者负责的态度，有权利提出转介或终止咨询。

（6）咨询师的义务：向求助者说明自己的受训背景，出示营业执照和执业资格等相关证件；遵守咨询机构的相关规定；遵守和执行商定好的咨询方案各方面的内容；尊重求助者，遵守预约时间，如有特殊情况提前告知求助者。

3. 咨询时间：每周五次，每次 60 分钟左右。

4. 咨询收费：每次 100 元人民币。

八、咨询过程

1. 咨询阶段大致分为：
（1）诊断评估与咨询关系建立的阶段。
（2）心理帮助阶段。
（3）结束与巩固阶段。

2. 具体咨询过程：
（1）第一阶段：诊断评估与咨询关系建立的阶段（第1~2次）。

①目的：

A. 了解基本的情况。

B. 建立良好的咨询关系。

C. 确定主要的问题。

D. 探寻解决问题的办法。

②方法：会谈、心理测验。

③过程：

A. 填写咨询登记表，介绍咨询中的有关事项与规则。

B. 对求助者进行 SCL-90 测量，向求助者了解成长过程及生活现状。

C. 反馈测验结果。

D. 通过与求助者交谈，收集信息，并对求助者及家属进行心理学教育。

E. 介绍治疗机制，强调该疗法会给求助者带来暂时的极度的焦虑和恐惧，但效果也非常惊人，取得求助者的配合。

（2）第二阶段：心理帮助阶段（第3~14次）。

①目的：

A. 进一步加强咨询关系。

B. 第3~5次会谈开始由咨询师主导的想象暴露。

C. 第6~14次会谈为咨询师主导的现场暴露和仪式行为阻止。

②过程：

A. 建立等级层次。这一步包含如下两项内容：

a. 找出所有使求助者感到恐惧的人群。

b. 将求助者报告出的恐惧或焦虑情境按等级程度由小到大的顺序排列。乘坐曾遇到性变态者的某路公共汽车是100分，在遇到过变态者的地点是90分，回家后没有检查衣服是80分，在路上看到该线路公交车是50分。

B. 想象暴露：从中级开始逐渐到高级，想象暴露开始前，再次和求助者讨论了导致焦虑和恐惧的机制，让求助者能充分理解暴露治疗的原理和目的，增强求助者配合的动机。在想象暴露中不断记录求助者的主观困扰程度并鼓励其坚持进行，直至焦虑和恐惧自然下降。

C. 现场暴露和仪式行为阻止。如果一个刺激所引起的恐惧情绪在求助者所能忍受的范围之内，经过多次反复的呈现，他便不会再对该刺激感到恐惧，治疗目标也就达到了。这一步包括如下两项内容：

a. 现场暴露。
b. 仪式行为阻止。

在这一阶段，以咨询师主导的现场暴露并伴随严格的仪式行为禁止。从第六次会谈开始全面禁止以往的仪式行为：对外衣的反复检查。经过一段时间的治疗后，求助者习惯焦虑的感受，也体会到这些情境，对自己并没有实质性的伤害（也结合了认知重建）。

在这一阶段的后期，还带领求助者到户外人多的地方有意触碰陌生人，并特意在高峰时间乘坐公共汽车进行现场暴露。以上暴露与仪式行为的阻止的进行前提为充分的心理教育，从而取得求助者的主动参与，而非强迫进行。

（3）第三阶段：结束与巩固阶段（第15次）。

这个阶段，咨询师主要的工作是强化求助者的积极行为，继续巩固已有的疗效，并做好结束准备。此外，还进行角色扮演，教求助者如何应对性变态并保护自己。

①目的：
A. 巩固咨询的效果。
B. 结束咨询。
②方法：会谈。
③过程：
A. 反馈咨询作业，并与她讨论
B. 制定返家后的暴露作业并约定电话会谈
C. 结束咨询：鼓励求助者平时多进行正强化，用积极方式应对，提高适应环境的各种能力。

九、咨询效果的评估

1. 求助者自己的评估：通过咨询，症状得到了很大改善；每天不再反复检查外衣；不再回避以前害怕的公交车，对咨询效果满意。
2. 求助者适应社会的情况：求助者情绪稳定，能正常的工作和生活。
3. 求助者父母的评估：检查行为已经基本消除，对咨询效果满意。
4. 咨询师的评估：求助者经过咨询后，情绪明显比刚来咨询时好。三个月后电话随访，称咨询效果继续保持，症状基本消除，能正常生活，求助者的自我评价明显提高。
5. 咨询测量的结果正常。SCL-90，焦虑为1.4分，恐惧为1.6分。

参考文献

1. 曹文胜．强迫障碍与人格障碍共病及相关心理因素的研究．济南：山东大学硕士学位论文，2003.
2. 巴洛编．心理障碍临床手册（刘兴华等译）．北京：中国轻工业出版社，2004.
3. 梅恩，赵耕源．自我暴露疗法结合反应预防治疗强迫症．中国临床心理学杂志，

2000（3）．

    4. 许又新．心理治疗基础．贵阳：贵州教育出版社，1999．

    5. 郭念峰主编．心理咨询师（基础知识）、心理咨询师（三级）、心理咨询师（二级）．北京：民族出版社，2005．

一例严重心理问题的咨询案例报告

摘要：某求助者，女性，在半年内更换四五份工作，自己意识到频繁更换工作不应该，但依然准备跳槽。这半年内，心理冲突，工作时紧张、不安，和人相处也是躲躲闪闪，内心很纠结，故来寻求咨询师的帮助。咨询师应用贝克和雷米的认知疗法进行治疗，经过两个月十次的咨询，取得较好的咨询效果，半年后随访，求助者的心理冲突缓解，能正常工作和学习，在人际交流上也得到改善。

关键词：严重心理问题　贝克和雷米的认知疗法　案例报告

一、一般资料

某求助者，女性，21岁，汉族，大专学历，单身，单亲家庭长大，目前与父亲生活在一起，工作一般，在单位是接线员，性格内向，朋友较少，身体健康，无重大疾病，精神面貌一般。

二、主诉及个人陈述

近半年里，频繁更换工作，紧张、不安、头痛并伴有失眠。

我在北京出生，从小父母经常吵架，母亲很厉害，总是数落我父亲，父亲忍气吞声，终于在我上小学的时候，他们离婚了。从此我跟着父亲和奶奶生活。但母亲会经常接我去她家，每次见到我母亲，她都会跟我抱怨我父亲这不好那不好，说我父亲懦弱没本事，每当我回到家，父亲从来不会说我妈妈不好，但也不反驳妈妈对他的评价。而在我的心目中，爸爸很善良大度，不像我妈说的那么糟糕。从小我就内心很冲突，不知道他们谁说得对，谁做的对。他们吵架时，我很害怕。他们离婚后，我又变得很混沌，分不清谁对谁错。去年我父母复婚了，我更搞不懂了，既然我妈这么瞧不起我爸，为什么还要复婚呢？

从小我就是个普通女孩，什么都不突出，也不爱扎堆和小朋友或同学玩儿，上小学划片在我家附近，中学也是划片升入普通初中，成绩一般，因为担心考大学考不上，就上了一个普通职高，但在职高之后，参加高考考上一所外地三类大学，读大专。当时就想离开北京，与父母离得远一点，不想参与他们的纷争。在大学也独来独往，总感觉自己融不到其他同学之中，他们觉得我很孤傲。其实真不是那样，我是觉得自己什么都不行，什么都不懂，跟他们在一起，怕他们看不起我，索性就独处。这么多年下来，我没有一个好朋友，无论是小学、初中，还是职高和大学。

今年从学校毕业回来，从开始找工作到现在有半年了，我干过电话销售、健身会所服务人员、高尔夫球场销售、证券公司软件销售、电话公司热线人员，等等，每份工作都只干了1个多月，月薪均不到2000元，在这些工作中，绝大多数是自己一开始就不满意，过不久就主动提出离职，然后继续找工作，仍然不满意，进而形成恶性循环，频繁辞职。

前段时间因为接听电话的规范问题，与我的主管进行争辩，她不听我的意见，我也不愿意服从她的领导，导致我们工作上的冲突，一开始只是迎面遇见时低头不打招呼，逐渐变成我不想跟她遇见，一旦遇见我就有些紧张，好像有把柄被人抓住似的。每周例会上也不敢发言，当我汇报我的工作进展时，我就紧张，手心出汗，生怕主管或其他同事对我提问，甚至有一些质疑，我总担心他们认为我工作能力差，进而在谈工作时我总是希望赶紧讲完，能不说的就不说，越是这样，他们越会问我，这段时间我总是神经兮兮的，脾气也变得暴躁，看什么都不顺眼。夜里睡眠也不好，即使睡着了，半夜也常醒来，头痛、头晕、心烦，实在忍不了的时候，周例会索性我就请假躲避不去。

还有一件事让我更抬不起头来。有一次在茶水间听到别的同事聊天，提到刚来的一个新员工，一个同事说："她好像是大专毕业，学历也不高。"另一同事也说："公司现在招人的水准越来越低了，以后找机会我也走了，再待下去自己也快没档次了。"进而又想到自己的大专文凭，本来自己对学历就挺介意的，发现在别人眼里学历依然很看重，使得自己在人面前更抬不起头来，也更不愿意与人交流，生怕别人无意的话刺痛自己。

为此，我曾去过综合医院诊治，没有发现器质性疾病，医生建议我去看看心理，认为我是心理的冲突造成了我现在这些症状。因此我主动来找您做心理咨询，希望自己的纠结得到缓解。

三、咨询师观察、了解到的情况

1. 咨询师观察到的情况：

来访者独自前来咨询，中等身材，面貌清秀，整洁，年貌相符，来访者走进咨询室，精神稍有紧张，落座后也表现出身体僵硬，不自然。经咨询师的寒暄，来访者稍有放松，在咨询过程中，来访者逻辑清晰，叙述明确，对答切题，自知力完好，有求治的愿望，未见明显的精神病性症状。

2. 咨询师了解到的情况：

（1）既往史：既往身体健康，无重大的器质性疾病史、无手术史、无传染病史、无输血过敏史、无高热抽搐及外伤昏迷史。来访者曾在综合医院做过CT、神经功能测试、心电图、X线检查及一系列生化等检查，未发现躯体疾病。

（2）个人史：独生女，母孕期营养一般，身体健康，足月顺产，母乳喂养，幼时生长发育正常，6岁上学，小学、初中、职高及大专成绩一般，无烟酒嗜好。性格内向、敏感、孤僻，交友范围小且朋友很少。

（3）家族史：父母两系三代无精神疾病史。

四、心理测验的结果

1. EPQ：E38分，P56分、N69分、L42分，结果显示为内向情绪不稳定型。
2. SCL-90：总分182分，其中焦虑2.4分、人际关系敏感2.6分、其他（睡眠）2.3分。
3. 对该来访者的资料进行整理，得出该来访者产生问题的原因：

（1）生理原因：青年女性，21岁。

（2）社会原因：

①离异家庭，单亲环境长大。

②朋友少，缺乏社会支持系统。

③同事对大专学历的讨论，让自己始终心有芥蒂。

（2）心理原因：

①存在明显的认知错误：大专学历就是层次低，否定自己。

②缺乏有效的沟通方式：不与人交流，有事埋在心里。

③性格内向、敏感、自卑、怯懦、胆小。

④情绪不稳定，不会调整情绪。

五、评估与诊断

1. 综合以上资料，对来访者的初步诊断是：严重心理问题。
2. 诊断过程如下：

①是否有器质性病变：来访者有睡眠不好，甚至失眠症状及植物神经紊乱，通过综合医院的检查，排除器质性病变的可能。

②区分正常与异常的心理学原则和精神病性症状：该来访者产生的困扰有明显的生活事件，主客观世界统一，精神活动内在协调一致，人格相对稳定，对自己的问题有认识，主动寻求帮助，有自知力，条理清楚，表达准确，无幻觉妄想等精神病性症状。因此判断该来访者属于正常的心理范畴，并排除精神病性问题。

③该来访者的内心冲突属于常形。来自以下几个方面：第一，父母不和，离异多年又重新复合，对感情上的判断混沌不清，导致内心冲突；第二，心里对月薪的期望与现实不符，导致内心冲突；第三，因工作中意见不合，与同事有矛盾，导致人际关系紧张，造成内心冲突；第四，由于是大专学历而被同事的否定，导致严重的内心冲突。

④是否泛化：该来访者的情绪已经泛化，因为自卑不敢与人交流，因为不敢交流导致紧张、害怕以致不想在此工作，有逃离想法。

⑤确定心理问题的持续时间、心理、生理及社会功能影响程度：该来访者的主导症状为紧张、不安、担心、害怕、出汗、失眠，内心冲突是基于现实事件引起，属于

常形范围；持续时间近六个月；情绪及行为反应较强烈，不想上班，逃离，频繁辞职，对生活、工作和交往有一定的影响；反应对象也逐渐泛化，由不敢交流变成见到人就紧张、担心。

根据以上分析，对该来访者的问题初步诊断为严重心理问题。

3. 鉴别诊断：

（1）与精神分裂症的鉴别：根据正常与异常心理学原则及精神病性症状，该来访者属于正常心理范畴，并未有精神分裂症的相关症状，故排除精神分裂症的可能。

（2）与一般心理问题的鉴别：一般心理问题和严重心理问题均属于常形范畴，但该求助者的内心冲突持续近六个月，严重影响了工作、学习和生活，并有部分情绪和行为有泛化程度，故排除一般心理问题的可能。

（3）与焦虑性神经症的鉴别：该来访者存在部分焦虑症状，比如担心、害怕，但该来访者的冲突尚属于常形，而焦虑性神经症的冲突来源是变形，故排除焦虑性神经症的可能。

（4）与抑郁症的鉴别：该来访者的情绪低落、难过，有现实基础，并有由担心害怕引起的情绪问题，与抑郁症的症状表现和来源完全不同，故排除抑郁症的可能。

六、咨询目标的制定

根据以上的评估和诊断，经与来访者协商，确定如下的咨询目标：

1. 近期目标：

（1）调整来访者对职业选择及学历的正确认识和理解。

（2）消除或减轻来访者的不良情绪和体验。

（3）发展正常的人际关系。

（4）改善频繁更换工作的不恰当行为。

2. 远期目标：

在达到以上具体目标的基础上，最终达到促进来访者心理健康、行为正常、人格完善的目标。

七、咨询方案的制定

1. 咨询方法及原理

（1）咨询方法：采用贝克和雷米的认知疗法，具体方法如下：

①建立咨询关系。

②确定咨询目标。

③确定问题：提问和自我审查的技术。

④检查表层错误观念：建议、演示和模仿。

⑤纠正核心错误观念：语义分析技术。

⑥进一步改变认知：行为矫正技术。

⑦巩固新观念：认知复习。

（2）咨询原理：认知治疗是建立在治疗性联盟的基础上，咨询师通过运用热情、专注、关心、尊重、共情等技术，以来访者在咨询前所建立的系统形式和问题为基础，通过咨询解决求助者认知上的偏差、错误行为及不良情绪。认知治疗的重点在于合作和积极参与，让求助者决定谈什么话题，从中咨询师来识别其想法的曲解之处，概括要点，做出家庭作业安排表；在咨询过程中，咨询师须与求助者共同确定目标，而目标的确定一定是针对当前存在的问题设定的具体的，可实施的；认知治疗与其他治疗方法有所不同，认知治疗具有结构性，咨询师在治疗期间要遵守其结构性原则，并有时间限制；但咨询师可以使用一些技术，比如苏格拉底对话、行为治疗或格式塔治疗，教会求助者识别、评价自己的功能不良的想法和信念，并对此做出反应，教会求助者成为其自己的治疗师，而且强调防止复发，将治疗延续到咨询以外的时间，最终目的是要让求助者自己能够解决自己的问题。

2. 明确双方各自的责任、权利与义务

（1）求助者的责任权利与义务：

①责任：向咨询师提供与心理问题有关的真实材料；积极、主动地与咨询师一起探讨解决问题的方法；完成双方商定的作业。

②权利：有权利了解咨询师的受训背景和执业资格；有权利了解咨询的具体方法、过程和原理；有权利选择或更换合适的咨询师；有权利提出转介或终止咨询；对咨询方案的内容有知情权、协商权和选择权。

③义务：遵循咨询机构的相关规定；遵守和执行商定好的咨询方案各方面的内容；尊重咨询师，遵守预约时间，如有特殊情况提前告知咨询师。

（2）咨询师的责任权利与义务：

①责任：遵守职业道德，遵守国家有关的法律法规；帮助求助者解决心理问题；严格地遵守保密原则，并说明保密例外。

②权利：有权利了解与求助者心理问题有关的个人资料；有权利选择合适的来访者；本着对来访者负责的态度，有权利提出转介或终止咨询。

③义务：向求助者说明自己的受训背景，出示营业执照和执业资格等相关证件；遵守咨询机构的相关规定；遵守和执行商定好的咨询方案各方面的内容；尊重求助者，遵守预约时间，如有特殊情况提前告知求助者。

3. 咨询次数与时间安排

（1）咨询次数：每周1次，每次50分钟。

（2）时间安排：每周三上午。

4. 咨询的相关费用

（1）咨询费用：每次咨询100元人民币。

（2）测量费用：EPQ为50元，SCL-90为50元。

八、咨询过程

1. 咨询阶段大致分为三个阶段：

（1）诊断评估与咨询关系建立阶段。

（2）心理帮助阶段。

（3）结束与巩固阶段。
2. 具体每个阶段的内容：
（1）第一阶段：诊断评估与咨询关系建立阶段（第1~2次）。
①目的：
A. 了解求助者的基本情况，收集信息。
B. 建立良好的咨询关系。
C. 通过心理测验，辅助咨询并明确主要问题。
②方法：
A. 运用与求助者建立良好咨询关系的相关技术。
B. 摄入性会谈。
C. 运用心理测验工具。
③过程：
A. 填写咨询登记表、咨询记录表，介绍咨询中的有关事项。
B. 进行心理测验，通过EPQ量表了解求助者的人格特征，通过SCL-90了解求助者目前可能存在的情绪和行为问题所在。
C. 解释心理测验的结果。
D. 建立良好的咨询关系：通过运用尊重、热情、真诚、共情、积极关注的技术与求助者建立初步咨询关系。
E. 通过摄入性会谈，收集求助者的信息。
F. 介绍贝克和雷米的认知疗法的基本原理，与求助者达成一致意见，使用认知疗法，解决求助者当前面临的具体问题。
G. 向求助者阐述保密原则，并明确双方的责任、权利与义务。
（2）第二阶段：心理帮助阶段（第3~8次）。
①目的：
A. 确定咨询目标。
B. 改变求助者的认知偏差。
C. 调整求助者不良情绪。
D. 改善求助者的错误行为。
②方法：
A. 运用认知疗法的提问与自我审查技术确定问题。
B. 运用建议、演示和模仿的技术检验求助者的表层错误观念。
C. 运用语义分析技术纠正求助者的核心错误观念。
D. 运用行为矫正技术进一步改变认知。
③过程：
A. 确定咨询目标：在建立良好的咨询关系上，与求助者达成共识，确定以下四个咨询目标：第一，针对频繁更换工作的不良行为进行调整；第二，改善与同事的人际关系；第三，改变对学历与职业发展的认识偏差；第四，改善与父母的紧张关系。
B. 运用提问技术：运用开放式提问方式了解来访者的问题所在。比如，能详细说说你每份工作的具体情况么？你与同事之间到底发生了什么事情呢？你和父母之间关系怎样呢？你对学历是怎么认识的呢？

C. 运用自我审查技术：鼓励并引导求助者说出她对自己的看法。例如，针对频繁更换工作的错误行为，让求助者意识到"我只配做2000元以下的工作"的错误想法，找到她换工作时面试的岗位都是一些简单的工作所导致月薪均不超过2000元的社会标准。

D. 运用建议技术：求助者的表层错误观念，是她对自己不适应行为的直接、具体的解释。例如，造成我频繁换工作的原因是由于"我学历低、父母关系不好、我生活在一个不幸福的家庭、我感到自卑，所以我总是找不到好工作"。针对这些表层错误观念，咨询师建议求助者找一些高级别的工作应聘，或者去了解一下月薪高的或级别高的岗位人员，以致能坚持下去，而且干得不错，来验证她的观念是错误的。

E. 运用演示技术：对于"我与同事关系不好"带来的表层错误观念，通过演示技术进行角色扮演，例如，咨询师扮演求助者的角色，而求助者扮演同事的角色，进行对话沟通，了解关系不好的原因。另外，针对与上级关系不好的问题，可以让求助者担任领导角色，而咨询师扮演求助者，让求助者从他人角度来分析，作为领导需要什么样的员工。

F. 运用模仿技术：为了更多了解高级别的工作内容，让求助者去大企业或外企中去观察他们是如何工作的，或者与这样的企业员工沟通，交流工作情况及体验，让求助者去想象如果她在这样的企业会如何完成同样的工作，从中想象中体验自己的情绪和感受；在与同事的人际紧张方面，让求助者观察本公司其他同事之间针对同样的问题是如何处理的，或者观察他们平时的人际交流方式。

G. 运用语义分析技术：在与求助者会谈中，求助者反复重复她学历低，以致"我能力差"这样的核心错误观念，通过对这样的句子进行语义分析，把主—谓—表的结构换成与"我"有关的具体的事件和行为，表语上的此应该根据一定的标准进行评价，通过语义分析和转换，引导求助者说出具体有特定意义的句子。比如，"我上次接待的投诉电话的处理方法上，表现出我有一些能力不足的地方"，而在其他方面可能和常人一样的。

H. 运用行为矫正技术：求助者的偏差认知和错误行为不良情绪往往会形成一个恶性循环，通过行为矫正来改变她不合理的认知观念。但一定要经过与求助者的协商，达成共识，用行为矫正才能达到效果。比如，要求她找一份2000元以上月薪的工作，并维持2个月以上时间干下去；在人际关系方面，要求与同事保持良好的人际界面，正常交往几个月以上；在情绪体验上，制定一个情绪晴雨表，每天对自己的情绪体验进行评分，成就感1～5分、满足感1～5分，在连续得到5～10个4分以上的成绩时可以来找咨询师进行咨询，并将当前的体验表达出来。

（3）第三阶段：结束与巩固阶段（第9～10次）。

①目的：

A. 巩固咨询效果。

B. 结束咨询。

445

②方法：
A. 使用认知复习的技术，巩固新观念。
B. 使用心理测验，再次评估咨询后的情绪和行为。
③过程：
A. 与求助者共同确定家庭作业并检查作业内容，观察学习效果，进行认知复习。其目的不仅教会求助者新的技能，而且要使她能够在日常生活中检验她的信念。
B. 进行心理测验，使用 SCL-90 重新评估咨询后，求助者的情绪体验及行为方式。
C. 结束咨询。

九、咨询效果的评估

1. 求助者自己评估：通过 2 个月的咨询，症状得到改善，行为改变，情绪改善，认知纠正，对咨询效果满意。
2. 求助者适应社会的情况：求助者能与同事正常相处，没有离职，已经坚持了 4 个月时间，睡眠也得到改善。
3. 求助者周围朋友的评估：能正常与人交流，对咨询效果满意。
4. 咨询师的评估：经过咨询，情绪比咨询前有一些改善，不再感到紧张不安、害怕，睡眠质量恢复，社会功能得到改善，能正常生活、学习、工作。
5. 心理测量结果与咨询前的比较：SCL-90 总分 153 分，其中焦虑 1.8 分、人际关系敏感 1.7 分、其他（睡眠）1.5 分。

参考文献

1. Judith S. Beck. 认知疗法：基础与应用. 北京：中国轻工业出版社，2001.
2. 郭念峰主编. 心理咨询师（基础知识）、心理咨询师（三级）、心理咨询师（二级）. 北京：民族出版社，2011.

图书在版编目（CIP）数据

心理咨询师．习题与案例集／郭念锋主编．—修订本．—北京：民族出版社，2015.7（2017.2 重印）

国家职业资格培训教程

ISBN 978－7－105－13929－3

Ⅰ．①心… Ⅱ．①郭… Ⅲ．①心理咨询—咨询服务—资格考试—自学参考资料 Ⅳ．①R395.6

中国版本图书馆 CIP 数据核字（2015）第 150453 号

国家职业资格培训教程·心理咨询师：习题与案例集

策划编辑：欧光明
责任编辑：张宏宏
封面设计：刘家峰
出版发行：民族出版社
地　　址：北京市东城区和平里北街 14 号
邮　　编：100013
电　　话：010—64228001（编辑室）
　　　　　010—64224782（发行部）
网　　址：http：//www.mzpub.com
印　　刷：三河市文阁印刷有限公司
版　　次：2015 年 7 月第 3 版　2017 年 2 月北京第 12 次印刷
开　　本：787 毫米×1092 毫米　1/16
印　　张：28.625
字　　数：660 千字
定　　价：75.00 元
ISBN 978－7－105－13929－3/R·478（汉 64）

该书如有印装质量问题，请与本社发行部联系退换。